《大学物理学》编委会

安徽省高校省级规划教材
安徽省物理学会推荐教材

大学物理学

第2版

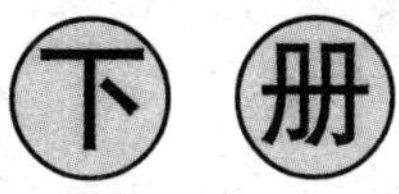

黄时中　袁广宇　朱永忠　吴　韬　倪致祥
编　著

中国科学技术大学出版社

内 容 简 介

本书是参照教育部高等学校非物理类专业物理基础课程教学指导分委员会于2004年提出的非物理类专业大学物理课程教学基本要求，结合目前的课程设置和学时设置等方面的实际情况而编写的.全书力图在切实加强基础理论的同时，突出培养学生独立获取知识的能力、科学思维能力和解决问题的能力.

全书分上、下两册.上册包括力学、机械振动和机械波以及热学三部分.下册包括电磁学、波动光学和量子物理学部分.电磁学的具体内容包括：静电场和稳恒磁场的基本规律、电场与磁场相互联系的规律.波动光学的具体内容包括：光的干涉、衍射和偏振的基本理论及其应用.量子物理学的具体内容包括：量子理论的实验基础和量子力学入门知识.

本书可以作为高等学校非物理类专业大学物理学课程的教材.

★本书配有电子教案，需要者可登录出版社网站下载或与出版社联系，免费提供.

图书在版编目(CIP)数据

大学物理学.下册/黄时中等编著.—2版.—合肥：中国科学技术大学出版社，2010.2(2010.8重印)
安徽省高校省级规划教材
安徽省物理学会推荐教材
ISBN 978-7-312-02670-6

Ⅰ.大… Ⅱ.黄… Ⅲ.物理学—高等学校—教材 Ⅳ.O4

中国版本图书馆CIP数据核字(2010)第009100号

出版 中国科学技术大学出版社
安徽省合肥市金寨路96号，230026
网址：http://press.ustc.edu.cn
印刷 合肥芳翔印刷有限责任公司
发行 中国科学技术大学出版社
经销 全国新华书店
开本 710 mm×960 mm 1/16
印张 22.75
字数 408千
版次 2006年2月第1版 2010年2月第2版
印次 2010年8月第6次印刷
定价 30.00元

序

物理学是研究物质结构、性质、基本运动规律及其相互作用的学科，是一项激动人心的智力探险活动，并为人类文明做出巨大贡献. 物理学拓展我们认识自然的疆界，深化我们对其他学科的理解，是技术进步最重要的基础. 物理教育为科学和技术培养训练有素的人才. 物理学的进步对社会发展和人类生活的改善有不可估量的影响.

纵观历史，物理学在生产方式上极大地推动着人类物质文明的发展，例如，历次产业革命. 李政道教授说，20 世纪几乎绝大部分的科技文明，都是从狭义相对论、量子力学来的. 另一方面，物理学在从思想上改变着人类精神文明的进程. 能量守恒与转化、时间与空间的统一、量子化与不确定原理等物理学的重大突破，在人们的思想上引起了一场又一场革命. 物理学对于社会发展、人类生活的改善、人类文明的进步各个层面的影响不可估量.

物理学是一代又一代科技工作者长期创造性研究工作的结晶，处处都闪耀着创新精神的光芒. 物理学史中有大量的创新和发明，运用和发展了分析和归纳、猜想和类比等创新思维，形成了人类认识世界的完整的方法论.

物理教育不仅向人们传授最基础的科学知识，而且可以培养学生获取知识的能力、分析问题和解决问题的能力；引导学生追求真理、献身科学，树立科学发展观；激发学生求知热情、探索和创新精神. 物理教育是素质教育的主要内容之一，不仅科学技术人才的培养离不开物理教育，人文社会工作者也需要物理教育. 老一辈无产阶级革命家陆定一同志就曾经请何祚庥同志讲授物理学，从经典物理到量子力学，为时长达半年之久.

科学需要不断地创新，教育同样需要不断地创新. 在科学技术迅速发展的新时代，如何进行大学物理学的教学改革，以提高人才培养的质量和效率，是物理工作者教育工作者都应该关心的重要问题. 教育部高等学校非物理类专业物理基础课程教学指导分委员会一直很重视非物理类专业物理基础课程的教学改革，该分委员会于 2004 年 10 月 9 日至 10 月 12 日在中国科学技术大学召开了“全国高等学校非物理类专业物理课程基本要求研讨会”，会上提出了大学物理课程教学基本要求. 会后，安徽省四所师范院校物理系的老师，也就是本书的作者们,决意按照上述要求,并结合目前非物理类专业物理课程设置和学时设置等方面的实际情况,编写一套新教材,为大学物理学的教学改革做一份贡献.

他们将有关的想法向安徽省物理学会作了汇报,得到了安徽省物理学会的支持和鼓励.

这套新教材现已编写完毕,作者们对大学物理学的教学改革做了有益的探索,我们很赞同他们提出的一些做法,例如,把科学方法论融入到教材的具体内容中,在传授物理学基本内容的同时介绍创新思维方法;把现代计算工具渗入到教学的具体过程中,在更新教学形式的同时改革教学方法;把能力培养引入到教学的具体目标中,鼓励学生自学,指导学生查找文献,让学生在学习知识的同时进行初步的科学研究;追求以简洁的方式论述最基本的物理概念和规律,将全书的篇幅控制在80万字之内等等.

作者们这些富有创意的设想和勇于探索的精神都是值得肯定的,希望本书的出版可以给大学物理学的教学改革增添生气,对提高人才培养水平起到积极的作用.新教材本身是探索的结果,难免有不足之处.广大物理同行、读者朋友读了或者用了此书,如果能提出批评指正的意见,相信作者一定会欢迎并且衷心感谢的.

阮希南 张鹏飞 谨识

2006年6月12日于中国科学技术大学

第2版前言

在安徽省物理学会的支持下，我们按教育部高等学校非物理类专业物理基础课程教学指导分委员会2004年10月在“全国高等学校非物理类专业物理课程基本要求研讨会”中提出的大学物理课程教学基本要求，结合非物理类各专业物理课程内容和学时设置等方面的实际情况，编写了这套教材. 在编写中我们努力把科学方法论融入到教材的具体内容中，在传授物理学基本内容的同时介绍创新思维方法；把现代计算工具的使用渗入到教学的具体过程中，在更新教学形式的同时改革教学方法；把能力培养作为教学的具体目标之一，鼓励学生自学，指导学生查找文献，让学生在学习知识的同时进行科学探究，并追求以简洁的方式论述最基本的物理概念和规律. 这些做法，得到了安徽省物理学会前理事长阮图南先生的充分肯定与鼓励.

本书出版以来，得到了广大读者的关心和支持，许多老师通过各种途径表达了他们对本书的意见和建议，我们对此表示衷心的感谢. 根据使用者的建议，我们对教材中某些不够准确和不太完善的地方作了修订，删去了部分过于理论化的内容，补充了一些教学研究中的新成果. 我们真诚地欢迎读者在第2版的使用过程中继续提出意见，以帮助我们进一步提高.

编　者

2010年2月

前　　言

物理学是一门基础自然科学，它所研究的是物质的基本结构、最普遍的相互作用、最一般的运动规律以及所使用的实验手段和思维方法.物理学渗透在自然科学的各个领域，应用于生产技术的许多部门，是自然科学和工程技术的基础.

大学物理课程是高等学校理工科各专业学生一门重要的必修基础课，本课程可以为学生提供一个科学工作者和工程技术人员所必备的物理基础知识和常用科学研究方法，可以激发学生的探索、创新精神和应用意识，可以培养学生实事求是的科学态度和辩证唯物主义世界观.

为了使学生通过本课程的学习，能够对物理学的基本概念、基本理论、基本方法有比较全面、系统的认识和正确的理解，教育部高等学校非物理类专业物理基础课程教学指导分委员会于2004年10月9日至10月12日，在中国科学技术大学召开了"全国高等学校非物理类专业物理课程基本要求研讨会".会上提出了大学物理课程教学基本要求，主要内容有：培养学生独立获取知识的能力、科学思维能力和解决问题的能力；培养学生追求真理的理想、献身科学的精神和辩证唯物主义世界观，激发学生求知热情、探索精神和创新欲望.

按照上述要求，我们在对现行教材进行认真分析的基础上，结合目前的课程设置和学时设置等方面的实际情况，编写了本教材.本教材的主要特点有：

1. 把科学思维和科学方法融入到教材的具体内容中，在传授物理学基本内容的同时，侧重介绍了以实验为基础的归纳法，以猜想为前提的演绎法和以比较为桥梁的类比法.

2. 把现代计算工具引入到教学的具体内容中.在采用现代教学技术改革教学形式的同时，将现代计算软件 Mathematica 引入到大学物理课程的教学中，利用其既能进行数值计算，又能进行符号运算，还可以进行计算机绘图等多种功能，简化了许多繁琐的计算过程和数学推导过程，展示了许多复杂的图像.这样既可以提高学生的应用能力，也能激发学生的学习兴趣.

3. 鼓励学生自学，指导学生查找文献.不但在教材中增加了物理名词的外文注释和有关物理规律的英文原文，以提高学生查阅外文资料能力和科技外语交流能力,而且还附有物理文献及查阅方法等材料.

4. 围绕教学的基本要求,精选了一些既能培养学生分析和解决问题能力、巩固所学知识,又较贴近应用实际、可激发学生学习兴趣的习题.习题的形式多样,还增加了小课题研究、课程论文和探索性实验等练习内容.

本书的编写得到了安徽省物理学会的支持.安徽省物理学会理事长阮图南教授对本书的编写给予了极大的关怀和鼓励,并就编写中应突出的主要特点给予了富有启发性的指导,作者对此深表感谢.在本书的编写过程中,还得到了中国科学技术大学等高校的有关专家和许多同行老师的热情鼓励、帮助和支持,在此一并表示感谢.此外,本书的出版还得到了安徽师范大学教材建设基金的资助,作者对此深表感谢.

按照大学物理课程教学基本要求,本书的编写过程本身也是一个探索的过程,由于作者学识水平有限,书中错误和不妥之处在所难免,敬请广大教师和读者不吝赐教,以便在再版时加以修正.

编　者

2005 年 6 月

目　　录

第5篇 波光动学

第6篇 量子物理学

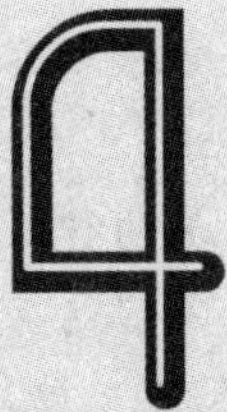

第4篇

Di si pian

电磁学

- 静电场
- 静电场中的导体和电介质
- 稳恒电流
- 恒定磁场
- 磁介质
- 电磁感应
- 电磁场理论的基本概念

电磁现象的发现、电磁定律的确定、电磁场理论的建立、电子的发现以及物质微观电结构的揭示、电磁技术的广泛应用等,在物理学中开辟了一个区别于力学和热学的新领域——电磁学.电磁学是经典物理学的基本组成部分.

关于电磁现象定量的理论研究,始于库仑(电性)定律的问世.库仑定律的建立,标志着人们对电的认识真正地从经验走向科学、从定性观察阶段进入定量研究阶段.

在一段相当长的时间内,人们一直认为电现象和磁现象是两种截然不同的客体,不存在相互转化的可能.当时,科学权威库仑断言:"电与磁之间不存在相互转化的问题."该论点曾得到物理学界不少人的支持,例如:安培(后来又反对库仑的观点)、托马斯·杨等.但丹麦物理学家奥斯特却坚决反对此论点.1819～1820年,奥斯特发现了电流的磁效应.说明了磁现象的本质是"动电现象".电流的磁效应的发现,开创了电、磁联系的"电磁学"的新局面.从此,古老的电学、磁学获得了新生.

奥斯特的发现,给19世纪最伟大的实验物理学家法拉第以很大的启示,他想:既然"动电能够生磁",那么"动磁就应该能生电"!经过十年的努力,终于在1831年取得了突破性的进展,发现了电磁感应现象,即利用磁场产生电流的现象.电磁感应现象的发现标志着电磁理论由静态研究发展到了动态研究的新阶段.

从应用的角度看,电磁感应现象的发现使电工技术取得了长足的发展,为人类生活的电气化和工业革命打下了基础.从理论上来看,电磁感应现象的发现更全面地揭示了电与磁的联系,为伟大的物理学家麦克斯韦建立完整的电磁场理论奠定了基础.

1861年前后,经过对法拉第电磁感应现象的深入分析和研究,麦克斯韦大胆地提出了涡旋电场假说:变化的磁场在其周围空间产生电场.他把这种电场称为感应电场.涡旋电场假说的问世,提升了法拉第的物理思想,揭示了变化的磁场和电场之间的联系.

既然"变化的磁场能够激发电场",那么,"变化的电场能否激发磁场"呢?1862年,麦克斯韦为了在非稳恒电流情况下推广安培环路定理,针对客观电磁现象,又进一步大胆地提出了另一个假说,即位移电流假说:变化的电场也是一种电流,这种电流叫位移电流.位移电流和传导电流按相同的规律激发磁场.位移电流假说的问世,揭示了变化的电场和磁场之间的依存关系，反映了自然规律的对称性.

麦克斯韦对电磁理论的伟大贡献，一方面是他提出了涡旋电场和位移电流两大假说；另一方面，他集前人之大成，于1865年建立了以麦克斯韦方程组为核心的系统的电磁场理论. 电磁场理论预言有电磁波的存在，且光是一种电磁波，从而使光学成为电磁场理论的一部分.

麦克斯韦于1865年从理论上预言电磁波存在时，大多数科学家对此表示怀疑. 直到二十多年以后的1888年，德国物理学家赫兹巧妙地设计了一个实验——赫兹实验，才从实验上验证了电磁波的存在，并且证明了它具有光波那样的反射、折射和偏振的性质. 赫兹实验一方面验证了麦克斯韦理论预言，同时也宣布了无线电电子时代的开始. 赫兹实验改变了历史的进程. 该实验意义重大，影响深远.

经典电磁理论并不是电磁现象的最终理论，随着认识的发展，在微观、高速领域它又获得了新的进展，例如量子电动力学、相对论电磁学等都是在经典电磁理论的基础上发展起来的新学科.

本篇介绍电磁学的基本理论，主要介绍宏观电磁场的基本规律. 我们将先介绍静电场的描述及其基本规律，再介绍稳恒磁场（静磁场）的描述及其基本规律，最后介绍电场和磁场相互联系的规律.

第 9 章　静电场

9.1　电荷和库仑定律

9.1.1　电荷及其基本性质

从微观上看，任何实物物质都是由原子或分子构成的，而一个原子的基本结构是(图 9.1)

$$\text{原子}\begin{cases}\text{一个原子核}\begin{cases}\text{若干个质子}\\\text{若干个中子}\end{cases}\\\text{若干个电子}\end{cases}$$

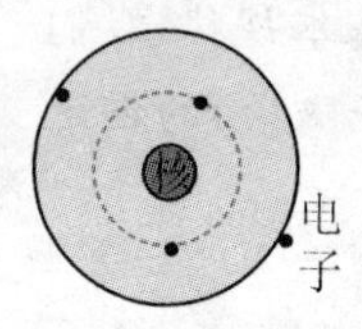

图 9.1

即原子内有一个原子核和若干个电子，而核内有若干个质子和若干个中子. 中子和质子在核内运动，核的线度是10^{-15} m. 电子在核外绕核运动，运动范围的量级是10^{-10} m. 每个质子的质量是$m_p=1.672\times10^{-27}$ kg，电量是$+e(e=1.6\times10^{-19}$ C)；每个中子的质量是$m_n=1.674\times10^{-27}$ kg，电量是 0；每个电子的质量是$m_e=9.11\times10^{-31}$ kg，电量是$-e$.

通常情况下，任一物体内各原子中的电子数目与质子数目相等，总电量为零，整个物体任一部分的电量也为零，我们说物体不带电. 在力学和热学中所讨论的物体基本都是这类不带电的物体.

通过某些方法(比如摩擦)可以使物体中的一些原子失去(或获得)一些电子，从而使该物体中电子的总数和质子的总数不相等，我们就说该物体带了一定电量的电荷(electric charge). 在此指出，本章所涉及的物体，基本上是固态的带电体，如带电直线、圆环、圆盘、球面、球体、圆柱面、圆柱体、平板等，我们一般不去追究其带电过程，而是把它们作为一些简化了的带电模型.

电量是物体所带电荷的量度，常用符号 q 或 Q 表示，其单位为库仑(符号为 C). 实验表明，电荷有如下基本性质：

1. 电荷的量子性

到目前为止,科学界普遍认为电子是自然界中具有最小电量(绝对值)的粒子,任何带电体的电量都是电子电量(绝对值)或一个质子电量的整数倍,即 $q=\pm ne$,电荷的这种性质称为**电荷的量子性**(quantization of electric charge),整数 n 称为电荷数或量子数,n 可以取 0,1,2 等整数. e 被称为基本电荷,它是一个电子或一个质子所带电量的绝对值.

然而,对于宏观的带电体,电荷的量子性并不明显,原因是 n 非常大(量级为阿伏伽德罗常数 $N_A=6.02\times10^{23}$). 这就像我们喝水时并不感到水是由整数个分子组成的一样. 因此,在本课程中,论及某个宏观物体的带电量时,基本上只说其电量是多少库仑,而不说其电荷数 n 是多少.

2. 电荷守恒定律

在没有净电荷出入边界的系统中,电荷的代数和保持不变. 这一结论称为电荷守恒定律(the law of conservation of charge). 电荷守恒定律适用于一切宏观和微观过程,它是物理学中的基本定律之一.

3. 电荷的相对论不变性

对于同一带电粒子,无论是处于静止还是处于不同的运动状态,其电量保持不变. 电荷的这一特性称为**电荷量的相对论不变性**(relativistic invariance of electric charge).

9.1.2 库仑定律和库仑力的叠加原理

1. 点电荷和试验电荷

当一个带电体的线度,比问题研究中涉及的距离小得多时,该带电体就可被视为一个带电的点,称为点电荷.

点电荷是从实际问题中抽象出的物理模型,类似于力学中的质点模型. 任何带电体都可看成是点电荷的集合. 另外,点电荷概念只具有相对意义,被看做点电荷的带电体自身的线度不一定很小,带电量也不一定很少. 至于带电体的线度比问题研究中所涉及的距离小多少,它才能被当作点电荷,这与问题研究中所要求的精度有关. 例如:宏观上谈论电子、质子等,完全可以把它们视为点电荷. 带电体一旦被看成是点电荷,就可用一个几何点来标注它的位置. 两个点电荷之间的距离就是标注它们的位置的两个几何点之间的距离.

当被看做点电荷的带电体所带电量的绝对值非常小、且其自身的线度也非常小时,该带电体就被称为**试验电荷或检验电荷**(test charge).

2. 库仑定律

人类对电现象的观察和探索虽然有着悠久的历史,但直到 18 世纪末,对电现象本质的定量研究才有所突破，其标志就是库仑定律(Coulomb's Law)的建立.

实验表明，点电荷之间存在着电相互作用力，称为库仑力. 库仑力具有如下实验规律：在真空中，两个静止的点电荷 q_1 和 q_2 之间的相互作用力的方向沿着这两个点电荷的连线，同种电荷相互排斥，异种电荷相互吸引，作用力的大小与电量 q_1 和 q_2 之积的绝对值成正比，与这两个点电荷之间的距离 r_{12} 的平方 r_{12}^2 成反比. 这个规律叫真空中的库仑定律，如图 9.2.

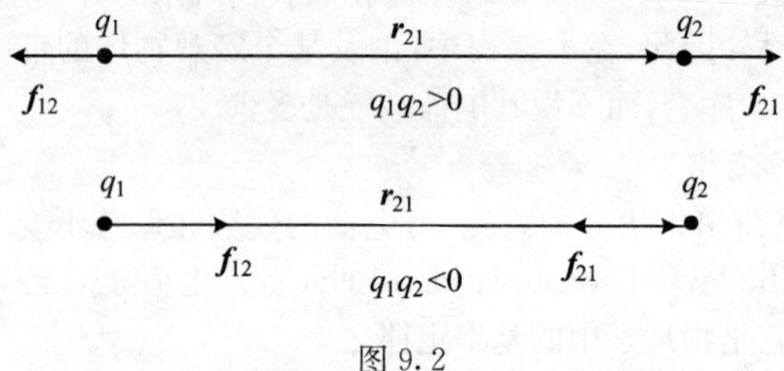

图 9.2

用 $\boldsymbol{r}_{21}$ 表示从 q_1 指向 q_2 的相对位置矢量，$\boldsymbol{f}_{21}$ 表示 q_2 所受 q_1 的作用力，库仑定律(包括力的大小和方向)可用下式表示

$$\boldsymbol{f}_{21}=-\boldsymbol{f}_{12}=\frac{kq_1q_2}{r_{21}^2}\left(\frac{\boldsymbol{r}_{21}}{r_{21}}\right)=\frac{kq_1q_2\boldsymbol{r}_{21}}{r_{21}^3} \tag{9.1}$$

式中 k 是比例系数，k 的取值及单位与式中各量的单位有关. 在国际单位制中，由实验测定的 k 值为

$$k=8.9880\times10^9\ \mathrm{N\cdot m^2\cdot C^{-2}}\approx9\times10^9\ \mathrm{N\cdot m^2\cdot C^{-2}}.$$

通常令 $\varepsilon_0=1/(4\pi k)=8.85\times10^{-12}\ \mathrm{C^2\cdot N^{-1}\cdot m^{-2}}$，$\varepsilon_0$ 称为真空中的介电常数. 于是真空中的库仑定律又可以表示为

$$\boldsymbol{f}_{21}=-\boldsymbol{f}_{12}=\frac{q_1q_2\boldsymbol{r}_{21}}{4\pi\varepsilon_0r_{21}^3} \tag{9.2}$$

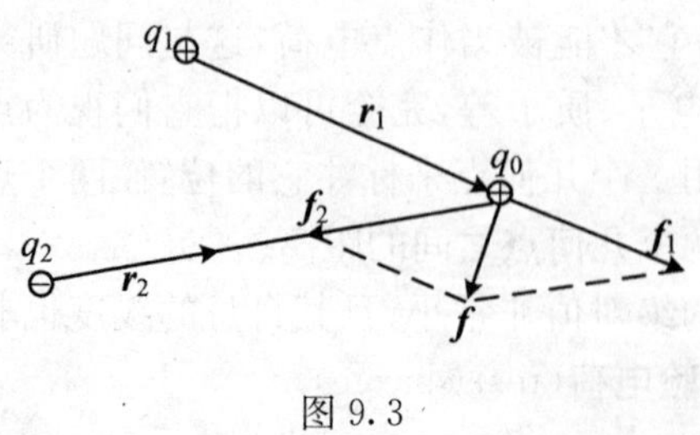

图 9.3

3. 库仑力的叠加原理

实验还表明：在真空中，当几个点电荷同时存在时，作用于某一个点电荷上的库仑力等于各个点电荷单独存在时作用于该点电荷的库仑力的矢量和. 例如在图 9.3 中，点电荷 q_0 受的作用库仑力为

$$\boldsymbol{f}=\boldsymbol{f}_1+\boldsymbol{f}_2=\frac{1}{4\pi\varepsilon_0}\left(\frac{q_0q_1\boldsymbol{r}_1}{r_1^3}+\frac{q_0q_2\boldsymbol{r}_2}{r_2^3}\right)=\frac{q_0}{4\pi\varepsilon_0}\left(\frac{q_1\boldsymbol{r}_1}{r_1^3}+\frac{q_2\boldsymbol{r}_2}{r_2^3}\right)\tag{9.3}$$

一般情况下，一个点电荷系对点电荷 q_0 的作用力可表示为(参考图 9.4a)

$$\boldsymbol{f}=\sum_i\boldsymbol{f}_i=\frac{q_0}{4\pi\varepsilon_0}\sum_i\frac{q_i\boldsymbol{r}_i}{r_i^3}\tag{9.4}$$

任何带电体都可看成是无限多个点电荷的集合. 因此，一个带电体对点电荷 q_0 的作用力可以表示为(参考图 9.4b)

$$\boldsymbol{f}=\int\mathrm{d}\boldsymbol{f}=\frac{q_0}{4\pi\varepsilon_0}\int_Q\frac{\mathrm{d}q\boldsymbol{r}}{r^3}\tag{9.5}$$

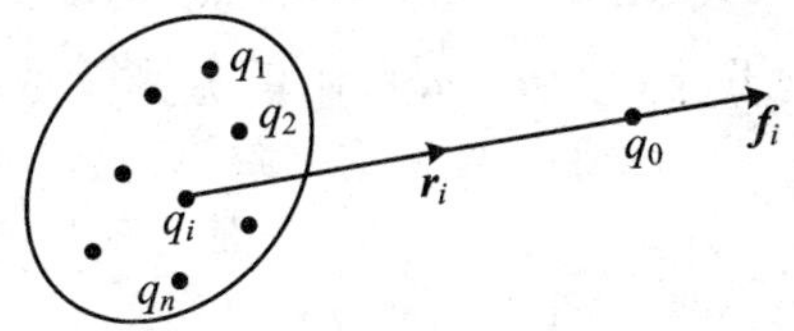

图 9.4a　一个点电荷系对点电荷 q_0 的作用力

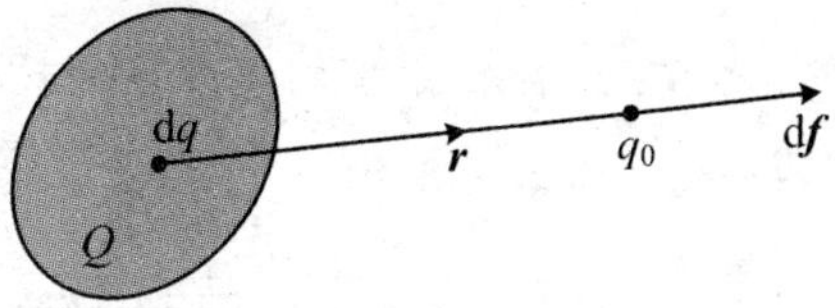

图 9.4b　一个带电体对点电荷 q_0 的作用力

在式(9.5)中，当电荷为体分布时，电荷元 $\mathrm{d}q=\rho\mathrm{d}V$；当电荷为面分布时，电荷元 $\mathrm{d}q=\sigma\mathrm{d}S$；当电荷为线分布时，电荷元 $\mathrm{d}q=\lambda\mathrm{d}l$，这里 ρ、σ 和 λ 分别是电荷体密度、电荷面密度和电荷线密度. 它们的定义分别是：在某点附近，单位体积(面积、长度)内的电荷量，单位分别是 $\mathrm{C\cdot m^{-3}}$，$\mathrm{C\cdot m^{-2}}$，$\mathrm{C\cdot m^{-1}}$. 至于在具体计算中，“线元 $\mathrm{d}l$”，“面元 $\mathrm{d}S$”和“体元 $\mathrm{d}V$”等如何选取，要视具体问题而定.

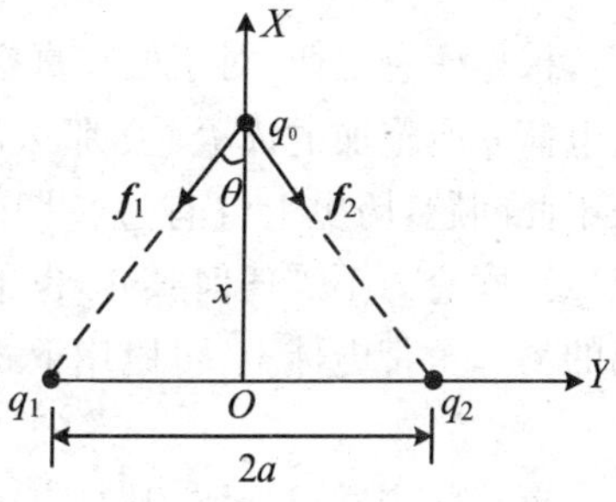

例 9.1　3 个点电荷的位置如图 9.5 所示，其中 $q_1=q_2>0$，相距为 $2a$，$q_0<0$，位于 x 轴上，求 q_0 所受的库仑力.

图 9.5

解　q_0 所受的库仑力为 $\boldsymbol{f}=f_x\boldsymbol{i}+f_y\boldsymbol{j}$，式中

$$f_y=0$$

$$f_x=-2f_1\cos\theta=-\frac{2\mid q_0\mid q_1}{4\pi\varepsilon_0}\cdot\frac{x}{(a^2+x^2)^{3/2}}$$

例 9.2　在长为 l 带电为 q 的均匀细杆的一端离端点为 d 处置一电荷 q_0，求 q_0 所受的库仑力.

解　如图 9.6 所示，细杆单位长度上的电量为 $\lambda=q/l$，细杆上任一电荷元

dq 对 q_0 的作用力的大小为 $df_x=\dfrac{dqq_0}{4\pi\varepsilon_0 r^2}$，方向与 x 轴平行. 利用 $r=l+d-x$，$dq=\lambda dx$，得

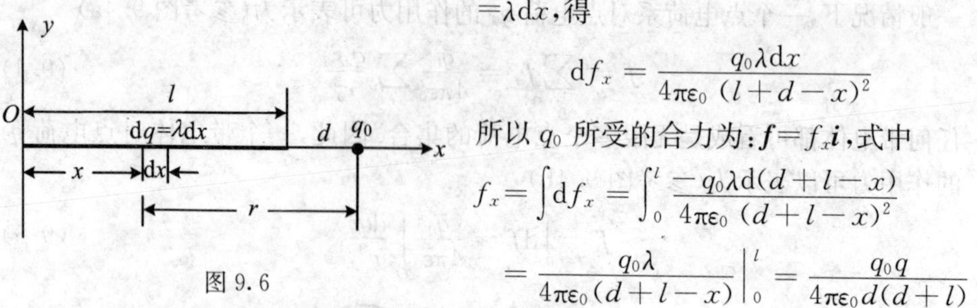

图 9.6

$$df_x=\frac{q_0\lambda dx}{4\pi\varepsilon_0\ (l+d-x)^2}$$

所以 q_0 所受的合力为：$\boldsymbol{f}=f_x\boldsymbol{i}$，式中

$$f_x=\int df_x=\int_0^l\frac{-q_0\lambda d(d+l-x)}{4\pi\varepsilon_0\ (d+l-x)^2}$$

$$=\frac{q_0\lambda}{4\pi\varepsilon_0(d+l-x)}\bigg|_0^l=\frac{q_0q}{4\pi\varepsilon_0 d(d+l)}$$

思考：若 q_0 位于该均匀带电细杆的中垂线上（距离为 d），计算 q_0 所受的库仑力.

答案：$f_y=\dfrac{q_0q}{4\pi\varepsilon_0 d\ \sqrt{d^2+(l/2)^2}}$.

9.2 电场强度

根据库仑定律，对于处在真空中的静止点电荷 q 和 q_0，点电荷 q_0 必然受到点电荷 q 所施加的库仑力. 那么，电荷与电荷之间的库仑力是如何传递的呢？关于此问题，历史上曾有过长期的讨论. 早期的一种观点（称为超距离作用观点）是：库仑力不需任何媒介，也不需任何时间就能由一个带电体作用到一定距离的另一个带电体上，可以用下式表示：

$$电荷 \rightleftharpoons 电荷$$

近代物理学已证明：凡是有电荷的地方，四周就存在某种特殊形式的物质，这种特殊形式的物质被称为**电场**，或者说任何带电体均在自己周围空间中产生电场. 电场的基本性质是：对任何处在其中的其他电荷都施加作用力，作用力的大小由库仑定律及库仑力的叠加原理决定，这种力称为**电场力**. 电场对电荷的作用可用下式表示：

$$电荷 \rightleftharpoons 电场 \rightleftharpoons 电荷$$

电场是看不见、摸不着的，但可用仪器测定它. 近代物理学已证明：电场具有能量、动量等属性，即电场具有物质的某些属性，通常认为电场是物质的一种特殊形式，不过，要想理解这一点，要等学完全部的电磁学才有可能. 目前我们

只需承认电场的存在就可以了.

相对于观察者静止的电荷所产生的电场称为**静电场**(electrostatic field),本章只讨论静电场.

9.2.1　电场强度

下面我们用场的观点来考察库仑力及其叠加原理.

设 q_0 为一试验电荷,当它处于点电荷 q 所产生的电场中的 p 点时,电场对 q_0 的作用力(即库仑力)为

$$\boldsymbol{f}=\frac{q_0 q\boldsymbol{r}}{4\pi\varepsilon_0 r^3}=q_0\frac{q\boldsymbol{r}}{4\pi\varepsilon_0 r^3}=q_0\boldsymbol{E} \tag{9.6}$$

其中 $\boldsymbol{r}$ 是 q 到 q_0 的位置矢量,$\boldsymbol{E}=\frac{q\boldsymbol{r}}{4\pi\varepsilon_0 r^3}$.

同理,试验电荷 q_0 在点电荷系($q_1,q_2,\cdots,q_n$)所产生的电场中所受的作用力为

$$\boldsymbol{f}=\sum_i\boldsymbol{f}_i=\sum_i\frac{q_0 q_i\boldsymbol{r}_i}{4\pi\varepsilon_0 r_i^3}=q_0\sum_i\frac{q_i\boldsymbol{r}_i}{4\pi\varepsilon_0 r_i^3}=q_0\boldsymbol{E} \tag{9.7}$$

其中

$$\boldsymbol{E}=\sum_i\frac{q_i\boldsymbol{r}_i}{4\pi\varepsilon_0 r_i^3}$$

类似地,试验电荷 q_0 在带电体(Q)产生的电场中所受的作用力为

$$\boldsymbol{f}=\int_Q \mathrm{d}\boldsymbol{f}=\int_Q\frac{q_0\mathrm{d}q\boldsymbol{r}}{4\pi\varepsilon_0 r^3}=q_0\int_Q\frac{\mathrm{d}q\boldsymbol{r}}{4\pi\varepsilon_0 r^3}=q_0\boldsymbol{E} \tag{9.8}$$

其中

$$\boldsymbol{E}=\int_Q\frac{\boldsymbol{f}\mathrm{d}q}{4\pi\varepsilon_0 r^3}$$

由此可知,在任何电场中,试验电荷 q_0 在电场中任一点 p 处所受的电场力均可表示为 $\boldsymbol{f}=q_0\boldsymbol{E}$. 其中 $\boldsymbol{E}$ 是由产生电场的电荷及场点 p 的位置所确定的物理量,它决定着 $\boldsymbol{f}$ 的大小和方向,$\boldsymbol{E}$ 称为电场中 p 点处的**电场强度**(the electric field). 总结式(9.6),(9.7)和(9.8)可以看出,电场中任意一点的电场强度可定义为

$$\boldsymbol{E}=\frac{\boldsymbol{f}}{q_0} \tag{9.9}$$

注意到 $\boldsymbol{E}$ 与 q_0 无关[参见式(9.6),(9.7)和(9.8)]. 若令 $q_0=+1$,则有 $\boldsymbol{f}=\boldsymbol{E}$,即 $\boldsymbol{E}$ 等于单位正电荷在电场中所受的电场力,这也是电场强度的物理意义. 在国际单位制中,$\boldsymbol{E}$ 的单位为牛顿·库仑$^{-1}$($\mathrm{N\cdot C^{-1}}$),今后还可以看到,这个单位

还可以写为伏特·米$^{-1}$($\mathrm{V\cdot m^{-1}}$).

9.2.2 电场强度的计算式

由式(9.6),(9.7)和(9.8)可知,电场强度可以如下计算.

1. 点电荷的电场

在点电荷的电场中,电场强度的计算式是(图 9.7a)

$$\boldsymbol{E}=\frac{q\boldsymbol{r}}{4\pi\varepsilon_0 r^3} \tag{9.10}$$

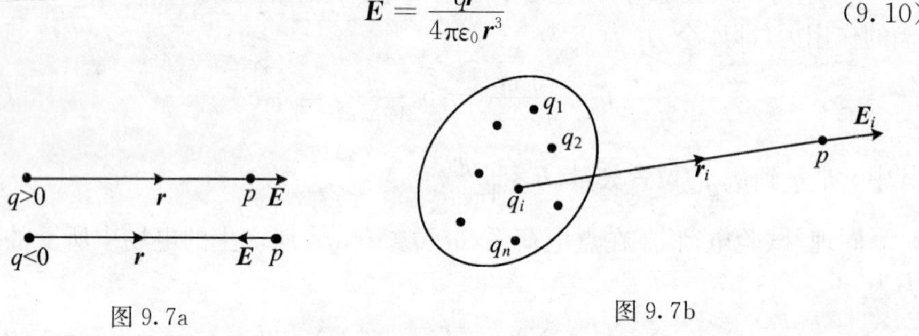

图 9.7a 图 9.7b

2. 点电荷系的电场

在点电荷系的电场中,电场强度的计算式是(图 9.7b)

$$\boldsymbol{E}=\sum_i \boldsymbol{E}_i=\sum_i \frac{q_i\boldsymbol{r}_i}{4\pi\varepsilon_0 r_i^3} \tag{9.11}$$

其中 $\boldsymbol{E}_i=\dfrac{q_i\boldsymbol{r}_i}{4\pi\varepsilon_0 r_i^3}$ 是 q_i 在 p 点产生的电场强度. $\boldsymbol{E}=\sum_i \boldsymbol{E}_i$ 表明:p 点的总电场强度是各点电荷在 p 点产生的分电场强度的矢量和,此结论又称为**场强叠加原理**,它是库仑力的叠加原理的推论.

3. 带电体的电场

在带电体的电场中,电场强度的计算式是(图 9.7c)

$$\boldsymbol{E}=\int \mathrm{d}\boldsymbol{E}=\int \frac{\mathrm{d}q\boldsymbol{r}}{4\pi\varepsilon_0 r^3} \tag{9.12}$$

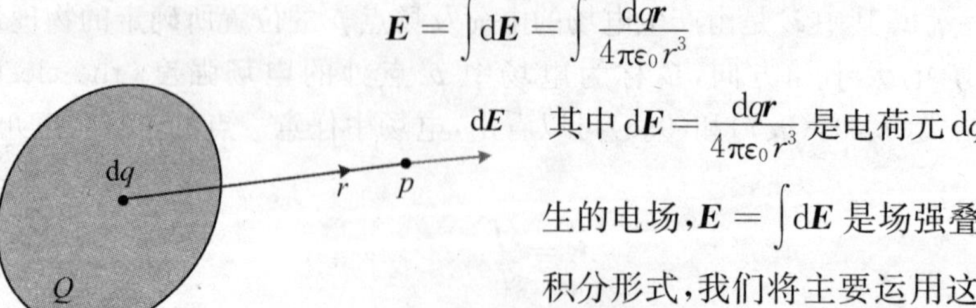

图 9.7c

其中 $\mathrm{d}\boldsymbol{E}=\dfrac{\mathrm{d}q\boldsymbol{r}}{4\pi\varepsilon_0 r^3}$ 是电荷元 $\mathrm{d}q$ 在 p 点产生的电场,$\boldsymbol{E}=\int \mathrm{d}\boldsymbol{E}$ 是场强叠加原理的积分形式,我们将主要运用这一形式计算各种带电体在空间产生的电场强度.具体方法见例题.

例 9.3　计算电偶极子(electric dipole)轴线的延长线上和中垂线上任意一点的场强.

解　相隔一定距离的等量异号点电荷 $+q$ 和 $-q$ 组成一电荷系统,当它们之间的距离 l 比问题研究中涉及的距离小很多时,此电荷系统就称为电偶极子(图 9.8).

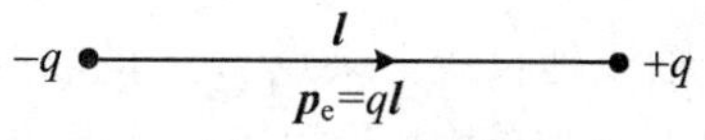

$-q$ ●——$\boldsymbol{l}$——→● $+q$　　$\boldsymbol{p}_e = q\boldsymbol{l}$

图 9.8　电偶极子

若用 $\boldsymbol{l}$ 表示从负电荷到正电荷的相对位置矢量,则 $\boldsymbol{l}$ 称为**电偶极子的轴**. 描述电偶极子自身特征的物理量是**电偶极矩**(electric dipole moment),用 $\boldsymbol{p}_e$ 表示,其定义是

$$\boldsymbol{p}_e = q\boldsymbol{l} \tag{9.13}$$

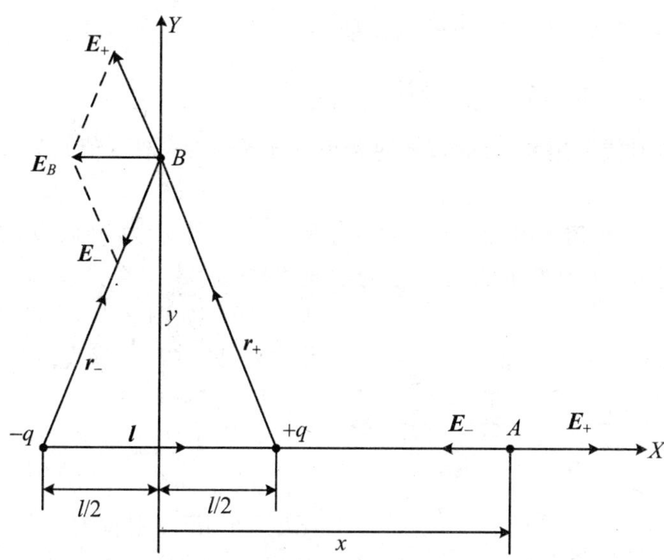

图 9.9　电偶极子轴线的延长线上和中垂线上任意一点的场强

(1)参考图 9.9,计算电偶极子轴线延长线上的某点 $A(x,0)$ 处的场强($x \gg l$)

$$\boldsymbol{E}_A = \boldsymbol{E}_+ + \boldsymbol{E}_- = \frac{q}{4\pi\varepsilon_0}\left[\frac{1}{(x-l/2)^2} - \frac{1}{(x+l/2)^2}\right]\boldsymbol{i}$$

$$= \frac{q}{4\pi\varepsilon_0}\,\frac{2lx}{[x^2-(l/2)^2]^2}\boldsymbol{i} \approx \frac{1}{4\pi\varepsilon_0}\,\frac{2ql}{x^3}\boldsymbol{i} = \frac{1}{4\pi\varepsilon_0}\,\frac{2\boldsymbol{p}_e}{x^3}$$

即电偶极子轴线延长线上任意一点的场强是

$$\boldsymbol{E}=\frac{1}{4\pi\varepsilon_0}\frac{2\boldsymbol{p}_e}{x^3} \tag{9.14}$$

在式(9.14)中,x 可理解为场点到原点的距离,x 始终取正值. 可以看出,电偶极子轴线延长线上某点 A 处的场强 $\boldsymbol{E}_A$ 的方向与电偶极矩 $\boldsymbol{p}_e$ 同向,$\boldsymbol{E}_A$ 的大小反比于 x^3,较点电荷的场衰减得快.

(2) 参考图 9.9,求电偶极子中垂线上某点 $B(0,y)$处的场强($y\gg l$)

$$\boldsymbol{E}_B=\boldsymbol{E}_+ + \boldsymbol{E}_- = \frac{q}{4\pi\varepsilon_0 r_+^3}\boldsymbol{r}_+ + \frac{-q}{4\pi\varepsilon_0 r_-^3}\boldsymbol{r}_- = \frac{q(\boldsymbol{r}_+ - \boldsymbol{r}_-)}{4\pi\varepsilon_0\left(y^2+\frac{1}{4}l^2\right)^{3/2}}$$

$$=\frac{q(-\boldsymbol{l})}{4\pi\varepsilon_0\left(y^2+\frac{1}{4}l^2\right)^{3/2}}\approx\frac{q(-\boldsymbol{l})}{4\pi\varepsilon_0 y^3}=\frac{-\boldsymbol{p}_e}{4\pi\varepsilon_0 y^3}$$

即电偶极子中垂线上任意一点的场强是

$$\boldsymbol{E}_B=\frac{-\boldsymbol{p}_e}{4\pi\varepsilon_0 y^3} \tag{9.15}$$

$\boldsymbol{E}_B$ 的方向与电偶极矩 $\boldsymbol{p}_e$ 反向,$\boldsymbol{E}_B$ 的大小反比于 y^3(y 取正值),较点电荷的场衰减得快.

例 9.4 一均匀带电细圆环,半径为 R,所带总电量为 q(假设 $q>0$),求圆环轴线上与圆心相距为 x 的点 P 处的场强(图 9.10).

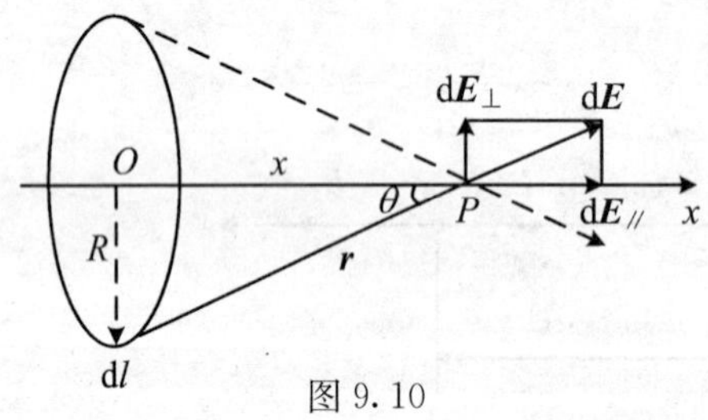

图 9.10

解 如图 9.10,在圆环上取电荷元 $\mathrm{d}q$,$\mathrm{d}q$ 在 P 点激发的电场强度 $\mathrm{d}\boldsymbol{E}$ 为 $\mathrm{d}\boldsymbol{E}=\mathrm{d}q\boldsymbol{r}/(4\pi\varepsilon_0 r^3)$.

将 $\mathrm{d}\boldsymbol{E}$ 沿垂直于轴线和平行于轴线两个方向分解,相应的分量分别为 $\mathrm{d}E_\perp$ 和 $\mathrm{d}E_{/\!/}$. 根据对称性,圆环上所有电荷的 $\mathrm{d}E_\perp$ 分量的矢量叠加为零. 因而,P 点的场强只有沿轴向的分量,即

$$\boldsymbol{E}=\boldsymbol{i}\oint_q \mathrm{d}E_{/\!/}=\boldsymbol{i}\oint_q \mathrm{d}E\cos\theta=\boldsymbol{i}\frac{\cos\theta}{4\pi\varepsilon_0 r^2}\oint_q \mathrm{d}q$$

$$=\frac{q\cos\theta}{4\pi\varepsilon_0 r^2}\boldsymbol{i}=\frac{qx}{4\pi\varepsilon_0\ (x^2+R^2)^{3/2}}\boldsymbol{i} \tag{9.16}$$

当 $q>0$ 时,轴线上的电场强度在圆环两侧均从环心指向外,当 $q<0$ 时,轴线上的电场强度在圆环两侧均指向环心. 在 $x\gg R$ 处,$(x^2+R^2)^{3/2}\approx x^3$,$\boldsymbol{E}$ 的大小为 $E=q/(4\pi\varepsilon_0 x^2)$,此式说明均匀带电圆环在轴线上远区的电场相当于一个点电荷 q 产生的电场. 由此可加深对点电荷概念的理解.

例 9.5　如图 9.11，试计算均匀带电薄圆盘轴线上与盘心相距为 x 的任意一点 P 处的场强，设薄圆盘的半径为 R，电荷面密度为 σ.

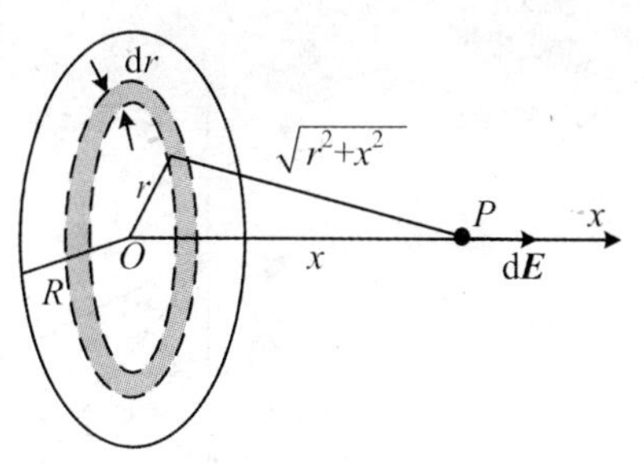

图 9.11

解　带电圆盘可看做是由许多同心的带电细圆环组成. 对于半径为 r、宽度为 $\mathrm{d}r$ 的圆环，其带电量为 $\mathrm{d}q=2\pi r\mathrm{d}r\cdot\sigma$，在轴线上任意一点 P 处产生的电场强度沿轴线方向，大小为

$$\mathrm{d}E=\frac{\mathrm{d}q\cdot x}{4\pi\varepsilon_0\,(x^2+r^2)^{3/2}}=\frac{2\pi r\mathrm{d}r\cdot\sigma\cdot x}{4\pi\varepsilon_0\,(x^2+r^2)^{3/2}}=\frac{\sigma\cdot x}{2\varepsilon_0}\cdot\frac{r\mathrm{d}r}{(x^2+r^2)^{3/2}}$$

由于组成带电圆盘的各带电圆环在 P 点产生的电场的方向相同，所以 P 点总场强为

$$E=\int_{\text{源}}\mathrm{d}E=\frac{\sigma x}{2\varepsilon_0}\int_0^R\frac{r\mathrm{d}r}{(x^2+r^2)^{3/2}}=\frac{\sigma x}{4\varepsilon_0}\times(-2)\times\frac{1}{\sqrt{x^2+r^2}}\bigg|_0^R$$

$$=-\frac{\sigma x}{2\varepsilon_0}\left(\frac{1}{\sqrt{R^2+x^2}}-\frac{1}{x}\right)=\frac{\sigma}{2\varepsilon_0}\left(1-\frac{x}{\sqrt{R^2+x^2}}\right)\qquad(9.17)$$

若 $R\to\infty$，即带电圆盘是一个无限大的带电平面，则

$$E=\frac{\sigma}{2\varepsilon_0}\qquad(9.18)$$

因此，"无限大"均匀带电平面产生的电场是一个均匀场(与 x 无关). 无限大均匀带电平面是一个理想模型. 对于比较大的均匀带电平面，在该平面附近的电场可以看成是均匀电场.

思考：在电荷面密度为 σ、半径为 R_2 的带电圆盘中心挖去一半径为 R_1 的圆盘，求轴线上的场强.

提示：解决此问题只要将式(9.17)中的积分上、下限改成 R_2 和 R_1.

答案：

$$E=\int_{\text{源}}\mathrm{d}E=\frac{\sigma x}{4\varepsilon_0}\times(-2)\,\frac{1}{\sqrt{x^2+r^2}}\bigg|_{R_1}^{R_2}=\frac{\sigma x}{2\varepsilon_0}\left(\frac{1}{\sqrt{x^2+R_1^2}}-\frac{1}{\sqrt{x^2+R_2^2}}\right)$$

例 9.6　如图 9.12，设有一均匀带电的直导线，长度为 b，总电量为 q. 在如图所示的直角坐标系中，用 $\boldsymbol{r}$ 表示带电直线到线外一点 P 的垂直位矢，用 θ_1 和 θ_2 分别表示 P 点和直线两端的连线与 x 轴之间的夹角，求 P 点的电场强度.

解　直导线上的电荷线密度为 $\lambda=q/b$. 对于直导线上坐标为 x 处长为 $\mathrm{d}x$ 的线元，其带电为 $\mathrm{d}q=\lambda\mathrm{d}x$，到场点 P 的矢径为 $\boldsymbol{l}$，在 P 处产生的电场强度为

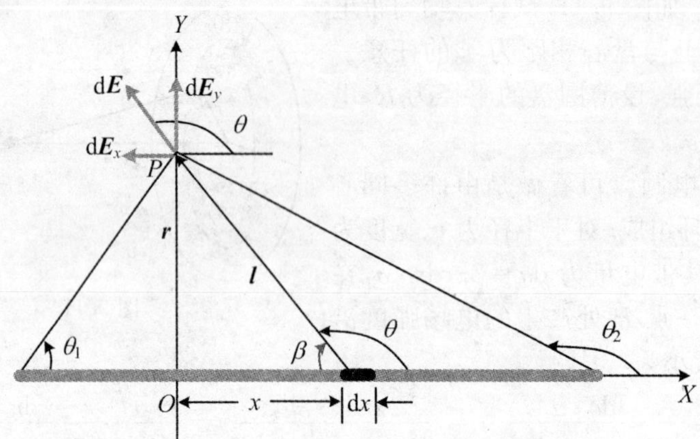

图 9.12 均匀带电的直导线产生的电场

$$\mathrm{d}\boldsymbol{E}=\frac{\mathrm{d}q}{4\pi\varepsilon_0 l^3}\boldsymbol{l}=\frac{\lambda\mathrm{d}x}{4\pi\varepsilon_0 l^3}\boldsymbol{l}$$

如图 9.12,此电场强度在坐标轴上的分量分别是

$$\mathrm{d}E_x=-\mathrm{d}E\cos\beta=-\mathrm{d}E\cos(\pi-\theta)=\mathrm{d}E\cos\theta=\frac{\lambda\mathrm{d}x}{4\pi\varepsilon_0 l^2}\cos\theta$$

$$\mathrm{d}E_y=\mathrm{d}E\sin\beta=\mathrm{d}E\sin(\pi-\theta)=\mathrm{d}E\sin\theta=\frac{\lambda\mathrm{d}x}{4\pi\varepsilon_0 l^2}\sin\theta$$

利用 $l=r/\sin\theta, x=r\cdot\cot(\pi-\theta)=-r\cdot\cot\theta, \mathrm{d}x=(r/\sin^2\theta)\mathrm{d}\theta$,有

$$\mathrm{d}E_x=\frac{\lambda\mathrm{d}x}{4\pi\varepsilon_0 l^2}\cos\theta=\frac{\lambda(r/\sin^2\theta)\mathrm{d}\theta}{4\pi\varepsilon_0(r/\sin\theta)^2}\cos\theta=\frac{\lambda}{4\pi\varepsilon_0 r}\cos\theta\mathrm{d}\theta$$

$$\mathrm{d}E_y=\frac{\lambda\mathrm{d}x}{4\pi\varepsilon_0 l^2}\sin\theta=\frac{\lambda(r/\sin^2\theta)\mathrm{d}\theta}{4\pi\varepsilon_0(r/\sin\theta)^2}\sin\theta=\frac{\lambda}{4\pi\varepsilon_0 r}\sin\theta\mathrm{d}\theta,$$

积分得

$$E_x=\int_L \mathrm{d}E_x=\frac{\lambda}{4\pi\varepsilon_0 r}\int_{\theta_1}^{\theta_2}\cos\theta\mathrm{d}\theta=\frac{\lambda}{4\pi\varepsilon_0 r}(\sin\theta_2-\sin\theta_1) \tag{9.19}$$

$$E_y=-\frac{\lambda}{4\pi\varepsilon_0 r}(\cos\theta_2-\cos\theta_1) \tag{9.20}$$

当直导线的长度 $b\gg r$ 时,问题转化为"无限长均匀带电细导线周围电场的分布"问题.对于无限长带电直线,$\theta_1\to0,\theta_2\to\pi$,相应地 $E_x=0, E_y=\lambda/(2\pi\varepsilon_0 r)$.

写成矢量形式即

$$E=\frac{\lambda}{2\pi\varepsilon_0 r^2}\boldsymbol{r}\quad\left(E=\frac{\lambda}{2\pi\varepsilon_0 r}\right) \tag{9.21}$$

讨论 对于长度为b、总电量为q的均匀带电直线，在与带电直线的中点的垂直距离为r的点P的电场强度，可以利用式(9.19)和(9.20)方便地计算. 如图9.13.

$$\sin\theta_1=\frac{r}{\sqrt{r^2+(b/2)^2}},\qquad \cos\theta_1=\frac{b/2}{\sqrt{r^2+(b/2)^2}}$$

$$\sin\theta_2=\sin(\pi-\theta_1)=\sin\theta_1,\quad \cos\theta_2=\cos(\pi-\theta_1)=-\cos\theta_1$$

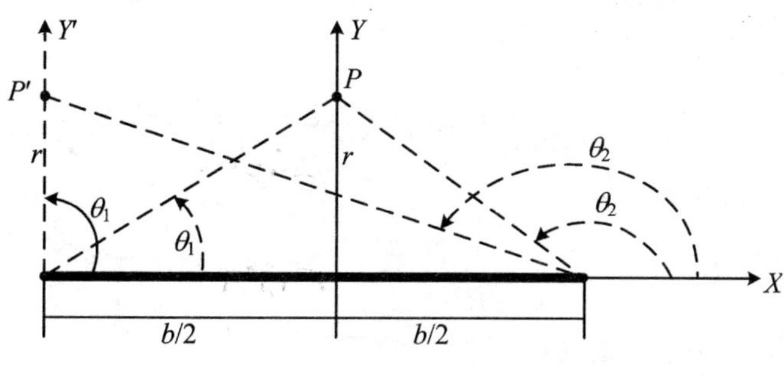

图 9.13

因此

$$E_x=\frac{\lambda}{4\pi\varepsilon_0 r}(\sin\theta_2-\sin\theta_1)=0$$

$$E_y=\frac{\lambda}{4\pi\varepsilon_0 r}(2\cos\theta_1)=\frac{\lambda}{4\pi\varepsilon_0 r}\frac{b}{\sqrt{r^2+(b/2)^2}}=\frac{q}{4\pi\varepsilon_0 r\sqrt{r^2+(b/2)^2}}$$

类似地，在与带电直线左端点的垂直距离为r的点P'的电场强度，也可以利用式(9.19)和(9.20)方便地计算.

$$\theta_1=\pi/2,\quad \sin\theta_1=1,\quad \cos\theta_1=0$$

$$\sin\theta_2=\sin(\pi-\theta_2)=\frac{r}{\sqrt{r^2+b^2}},\quad \cos\theta_2=-\cos(\pi-\theta_2)=-\frac{b}{\sqrt{r^2+b^2}}$$

$$E_x=\frac{\lambda}{4\pi\varepsilon_0 r}\left(\frac{r}{\sqrt{r^2+b^2}}-1\right),\quad E_y=-\frac{\lambda}{4\pi\varepsilon_0 r}\cos\theta_2=\frac{\lambda}{4\pi\varepsilon_0 r}\frac{b}{\sqrt{r^2+b^2}}$$

回顾与小结

电场强度的计算式

点电荷的电场

$$\boldsymbol{E}=\frac{q\boldsymbol{r}}{4\pi\varepsilon_0 r^3}\quad [\boldsymbol{E}\text{ 的方向与 }\boldsymbol{r}\text{ 平行}(q>0)\text{ 或反平行}(q<0)]$$

点电荷系的电场

$$\boldsymbol{E}=\sum_i \boldsymbol{E}_i=\sum_i \frac{q_i \boldsymbol{r}_i}{4\pi\varepsilon_i r_i^3},\quad \boldsymbol{E}_i=\frac{q_i \boldsymbol{r}_i}{4\pi\varepsilon_i r_i^3}$$

带电体的电场

$$\boldsymbol{E}=\int \mathrm{d}\boldsymbol{E}=\int \frac{\mathrm{d}q\boldsymbol{r}}{4\pi\varepsilon_0 r^3},\quad \mathrm{d}\boldsymbol{E}=\frac{\mathrm{d}q\boldsymbol{r}}{4\pi\varepsilon_0 r^3}$$

电场强度计算典型示例

均匀带电圆环轴线上的电场

$$E_x=\frac{qx}{4\pi\varepsilon_0 (x^2+R^2)^{3/2}}\quad (\boldsymbol{E}\text{ 的方向沿轴线})$$

均匀带电圆环轴线上的电场

$$E_x=\frac{\sigma}{2\varepsilon_0}\left(1-\frac{x}{\sqrt{R^2+x^2}}\right)\quad (\boldsymbol{E}\text{ 的方向沿轴线})$$

无限大均匀带电平面的电场

$$E=\frac{\sigma}{2\varepsilon_0}\quad (\boldsymbol{E}\text{ 的方向与带电平面垂直})$$

均匀带电的直导线的电场(见图9.14)

$$E_x=\frac{\lambda}{4\pi\varepsilon_0 r}(\sin\theta_2-\sin\theta_1),\quad E_y=-\frac{\lambda}{4\pi\varepsilon_0 r}(\cos\theta_2-\cos\theta_1)$$

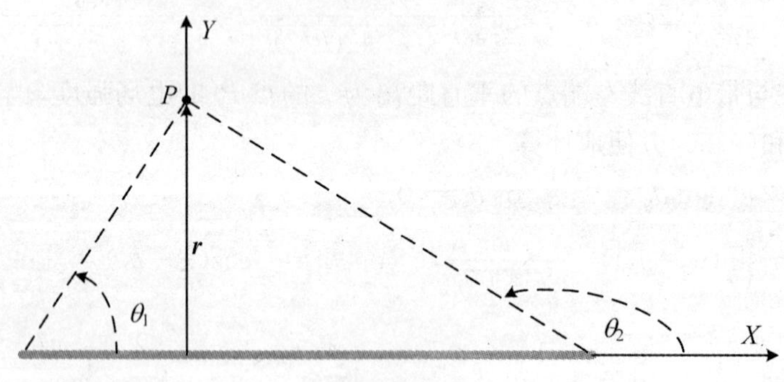

图9.14

无限长带电直线的电场(对于无限长带电直线,$\theta_1\to 0$,$\theta_2\to\pi$)

$$E_x=0,\quad E_y=\frac{\lambda}{2\pi\varepsilon_0 r}$$

E 的方向与带电直线垂直.

9.3 电　场　线

9.3.1　电场线

描述电场最精确的方法，是给出电场强度 $\boldsymbol{E}$ 的分布函数. 这种描述方法虽然精确但不够直观. 一种形象且直观地描述电场在空间分布的方法，是在电场中画出电场线.

在电场中画出一系列假想的曲线，使曲线上每一点的切线方向与该点电场强度 $\boldsymbol{E}$ 的方向相同(图 9.15a)，这些假想的曲线称为电场线. 为了使电场线也能直观地描述场强的大小，我们引入**电场线密度**的概念. 电场中某点的电场线密度定义为：穿过某点附近与电场线垂直的单位面元的电场线的条数. 规定某点的电场线密度与该点的场强大小成正比.

如图 9.15b，在电场中某点附近取一与电场线垂直的面元 $\mathrm{d}S_{\perp}$，设穿过它的电场线数为 $\mathrm{d}N$，则电场线密度为 $\mathrm{d}N/\mathrm{d}S_{\perp}$. 按上述定义，该点电场强的大小可表示为

$$E = K\frac{\mathrm{d}N}{\mathrm{d}S_{\perp}} \tag{9.22}$$

式中 K 为大于零的比例常数(单位：米 · 伏 · 条$^{-1}$)，为了研究问题的方便，我们把 K 取为 1. 标准的电场线图均是按此规定绘制的.

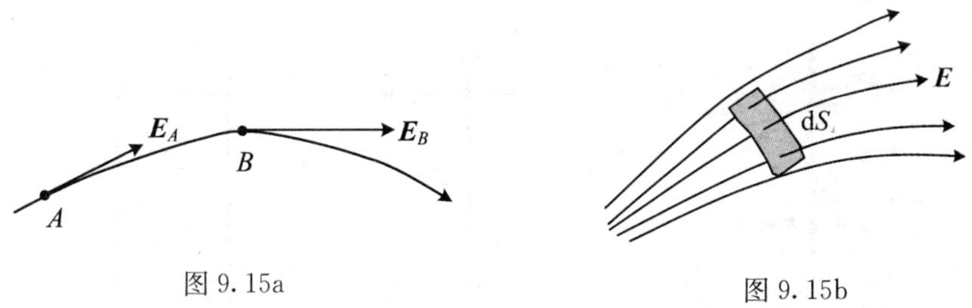

图 9.15a　　　　图 9.15b

目前为止，我们可绘出三种带电体电场中的电场线. 这三种带电体即：点电荷、无限长均匀带电直线、无限大均匀带电平面. 现分述如下：

(1) 点电荷的电场是 $\boldsymbol{E}=\dfrac{q\boldsymbol{r}}{4\pi\varepsilon_0 r^3}$，电场线是以点电荷为球心的球体内的径

线，方向或者沿球心外指（$q>0$）或者指向球心（$q<0$），电场线的剖面图如图9.16所示.立体图可通过绕任一直径转360°而得到.电场线的这种分布具有球对称性.

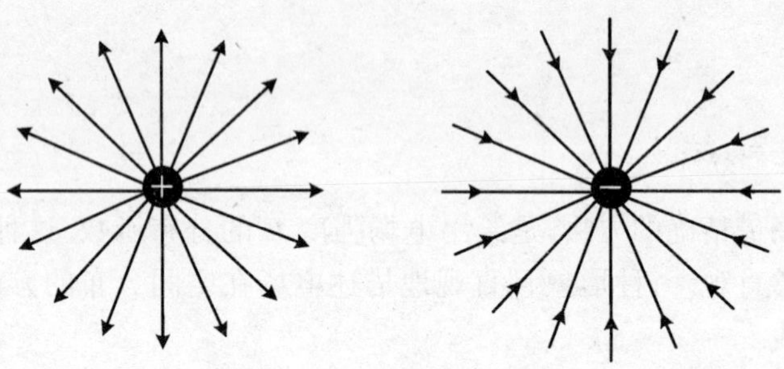

图9.16　点电荷的电场线

（2）无限长均匀带电直导线电场［见式(9.21)］的电场线是以带电直线为轴线的圆柱体内与轴垂直的经线，如图9.17a所示.任一横截面上的电场线分布均成辐射状.这种电场线分布具有轴对称性.

（3）无限大均匀带电平面电场［见式(9.18)］的电场线是与板面垂直的一组平行直线，示意图如图9.17b.依据场强叠加原理，我们可以进一步得到电荷密度分别为$\pm\sigma$（$\sigma>0$）的两个平行的无限大均匀带电板所产生的电场，即：在两板的外侧，电场强度为零；在两板之间，电场强度的方向与板面垂直，且由带正电的平板指向带负电的平板（图9.17c），大小是

$$E=\frac{\sigma}{\varepsilon_0}\tag{9.23}$$

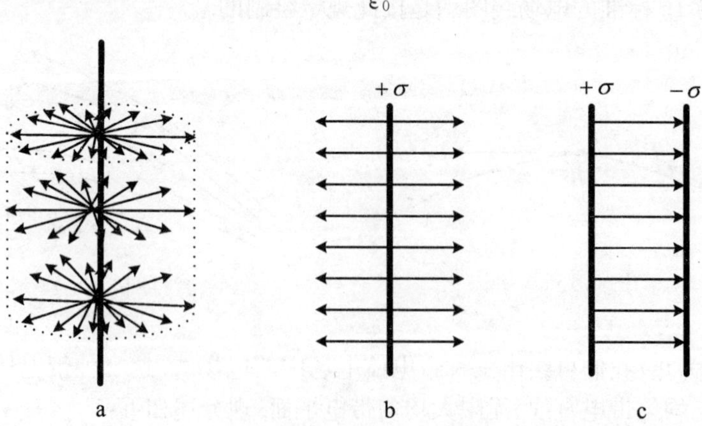

图9.17

9.3.2　静电场电场线的性质

静电场的电场线具有如下基本性质:

性质 1　静电场的电场线发自正电荷(或无穷远),终止于负电荷(或无穷远),在没有电荷的地方不中断(场强为零的奇异点——导体内除外). 我们将在学习过静电场的高斯定理后对此性质作进一步说明.

性质 2　电场线不构成闭合曲线. 这一性质是静电场环路定理的必然推论,其证明将在学习完静电场的环路定理后给出.

性质 3　任何两条电场线不会相交. 如果两条电场线相交,那么在相交点就会出现两个切线方向,这与静电场中任何一点的电场强度 $\boldsymbol{E}$ 只有一个方向相矛盾.

9.4　静电场的高斯定理

9.4.1　电通量

在电场中取一微小面积元 $\mathrm{d}S$,用 $\boldsymbol{e}_{\mathrm{n}}$ 表示 $\mathrm{d}S$ 法线方向上的单位矢量,则 $\mathrm{d}\boldsymbol{S}=\mathrm{d}S\boldsymbol{e}_{\mathrm{n}}$ 称为有向面积元.设 $\mathrm{d}S$ 上的电场强度为 E,我们把

$$\mathrm{d}\Phi_E=\boldsymbol{E}\cdot\mathrm{d}\boldsymbol{S}=E\mathrm{d}S\cos\theta\quad(\theta\text{ 是 }\boldsymbol{e}_{\mathrm{n}}\text{ 与 }\boldsymbol{E}\text{ 之间的夹角})\tag{9.24}$$

称为通过有向面积元 $\mathrm{d}\boldsymbol{S}$ 的电通量(或称 $\boldsymbol{E}$ 通量)(electric flux).按式(9.22),通过电场中某点附近与电场线垂直的面元 $\mathrm{d}S_{\perp}$ 的电场线数为 $\mathrm{d}N=E\mathrm{d}S_{\perp}$,而 $\mathrm{d}S\cos\theta=\pm\mathrm{d}S_{\perp}$(如图 9.18),当电场顺着 $\mathrm{d}\boldsymbol{S}$ 方向通过 $\mathrm{d}S$,亦即 $0\leqslant\theta\leqslant\pi/2$ 时,$\mathrm{d}S\cos\theta=+\mathrm{d}S_{\perp}$;当电场线逆着 $\mathrm{d}\boldsymbol{S}$ 方向通过 $\mathrm{d}S$,亦即 $0\leqslant\theta\leqslant\pi/2$ 时,$\mathrm{d}S\cos\theta=-\mathrm{d}S_{\perp}$,因此

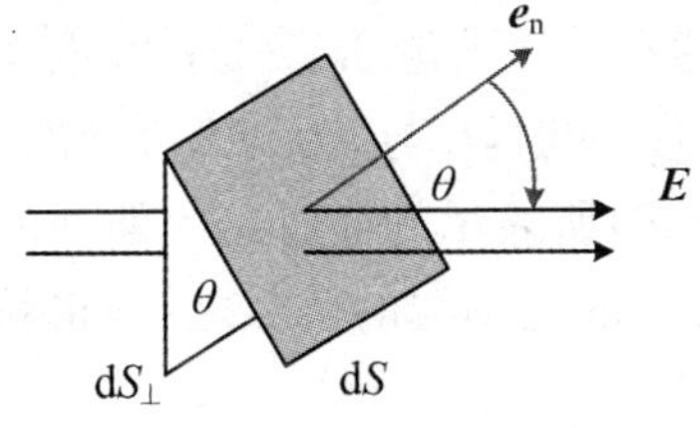

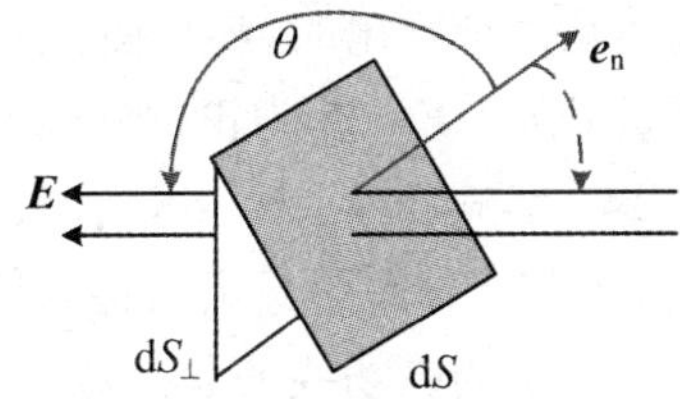

图 9.18　电通量

$$\mathrm{d}\Phi_E = \boldsymbol{E}\cdot\mathrm{d}\boldsymbol{S} = E\mathrm{d}S\cos\theta = \pm E\mathrm{d}S_{\perp} = \pm\,\mathrm{d}N$$

即:电通量 $\mathrm{d}\Phi_E$ 在量值上等于通过电场中有向面积元 $\mathrm{d}\boldsymbol{S}$ 的电场线的条数乘以 $+1$ 或 -1.

在电场中,通过任意曲面 $\boldsymbol{S}$(图 9.19)的电通量定义为通过该曲面上各有向面积元 $\mathrm{d}\boldsymbol{S}$ 的电通量的代数和,即

$$\Phi_E = \iint_S \mathrm{d}\Phi_E = \iint_S \boldsymbol{E}\cdot\mathrm{d}\boldsymbol{S} \tag{9.25}$$

这样的积分在数学上叫面积分,积分号下标 S 表示积分遍及整个曲面.

如果这个曲面是闭合的(如图 9.20),则通过一个封闭曲面 $\boldsymbol{S}$ 的电通量表示为

$$\Phi_E = \oiint_S \boldsymbol{E}\cdot\mathrm{d}\boldsymbol{S} \tag{9.26}$$

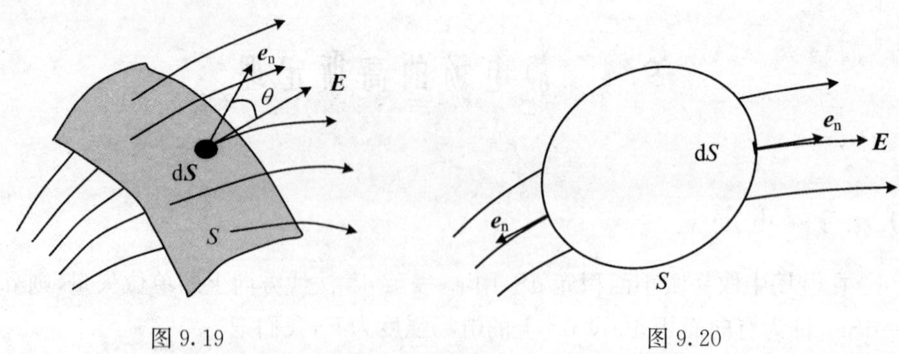

图 9.19　　　　图 9.20

符号“$\oiint_S$”表示对整个封闭曲面进行积分. 电通量 Φ_E 是标量,其单位是 $\mathrm{N\cdot m^2\cdot C^{-1}}$.

需要说明的是:对于非闭合曲面,面上各处的单位法矢量 $\boldsymbol{e}_\mathrm{n}$ 的正方向可以任意取这一侧或那一侧,视方便而定. 对于闭合曲面,由于它把整个空间划分为内、外两部分,所以一般规定:自内向外的方向为各处面元的法向正方向. 因此,当电场线从内部穿出时,$\boldsymbol{E}$ 与面元 $\mathrm{d}\boldsymbol{S}$ 之间的夹角 θ 满足 $0\leqslant\theta\leqslant\pi/2$,该面元上的电通量 $\mathrm{d}\Phi_E=\boldsymbol{E}\cdot\mathrm{d}\boldsymbol{S}$ 为正;当电场线从外面穿入时,$\boldsymbol{E}$ 与面元 $\mathrm{d}\boldsymbol{S}$ 之间的夹角 θ 满足 $\pi/2\leqslant\theta\leqslant\pi$,$\mathrm{d}\Phi_E=\boldsymbol{E}\cdot\mathrm{d}\boldsymbol{S}$ 为负. 公式(9.26)所表示的通过封闭曲面的电通量 Φ_E 可形象地理解为穿出与穿入闭合曲面 S 的电场线的条数之差,也就是净穿出封闭曲面的电场线的总条数.

作为式(9.25)的特例,我们很容易写出在均匀电场中通过一个平面的电通量的简化计算式,即

$$\Phi_E = \boldsymbol{E} \cdot \boldsymbol{S} = ES\cos\theta \tag{9.27}$$

例 9.7　在点电荷 q 的电场中，以点电荷所在点 O 为球心作一半径为 r 的球面，求通过此球面的电通量.

解　易得

$$\Phi_E = \oint\!\!\!\oint_S \boldsymbol{E} \cdot \mathrm{d}\boldsymbol{S} = \oint\!\!\!\oint_S E\cos\theta\mathrm{d}\boldsymbol{S} = \oint\!\!\!\oint_S E\cos 0°\mathrm{d}\boldsymbol{S}$$

$$= \frac{q}{4\pi\varepsilon_0 r^2}\oint\!\!\!\oint_S \mathrm{d}\boldsymbol{S} = \frac{q}{4\pi\varepsilon_0 r^2} \cdot 4\pi r^2 = \frac{q}{\varepsilon_0}$$

例 9.8　在电荷线密度为 λ 的长直线的电场中，以长直线为轴线，作一半径为 r，高度为 a 的圆柱面. 该圆柱面的侧面及上下两底面围成一个闭合面 S. 求通过 S 的电通量.

解　通过此柱面上下底的电通量 $\Phi_E'=0$，通过侧面的电通量为

$$\Phi_E'' = \iint_{\text{侧面}} \boldsymbol{E} \cdot \mathrm{d}\boldsymbol{S} = \iint_{\text{侧面}} E\cos 0°\mathrm{d}\boldsymbol{S} = E\iint_{\text{侧面}} \mathrm{d}\boldsymbol{S} = \frac{\lambda}{2\pi\varepsilon_0 r} \cdot 2\pi ra = \frac{\lambda a}{\varepsilon_0}$$

故通过闭合面 S 的电通量为 $\Phi_E = \Phi_E' + \Phi_E'' = \dfrac{\lambda a}{\varepsilon_0}$.

9.4.2　静电场的高斯定理

以德国物理学家和数学家高斯(K. F. Gauss, 1777～1855)命名的静电场的“高斯定理”(Gauss’s Law)回答了闭合曲面上的 $\boldsymbol{E}$ 通量和场源电荷之间的关系问题. 由于任何带电体系都可看成是点电荷的集合，所以，我们先从点电荷的电场出发推导这种关系.

由例 9.7 可知：在真空中，对于以点电荷 q 所在点为中心的任意球面 S，通过它们的电通量都一样，都是 q/ε_0. 该结论与球面半径 r 无关，只与它所包围的电荷的电量有关. 根据电通量的定义，该结论表示穿过 S 的电场线的条数为 $|q|/\varepsilon_0$. 当 $q>0$ 时，电场线穿出；否则，穿入. 那么，对于包围点电荷 q 的任意闭合曲面 S(如图 9.21)，通过它的电通量 Φ_E 为多少呢？我们可围绕该点电荷作一同心球面 S_0，根据例题 9.7 的结论，穿过 S_0 的电场线的条数应为 q/ε_0. 由于静电场的电场线在无电荷的地方不中断，因此穿过 S 的电场线的条数与穿过 S_0 的电场线的条数相等，即对于包围点电荷 q 的任意闭合曲面 S，通过它的电通量都是 $\Phi_E=q/\varepsilon_0$.

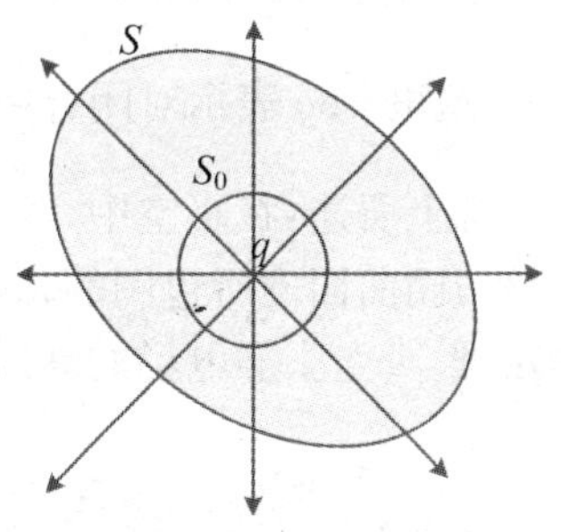

图 9.21

当任意闭合曲面 S 不包围点电荷 q 时(图 9.22),从 q 发出(或终止在 q 上)的电场线如果穿过 S 的话,一定是穿过两次,一进一出,即净穿过 S 的电场线条数为零.故当闭合曲面 S 不包围点电荷时,通过它的电通量为 $\Phi_E=0$.

图 9.23 表示一个由 $q_1,q_2,\cdots,q_n$ 共 n 个点电荷组成的点电荷系.用 Φ_{Ei} 表示第 i 个点电荷单独存在时通过闭合曲面 S 的电通量.由上述关于单个点电荷通过闭合曲面的电通量的结论可知:当第 i 个点电荷在闭合曲面 S 内时,$\Phi_{Ei}=\oiint_S \boldsymbol{E}_i\cdot \mathrm{d}\boldsymbol{S}=q_i/\varepsilon_0$;当第 i 个点电荷在闭合曲面 S 外时,$\Phi_{Ei}=\oiint_S \boldsymbol{E}_i\cdot \mathrm{d}\boldsymbol{S}=0$.

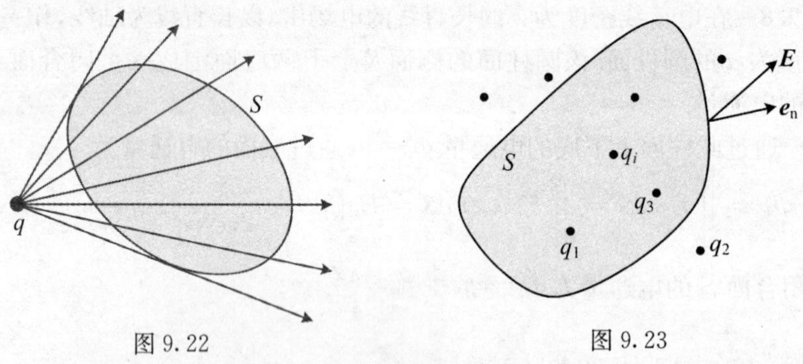

图 9.22　　图 9.23

在由 $q_1,q_2,\cdots,q_n$ 共 n 个点电荷组成的点电荷系的电场中,通过任意一闭合曲面 S 的电通量可以表示为

$$\Phi_E=\oiint_S \boldsymbol{E}\cdot \mathrm{d}\boldsymbol{S}=\oiint_S \sum_i \boldsymbol{E}_i\cdot \mathrm{d}\boldsymbol{S}=\sum_i \oiint_S \boldsymbol{E}_i\cdot \mathrm{d}\boldsymbol{S}=\sum_i \Phi_{Ei}=\sum_{\text{int}} q_i/\varepsilon_0$$

其中 $\sum\limits_{\text{int}} q_i$ 表示对闭合曲面 S 内的电量求和.对于宏观带电体,$\sum\limits_{\text{int}} q_i$ 可以写成 $\int_{S内}\mathrm{d}q$,这里 $\int_{S内}\mathrm{d}q$ 表示对闭合曲面 S 内的电荷求和.

综上所述:在真空中,对于任意静电场,通过任意封闭曲面 S 的电通量,等于该封闭曲面内所包围的总电荷量的 $1/\varepsilon_0$ 倍.这个结论称为**真空中静电场的高斯定理**.真空中静电场的高斯定理可表达成如下数学形式

$$\oiint_S \boldsymbol{E}\cdot \mathrm{d}\boldsymbol{S}=\frac{q_{\text{int}}}{\varepsilon_0} \tag{9.28}$$

其中 $q_{\text{int}}=\sum\limits_{\text{int}} q_i$ 或 $q_{\text{int}}=\int_{S内}\mathrm{d}q$ 表示闭合曲面内所有电荷的电量的代数和.

对真空中静电场的高斯定理的理解应注意以下几点:① 任意闭合曲面 S 叫高斯面.② 高斯定理表达式(9.28)中,等号左边的 $\boldsymbol{E}$ 是高斯面上面元 $\mathrm{d}\boldsymbol{S}$ 处的场强,它是由全部电荷(包括面内、外的电荷)共同产生的总场强,并非只是由

封闭面内的电荷产生的场强. ③ 通过高斯面的电通量有正负之分，其正、负只取决于封闭曲面所包围的电荷量的代数和. ④ 静电场的高斯定理说明静电场为有源场.

对静电场来讲，场强叠加原理和高斯定理并不是相互独立的，而是用不同的形式表示的电场与场源电荷关系的同一客观规律. 场强叠加原理使我们在电荷分布已知的情况下，能求出场强的分布，而高斯定理使我们在电场强度分布已知时，能求出任意区域内的电荷. 然而，当电荷分布具有某种高度对称性时，也可用高斯定理求出空间电场的分布，但必须注意：利用高斯定理只能求强度的大小，至于场强的方向，一般要靠对称性分析得出，而对称性分析的基础是场强叠加原理. 我们将会看到，对于某些问题，利用高斯定理求场强的方法在数学上要比库仑定律简便得多.

9.4.3　高斯定理的应用举例

在一个惯性参考系中，当静止的电荷分布具有某种高度对称性时，可以应用高斯定理求场强的分布. 这种方法一般包含以下几个步骤：

(1) 根据电荷分布的对称性，利用场强叠加原理分析场强的方向和场强分布的对称性；

(2) 作一个合适的高斯面，求出高斯面内的总电荷 q_{int}；

(3) 应用高斯定理 $\oiint_S \boldsymbol{E}\cdot \mathrm{d}\boldsymbol{S} = q_{\text{int}}/\varepsilon_0$ 计算场强的大小，继而给出矢量表达式. 这一方法的关键是如何作一个合适的闭合曲面(即高斯面)，以便能够使上述积分公式左边中的 $\boldsymbol{E}$ 能以标量的形式从积分号内提出来.

例 9.9　球对称性情形. 如图 9.24a 所示，设在真空中，有一均匀带电球体，半径为 R，带电总量为 Q，求球面内外空间各点的场强.

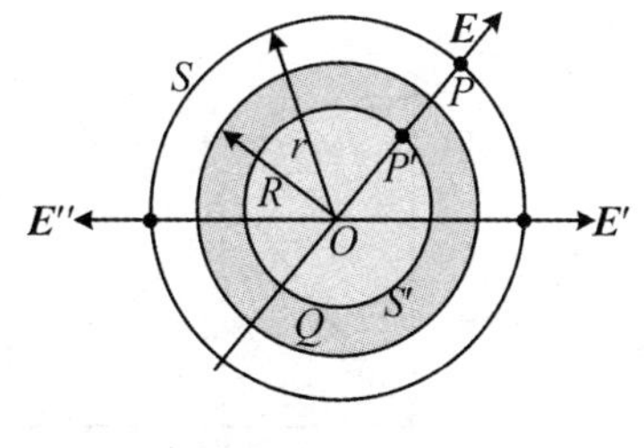

图 9.24a

解　对称性分析：过球外任意一点 P，作直径 OP，将带电球面分成与 OP 垂直的一个个带电圆盘(或者带电圆环)，由带电圆盘(或者带电圆环)在轴线上的场和叠加原理可知，$\boldsymbol{E}$ 的分布具有如下对称性：① 同一球面 S 上任一点处 $\boldsymbol{E}$ 的方向沿 S 在该点的法线方向；② 同一球面 S 上各不同点之 $\boldsymbol{E}$ 的大小相等. 这种对称性称为球对称性.

球外任一点 $P(r \geqslant R)$：过 P 作半径为 r 的同心球面 S(高斯面)，根据高斯

定理得

$$\oiint_S \boldsymbol{E}\cdot d\boldsymbol{S}=\oiint_S E\,dS=E\oiint_S dS=E\cdot 4\pi r^2=\frac{Q}{\varepsilon_0}$$

$$E=\frac{Q}{4\pi\varepsilon_0 r^2}\quad (r\geqslant R)$$

球内任一点 $P'(r\leqslant R)$:过 P' 作半径为 r 的同心球面 S'(高斯面),根据高斯定理得

$$\oiint_{S'} \boldsymbol{E}\cdot d\boldsymbol{S}=\frac{Q'}{\varepsilon_0}=\frac{1}{\varepsilon_0}\frac{4}{3}\pi r^3\frac{Q}{\frac{4}{3}\pi R^3}=\frac{1}{\varepsilon_0}\frac{r^3}{R^3}Q$$

$$E=\frac{Q}{4\pi\varepsilon_0 R^3}\boldsymbol{r}$$

考虑到空间各点场的大小和方向,有

$$E=E(r)=\begin{cases}\dfrac{Q}{4\pi\varepsilon_0 R^3}\boldsymbol{r} & (r\leqslant R)\\[2ex] \dfrac{Q}{4\pi\varepsilon_0 r^3}\boldsymbol{r} & (r>R)\end{cases}\tag{9.29}$$

这表明,在均匀带电球体内部各点场强的大小与径矢大小成正比. 均匀带电球体的 $E\sim r$ 曲线如图 9.24b,球体表面上(即 $r=R$ 处),场强数值是连续的.

类似的情形还有:半径为 R 的带电总量为 Q 的球面周围空间的电场

$$E=E(r)=\begin{cases}0 & (r<R)\\[2ex] \dfrac{Q\boldsymbol{r}}{4\pi\varepsilon_0 r^3} & (r>R)\end{cases}\tag{9.30}$$

均匀带电球面的 $E\sim r$ 曲线如图 9.24c 球面上(即 $r=R$ 处)场强数值是不连续的.

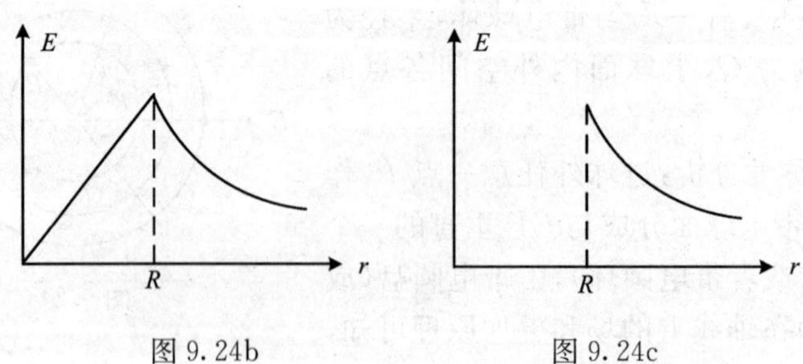

图 9.24b 图 9.24c

思考:内外半径分别为 R_1 和 R_2、带电为 Q 的球壳的电场.

答案:

$$\boldsymbol{E}=\boldsymbol{E}(r)=\begin{cases}0 & (r<R_1)\\ \dfrac{Q(r^3-R_1^3)\boldsymbol{r}}{4\pi\varepsilon_0(R_2^3-R_1^3)r^3} & (R_1<r<R_2)\\ \dfrac{Q\boldsymbol{r}}{4\pi\varepsilon_0 r^3} & (r>R_2)\end{cases}$$

例 9.10　柱对称性情形.求半径为 R、电荷线密度为 λ 的无限长均匀带电柱面(图 9.25a)的电场.

解　先分析中垂面上的 $\boldsymbol{E}$ 线分布图(图 9.25b).把柱面看成是直线的集合,则由叠加原理可知中垂面上任一点 $\boldsymbol{E}$ 的方向沿着径向,且同一圆周上各点 $\boldsymbol{E}$ 的大小相等.又由于柱面是无限长的,因而任一个横截面均为中垂面.由此可知,$\boldsymbol{E}$ 的分布具有如下对称性:① 空间各点 $\boldsymbol{E}$ 的方向与轴线垂直;② 同一柱面上(与带面柱面同轴的柱面)上各点 $\boldsymbol{E}$ 的大小相等.这种对称性称为轴对称性.

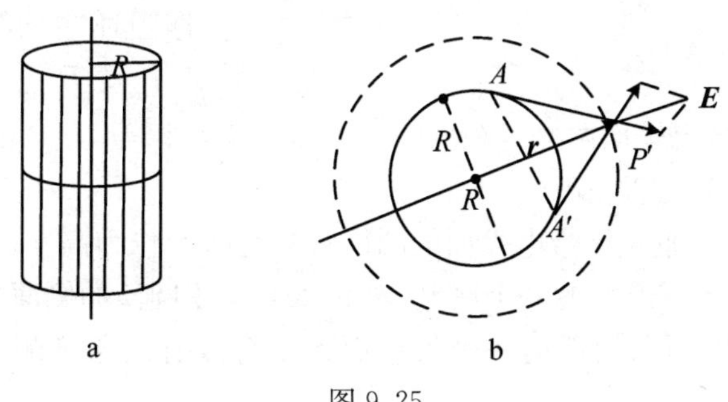

图 9.25

当 $r>R$ 时,取与带电柱面同轴的圆柱面 S 为高斯面(能否取球面?),根据高斯定理有

$$\oint\!\!\!\oint_S \boldsymbol{E}\cdot\mathrm{d}\boldsymbol{S}=\iint_{\text{侧面}}\boldsymbol{E}\cdot\mathrm{d}\boldsymbol{S}+\iint_{\text{上下底}}\boldsymbol{E}\cdot\mathrm{d}\boldsymbol{S}=2\pi rlE+0=\frac{l\lambda}{\varepsilon_0}$$

$$E=\frac{\lambda}{2\pi\varepsilon_0 r}$$

同理,当 $r<R$ 时,$E=0$.综合考虑电场的大小和方向,可得带电柱面内外各点的 $\boldsymbol{E}$ 为

$$\boldsymbol{E}=\boldsymbol{E}(r)=\begin{cases}0 & (r<R)\\ \dfrac{\lambda\boldsymbol{r}}{2\pi\varepsilon_0 r^2} & (r>R)\end{cases}\tag{9.31}$$

从式(9.31)可以看出,带电柱面内、外的电场不连续.

类似的情形还有:电荷体密度为 ρ(单位长度上的电量为 $\lambda=\pi R^2\rho$)、半径为 R 的无限长均匀带电圆柱体的电场

$$\boldsymbol{E}=\boldsymbol{E}(r)=\begin{cases}\dfrac{\rho}{2\varepsilon_0}\boldsymbol{r}=\dfrac{\lambda\boldsymbol{r}}{2\pi\varepsilon_0 R^2} & (r\leqslant R)\\ \dfrac{\rho R^2}{2\varepsilon_0 r^2}\boldsymbol{r}=\dfrac{\lambda}{2\pi\varepsilon_0 r^2}\boldsymbol{r} & (r\geqslant R)\end{cases}\tag{9.32}$$

例 9.11　面对称性情形. 求电荷面密度为 σ 的无限大均匀带电平面的电场(图 9.26).

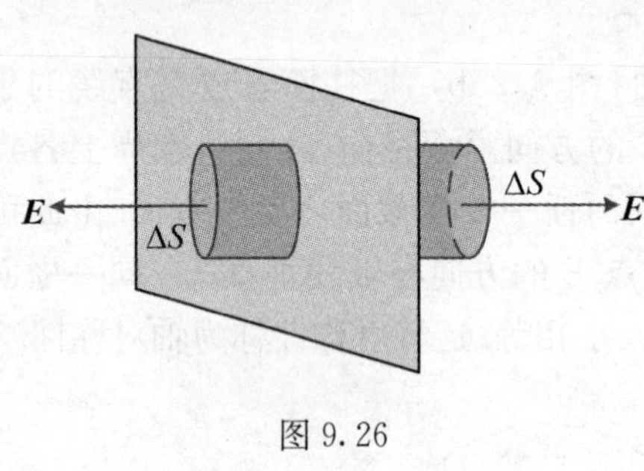

图 9.26

解　先作对称性分析. 过场点 P 作平面的垂线,以垂足为圆心(对于无限大平面,任一垂足为平面的中心),在无限大带电平面上可作无限多个同心带电圆环. 可以认为 P 的场强是由无限多个带电圆环在该点产生的电场的叠加. 根据圆环在轴线上产生电场的规律可知,任意 P 点的场强垂直于带电平面,且在带电平面两侧等距离的点上 $\boldsymbol{E}$ 的大小相等、方向相反. 电场的这种对称性称为面对称性.

选取一个其轴垂直于带电平面的圆筒式封闭面 S 作为高斯面,带电平面平分此圆筒,场点 P 位于 S 的一个底上(图 9.26). 由于圆筒的侧面上各点的 $\boldsymbol{E}$ 与侧面平行(即与侧面上的任何一个矢量面元垂直),所以通过侧面的电通量为零,即运用高斯定理得

$$2E\Delta S=\frac{\sigma\Delta S}{\varepsilon_0}$$

无限大均匀带电平面两侧的电场各自是均匀的. 取 $\boldsymbol{e}_{\mathrm{n}}$ 表示背离带电平面的单位矢量,则有

$$\boldsymbol{E}=\frac{\sigma}{2\varepsilon_0}\boldsymbol{e}_{\mathrm{n}}\tag{9.33}$$

与例 9.5 的结果式(9.18)相同.

总结前面的几个例题可以看出,只有当电荷分布具有高度对称性时,其场的分布才具有高度对称性,也才能用高斯定理求出场强. 虽然这类问题并不多,但仅有的几个特例所得出的结果都是非常重要的. 这些结果的实际意义往往不限于这些特例本身,很多实际问题都可以用它们作近似的估计. 就拿"无限长带电棒"和"无限大带电平面"来讲,虽然现实中没有无限大的带电体系,但对于有限长的棒和有限大的带电面附近的地方,只要不太靠近端点或边缘,上述特例的结论都是很好的近似.

不具有特定对称性的电荷分布，其电场不能直接利用高斯定理求出. 当然这决不是说高斯定理对这些电荷分布不成立. 另外，对某些带电体系来说，如果其中每个带电体上的电荷分布都具有对称性，那么可以利用高斯定理求出每个带电体的电场，然后再应用场强叠加原理求出整个带电体系的总电场分布，平板导体组带电就是典型的例子.

最后，我们利用静电场的高斯定理来证明电场线的性质 1，即静电场的电场线发自正电荷，终止于负电荷.

如图 9.27，设静电场中某点 P 处有电场线发出. 现在证明该点有正电荷. 包围 P 作一个闭合曲面 S，则从 P 点发出的电场线一定从该闭合曲面穿出，因此 $\Phi_E > 0$. 由静电场的高斯定理得：$\Phi_E = \oiint_S \boldsymbol{E} \cdot \mathrm{d}\boldsymbol{S} = q/\varepsilon_0 > 0$. 可知 S 内必有正电荷，即电场线发自正电荷. 同理可证静电场的电场线终止于负电荷.

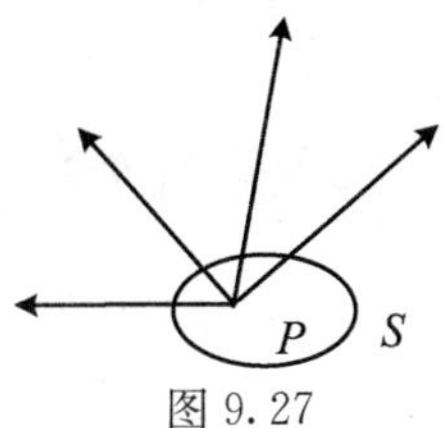

图 9.27

9.5　静电场的环路定理

电场对电荷有力的作用，当电荷在电场中移动时，电场力就要作功. 研究静电力作功的规律，对了解静电场的性质有着重要的意义.

9.5.1　静电场的环路定理

先讨论点电荷 Q 的静电场力作功的问题. 如图 9.28a，试探电荷 q_0 从静电场中的 A 点沿任意路径移动到 B 点的过程中，静电力作的功为(注意 $\mathrm{d}\boldsymbol{l}=\mathrm{d}\boldsymbol{r}$)

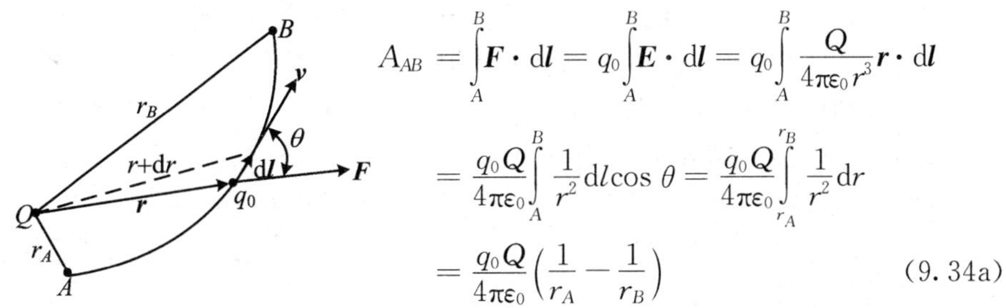

$$
\begin{aligned}
A_{AB} &= \int_A^B \boldsymbol{F} \cdot \mathrm{d}\boldsymbol{l} = q_0 \int_A^B \boldsymbol{E} \cdot \mathrm{d}\boldsymbol{l} = q_0 \int_A^B \frac{Q}{4\pi\varepsilon_0 r^3} \boldsymbol{r} \cdot \mathrm{d}\boldsymbol{l} \\
&= \frac{q_0 Q}{4\pi\varepsilon_0} \int_A^B \frac{1}{r^2} \mathrm{d}l \cos\theta = \frac{q_0 Q}{4\pi\varepsilon_0} \int_{r_A}^{r_B} \frac{1}{r^2} \mathrm{d}r \\
&= \frac{q_0 Q}{4\pi\varepsilon_0} \left(\frac{1}{r_A} - \frac{1}{r_B} \right)
\end{aligned} \tag{9.34a}
$$

图 9.28a　点电荷电场中静电力作功的计算

此结果说明：试探电荷 q_0 在点电荷 Q 的静电场中运动的过程中，静电力对其作的功只取决于被移动电荷的电量及其起点和终点的位置,而与其移动的路径无关.这个结论可简单表述成:**静电力作功与路径无关**.

如果是在点电荷系 $q_1,q_2,\cdots,q_i,\cdots,q_n$ 的静电场中将试探电荷 q_0 从 A 点沿任意路径移动到 B 点,那么借助场强叠加原理很容易得知:在此过程中,q_0 所受的总的静电力作的功与路径无关.

如图 9.28b 所示,在点电荷系的电场中,任一点的电场强度可以表示个各点电荷在该点所产生的电场强度的矢量和,即 $\boldsymbol{E}=\boldsymbol{E}_1+\boldsymbol{E}_2+\cdots+\boldsymbol{E}_n$,于是,在点电荷系的电场中,电场力作的功可以表示为

$$
\begin{aligned}
A_{AB} &= \int_a^b q_0\boldsymbol{E}\cdot \mathrm{d}\boldsymbol{l} = \int_a^b q_0\boldsymbol{E}_1\cdot \mathrm{d}\boldsymbol{l} + \int_a^b q_0\boldsymbol{E}_2\cdot \mathrm{d}\boldsymbol{l} + \cdots + \int_a^b q_0\boldsymbol{E}_n\cdot \mathrm{d}\boldsymbol{l} \\
&= \frac{q_0q_1}{4\pi\varepsilon}\left(\frac{1}{r_{1a}}-\frac{1}{r_{1b}}\right) + \frac{q_0q_2}{4\pi\varepsilon}\left(\frac{1}{r_{2a}}-\frac{1}{r_{2b}}\right) + \cdots + \frac{q_0q_n}{4\pi\varepsilon}\left(\frac{1}{r_{na}}-\frac{1}{r_{nb}}\right) \\
&= q_0\sum_{i=1}^{n}\frac{q_i}{4\pi\varepsilon}\left(\frac{1}{r_{ia}}-\frac{1}{r_{ib}}\right) = \sum_i \frac{q_0q_i}{4\pi\varepsilon r_{ia}} - \sum_i \frac{q_0q_i}{4\pi\varepsilon r_{ib}}
\end{aligned}
\tag{9.34b}
$$

其值与具体路径无关,只与起止位置有关.

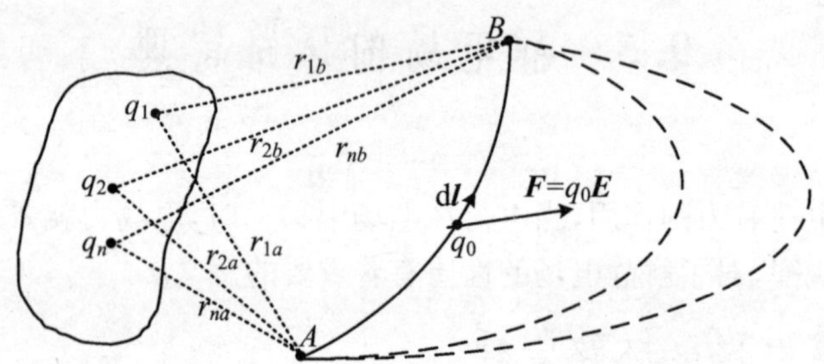

图 9.28b 点电荷系电场中静电力作功的计算

连续带电体可看做无数电荷元的集合,每一个电荷元都可等效成一个点电荷,因而在连续带电体产生的电场中,同样会得出静电力作功与路径无关的结论.

综上所述,试探电荷 q_0 在任意静电场中运动的过程中,电场力对 q_0 作的功只与 q_0 的量值和路径的始、末位置有关,而与其运动路径无关.这是静电场的一个重要性质,称为**静电场的保守性**(conservative property of electrostatic field)或**静电场的有势性**.具有有势性的场叫势场,静电场是势场的重要例子.静电力作功与路径无关的性质还可用另一种形式表述,即静电场强沿任意闭合曲线的积分等于零.

如图 9.29,在任意静电场中,作一任意闭合路径 L,考察沿该闭合路径移动单位正电荷的过程中静电力做作的功,有

$$A=\oint_L \boldsymbol{F}\cdot \mathrm{d}\boldsymbol{l}=1\cdot\oint_L \boldsymbol{E}\cdot \mathrm{d}\boldsymbol{l}=\int_{A(\text{沿}ACB)}^{B}\boldsymbol{E}\cdot \mathrm{d}\boldsymbol{l}+\int_{B(\text{沿}BDA)}^{A}\boldsymbol{E}\cdot \mathrm{d}\boldsymbol{l}$$

$$=\int_{A(\text{沿}ACB)}^{B}\boldsymbol{E}\cdot \mathrm{d}\boldsymbol{l}-\int_{A(ADB)}^{B}\boldsymbol{E}\cdot \mathrm{d}\boldsymbol{l}=0$$

即

$$\oint_L \boldsymbol{E}\cdot \mathrm{d}\boldsymbol{l}=0 \qquad (9.34\mathrm{c})$$

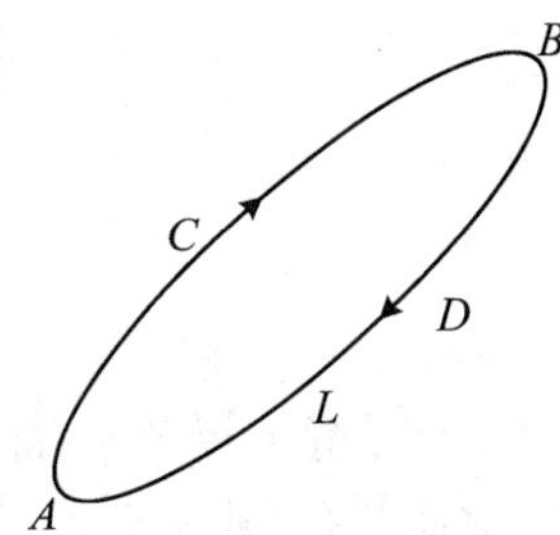

图 9.29　静电场强的环流等于零

式(9.34c)表明:静电场强沿任意闭合路径的环路积分等于零.这就是静电场的有势性的另一种表述方法.在物理学中,静电场强 $\boldsymbol{E}$ 的环路积分 $\oint_L \boldsymbol{E}\cdot \mathrm{d}\boldsymbol{l}$ 叫静电场强 $\boldsymbol{E}$ 沿闭合路径 L 的**环流**.静电场强的环流等于零的结论称为**静电场的环路定理**.静电场的有势性和静电场的环路定理是静电场同一性质的两种等价表述.静电场的高斯定理和静电场的环路定理是反映静电场性质的两个基本定理.

用静电场的环路定理不难证明静电场的电场线的性质 2,即静电场线不构成闭合曲线.用反证法,假设静电场的某条电场线构成了闭合曲线 l,沿这条闭合的电场线作积分 $\oint_l \boldsymbol{E}\cdot \mathrm{d}\boldsymbol{l}$,由于 $\boldsymbol{E}$ 与 $\mathrm{d}\boldsymbol{l}$ 同方向,因而 $\oint_l \boldsymbol{E}\cdot \mathrm{d}\boldsymbol{l}>0$.这与静电场的环路定理相矛盾,故静电场的电场线不能构成闭合曲线.

9.5.2　电势差和电势

类似于引力场,对静电场可以引进电势能(静电势能)的概念.在引力场中,引力所作的功等于引力势能的减少量

$$\int_A^B \boldsymbol{F}\cdot \mathrm{d}\boldsymbol{r}=\left(-\frac{Gm_1m_2}{r_a}\right)-\left(-\frac{Gm_1m_2}{r_b}\right)=E_{pa}-E_{pb}=-(E_{pb}-E_{pa})$$

考察式(9.34a),(9.34b),在电场中,电场力作的功也表示为两项之差

$$\int_A^B \boldsymbol{F}\cdot \mathrm{d}\boldsymbol{l}=q_0\int_A^B \boldsymbol{E}\cdot \mathrm{d}\boldsymbol{l}=\frac{q_0Q}{4\pi\varepsilon_0 r_a}-\frac{q_0Q}{4\pi\varepsilon_0 r_b}\quad(\text{点电荷 }Q\text{ 的电场中})$$

$$\int_A^B \boldsymbol{F}\cdot \mathrm{d}\boldsymbol{l}=q_0\int_A^B \boldsymbol{E}\cdot \mathrm{d}\boldsymbol{l}=\sum_i\frac{q_0q_i}{4\pi\varepsilon r_{ia}}-\sum_i\frac{q_0q_i}{4\pi\varepsilon r_{ib}}$$

(点电荷系 $q_1,q_2,\cdots,q_i,\cdots,q_n$ 的电场中)

此差值称为电势能的减少量.一般地,在试探电荷 q_0 从静电场中的 p 点沿任意路径移到 p' 点的过程中,电场力对 q_0 所作的功等于 q_0 的电势能 W 的减少量,即

$$\int_p^{p'} \boldsymbol{F} \cdot \mathrm{d}\boldsymbol{l} = q_0 \int_p^{p'} \boldsymbol{E} \cdot \mathrm{d}\boldsymbol{l} = W_p - W_{p'}$$

其中 W_p 称为 q_0 在 p 点的静电势能.如果选 p' 点为电势能的参考点,即 $W_{p'}=0$,则

$$W_p = q_0 \int_p^{p'} \boldsymbol{E} \cdot \mathrm{d}\boldsymbol{l} = q_0 \int_p^{\text{参考点}} \boldsymbol{E} \cdot \mathrm{d}\boldsymbol{l} \tag{9.35}$$

显然 W_p 与原静电场及 q_0 都有关系,即同引力势能一样,静电势能属于静电场与试探电荷共有.进一步考察公式(9.35),发现 W_p/q_0 与 q_0 无关.为此,我们可引入一个新的物理量来描绘静电场,这个新的物理量就是**电势**(或电位),用 V 表示.静电场中,某点 p 处的电势 V_p 定义为

$$V_p = \frac{W_p}{q_0} = \int_p^{\text{参考点}} \boldsymbol{E} \cdot \mathrm{d}\boldsymbol{l} \tag{9.36}$$

即:静电场中某点的电势在数值上等于单位正电荷在该点的静电势能,也等于把单位正电荷从该点沿任意路径移到电势参考点(与静电势能的参考点等同)时静电力所作的功.

静电场中任意两点 A,B 之间的电势之差通常叫做这两点间的电压(或电势差),电压一般用 U 表示.根据式(9.36),A,B 两点间的电压 U_{AB} 为

$$U_{AB} = V_A - V_B = \int_A^{\text{参考点}} \boldsymbol{E} \cdot \mathrm{d}\boldsymbol{l} - \int_B^{\text{参考点}} \boldsymbol{E} \cdot \mathrm{d}\boldsymbol{l} = \int_A^B \boldsymbol{E} \cdot \mathrm{d}\boldsymbol{l} \tag{9.37}$$

式(9.37)表明:两点之间的电压 U_{AB} 等于把单位正电荷从 A 点沿任意路径移到 B 点时,静电力的功.从式(9.37)容易得知:沿着电场线的方向电势不断降低.

电势是标量,静电场中的电势 V 是空间位置的标量函数,因此 V 场是标量场.在国际单位制中,电势和电势差的单位均为伏特(用 V 表示).

利用式(9.37)可以得到联系电势差与静电力的功的关系式.设在静电场中点电荷 q 从 A 点沿任意路径移到 B 点,则静电力作的功为

$$A = q\int_A^B \boldsymbol{E} \cdot \mathrm{d}\boldsymbol{l} = q(V_A - V_B) = qU_{AB} \tag{9.38}$$

这是一个常用的公式.此式说明,当电场中电势分布情况已知时,利用该式可以很方便地算出在电场中移动点电荷 q 时静电力作的功.

理解电势和电势差时应注意：

(1) 电势差和电势虽然有相同的单位，但它们是两个不同的概念，电势差不构成标量场. 应养成“对一点谈电势，对两点谈电势差(或电压)”的习惯.

(2) 对于两点间的电势差，我们不但要关心它的绝对值，还要关心这两点的电势谁高谁底. 一般以 U_{AB} 代表 $V_A - V_B$，可从 U_{AB} 的正、负便可判断 A，B 两点的电势谁高谁低.

(3) 由于电势参考点的选取有任意性，所以电势是一个相对量. 因此，说某点的电势时一定要指明参考点的位置，否则就无任何意义. 在同一问题中只有选定同一个参考点，各点的电势才具有可比性. 但是两点之间的电势差的大小是一个绝对量，它与参考点的选取无关. 既然电势与参考点的选取有关，那么就可适当选择电势参考点来使问题简化. 也就是说电势参考点的选取视方便而定. 当电荷分布在有限区域时，电势零点通常选在无穷远(在实际问题中，常选地球的电势为零)，此时电场中某点 A 的电势为

$$V_A = \int_A^{\infty} \boldsymbol{E} \cdot \mathrm{d}\boldsymbol{l} \tag{9.39}$$

例如，某惯性参照系中有静止的点电荷 q，利用公式(9.39)，选积分沿径向，且选无限远处为电势参考点. 则距离点电荷 q 为 r 处的 P 点的电势为

$$V_P = \int_P^{\infty} \boldsymbol{E} \cdot \mathrm{d}\boldsymbol{l} = \int_r^{\infty} \frac{q}{4\pi\varepsilon_0 r^3}\boldsymbol{r} \cdot \mathrm{d}\boldsymbol{r} = \int_r^{\infty} \frac{q\mathrm{d}r}{4\pi\varepsilon_0 r^2} = \frac{q}{4\pi\varepsilon_0 r} \tag{9.40}$$

应当指出：当产生电场的电荷是分布在无限区域(如无限长带电直线、柱面、柱体、大平板等)时，不能选无限远处为电势零点. 这是因为若取无限远处的电势为零，则导致无意义的数学表达式. 这种情况下，只能选取有限远处的某点为电势零点. 究竟选择有限远处的哪一点为电势零点，视方便而定，没有统一要求.

9.5.3　电势的计算举例

1. 电势叠加原理

对于电荷分布在有限区域的实际情形，利用场强的叠加原理和式(9.36)或式(9.39)，很容易得出**电势叠加原理**：n 个点电荷系的电场中，任意一点的电势等于每一个点电荷单独存在时在该点所产生的电势的代数和，即

$$V_P = \int_P^{\infty} \boldsymbol{E} \cdot \mathrm{d}\boldsymbol{l} = \int_P^{\infty} \boldsymbol{E}_1 \cdot \mathrm{d}\boldsymbol{l} + \int_P^{\infty} \boldsymbol{E}_2 \cdot \mathrm{d}\boldsymbol{l} + \cdots + \int_P^{\infty} \boldsymbol{E}_n \cdot \mathrm{d}\boldsymbol{l} = V_{P1} + V_{P2} + \cdots + V_{Pn}$$

(1) 电荷离散分布时，电势叠加原理表示为 $V_P = \sum_{i=1}^{n} V_{Pi}$，其中 $V_{Pi} = q_i/(4\pi\varepsilon_0 r_i^2)$.

(2) 电荷连续分布时，电势叠加原理表示为 $V_P = \int_{源} \mathrm{d}V_P$，其中 $\mathrm{d}V_P = \mathrm{d}q/(4\pi\varepsilon_0 r)$.

2. 电势的计算方法

电势计算方法之一是利用电势定义式(9.36)进行计算. 利用这种方法时，首先要明确电势零点(无特殊声明时，默认电势零点被选在无限远)；其次选一条合适的积分路径，求出积分路径上电场的分布函数；最后代入电势定义式(9.36)进行运算，这种方法可以简述为依据电场分布计算电势[通用方法，最适用于能用高斯定理计算场强的情形(包含有介质的情形)].

电势计算方法之二是利用点电荷的电势公式结合电势叠加原理进行计算，这种方法可以简述为依据电荷分布计算电势(仅适用于电荷分布在有限区域的实际情形). 原则上这两种方法是等价的，但是，对于具体的问题，可能是某一种方法简单，而另一种方法复杂.

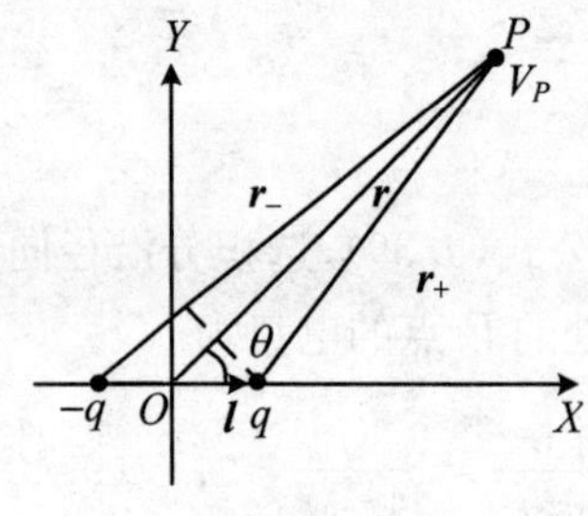

图 9.30

例 9.12 计算电偶极子电场中任意一点的电势(图 9.30).

解 根据电势叠加原理，当场点 P 到偶极子中心的距离 r 满足 $r \gg l$ 时，

$$V_P = V_{P+} + V_{P-} = \frac{q}{4\pi\varepsilon_0 r_+} + \frac{-q}{4\pi\varepsilon_0 r_-} = \frac{q(r_- - r_+)}{4\pi\varepsilon_0 r_+ r_-} \approx \frac{ql\cos\theta}{4\pi\varepsilon_0 r^2} = \frac{\boldsymbol{P}_\mathrm{e}\cdot\boldsymbol{r}}{4\pi\varepsilon_0 r^3} \tag{9.41}$$

例 9.13 如图 9.31，正电荷 q 均匀分布在半径为 R 的细圆环上. 求圆环轴线上距环心为 x 的点 P 处的电势.

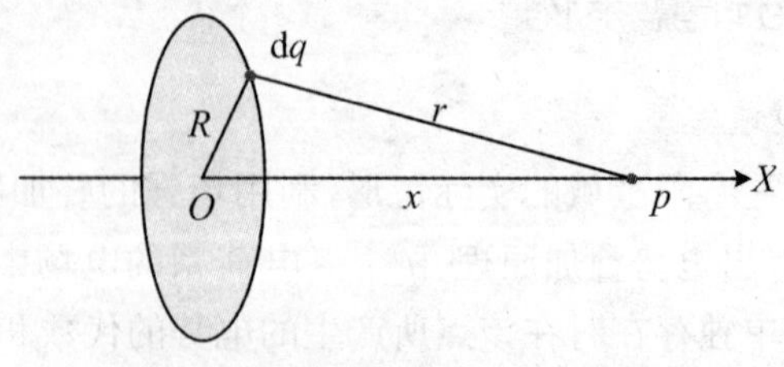

图 9.31

解 在圆环上取电荷元 $\mathrm{d}q$，该电荷元在 P 产生的电势为

$$dV_P = \frac{dq}{4\pi\varepsilon_0 r}$$

根据电势叠加原理，圆环上所有电荷在 P 点的电势为

$$V_P = \oint_q \frac{dq}{4\pi\varepsilon_0 r} = \frac{1}{4\pi\varepsilon_0 r}\oint_q dq = \frac{q}{4\pi\varepsilon_0 r} = \frac{q}{4\pi\varepsilon_0\sqrt{x^2+R^2}} \tag{9.42}$$

显然 $x=0, V_0=q/(4\pi\varepsilon_0 R)$；$x\gg R, V_P=q/(4\pi\varepsilon_0 x)$.

同理可以得到求均匀带电圆盘轴线上距盘心为 x 的任一点 P 的电势. 将圆盘分成一个个的圆环，其中任一环的半径为 $r(0\leqslant r\leqslant R)$，宽为 dr，带电为 $dq=2\pi r dr\sigma$，该环在 P 点产生的电势为

$$dU = \frac{dq}{4\pi\varepsilon_0\sqrt{r^2+x^2}} = \frac{\sigma r dr}{2\varepsilon_0\sqrt{r^2+x^2}}$$

圆盘在 P 点产生的电势为

$$U = \int_Q dU = \frac{\sigma}{2\varepsilon_0}\int_0^R \frac{r dr}{\sqrt{r^2+x^2}} = \frac{\sigma}{4\varepsilon_0}\int_0^R \frac{d(x^2+r^2)}{\sqrt{x^2+r^2}}$$

$$= \frac{\sigma}{4\varepsilon}\int_{x^2}^{x^2+R^2}\frac{dy}{\sqrt{y}} = \frac{\sigma}{2\varepsilon_0}\left(\sqrt{x^2+R^2}-x\right)$$

例 9.14　均匀带电球面的半径为 R，总电荷量为 q，求电场中任意一点 P 的电势，P 点与球心的距离为 r.

解　均匀带电球面的电场分布为

$$\boldsymbol{E} = \boldsymbol{E}(r) = \begin{cases} 0 & (r<R) \\ \dfrac{q\boldsymbol{r}}{4\pi\varepsilon_0 r^3} & (r>R) \end{cases}$$

根据电势计算公式(9.39)有

$$V_P = \int_P^\infty \boldsymbol{E}\cdot d\boldsymbol{r} = \begin{cases} \displaystyle\int_r^\infty \boldsymbol{E}\cdot d\boldsymbol{r} = \frac{q}{4\pi\varepsilon_0 r} & (r\geqslant R) \\ \displaystyle\int_r^R \boldsymbol{E}\cdot d\boldsymbol{r} + \int_R^\infty \boldsymbol{E}\cdot d\boldsymbol{r} = \frac{q}{4\pi\varepsilon_0 R} & (r\leqslant R) \end{cases} \tag{9.43}$$

从公式(9.43)可以看出：均匀带电球面外的电势相当于把电荷集中在球心，且看做一个点电荷时，在球外区域产生的电势；球内及球面上的电势为一定值 $q/(4\pi\varepsilon_0 R)$，即球内为一等势区. 电势在球内、外是连续的. 均匀带电面的两边空间电势无突变，这个结论对任何带电面模型都成立.

对于均匀带电球体，电场分布为

$$\boldsymbol{E}=\boldsymbol{E}(r)=\begin{cases}\dfrac{q\boldsymbol{r}}{4\pi\varepsilon_0 R^3} & (r\leqslant R)\\[2ex] \dfrac{q}{4\pi\varepsilon_0 r^3}\boldsymbol{r} & (r\geqslant R)\end{cases}$$

根据电势计算公式(9.39)有

$$V_P=\int_P^\infty \boldsymbol{E}\cdot\mathrm{d}\boldsymbol{r}=\begin{cases}\displaystyle\int_r^R\boldsymbol{E}\cdot\mathrm{d}\boldsymbol{r}+\int_R^\infty\boldsymbol{E}\cdot\mathrm{d}\boldsymbol{r}=\dfrac{q(R^2-r^2)}{8\pi\varepsilon_0 R^3}+\dfrac{q}{4\pi\varepsilon_0 R}\\[2ex] \qquad\qquad=\dfrac{q(3R^2-r^2)}{8\pi\varepsilon_0 R^3}\quad(r\leqslant R)\\[2ex] \displaystyle\int_r^\infty\boldsymbol{E}\cdot\mathrm{d}\boldsymbol{r}=\dfrac{q}{4\pi\varepsilon_0 r}\quad(r\geqslant R)\end{cases}$$

9.5.4　等势面

静电场中电势相等的点连成的面叫等势面. 为了使等势面能直观地反映电场的性质(具体是反映电场强度的大小),我们规定:任意两相邻等势面间的电势差为常量(这个常量可事先指定,越小则等势面越密). 等势面有如下性质:

(1) 在静电场中,电荷沿等势面移动的过程中,电场力作功为零.

证明　参考图 9.32,在等势面上任意两点 a,b 间移动电荷 q_0,则由式(9.38)有

$$A_{ab}=\int_a^b q_0\boldsymbol{E}\cdot\mathrm{d}\boldsymbol{l}=q_0(V_a-V_b)=0$$

(2) 在静电场中,电场线与等势面处处正交.

如图 9.33,使电荷 q_0 在等势面上移动一位移元 $\mathrm{d}\boldsymbol{l}$,根据(9.38)式可得静电力作的功 $\mathrm{d}A=0$,又根据功的定义 $\mathrm{d}A=q_0\boldsymbol{E}\cdot\mathrm{d}\boldsymbol{l}$,得出 $\boldsymbol{E}\cdot\mathrm{d}\boldsymbol{l}=0$,即 $\mathrm{d}\boldsymbol{l}$ 与 $\boldsymbol{E}$ 垂直. 因为 $\mathrm{d}\boldsymbol{l}$ 是等势面上的任意位移元,所以电场线与等势面处处正交.

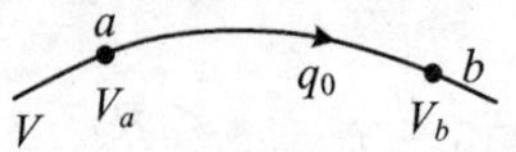

图 9.32　电荷沿等势面移动时电场力作功为零

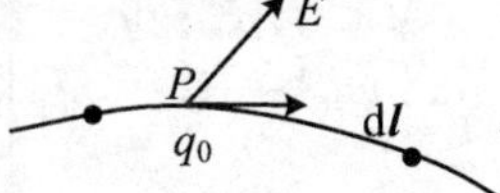

图9.33　等势面与电场线垂直

按照任意两相邻等势面之间的电势差为常量的画法规定,可以引入等势面密度概念:电场中,某点附近与等势面垂直的方向上单位长度上的等势面的个

数，叫做该点的等势面的密度. 由 $V_A - V_B = \int_A^B \boldsymbol{E} \cdot \mathrm{d}\boldsymbol{l}$ 知，在同一个静电场中，等势面密度大处电场强度大；等势面密度小处电场强度小. 图 9.34 为点电荷电场的等势面(虚线)图.

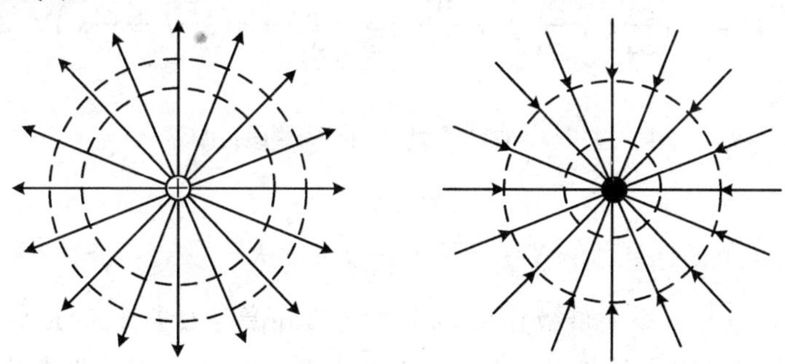

图 9.34　点电荷电场的等势面图(虚线)

9.5.5　电场强度与电势梯度的关系

对于电荷分布在有限区域内的实际情形，按照式(9.37)，电势与电场强度之间的关系为积分关系，即

$$V_A = \int_A^\infty \boldsymbol{E} \cdot \mathrm{d}\boldsymbol{l}$$

反之，电场强度与电势之间的关系为微分关系. 例如，点电荷电场中的电势和电场强度分别为

$$V(r) = \frac{q}{4\pi\varepsilon_0 r} \quad (r = \sqrt{x^2 + y^2 + z^2})$$

$$\boldsymbol{E} = \frac{q\boldsymbol{r}}{4\pi\varepsilon_0 r^3} = \frac{q(x\boldsymbol{i} + y\boldsymbol{j} + z\boldsymbol{k})}{4\pi\varepsilon_0 r^3} = E_x\boldsymbol{i} + E_y\boldsymbol{j} + E_z\boldsymbol{k}$$

其中

$$E_x = \frac{qx}{4\pi\varepsilon_0 r^3}, \quad E_y = \frac{qy}{4\pi\varepsilon_0 r^3}, \quad E_z = \frac{qz}{4\pi\varepsilon_0 r^3}$$

由于

$$\frac{\partial V}{\partial x} = \frac{\partial V}{\partial r}\frac{\partial r}{\partial x} = -\left(\frac{q}{4\pi\varepsilon_0 r^2}\right)\left(\frac{x}{r}\right) = -\frac{qx}{4\pi\varepsilon_0 r^3} = -E_x$$

$$\frac{\partial V}{\partial y} = \frac{\partial V}{\partial r}\frac{\partial r}{\partial y} = -\left(\frac{q}{4\pi\varepsilon_0 r^2}\right)\left(\frac{y}{r}\right) = -\frac{qy}{4\pi\varepsilon_0 r^3} = -E_y$$

$$\frac{\partial V}{\partial z} = \frac{\partial V}{\partial r}\frac{\partial r}{\partial z} = -\left(\frac{q}{4\pi\varepsilon_0 r^2}\right)\left(\frac{z}{r}\right) = -\frac{qz}{4\pi\varepsilon_0 r^3} = -E_z$$

因此,$\boldsymbol{E}$ 与 V 之间的微分关系为

$$E_x=-\frac{\partial V}{\partial x},\quad E_y=-\frac{\partial V}{\partial y},\quad E_z=-\frac{\partial V}{\partial z} \tag{9.44}$$

写成矢量形式即

$$\boldsymbol{E}=-\left(\frac{\partial V}{\partial x}\boldsymbol{i}+\frac{\partial V}{\partial y}\boldsymbol{j}+\frac{\partial V}{\partial z}\boldsymbol{k}\right)=-\left(\frac{\partial}{\partial x}\boldsymbol{i}+\frac{\partial}{\partial y}\boldsymbol{j}+\frac{\partial}{\partial z}\boldsymbol{k}\right)V$$

或者简写成

$$\boldsymbol{E}=-\nabla V \quad 或 \quad \boldsymbol{E}=-\mathrm{grad}V \tag{9.45}$$

其中

$$\nabla=\frac{\partial}{\partial x}\boldsymbol{i}+\frac{\partial}{\partial y}\boldsymbol{j}+\frac{\partial}{\partial z}\boldsymbol{k} \tag{9.46}$$

是梯度算符,这是一个矢量微分算符,具有矢量和微分双重性质.$\boldsymbol{E}$ 与 V 之间的微分关系式(9.45)虽然是以点电荷的电场为例导出的,但是依据电势叠加原理 $V=\sum_i V_i$ 和场强叠加原理 $\boldsymbol{E}=\sum_i \boldsymbol{E}_i$,不难看出,在点电荷系或者带电体(电荷分布在有限区域内)的电场中,关系式(9.45)同样成立,即式(9.45)是电场强度与电势之间的一般关系.式(9.45)说明,静电场中某点的电场强度 $\boldsymbol{E}$ 等于该点的电势梯度的负值.即电场中某点的电场强度 $\boldsymbol{E}$ 取决于电势在该点的空间变化率,与电势在该点的值本身没有关系.

例 9.15 半径为 R 的细环均匀带电 q,利用公式 $\boldsymbol{E}=-\nabla V$ 求轴线上的场强分布.

解 设 X 轴沿圆环的轴向,原点在环心.环轴线上,距环心为 x 处的 P 的电势为(例 9.13)

$$V=\frac{q}{4\pi\varepsilon_0\sqrt{x^2+R^2}}$$

根据公式(9.44)得

$$E_x=-\frac{\partial V}{\partial x}=\frac{qx}{4\pi\varepsilon_0\,(x^2+R^2)^{3/2}},\quad E_y=-\frac{\partial V}{\partial y}=0,\quad E_z=-\frac{\partial V}{\partial z}=0$$

即轴线上各点的场强在垂直于轴线方向的分量为零,只有沿轴线方向的分量不为零,因而轴线上任意一点的场强方向沿 X 轴,即

$$\boldsymbol{E}=E_x\boldsymbol{i}+E_y\boldsymbol{j}+E_z\boldsymbol{k}=\frac{qx}{4\pi\varepsilon_0\,(x^2+R^2)^{3/2}}\boldsymbol{i}$$

此结果是我们熟知的.

例 9.16 利用电偶极子电场中任一点的电势,导出电偶极子电场中任一点的场强.

解　由例 9.12 知，电偶极子电场中任一点 $P(x,y)$ 的电势可以表示为

$$V(x,y)=\frac{ql\cos\theta}{4\pi\varepsilon_0 r^2}=\frac{P_{\mathrm{e}}r\cos\theta}{4\pi\varepsilon_0 r^3}=\frac{P_{\mathrm{e}}x}{4\pi\varepsilon_0\,(x^2+y^2)^{3/2}}.$$

利用 $\boldsymbol{E}$ 与 V 之间的微分关系，可以得到场中坐标为 (x,y) 的任一点 P 的场强为

$$E_x=-\frac{\partial V}{\partial x}=-\frac{P_{\mathrm{e}}}{4\pi\varepsilon_0}\left[\frac{1}{(x^2+y^2)^{3/2}}-\frac{3x^2}{(x^2+y^2)^{5/2}}\right]=\frac{P_{\mathrm{e}}(2x^2-y^2)}{4\pi\varepsilon_0\,(x^2+y^2)^{5/2}}$$

$$E_y=-\frac{\partial V}{\partial y}=\frac{3P_{\mathrm{e}}xy}{4\pi\varepsilon_0\,(x^2+y^2)^{5/2}}$$

电偶极子电场中的电场线和等势面如图 9.35 所示.

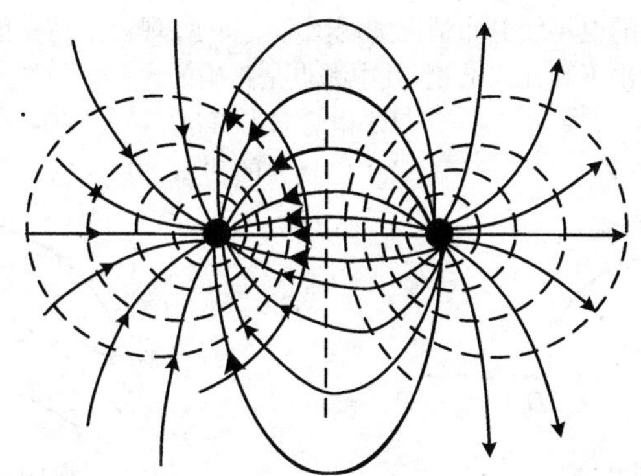

图 9.35　电偶极子电场的电场线和等势面（虚线）

习　　题

一、选择题

9.1　关于高斯定理的理解有下面几种说法，其中正确的是(　　).

(A) 如果高斯面上 $\boldsymbol{E}$ 处处为零，则该面内必无电荷

(B) 如果高斯面内无电荷，则高斯面上 $\boldsymbol{E}$ 处处为零

(C) 如果高斯面上 $\boldsymbol{E}$ 处处不为零，则高斯面内必有电荷

(D) 如果高斯面内有净电荷，则通过高斯面的电场强度通量必不为零

9.2　有一边长为 a 的正方形平面，在其中垂线上距中心 O 点 $a/2$ 处，有一电荷为 q 的正点电荷，如题图 9.1 所示，则通过该平面的电场强度通量为(　　).

(A) $\dfrac{q}{3\varepsilon_0}$　　(B) $\dfrac{q}{4\pi\varepsilon_0}$　　(C) $\dfrac{q}{3\pi\varepsilon_0}$　　(D) $\dfrac{q}{6\varepsilon_0}$

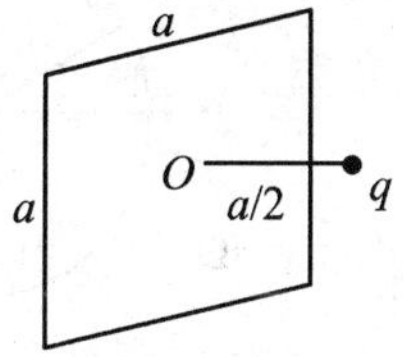

9.3　面积为 S 的空气平行板电容器，极板上分别带电量 $\pm q$，若不考虑边缘效应，则两极板间的相互作用力为(　　).

(A) $\dfrac{q^2}{\varepsilon_0 S}$　　(B) $\dfrac{q^2}{2\varepsilon_0 S}$　　(C) $\dfrac{q^2}{2\varepsilon_0 S^2}$　　(D) $\dfrac{q^2}{\varepsilon_0 S^2}$

题图 9.1

9.4 如题图 9.2 所示，直线 MN 长为 $2l$，弧 OCD 是以 N 点为中心，l 为半径的半圆弧，N 点有正电荷 $+q$，M 点有负电荷 $-q$. 今将一试验电荷 $+q_0$ 从 O 点出发沿路径 $OCDP$ 移到无穷远处，设无穷远处电势为零，则电场力作功(　　).

(A) $A<0$，且为有限常量　　(B) $A>0$，且为有限常量

(C) $A=\infty$　　(D) $A=0$

9.5 静电场中某点电势的数值等于(　　).

(A) 试验电荷 q_0 置于该点时具有的电势能

(B) 单位试验电荷置于该点时具有的电势能

(C) 单位正电荷置于该点时具有的电势能

(D) 把单位正电荷从该点移到电势零点外力所作的功

9.6 已知某电场的电场线分布情况如题图 9.3 所示. 现观察到一负电荷从 M 点移到 N 点. 有人根据这个图做出下列几点结论，其中哪点是正确的？(　　)

(A) 电场强度 $E_M<E_N$　　(B) 电势 $U_M<U_N$

(C) 电势能 $W_M<W_N$　　(D) 电场力的功 $A>0$

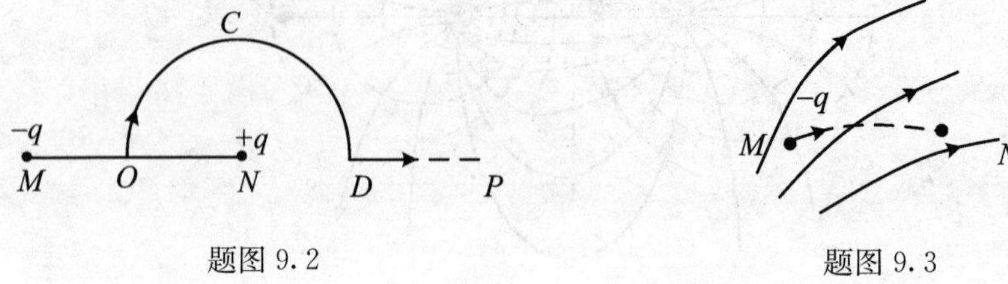

题图 9.2　　题图 9.3

二、计算题

9.7 电荷为 $+q$ 和 $-2q$ 的两个点电荷分别置于 $x=1$ m 和 $x=-1$ m 处. 一试验电荷置于 X 轴上何处，它受到的合力等于零？

9.8 一个细玻璃棒被弯成半径为 R 的半圆形，沿其上半部分均匀分布有电荷 $+Q$，沿其下半部分均匀分布有电荷 $-Q$，如题图 9.4 所示. 试求圆心 O 处的电场强度.

9.9 如题图 9.5 所示，一电荷线密度为 λ 的无限长带电直导线垂直纸面通过 A 点，附近有一电量为 Q 的均匀带电球体，其球心位于 O 点. $\triangle AOP$ 是边长为 a 的等边三角形. 已知 P 处场强方向垂直于 OP，求 λ 和 Q 间的关系.

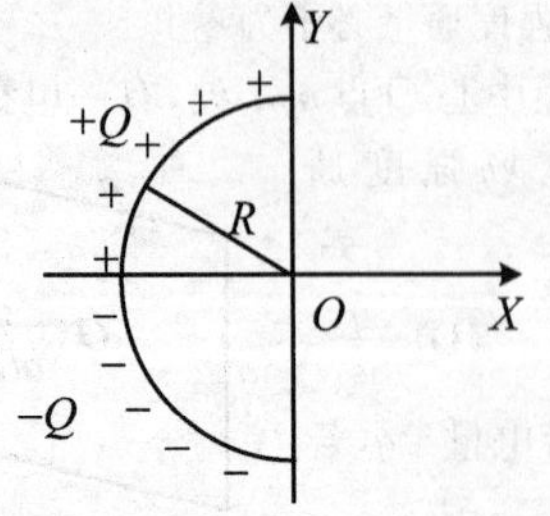

题图 9.4

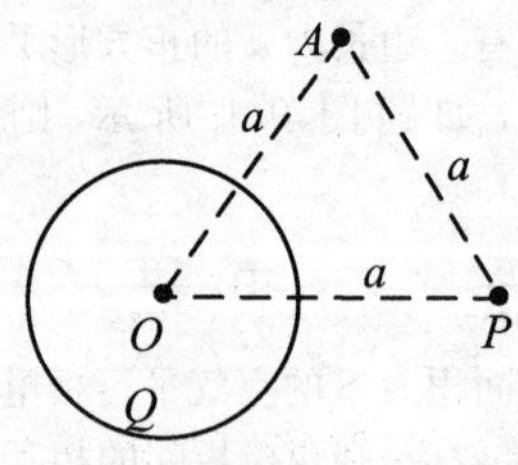

题图 9.5

9.10　如题图9.6所示，一电荷面密度为σ的无限大平面，在距离平面a处的一点的场强大小的一半是由平面上的一个半径为R的圆面积范围内的电荷所产生的. 试求该圆半径的大小.

9.11　如题图9.7所示，一均匀带电直导线长为d，电荷线密度为$+\lambda$. 过导线中点O作一半径为$R(R>d/2)$的球面S，P为带电直导线的延长线与球面S的交点. 求：

(1) 通过该球面的电场强度通量Φ_E；

(2) P处电场强度的大小和方向.

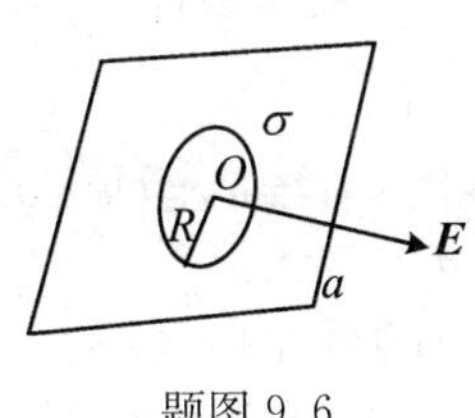

题图9.6

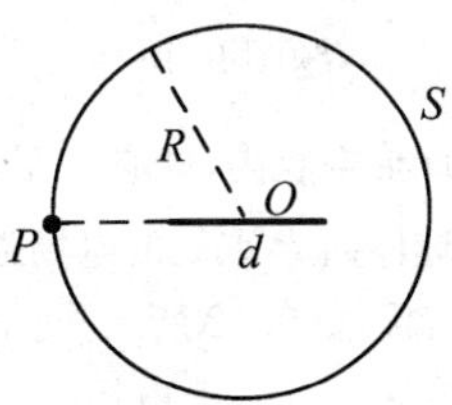

题图9.7

9.12　题图9.8中，虚线所示为一立方形的高斯面，已知空间的场强分布为：$E_x=bx$，$E_y=0$，$E_z=0$. 高斯面边长$a=0.1$ m，常量$b=1\,000\ \mathrm{N\cdot C^{-1}\cdot m^{-1}}$. 试求该闭合面中包含的净电荷（真空介电常数$\varepsilon_0=8.85\times10^{-12}\mathrm{C^2\cdot N^{-1}\cdot m^{-2}}$）.

9.13　如题图9.9所示，有一带电球壳，内、外半径分别为a，b，电荷体密度为$\rho=A/r$，在球心处有一点电荷Q. 证明：当$A=Q/(2\pi a^2)$时，球壳区域内电场强度$\boldsymbol{E}$的大小与半径r无关.

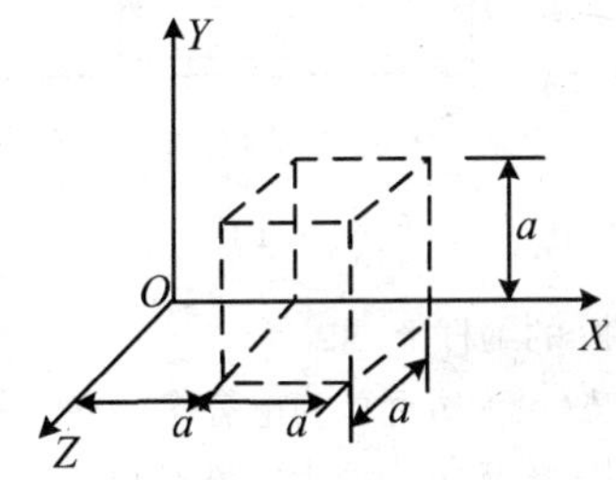

题图9.8

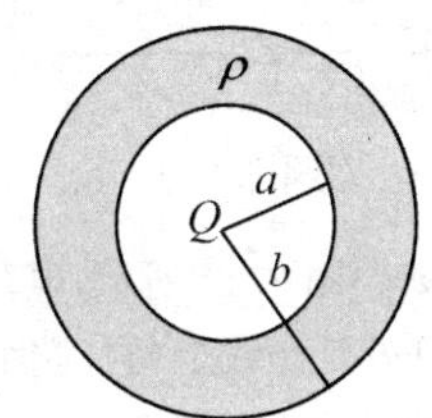

题图9.9

9.14　如题图9.10所示，一厚为b的无限大带电平板，其电荷体密度分布为$\rho=kx(0\leqslant x\leqslant b)$，式中$k$为一正的常量. 求：

(1) 平板外两侧任一点P_1和P_2处的电场强度大小；

(2) 平板内任一点P处的电场强度；

(3) 场强为零的点在何处？

9.15　一球体内均匀分布着电荷体密度为ρ的正电荷，若保持电荷分布不变，在该球体挖去半径为r的一个小球体，球心为O'，两球心间距离$\overline{OO'}=d$，如题图9.11所示. 求：

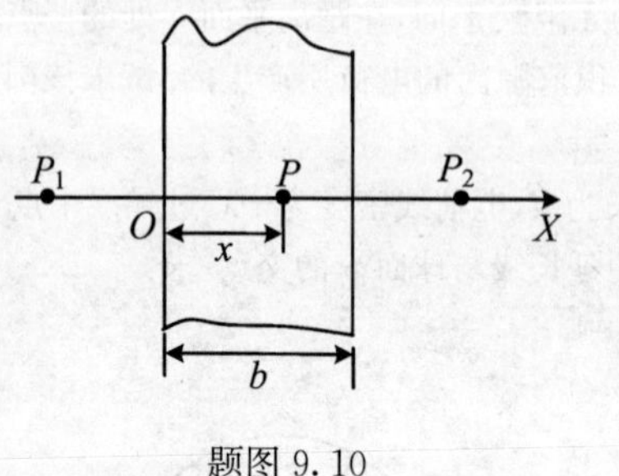

题图 9.10

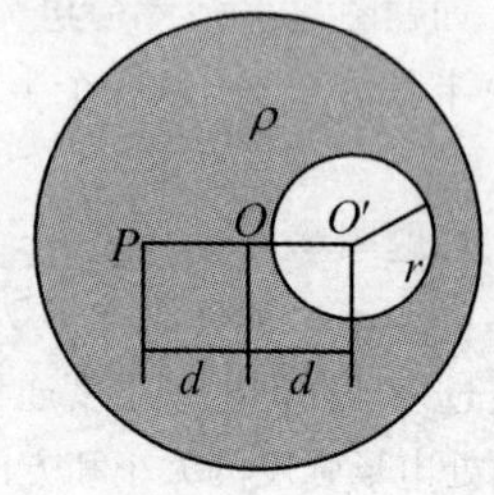

题图 9.11

(1) 在球形空腔内，球心 O' 处的电场强度 $\boldsymbol{E}_0$；

(2) 在球体内 P 点处的电场强度 $\boldsymbol{E}$. 设 O', O, P 三点在同一直径上，且 $\overline{OP}=d$.

9.16 如题图 9.12 所示，两个点电荷 $+q$ 和 $-3q$，相距为 d. 试求：

(1) 在它们的连线上电场强度 $E=0$ 的点与电荷为 $+q$ 的点电荷相距多远？

(2) 若选无穷远处电势为零，两点电荷之间电势 $U=0$ 的点与电荷为 $+q$ 的点电荷相距多远？

9.17 一均匀静电场，电场强度 $\boldsymbol{E}=(400\boldsymbol{i}+600\boldsymbol{j})\ \mathrm{V\cdot m^{-1}}$，空间有两点 $a(3,2)$ 和 $b(1,0)$，(X,Y 以米计). 求 a, b 两点之间的电势差 U_{ab}.

9.18 如题图 9.13 所示，为一沿 x 轴放置的长度为 l 的不均匀带电细棒，其电荷线密度为 $\rho=\lambda_0(x-a)$，λ_0 为一常量. 取无穷远处为电势零点，求坐标原点 O 处的电势.

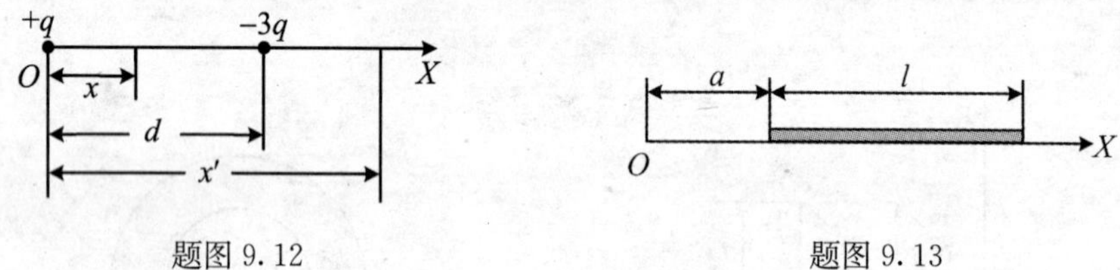

题图 9.12 题图 9.13

9.19 如题图 9.14 所示，电荷 q 均匀分布在长为 $2l$ 的细杆上. 求：

(1) 在杆外延长线上与杆端距离为 a 的 P 点的电势(设无穷远处为电势零点)；

(2) 杆的中垂线上与杆中心距离为 a 的 P 点的电势(设无穷远处为电势零点).

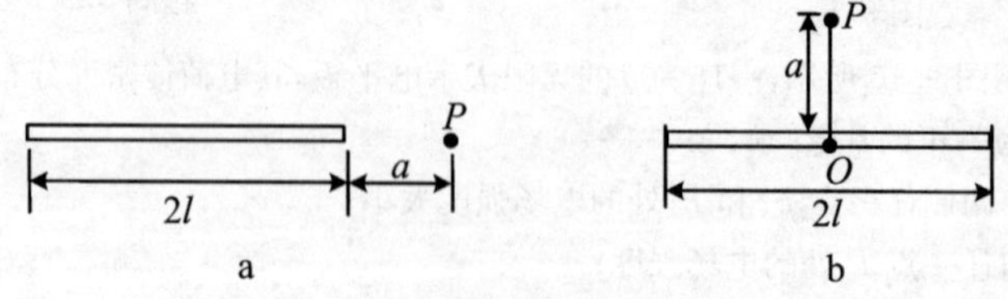

题图 9.14

9.20 两个带等量异号电荷的均匀带电同心球面，半径分别为 $R_1=0.03$ m 和 $R_2=0.10$ m. 已知两者的电势差为 450 V，求内球面上所带的电荷.

9.21　电荷以相同的面密度 σ 分布在半径为 $r_1=10$ cm 和 $r_2=20$ cm 的两个同心球面上. 设无限远处电势为零,球心处的电势为 $U_0=300$ V[$\varepsilon_0=8.85\times10^{-12}$ $\mathrm{C^2\cdot(N^{-1}\cdot m^{-2})}$].

(1) 求电荷面密度 σ;

(2) 若要使球心处的电势也为零,外球面上应放掉多少电荷?

9.22　如题图 9.15 所示,半径为 R 的均匀带电球面,带有电荷 q. 沿某一半径方向上有一均匀带电细线,电荷线密度为 λ,长度为 l,细线左端离球心距离为 r_0. 设球和线上的电荷分布不受相互作用影响,试求细线所受球面电荷的电场力和细线在该电场中的电势能(设无穷远处的电势为零).

9.23　一真空二极管,其主要构件是一个半径 $R_1=5\times10^{-4}$ m 的圆柱形阴极 A 和一个套在阴极外的半径 $R_2=4.5\times10^{-3}$ m 的同轴圆筒形阳极 B,如题图 9.16 所示. 阳极电势比阴极高 300 V,忽略边缘效应. 求电子刚从阴极射出时所受的电场力(基本电荷 $e=1.6\times10^{-19}$ C).

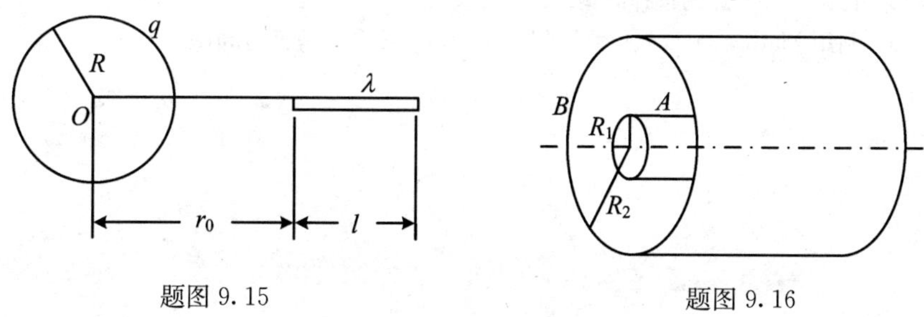

题图 9.15　　题图 9.16

9.24　题图 9.17 为一球形电容器,在外球壳的半径 b 及内外导体间的电势差 U 维持恒定的条件下,内球半径 a 为多大时才能使内球表面附近的电场强度最小? 求这个最小电场强度的大小.

9.25　如题图 9.18 所示,一半径为 R 的无限长圆柱形带电体,其电荷体密度为 $\rho=Ar(r\leqslant R)$,式中 A 为常量. 求:

(1) 圆柱体内、外各点场强大小分布;

(2) 选与圆柱轴线的距离为 $l(l>R)$ 处为电势零点,计算圆柱体内、外各点的电势分布.

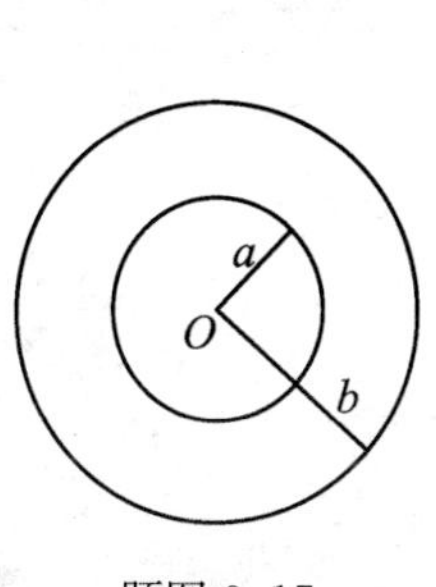

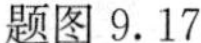

题图 9.17

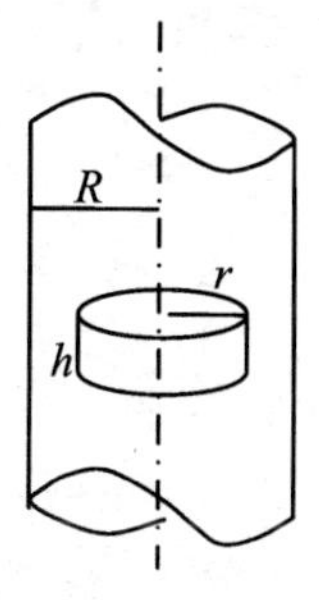

题图 9.18

9.26 已知某静电场的电势函数 $U=-\sqrt{x^2+y^2}+\ln x$. 求点(4,3,0)处的电场强度各分量值.

9.27 如题图 9.19 所示,在电矩为 $\boldsymbol{p}_e$ 的电偶极子的电场中,将一电荷为 q 的点电荷从 A 点沿半径为 R 的圆弧(圆心与电偶极子中心重合,$R\gg$电偶极子正负电荷之间距离)移到 B 点,求此过程中电场力所作的功.

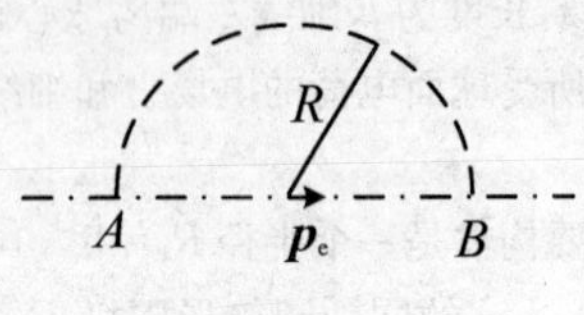

题图 9.19

三、小论文写作练习

9.28 讨论电势零点的选择问题.

9.29 利用 Mathematica 软件画电偶极子的电场线和等势面分布图.

第10章 静电场中的导体和电介质

10.1 静电场中的导体

10.1.1 导体的静电平衡

1. 金属导体的电结构及静电感应

金属导体(conductors)由带正电的晶格和带负电的自由电子组成.当导体不带电也不受外电场的作用时,导体中自由电子的负电荷与晶格的正电荷数量处处相等,因而对整个导体或者其中的一部分来说,都呈电中性,这种状态下,自由电子只作微观热运动,其平均效果相当于电子静止于晶格的各格点上,且是均匀分布的.实例如图10.1a.

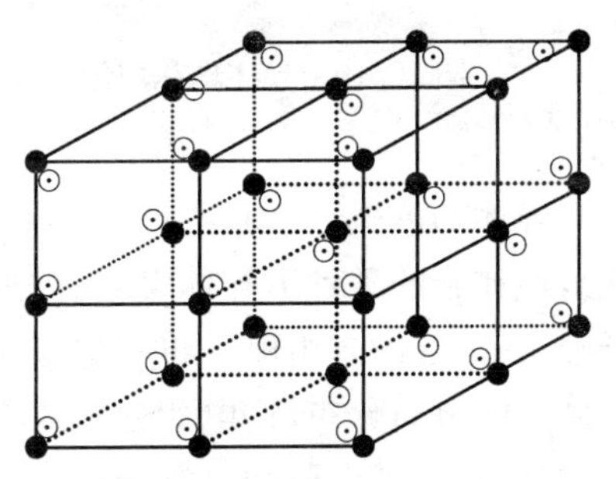

图10.1a 晶格和自由电子

当导体受外电场的作用时,导体中的自由电子将在电场力的作用下相对于晶格作宏观的定向运动,从而引起导体内电荷的重新分布,而电荷重新分布又会改变电场的空间分布.导体内电荷分布与电场的空间分布相互影响的过程称为静电感应过程(实例如图10.1b,c).

设外电场为$\boldsymbol{E}_0$(图10.1b),导体上的电荷在导体内外产生的电场为$\boldsymbol{E}'$(图10.1b),则当导体内的总场强$\boldsymbol{E}_{\text{int}}=\boldsymbol{E}_0+\boldsymbol{E}'=0$(图10.1c)时,导体上的自由电子的定向运动将停止,导体上的电荷分布不再发生变化,这种状态称为导体的静电平衡状态.需要说明的是:导体到达平衡状态前的电荷运动过程通常是十分复杂的,不过,过程时间极短,约10^{-6} s,我们仅讨论达平衡状态以后的情况.

2. 导体的静电平衡条件

导体的静电平衡条件是:导体内部各点的电场强度为零.可表示为

$$\boldsymbol{E}_{\text{int}}=0 \tag{10.1}$$

需要指出的是:① 这一静电平衡条件是由导体的电结构特征和静电平衡的要求决定的,与导体的形状和导体的类别无关.② 导体内部电场强度处处为零,指的是宏观点处,不是指微观点,因为在每个电子附近的电场可能不为零.③ $\boldsymbol{E}_{\text{int}}=0$并不意味着外电场不能进入导体内部,$\boldsymbol{E}_{\text{int}}=0$ 是所有电场的叠加结果.④ 上述静电平衡条件只在导体内部的电荷除受静电力外不再受其他力(例如化学力等非静电力)的作用时才成立,否则导体静电平衡条件就应改为导体内部可移动的电荷所受的一切合力为零.

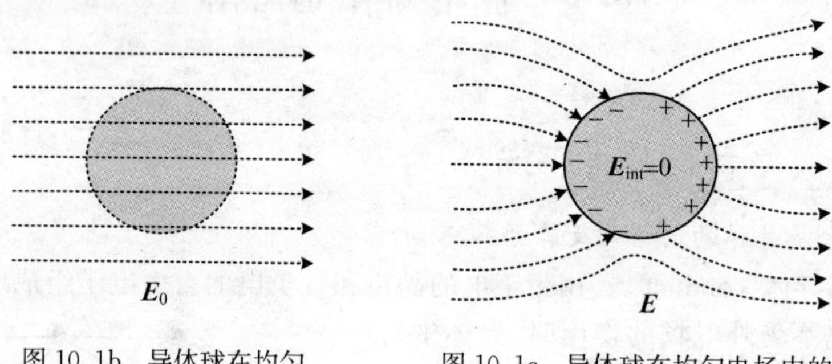

图 10.1b　导体球在均匀电场中

图 10.1c　导体球在均匀电场中的静电感应

导体的静电平衡状态可以由于外部条件的变化而受到破坏(例如外电场变化),但在新的条件下导体又将达到新的平衡状态.比如,将金属导体放在静电场中,其内部的自由电子将在电场力的作用下产生定向移动.这一运动将改变导体上的电荷分布,这电荷分布的改变又将反过来改变导体内部和导体周围的电场分布.这种电荷和电场分布将一直改变到导体达到静电平衡状态为止.

推论 1　在静电平衡条件下,导体内部及表面各点的电势相等,即导体是一个等势体,导体的表面是一个等势面.

证明　在导体上任取两点 a 和 b,这两点的电势之差为 $U_{ab}=V_a-V_b=\int_a^b \boldsymbol{E}_{\text{int}}\cdot \mathrm{d}\boldsymbol{l}=0$,这是因为 $\boldsymbol{E}_{\text{int}}=0$. 所以,$V_a=V_b$.

推论 2　导体表面附近的场强 $\boldsymbol{E}$ 垂直于导体表面.

证明　因导体的表面是一个等势面,而等势面的基本性质是:电场线与等势面处处正交.

10.1.2　静电平衡时导体上的电荷分布

对于实心导体(图 10.2a),当其到达静电平衡状态时,内部没有净电荷存在,电荷只可能分布在导体的表面.

证明　在导体内任取一高斯面 S,由高斯定理有 $\sum\limits_{内} q = \oiint\limits_{S} \varepsilon_0 \boldsymbol{E}_{\text{int}} \cdot \mathrm{d}\boldsymbol{S} = 0$,由于 S 是任意的,所以导体内处处无电荷.

对于空腔导体(图 10.2b),只要腔内无带电体,不仅导体内部无电荷[在(图 10.2b)中作闭合面 S 即可证明],而且腔的内表面亦处处无电荷,电荷只可能分布在导体的外表面上.

证明　我们先证明空腔内无带电体时,空腔内各点的电场强度为零.假设 $\boldsymbol{E} \neq 0$,则在空腔内存在一条电场线 $a \to b$(注意电场线不会在无电荷处中断),沿此电场线积分有

$$V_a - V_b = \int_a^b \boldsymbol{E} \cdot \mathrm{d}\boldsymbol{l} \neq 0$$

即

$$V_a \neq V_b$$

这与导体是等势体的事实相矛盾,故腔内 $\boldsymbol{E}$ 必为零(注意:导体外的电场一般不为零).在腔的内表面上,任取一高斯面 S'(图 10.2b),由于导体内及腔内的电场强度均为零,所以有 $\sum\limits_{内} q = \oiint\limits_{S} \varepsilon_0 \boldsymbol{E} \cdot \mathrm{d}\boldsymbol{S} = 0$. 这就证明了当腔内无电荷时,腔的内壁不可能有电荷.

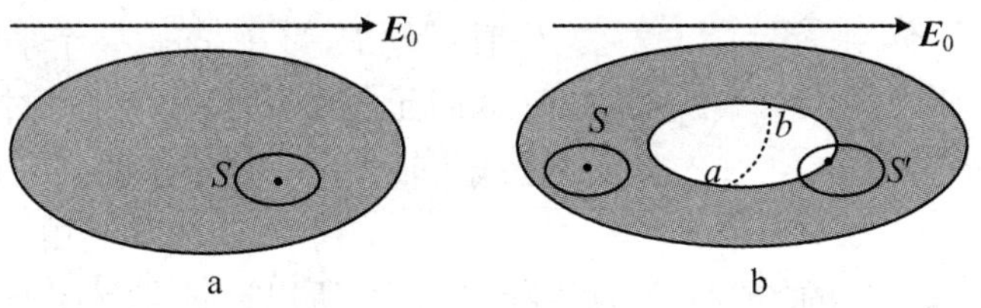

图 10.2

说明　对于空腔导体,如果腔内有产生外电场的带电体,则内表面上有电荷分布,如图 10.3 所示.由高斯定理可知,内表面带电 $-q$,由电量守恒知,外表面带电 $(Q+q)$,其中 Q 是空腔原来所带的电量(例如,通过摩擦等方式使腔带的电),Q 分布在外表面上.

对于简单的孤立导体(孤立导体指与其他物体足够远的导体.这里的“足够

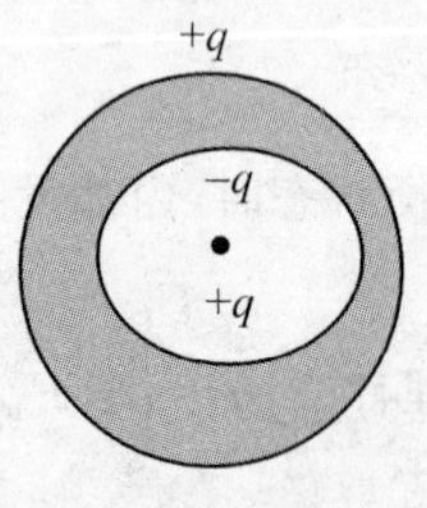

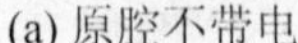

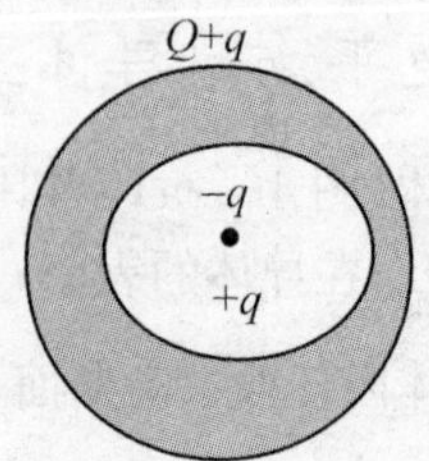

(a) 原腔不带电　　(b) 原腔带电Q, Q分布在外表面

图 10.3

远"是指其他物体的电荷在我们关心的场点上激发的场强小到可以忽略的地步，物理上可以说孤立导体之外没有其他物体)，导体外表面电荷的分布有如下定性的实验规律：导体上曲率大处，电荷面密度就大；曲率小处，电荷面密度就小. 对于球形孤立导体，由于各处曲率相同，电荷在导体表面作均匀分布. 同理，对于无限大的导体板，无限长导体柱面或柱体，其表面上的电荷作均匀分布.

10.1.3 导体表面附近的电场强度与电荷面密度 σ 的关系

导体表面往往带电，我们知道场强在带电面上有突变，所以不谈导体表面的场强而谈导体表面外紧靠导体表面的各点的场强，即导体表面附近的场强.

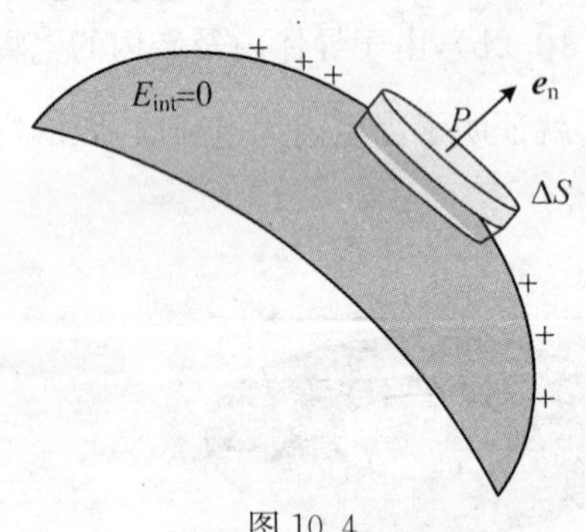

图 10.4

推论 2 告诉我们，导体处于静电平衡时，表面附近的电场垂直于导体表面. 导体表面附近的电场强度 $\boldsymbol{E}$ 与导体表面对应点的电荷面密度 σ 间的关系可以利用高斯定理求出. 如图 10.4，在导体表面外紧邻表面处取一点 P，过 P 点做一个平行于导体表面的面元 ΔS，以 ΔS 为底，以过导体表面的法线为轴做一个硬币形的高斯面 S，S 的另一底深入到导体内部. 由于导体内的 $\boldsymbol{E}_{int}=0$，而表面附近的场强又垂直于导体表面，所以通过此封闭曲面的电通量就等于通过 ΔS 面元的电通量. 根据高斯定理 $\oiint_S \boldsymbol{E}\cdot \mathrm{d}\boldsymbol{S}=q_{int}/\varepsilon_0$，我们有

$$E\Delta S=\frac{\Delta S\cdot\sigma}{\varepsilon_0}$$

即

$$E=\frac{\sigma}{\varepsilon_0}$$

写成矢量式即

$$\boldsymbol{E}=\frac{\sigma}{\varepsilon_0}\boldsymbol{e}_{\mathrm{n}} \tag{10.2}$$

此式表明:处于静电平衡的导体,表面附近的场强与导体表面对应点的面电荷密度成正比.

需要特别注意的是,公式(10.2)容易被误解为导体表面附近的场强仅仅是由导体表面对应点处的电荷产生的.其实不然,正确理解应该是:此处的电场是所有电荷(包括该导体上的全部电荷以及导体外所有的电荷)产生的.只要回顾一下上面的推导过程就可以明白这一点,当导体外的电荷位置发生变化时,导体上的电荷分布及导体表面附近的合场强也要发生变化.这种变化将一直持续到它们满足关系式(10.2),即其他地方的电荷可以通过影响导体表面各点的电荷面密度来间接影响其附近的场强,或者说式(10.2)的形式不受外界影响,但式中的 σ 和 $\boldsymbol{E}$ 却可以一同受外界的影响.此外,公式(10.2)仅适用于导体表面附近,对于离开导体表面附近的其他点,场强的大小和方向需要另行计算.

10.1.4　静电屏蔽

通过上面的讨论,我们知道:

(1) 当空腔内无带电体时,空腔导体内各点的 $\boldsymbol{E}=0$,所以放入空腔内的物体(图 10.5)不会受外电场的影响.

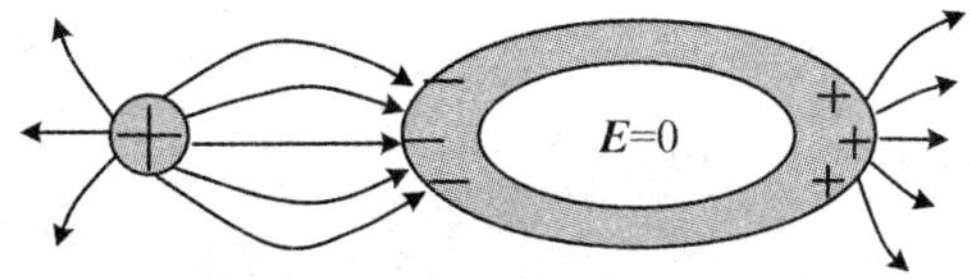

图 10.5　空腔导体屏蔽外电场

(2) 若将空腔导体接地,则由于腔的外表面的电荷因接地而与大地中和(图 10.6),所以腔内的物体带电不影响腔外物体.关于"接地"与"中和"的概念,本课程不作详细讨论.通常取接地导体的电势为零.

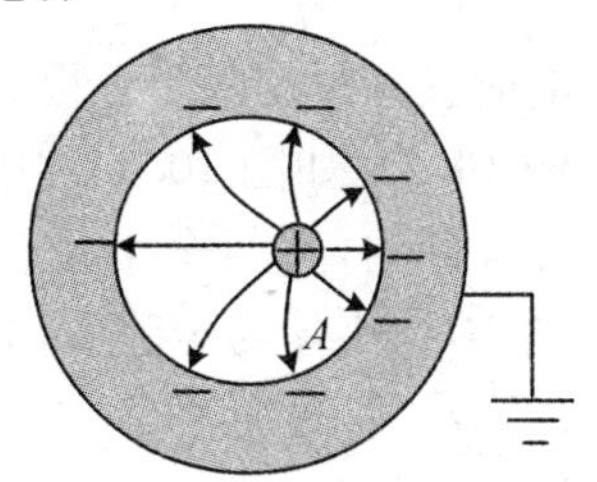

图 10.6　接地的空腔导体可以屏蔽内电场

我们把空腔导体可以保护腔内物体不受外电场的影响、接地的空腔导体可以保护外部物体不受腔内电场的影响的现象称为**静电屏**

蔽(electrostatic shielding)现象.

例 10.1　长宽相等的两金属板,面积均为 S,在真空中平行放置,分别带电 q_1 和 q_2,两板间距远小于平板的线度(即板可视为无限大的).求平板各表面的电荷面密度.

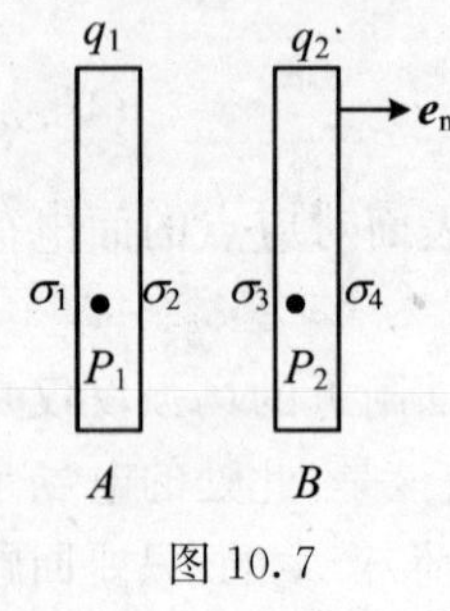

图 10.7

解　平行板导体组是涉及导体静电平衡问题的一类简单而有用的模型,解决这类问题有一定的技巧.如图 10.7,设两板四壁上电荷面密度分别为 $\sigma_1,\sigma_2,\sigma_3,\sigma_4$,由于静电平衡下导体表面附近的场强垂直于导体表面,因而用反证法不难证明总电场为均匀电场.又由于板面是平面,各处曲率相同,因此电荷在板面上均匀分布.根据电荷守恒有

$$\sigma_1 S+\sigma_2 S=q_1 \quad \Rightarrow \quad \sigma_1+\sigma_2=\frac{q_1}{S} \tag{1}$$

$$\sigma_3 S+\sigma_4 S=q_2 \quad \Rightarrow \quad \sigma_3+\sigma_4=\frac{q_2}{S} \tag{2}$$

设 $\boldsymbol{e}_{\mathrm{n}}$ 为向右的单位法矢量,并且分别在 A,B 两板内各任意取一点 P_1,P_2.根据导体静电平衡的性质可知

$$\boldsymbol{E}_{p1}=\frac{\sigma_1}{2\varepsilon_0}\boldsymbol{e}_{\mathrm{n}}-\frac{\sigma_2}{2\varepsilon_0}\boldsymbol{e}_{\mathrm{n}}-\frac{\sigma_3}{2\varepsilon_0}\boldsymbol{e}_{\mathrm{n}}-\frac{\sigma_4}{2\varepsilon_0}\boldsymbol{e}_{\mathrm{n}}=0$$

$$\Rightarrow \quad \sigma_1-\sigma_2-\sigma_3-\sigma_4=0 \tag{3}$$

$$\boldsymbol{E}_{p2}=\frac{\sigma_1}{2\varepsilon_0}\boldsymbol{e}_{\mathrm{n}}+\frac{\sigma_2}{2\varepsilon_0}\boldsymbol{e}_{\mathrm{n}}+\frac{\sigma_3}{2\varepsilon_0}\boldsymbol{e}_{\mathrm{n}}-\frac{\sigma_4}{2\varepsilon_0}\boldsymbol{e}_{\mathrm{n}}=0 \quad \Rightarrow \quad \sigma_1+\sigma_2+\sigma_3-\sigma_4=0 \tag{4}$$

由以上 4 式得

$$(3)+(4):\sigma_1=\sigma_4; \quad (3)-(4):\sigma_2=-\sigma_3$$

$$(1)+(2):\sigma_1=\sigma_4=\frac{q_1+q_2}{2S}; \quad (1)-(2):\sigma_2=-\sigma_3=\frac{q_1-q_2}{2S}$$

特例:当 $q_1=-q_2\equiv Q$ 时,$\sigma_1=\sigma_4=0$;$\sigma_2=-\sigma_3=Q/S=\sigma$.电荷只分布在两个平板的内表面.

例 10.2　如图 10.8,在内外半径分别为 R_1 和 R_2 的导体球腔内,有一个半径为 R 的导体小球,小球与球腔同心,让小球与球腔分别带上电荷量 q 和 Q.求:

(1) 小球的电势 V_R,球腔内、外表面的电势 V_{R1},V_{R2};

(2) 两球的电势差;

(3) 若球腔接地,再求小球与球腔的电势差.

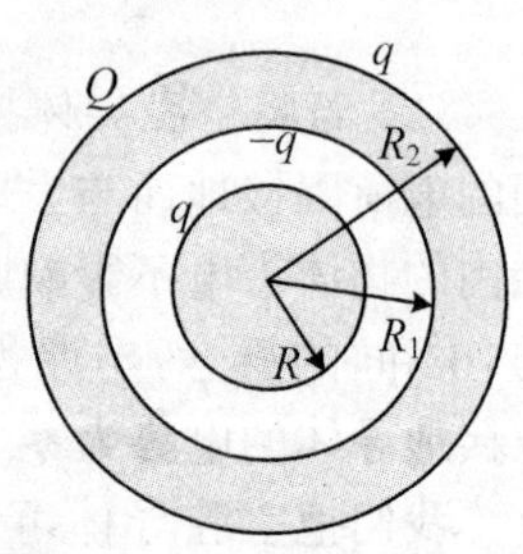

图 10.8

解　小球在球腔内外表面感应出电荷 $-q$ 和 q，球腔外表面的总电荷为$q+Q$.

(1) 根据高斯定理得如下电场分布

$$E(r)=\begin{cases}0 & (0\leqslant r<R)\\ \dfrac{q}{4\pi\varepsilon_0 r} & (R<r<R_1)\\ 0 & (R_1<r<R_2)\\ \dfrac{q+Q}{4\pi\varepsilon_0 R} & (R_2<r<\infty)\end{cases}$$

由场强积分得

$$V_R=\int_R^{\infty}E(r)\mathrm{d}r=\int_R^{R_1}E(r)\mathrm{d}r+\int_{R_1}^{R_2}E(r)\mathrm{d}r+\int_{R_2}^{\infty}E(r)\mathrm{d}r$$

$$=\frac{1}{4\pi\varepsilon_0}\left[\left(\frac{q}{R}-\frac{q}{R_1}\right)+\frac{q+Q}{R_2}\right]\quad\text{(也可由电势叠加原理得到此结论)}$$

$$V_{R1}=\int_{R_1}^{R_2}E(r)\mathrm{d}r+\int_{R_2}^{\infty}E(r)\mathrm{d}r=\int_{R_2}^{\infty}E(r)\mathrm{d}r=\frac{1}{4\pi\varepsilon_0}\frac{q+Q}{R_2}=V_{R2}$$

(2) 球与球腔电势差

$$V_R-V_{R1}=\int_R^{R_1}E(r)\mathrm{d}r=\frac{1}{4\pi\varepsilon_0}\left(\frac{q}{R}-\frac{q}{R_1}\right)$$

(3) 球腔接地时，球腔外表面的电荷为零，球与球腔电势差不变，依然是

$$V_R-V_{R1}=\int_R^{R_1}E(r)\mathrm{d}r=\frac{1}{4\pi\varepsilon_0}\left(\frac{q}{R}-\frac{q}{R_1}\right)$$

10.2　电介质的极化和有介质时的高斯定理

10.2.1　电介质的电结构

电介质(dielectric)由中性分子(线度为 10^{-10} m)构成，每个分子内包含有带正电的原子核及带负电的电子，电子只能在分子内运动，不像导体内的电子那样可以在导体内自由运动. 一般说来，分子中的正、负电荷都不集中在一点，

但在初步讨论时,可近似认为一个分子内的所有正电荷及所有的负电荷分别集中于分子内的两个几何点上,这两个点分别称为分子的正、负电荷中心.

就电结构而言,电介质可分为两类,即:

(1) **无极分子电介质**(non-polar dielectric):分子中的正、负电荷中心在无外场时是重合的(如甲烷分子CH_4),如图 10.9a 所示.

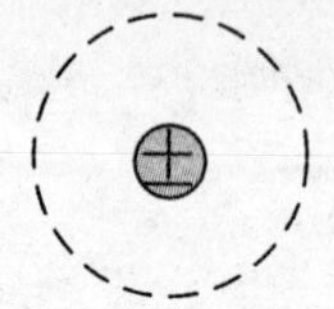

图 10.9a 无极分子

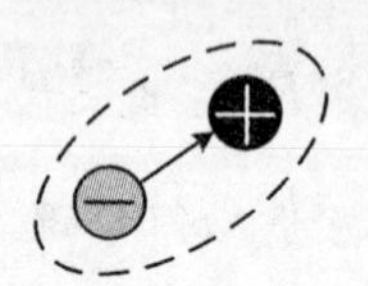

图 10.9b 有极分子

(2) **有极分子电介质**(polar dielectric):分子中的正、负电荷中心在无外场时是不重合的(如水分子H_2O),如图 10.9b 所示.当分子的正、负电荷中心不重合时,它们就构成一电偶极子,其电偶极矩称为分子电矩,用$\boldsymbol{P}_m$($\boldsymbol{P}_m=q\boldsymbol{l}$,$l\sim10^{-10}$ m)表示.

10.2.2 电介质的极化

当电介质处于外电场中时,其分子的正、负电荷中心因受电场的作用而改变位置,这种现象称为**电介质的极化**.

如图 10.10 所示,对于无极分子,正、负电荷因受电场力的作用而在电场方

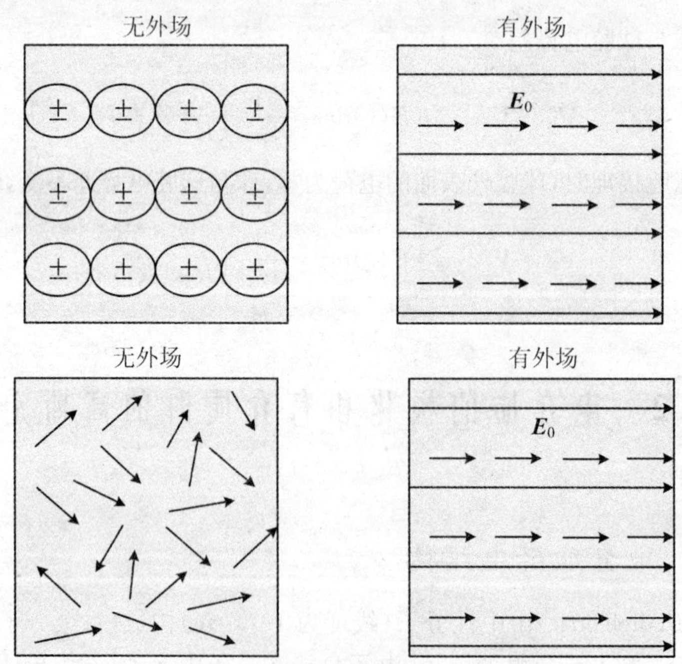

图 10.10 有极分子的取向极化

向上发生位移，这种极化称为无极分子的位移极化. 对于有极分子，在无外场时，分子电偶极矩 $\boldsymbol{P}_{\mathrm{m}}$ 在介质内的排列是无规则的，加上外场后，分子电偶极子将由于受到力矩的作用而转向电场方向，这种极化称为有极分子的**取向极化**.

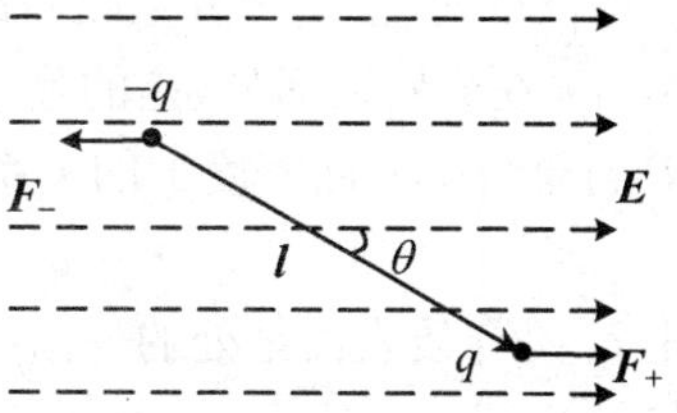

关于电偶极子在外电场中所受的作用力和力矩，可参考图 10.11a. 在均匀外电场中，电偶极子所受的总静电力为零，即

$$\boldsymbol{F} = \boldsymbol{F}_{+} + \boldsymbol{F}_{-} = q\boldsymbol{E} + (-q\boldsymbol{E}) = 0$$

图 10.11a

但是，整个电偶极子要受到一个总力矩 $\boldsymbol{M}$ 的作用，且

$$\boldsymbol{M} = \frac{1}{2}\boldsymbol{l} \times \boldsymbol{F}_{+} + \left(-\frac{1}{2}\boldsymbol{l}\right) \times \boldsymbol{F}_{-} = q\boldsymbol{l} \times \boldsymbol{E} = \boldsymbol{P}_{\mathrm{m}} \times \boldsymbol{E} \tag{10.3}$$

$\boldsymbol{M}$ 的作用效果是使电偶极子的偶极矩 $\boldsymbol{P}_{\mathrm{m}}$ 转到与外电场 $\boldsymbol{E}$ 一致的方向，达到一种稳定平衡状态. 当 $\boldsymbol{P}_{\mathrm{m}}$ 与 $\boldsymbol{E}$ 反平行时，虽然 $\boldsymbol{M}$ 也为零，但是，这只是一种非稳定平衡，稍有扰动，偶极子就会偏离这个状态而转到与外电场 $\boldsymbol{E}$ 一致的方向.

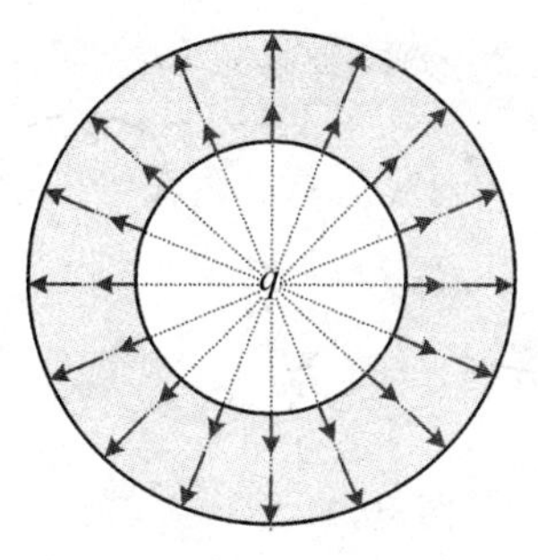

图 10.11b

对于球壳形介质，如果外电场是位于球心的点电荷(或带电球体、球面)产生的，则介质分子电偶极矩 $\boldsymbol{P}_{\mathrm{m}}$ 基本上是沿球的径向排列，如图 10.11b 所示.

介质极化后，在介质表面出现**极化电荷**，亦称为**束缚电荷**(以区别于自由电荷). 束缚电荷与自由电荷在产生电场方面是相同的，即束缚电荷出现后，将在介质内外产生附加电场 $\boldsymbol{E}'$，使得介质内外的总场强为 $\boldsymbol{E}=\boldsymbol{E}_0+\boldsymbol{E}'$，其中 $\boldsymbol{E}_0$ 是由自由电荷产生的电场的强度(注意：与导体不同，在介质内，$\boldsymbol{E}_{\mathrm{int}}\neq 0$).

10.2.3 电极化强度、极化电荷与极化强度的关系

为了描述介质的极化程度，我们引入电极化强度概念. 电介质中，某点附近单位体积内分子电偶极矩的矢量和，称为该点的**电极化强度**，用 $\boldsymbol{P}$ 表示，即

$$\boldsymbol{P} = \frac{\sum\limits_{\Delta V}\boldsymbol{P}_{\mathrm{m}}}{\Delta V} \tag{10.4}$$

其中 ΔV 是介质内的一个物理无限小体积元(ΔV 宏观小、微观大)，$\sum \boldsymbol{P}_{\mathrm{m}}$ 是 ΔV

内所有分子电矩的矢量和.若 $\boldsymbol{P}=$ 恒量,则称为均匀极化;若 $\boldsymbol{P}\neq$ 恒量,则称为非均匀极化.

可以证明(证明过程从略),$\boldsymbol{P}$ 与介质上的束缚电荷之间有如下关系:

(1) 在介质表面处(指的是介质与真空或介质与金属的交界面处),极化强度 $\boldsymbol{P}$ 与束缚电荷面密度 σ' 的关系为

$$\sigma'=\boldsymbol{P}\cdot\boldsymbol{e}_{\mathrm{n}}=P\cos\theta \tag{10.5}$$

其中 $\boldsymbol{e}_{\mathrm{n}}$ 是介质表面某处的外法线方向的单位矢量,$\boldsymbol{P}$ 是介质表面处的电极化强度矢量①.

例如,对于如图 10.12 所示的均匀极化的长方形介质,在电介质的侧面上

$$\theta=\pi/2,\quad \sigma'=P\cos\theta=0$$

在沿电场方向的两个端面上

$$\sigma'_{右}=\boldsymbol{P}\cdot\boldsymbol{e}_{\mathrm{n}}=P\cos 0^{\circ}=P,\quad \sigma'_{左}=P\cos\pi=-P$$

(2) $\boldsymbol{P}$ 与任一闭合曲面 S(S 可取在介质内,也可取在介质外,还可取成包围一部分介质,如图 10.13 所示)内所包围的束缚电荷 q'_{int} 的关系是

$$\oint\!\!\!\oint_{S}\boldsymbol{P}\cdot\mathrm{d}\boldsymbol{S}=-q'_{\mathrm{int}} \tag{10.6}$$

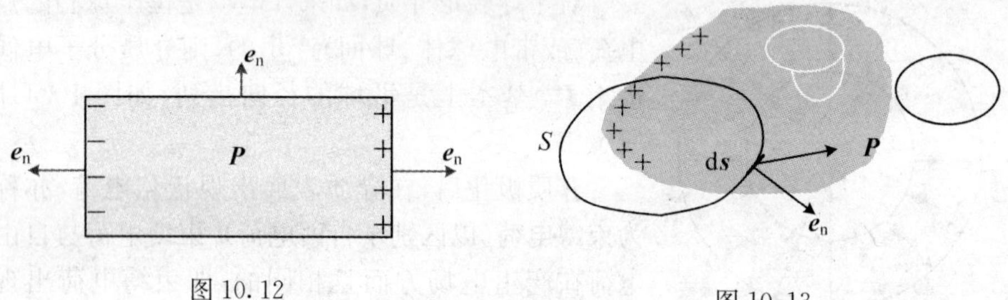

图 10.12　　图 10.13

10.2.4 电极化强度与场强的关系

电极化强度矢量 $\boldsymbol{P}$ 与电场强度 $\boldsymbol{E}$($\boldsymbol{E}=\boldsymbol{E}_0+\boldsymbol{E}'$)之间有一定的关系,这种关系与电介质的内在结构有关.对于多数各向同性的均匀电介质,实验表明,电场不太强时,电极化强度与电场强度有如下关系

$$\boldsymbol{P}=\chi_{\mathrm{e}}\varepsilon_0\boldsymbol{E} \tag{10.7}$$

式中 χ_{e} 称为各向同性均匀电介质的**电极化率**(electric susceptibility),是一个大

① 在两种电介质的交界面上,束缚电荷面密度为 $\sigma'=(\boldsymbol{P}_1-\boldsymbol{P}_2)\cdot\boldsymbol{e}_{12}$,其中 $\boldsymbol{P}_1$ 和 $\boldsymbol{P}_2$ 分别是交界面两侧介质 1 和介质 2 中的电极化强度,$\boldsymbol{e}_{12}$ 是交界面法线方向上的单位矢量,且由介质 1 指向介质 2. 式(10.5)是此式在 $\boldsymbol{P}_2=0$ 情形(介质 2 是真空或金属)的特例.

于零的无量纲的纯数，其值与介质的材料有关，一般由实验测定. 对于各向异性或非均匀的电介质，电极化强度与电场强度的关系比较复杂，本课程对此不作具体讨论. 在以下的论述中，我们所说的电介质都是指各向同性的均匀电介质.

10.2.5　有介质时的高斯定理

有介质存在时，总场强 $\boldsymbol{E}=\boldsymbol{E}_0+\boldsymbol{E}'$ 之所以不同于无介质时自由电荷在真空中产生的场强 $\boldsymbol{E}_0$，关键是介质上的束缚电荷产生了一附近场强 $\boldsymbol{E}'$. 就产生电场而言，束缚电荷与自由电荷并无区别，它们产生的电场分别满足真空中的高斯定理，即

$$\oint\!\!\oint_S \boldsymbol{E}_0 \cdot \mathrm{d}\boldsymbol{S} = \frac{q_{\text{int}}}{\varepsilon_0}$$

其中 q_{int} 是 S 内所包围的自由电荷.

$$\oint\!\!\oint_S \boldsymbol{E}' \cdot \mathrm{d}\boldsymbol{S} = \frac{q'_{\text{int}}}{\varepsilon_0}$$

其中 q'_{int} 是 S 内所包围的束缚电荷.

将以上两式相加得

$$\oint\!\!\oint_S (\boldsymbol{E}_0 + \boldsymbol{E}') \cdot \mathrm{d}\boldsymbol{S} = \frac{q_{\text{int}} + q'_{\text{int}}}{\varepsilon_0}$$

利用 $\boldsymbol{E} = \boldsymbol{E}_0 + \boldsymbol{E}'$ 和 $q'_{\text{int}} = -\oint\!\!\oint_S \boldsymbol{P} \cdot \mathrm{d}\boldsymbol{S}$，我们可以将上式改写成

$$\varepsilon_0 \oint\!\!\oint_S \boldsymbol{E} \cdot \mathrm{d}\boldsymbol{S} = q_{\text{int}} - \oint\!\!\oint_S \boldsymbol{P} \cdot \mathrm{d}\boldsymbol{S}, \quad \oint\!\!\oint_S (\varepsilon_0 \boldsymbol{E} + \boldsymbol{P}) \cdot \mathrm{d}\boldsymbol{S} = q_{\text{int}}$$

令 $\boldsymbol{D}=\varepsilon_0\boldsymbol{E}+\boldsymbol{P}$，得

$$\oint\!\!\oint_S \boldsymbol{D} \cdot \mathrm{d}\boldsymbol{S} = q_{\text{int}} \tag{10.8}$$

$\boldsymbol{D}$ 称为电位移矢量，式(10.8)称为**有介质时的高斯定理**(the corresponding Gauss' Law)(**或关于 $\boldsymbol{D}$ 的高斯定理**). 此定理表明：通过任意封闭曲面的电位移通量等于该封闭曲面内包围的自由电荷的代数和.

对于各向同性的均匀电介质，利用实验规律 $\boldsymbol{P}=\chi_e\varepsilon_0\boldsymbol{E}$ 有

$$\boldsymbol{D} = \varepsilon_0\boldsymbol{E} + \boldsymbol{P} = \varepsilon_0\boldsymbol{E} + \chi_e\varepsilon_0\boldsymbol{E} = \varepsilon_0(1+\chi_e)\boldsymbol{E} = \varepsilon_0\varepsilon_r\boldsymbol{E} = \varepsilon\boldsymbol{E} \tag{10.9}$$

其中 $\varepsilon_r=1+\chi_e$ 称为**电介质的相对介电常数**，$\varepsilon=\varepsilon_0\varepsilon_r$ 称为**电介质的介电常数**. 式(10.9)称为各向同性均匀电介质的性能方程.

式(10.8)表明：$\boldsymbol{D}$ 通量仅由闭合面内的自由电荷的代数和决定，与面外的自由电荷以及闭合面内、外的极化电荷无关. 但并不能说 $\boldsymbol{D}$ 矢量与面外的自由

电荷以及闭合面内、外的极化电荷无关. 空间任意一点的 $\boldsymbol{D}$ 矢量与所有电荷有关. 这一点可从 $\boldsymbol{D}$ 的定义式看出. 显然,真空中的高斯定理是式(10.8)的特例.

例 10.3　一半径为 R 的金属球,带有电荷 q_0(设 $q_0>0$),浸埋在均匀无限大的电介质中(图 10.14),电介质的介电常数为 $\varepsilon(\varepsilon=\varepsilon_0\varepsilon_r)$. 求:

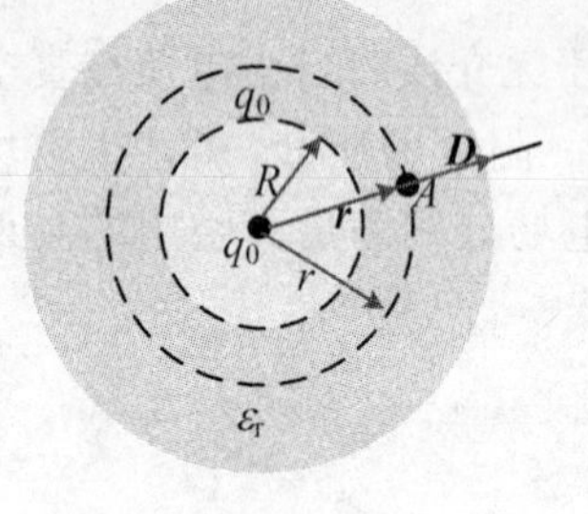

图 10.14

(1) 电介质中任意一点的电位移 $\boldsymbol{D}$、电场强度 $\boldsymbol{E}$、电极化强度 $\boldsymbol{P}$;

(2) 电介质与金属球交界面上的极化电荷面密度 σ';

(3) 金属球的电势 V_R.

解　(1) 电荷 q_0 均匀分布于球的表面(静电平衡),由于 q_0 产生的电场 $\boldsymbol{E}_0$ 具有球对称性,而介质本身的形状也具有球对称性,因此介质内的电极化强度 $\boldsymbol{P}$、介质内外的电场强度 $\boldsymbol{E}$ 和电位移 $\boldsymbol{D}$ 具有球对称性. 如图 10.14,过介质中的任意一点 A 作同心球面 S,运用关于 $\boldsymbol{D}$ 的高斯定理 $\oiint_S \boldsymbol{D}\cdot \mathrm{d}\boldsymbol{S}=q_{\text{int}}$,得 $D=q_0/(4\pi r^2)$,写成矢量形式即

$$\boldsymbol{D}=\frac{q_0}{4\pi r^3}\boldsymbol{r}\quad (r>R) \tag{10.10}$$

电介质中任意一点 A 处的电场强度 $\boldsymbol{E}$ 和电极化强度 $\boldsymbol{P}$ 分别为

$$\boldsymbol{E}=\frac{\boldsymbol{D}}{\varepsilon}=\frac{q_0}{4\pi\varepsilon r^3}\boldsymbol{r},\quad \boldsymbol{P}=\varepsilon_0\chi_e\boldsymbol{E}=\varepsilon_0(\varepsilon_r-1)\boldsymbol{E}=\frac{(\varepsilon_r-1)q_0}{4\pi\varepsilon_r r^3}\boldsymbol{r}$$

(2) 在电介质与金属球交界的表面上,电极化强度矢量为(在上式中取 $r=R$)

$$\boldsymbol{P}_R=\frac{(\varepsilon_r-1)q_0}{4\pi\varepsilon_r R^3}\boldsymbol{R}$$

于是,该表面上的极化电荷面密度为

$$\sigma'=\boldsymbol{P}_R\cdot\boldsymbol{e}_n=-P_R=-\frac{(\varepsilon_r-1)q_0}{4\pi\varepsilon_r R^2}$$

或表示成

$$\sigma'=-\left(1-\frac{1}{\varepsilon_r}\right)\sigma_0$$

其中 $\sigma_0=\dfrac{q_0}{4\pi R^2}$ 是金属球表面上的自由电荷面密度.

(3) 金属球的电势为

$$V_R = \int_R^{\infty} \boldsymbol{E} \cdot \mathrm{d}\boldsymbol{r} = \frac{q_0}{4\pi\varepsilon R}$$

例 10.4　如图 10.15，半径为 R、带电为 Q 的导体球外有一同心的球壳型均匀介质，介质的相对介电系数是 ε_r，球壳的内外半径分别是 a 和 b. 求：

(1) 介质内外的电场强度 $\boldsymbol{E}$ 和电位移 $\boldsymbol{D}$；

(2) 介质内的电极化强度 $\boldsymbol{P}$ 和介质表面的极化电荷面密度 σ'；

(3) 离球心为 r 处的电势 $U(r)$.

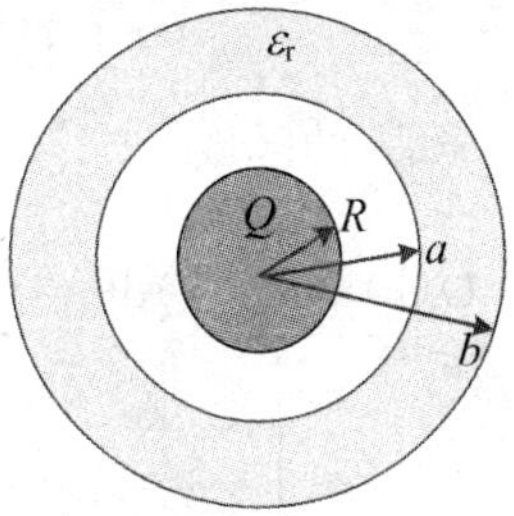

图 10.15

解　(1) 电荷 Q 均匀分布于球的表面(静电平衡)，由于 Q 产生的电场 $\boldsymbol{E}_0$ 具有球对称性，而介质本身的形状也具有球对称性，因此介质内的电极化强度 $\boldsymbol{P}$、介质内外的电场强度 $\boldsymbol{E}$ 和电位移 $\boldsymbol{D}$ 具有球对称性. 在各区域中取不同半径的球面为高斯面，可以得到

$$D = D(r) = \begin{cases} 0 & (r < R) \\ \dfrac{Q}{4\pi r^2} & (r > R) \end{cases}$$

$$E = E(r) = \begin{cases} 0 & (r < R) \\ \dfrac{Q}{4\pi\varepsilon_0 r^2} & (R < r < a, r > b) \\ \dfrac{Q}{4\pi\varepsilon_0\varepsilon_r r^2} & (a < r < b) \end{cases}$$

(2) 利用 $\boldsymbol{P} = \chi_e\varepsilon_0\boldsymbol{E} = (\varepsilon_r - 1)\varepsilon_0\boldsymbol{E}$ 和 $\sigma' = \boldsymbol{P} \cdot \boldsymbol{n} = P\cos\theta$，有

$$P = P(r) = \frac{(\varepsilon_r - 1)Q}{4\pi\varepsilon_r r^2} \quad (a < r < b)$$

$$\sigma'_a = \boldsymbol{P}_a \cdot \boldsymbol{n}_a = P_a\cos\pi = -P_a = -\frac{(\varepsilon_r - 1)Q}{4\pi\varepsilon_r a^2}$$

$$\sigma'_b = \boldsymbol{P}_b \cdot \boldsymbol{n}_b = P_b\cos 0° = P_b = \frac{(\varepsilon_r - 1)Q}{4\pi\varepsilon_r b^2}$$

(3) 利用 $U(r) = \int_r^{\infty} \boldsymbol{E} \cdot \mathrm{d}\boldsymbol{l} = \int_r^{\infty} E(r)\mathrm{d}r$，并注意分段积分，可以得到：

$r \geqslant b$ 的区域

$$U(r) = \int_r^{\infty} E(r)\mathrm{d}r = \int_r^{\infty} \frac{Q}{4\pi\varepsilon_0 r^2}\mathrm{d}r = \frac{Q}{4\pi\varepsilon_0 r}$$

$a \leqslant r \leqslant b$ 的区域

$$U(r)=\int_r^\infty E(r)\mathrm{d}r=\int_r^b E(r)\mathrm{d}r+\int_b^\infty E(r)\mathrm{d}r$$

$$=\int_r^b \frac{Q}{4\pi\varepsilon_0\varepsilon_r r^2}\mathrm{d}r+U(b)=\frac{Q}{4\pi\varepsilon_0\varepsilon_r}\left(\frac{1}{r}-\frac{1}{b}\right)+\frac{Q}{4\pi\varepsilon_0 b}$$

$R\leqslant r\leqslant a$ 的区域

$$U(r)=\int_r^\infty E(r)\mathrm{d}r=\int_r^a E(r)\mathrm{d}r+\int_a^\infty E(r)\mathrm{d}r$$

$$=\int_r^a \frac{Q}{4\pi\varepsilon_0 r^2}\mathrm{d}r+U(a)=\frac{Q}{4\pi\varepsilon_0}\left(\frac{1}{r}-\frac{1}{a}\right)+\frac{Q}{4\pi\varepsilon_0\varepsilon_r}\left(\frac{1}{a}-\frac{1}{b}\right)+\frac{Q}{4\pi\varepsilon_0 b}$$

$r\leqslant R$ 的区域

$$U(r)=\int_r^\infty E(r)\mathrm{d}r=\int_r^R E(r)\mathrm{d}r+\int_R^\infty E(r)\mathrm{d}r$$

$$=0+U(R)=\frac{Q}{4\pi\varepsilon_0}\left(\frac{1}{R}-\frac{1}{a}\right)+\frac{Q}{4\pi\varepsilon_0\varepsilon_r}\left(\frac{1}{a}-\frac{1}{b}\right)+\frac{Q}{4\pi\varepsilon_0 b}$$

整理得

$$U=U(r)=\begin{cases}\dfrac{Q}{4\pi\varepsilon_0 r} & (r\geqslant b)\\ \dfrac{Q}{4\pi\varepsilon_0\varepsilon_r}\left[\dfrac{1}{r}+(\varepsilon_r-1)\left(\dfrac{1}{b}\right)\right] & (a\leqslant r\leqslant b)\\ \dfrac{Q}{4\pi\varepsilon_0\varepsilon_r}\left[\dfrac{\varepsilon_r}{r}-(\varepsilon_r-1)\left(\dfrac{1}{a}-\dfrac{1}{b}\right)\right] & (R\leqslant r\leqslant a)\\ \dfrac{Q}{4\pi\varepsilon_0\varepsilon_r}\left[\dfrac{\varepsilon_r}{R}-(\varepsilon_r-1)\left(\dfrac{1}{a}-\dfrac{1}{b}\right)\right] & (r\leqslant R)\end{cases}$$

10.3 电容和电容器

10.3.1 孤立导体的电容

在静电平衡条件下，导体是一个等势体. 下面进一步讨论导体的电势与哪些因素有关. 我们先分析孤立导体的情形.

设有一孤立导体球，半径为 R，带电为 q. 在静电平衡条件下，电荷 Q 均匀分

布于该球的表面,它在空间任一点产生的电场为

$$\boldsymbol{E}=\boldsymbol{E}(r)=\begin{cases}0 & (r<R)\\ \dfrac{q}{4\pi\varepsilon_0 r^3}\boldsymbol{r} & (r>R)\end{cases}$$

由于该球是一个等势体,所以其上任一点的电势 V 等于导体球表面任一点 P 的电势 V_P,且

$$V=\int_P^{\infty}E(r)\mathrm{d}r=\frac{q}{4\pi\varepsilon_0 R}$$

即 V 与 q 成正比,比例系数仅与球的半径 R 有关.

一般地,可以证明:对于任意形状的孤立导体,导体所带地电量 q 与导体的电势 V(等势体的电势)之比为一常数,此常数只与导体的几何形状等因素有关,称为孤立导体的电容(capacitance of isolated conductor),用 C 表示,即

$$C=\frac{q}{V}\tag{10.11}$$

对于孤立导体球,$C=4\pi\varepsilon_0 R$. 电容的单位为法拉(F),1 法拉(F)=1 库仑(C)/1 伏特(V). 有时常用微法(μF)及皮法(pF),它们之间的关系是:1 μF$=10^{-6}$ F,1 pF$=10^{-12}$ F.

10.3.2　电容器及其电容

当带电导体的附近有其他带电导体时,由于静电感应的影响,各导体所带电量与其电势之比不再具有与孤立导体相同的简单关系. 但是,对于一些如图 10.16 所示的导体组合,因静电屏蔽作用,在忽略边缘效应的情况下,当一个导体带电 $+q$,另一个导体带电 $-q$ 时,很容易证明,两导体的电势之差 $U_{AB}=V_A-V_B$ 与 q 之比为一常量,即有

$$C=\frac{q}{U_{AB}}\tag{10.12}$$

这样的导体组称为**电容器**(capacitor),C 称为**电容器的电容**,两导体的两个相对面分别称为电容器的两极板.

下面通过几种典型的电容器电容的分析与计算,来说明电容是一个与电容器自身参数有关的物理量. 计算电容的一般方法是:首先设电容器的两极板分别带上等值异号的电荷 $\pm q$;然后由电荷分布求出两极板间的场强分布;再利用对场强的积分计算两极板间的电势差;最后根据电容的定义式求出电容.

1. 平行板电容器的电容

图 10.16a 为平板电容器(parallel-plate capacitor),S 为极板面积,d 为板间

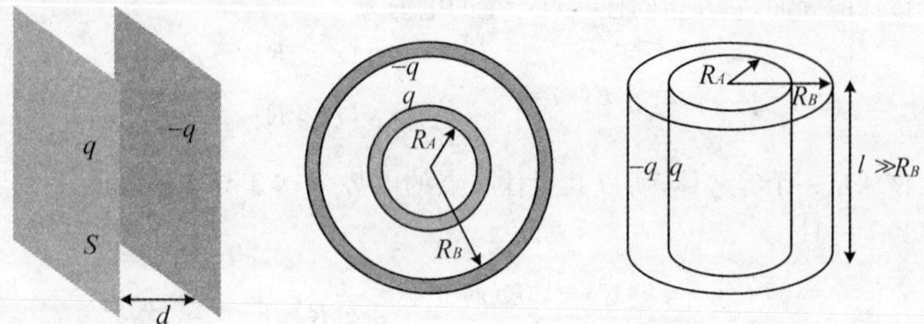

图 10.16a 平行板电容器　　图 10.16b 球形电容器　　图 10.16c 圆柱形电容器

距离.设两板间均匀充满电介质,电介质的介电常数为 ε.设 A,B 两极板分别带电 $\pm q$,电荷面密度分别为 $\pm\sigma=\pm q/S$.忽略边缘效应,根据 $\boldsymbol{D}$ 的高斯定理很容易求出两极板间的电场分布为 $E=\sigma/\varepsilon=q/(\varepsilon S)$,两板间的电势差为

$$U_{AB}=V_A-V_B=\int_A^B E\,\mathrm{d}l=Ed=\frac{q\mathrm{d}}{\varepsilon S}$$

电容为

$$C=\frac{q}{U_{AB}}=\frac{\varepsilon S}{d}=\varepsilon_r\frac{\varepsilon_0 S}{d}=\varepsilon_r C_0 \tag{10.13}$$

其中 $C_0=\varepsilon_0 S/d$ 是两板间为真空时平行板电容器的电容.电容 C 是一个仅与电容器自身参数有关的量.实际应用中,有一种平行板电容器可通过改变极板相对面积的大小或极板间距离等来改变其电容值,叫做可变电容.

2. 球形电容器

图 10.16b 为球形电容器(spherical capacitor),它是由两同心球壳构成的.设内、外球壳分别带有电荷 q 和 $-q$,且设两极间均匀充满电介质,电介质的介电常数为 ε.根据 $\boldsymbol{D}$ 的高斯定理很容易求出两极间的电场分布为 $E=q\boldsymbol{r}/(4\pi\varepsilon r^3)$,两板间的电势差为

$$U_{AB}=V_A-V_B=\int_{R_A}^{R_B}\boldsymbol{E}\cdot\mathrm{d}\boldsymbol{r}=\frac{q}{4\pi\varepsilon}\left(\frac{1}{R_A}-\frac{1}{R_B}\right)=\frac{q}{4\pi\varepsilon}\left(\frac{R_B-R_A}{R_AR_B}\right)$$

电容为

$$C=\frac{q}{U_{AB}}=\frac{4\pi\varepsilon R_AR_B}{R_B-R_A}=\varepsilon_r C_0 \tag{10.14}$$

其中 $C_0=4\pi\varepsilon_0R_AR_B/(R_B-R_A)$ 是该电容器两极板间为真空时的电容值.当 $R_B\to\infty$ 时,$C_0=4\pi\varepsilon_0R_A$ 变为孤立球形电容器的电容.如果令 $d=R_B-R_A$,当

$R_A \to R_B$ 且 $R_A \gg d$ 时，可得：$C_0 \approx 4\pi\varepsilon_0 R_A^2/d = \varepsilon_0 S/d$，与平行板电容器的电容相同.

3. 圆柱形电容器

图 10.16c 为圆柱形电容器(cylindrical capacitor)，它是由两同轴圆柱面构成的. 让内柱外壁和外筒内壁分别带上线密度分别为$\pm\lambda$ 等值异号电荷，且两极间均匀充满电介质，电介质的介电常数为 ε. 忽略边缘效应，根据 $\boldsymbol{D}$ 的高斯定理很容易求出两极间的电场分布为$\boldsymbol{E}=\lambda\boldsymbol{r}/(2\pi\varepsilon\cdot r^2)$，两极间的电势差为

$$U_{AB} = \int_A^B \boldsymbol{E}\cdot \mathrm{d}\boldsymbol{r} = \int_{R_A}^{R_B} \frac{\lambda}{2\pi\varepsilon\cdot r^2}\boldsymbol{r}\cdot \mathrm{d}\boldsymbol{r} = \frac{\lambda}{2\pi\varepsilon}\ln\frac{R_B}{R_A}$$

电容为

$$C = \frac{q}{U_{AB}} = \frac{\lambda l}{U_{AB}} = \frac{2\pi\varepsilon l}{\ln\dfrac{R_B}{R_A}} \tag{10.15}$$

电容器上都有一定的标示，例如“10 V，4 μF”，这里 4 μF 就是电容器的电容值，10 V 就是电容器工作时所能承受的最大电压. 我们知道，电容器的两个极板间一般是真空(空气)或介质，当电容器两极板间所加的电压太大时，电容器容易被击穿. 电容器被击穿后，极板间的电介质就失去绝缘性而变为导体了. 电介质不被击穿所能承受的最大电场强度，叫击穿强度. 例如：空气的击穿强度是 $3\times10^6\ \mathrm{V\cdot m^{-1}}$，尼龙的击穿强度是 $14\times10^6\ \mathrm{V\cdot m^{-1}}$等.

10.3.3　电容器的串联和并联

一个电容器的容量或耐压常常不能满足实际需要，为此常常将几个电容器联合使用.

1. 电容器的串联

图 10.17a 为电容器的串联，图 10.17b 为其等效电路. 电容器串联后，总电容 C 与各电容器的电容 C_i 之间的关系为

$$\frac{1}{C} = \sum_{i=1}^{n}\frac{1}{C_i} \tag{10.16a}$$

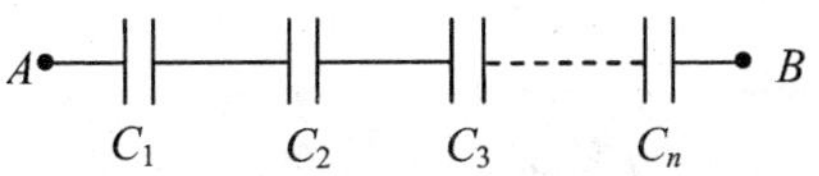

A　C_1　C_2　C_3　C_n　B

图 10.17a　电容器的串联

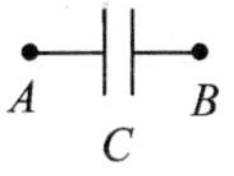

A　C　B

图 10.17b　串联等效电路

总电容减小，总耐压提高.

2. 电容器的并联

图 10.18a 为电容器的并联电路，图 10.18b 为其等效电路. 电容器并联后，总电容 C 与各电容器的电容 C_i 之间的关系为

$$C=\sum_{i=1}^{n}C_i \tag{10.16b}$$

总电容增大，但总的耐压不能超过并联电路中耐压小的电容的额定工作电压.

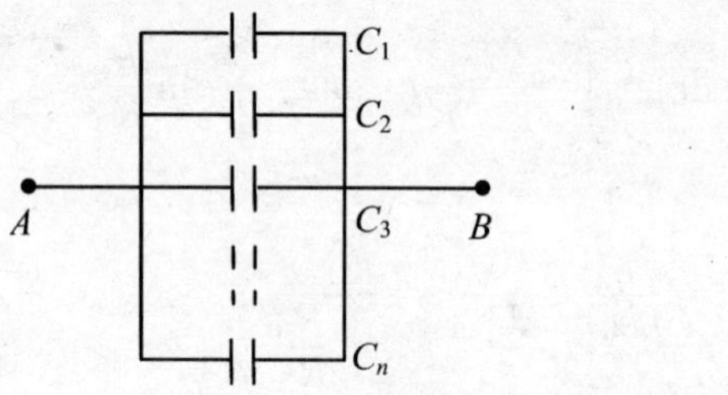

图 10.18a 电容器的并联图 10.18b 并联等效电路

例 10.5 如图 10.19，半径都是 a 的两根平行长直导线，其中心线间相距 d ($d\gg a$). 求这对导线单位长度的电容(导线周围可以被看做是真空).

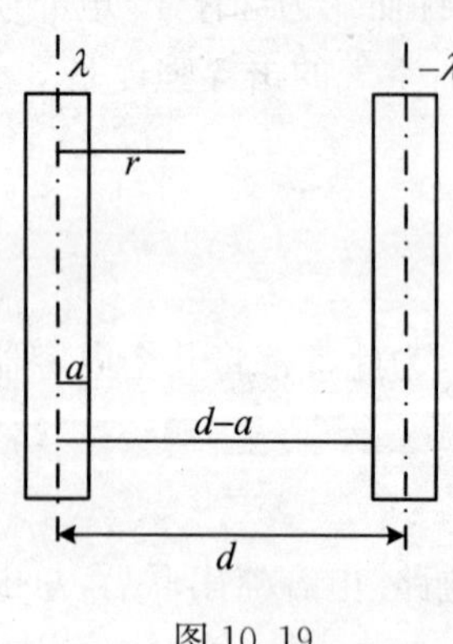

图 10.19

解 设两根导线上的电荷线密度分别为 λ 和 $-\lambda$，如图 10.19 所示. 距离左边导线中心线为 r 处的场强大小为

$$E=\frac{\lambda}{2\pi\varepsilon_0 r}+\frac{\lambda}{2\pi\varepsilon_0(d-r)}$$

故两导线之间的电势差为

$$\begin{aligned}U&=\frac{\lambda}{2\pi\varepsilon_0}\int_a^{d-a}\left(\frac{1}{r}+\frac{1}{d-r}\right)\mathrm{d}r\\&=\frac{\lambda}{2\pi\varepsilon_0}\left(\ln\frac{d-a}{a}-\ln\frac{a}{d-a}\right)\\&=\frac{\lambda}{2\pi\varepsilon_0}\ln\left(\frac{d-a}{a}\right)^2=\frac{\lambda}{\pi\varepsilon_0}\ln\frac{d-a}{a}\end{aligned}$$

单位长度的电容为

$$C=\frac{q}{U}=\frac{\lambda}{U}=\frac{\pi\varepsilon_0}{\ln[(d-a)/a]}\approx\frac{\pi\varepsilon_0}{\ln(d/a)}$$

10.4 电场的能量

10.4.1 电容器储存的静电能

电容器的两极板上带有电荷时，电容器便具有一定的电能，这可通过事实来说明：如果将电容器的两极板用导线短路，则可看到放电火花，这火花可用来熔焊金属，称做电容储能焊. 电容器储存的电能显然与其带电有关.

电容为 C 的电容器两极板带电分别为 Q 和 $-Q$ 时，其储存的静电能如何表示呢？可以想象两极板的电荷是这样带上的：原来两极板不带电（每个极板上的正负电荷均匀分布，呈电中性），外力克服静电力不断地把元电荷 $\mathrm{d}q$ 从一个极板 B 般到另一极板 A，直到充电结束. 那么外力作的总功在数值上就是最终电容器所储存的能量.

设充电到某一程度时，A 板上的电荷为 q（图 10.20），两板间电压 $u_{AB}=v_A-v_B$（用小写字母，以示与最终的电压、电势的区别）. 此时外力克服静电力把元电荷 $\mathrm{d}q$ 从一个极板 B 般到另一极板 A 所作的功为

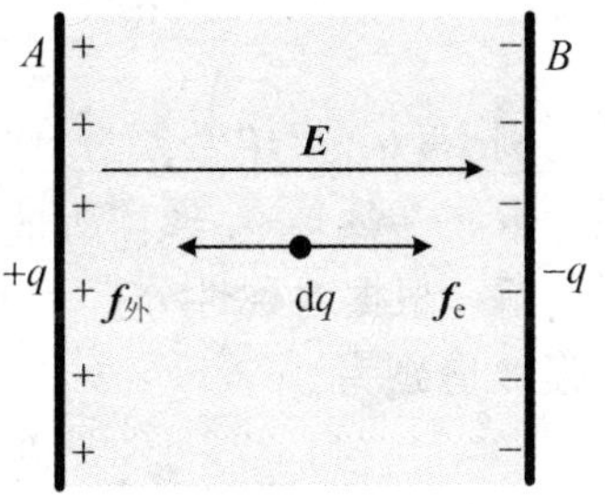

图 10.20

$$\mathrm{d}A_{外}=-\mathrm{d}A_e=-\mathrm{d}q(v_B-v_A)=u_{AB}\mathrm{d}q=\frac{q}{C}\mathrm{d}q$$

充电结束后，外力克服静电力作的总功为

$$A_{外}=\int_0^Q \mathrm{d}A_{外}=\int_0^Q \frac{q}{C}\mathrm{d}q=\frac{1}{2}\frac{Q^2}{C}$$

根据功能关系可知，电容为 C 的电容器两极板带电分别为 Q 和 $-Q$ 时的静电能为

$$W=\frac{1}{2}\frac{Q^2}{C}\quad\left(\text{或 } W=\frac{1}{2}CU_{AB}^2,W=\frac{1}{2}QU_{AB}\right)\tag{10.17}$$

10.4.2 电场的能量

对于平行板电容器的电能，利用 $U_{AB}=Ed$，$C=\varepsilon S/d$，可得

$$W=\frac{1}{2}CU_{AB}=\frac{1}{2}\frac{\varepsilon S}{d}(Ed)^2=\frac{1}{2}(\varepsilon E)(E)(Sd)=\frac{1}{2}DEV$$

其中 $D=\varepsilon E$ 是电位移，$V=Sd$ 是平行板电容器内电场空间的体积. 上式表明：

W 可以用场强及空间体积来表示. 事实上,电容器的带电过程也是两板间电场建立的过程,因而场的观点认为:电容器的能量也就是电容器内电场的能量,而且对于任意的带电体,其所产生的电场均具有一定的能量,这一观点早已被实验证明是正确的.

对于平行板电容器这一特殊情形,由于场强是均匀的,所以电场中的能量也是均匀分布的,因而其电场中单位体积内的电能为

$$w_e = W/V = \frac{1}{2}DE \tag{10.18}$$

w_e 称为**电场的能量密度**,其定义为:电场中,某点附近单位体积内电场的能量. ω_e 是一个标量点函数,单位为 $\mathrm{J\cdot m^{-3}}$.

对于任意形状的带电体所产生的电场,电场的能量一般是非均匀分布的,

但可以证明:对于任一给定点,该点的能量密度仍可表示为 $w_e=\frac{1}{2}DE$,其中 D,E 分别为该点处的电位移和电场强度. 在真空中,由于 $\varepsilon_r=1$,所以能量密度变为 $w_e=\varepsilon_0 E^2/2$. 对于电场中任一给定的区域 V,其内的总电场能量为

$$W = \int_V \mathrm{d}W = \int_V w_e \mathrm{d}V = \int_V \frac{1}{2}DE\,\mathrm{d}V \tag{10.19}$$

例 10.6 介电常数为 $\varepsilon(\varepsilon=\varepsilon_0\varepsilon_r)$ 的无限大各向同性均匀电介质中,有一半径为 R 的金属球,金属球所带自由电荷为 Q_0. 求静电场的总能量.

解 根据对称性分析及 $\boldsymbol{D}$ 的高斯定理,可以求出电介质中的电位移 $\boldsymbol{D}$ 和场强 $\boldsymbol{E}$ 分别为

$$\boldsymbol{D} = \frac{Q_0}{4\pi r^3}\boldsymbol{r}, \quad \boldsymbol{E} = \frac{Q_0}{4\pi\varepsilon r^3}\boldsymbol{r} \quad (r > R)$$

金属球内的电位移 $\boldsymbol{D}$ 和电场强度 $\boldsymbol{E}$ 均为零. 利用公式(10.18),可求得球内外电场的能量密度分别为:当 $r<R$ 时 $w_{e1}=0$;当 $r>R$ 时 $w_{e2}=\frac{DE}{2}=\frac{Q_0}{32\pi^2\varepsilon r^4}$.

球内区域的电场能量为零. 在球外区域,取同心球壳为体元: $\mathrm{d}V=4\pi r^2\mathrm{d}r$,则电场的能量为

$$W = \iiint_V w_e\cdot\mathrm{d}V = \int_R^\infty w_{e2}(r)\cdot 4\pi r^2\mathrm{d}r = \int_R^\infty \frac{Q_0}{32\pi^2\varepsilon r^4}4\pi r^2\mathrm{d}r = \int_R^\infty \frac{Q_0}{8\pi\varepsilon r^2}dr = \frac{Q_0}{8\pi\varepsilon R}$$

回顾与小结

对于有介质的情形,若介质的形状具有球(面、柱)对称性,且置于具有球(面、柱)对称性的外场 $\boldsymbol{E}_0$ 中,并使得介质内外的总电场 $\boldsymbol{E}$ 或 $\boldsymbol{D}$ 具有相应的对称

性，则可按下述步骤来处理有关问题：

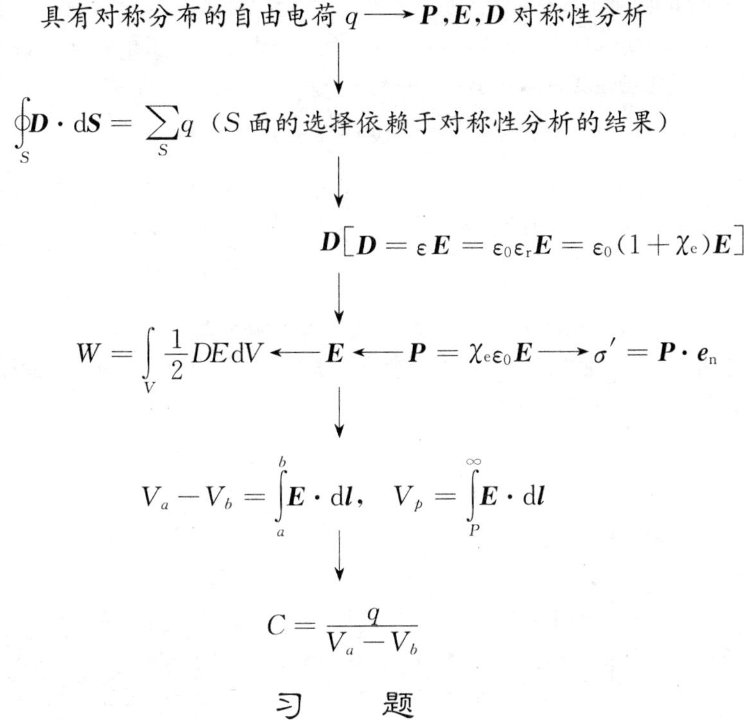

习　　题

一、选择题

10.1　当一个带电导体达到静电平衡时，（　　）.

(A) 表面上电荷密度较大处电势较高

(B) 表面曲率较大处电势较高

(C) 导体内部的电势比导体表面的电势高

(D) 导体内任一点与其表面上任一点的电势差等于零

10.2　在一个孤立的导体球壳内，若在偏离球中心处放一个点电荷，则在球壳内、外表面上将出现感应电荷，其分布将是（　　）.

(A) 内表面均匀，外表面也均匀

(B) 内表面不均匀，外表面均匀

(C) 内表面均匀，外表面不均匀

(D) 内表面不均匀，外表面也不均匀

10.3　在一不带电荷的导体球壳的球心处放一点电荷，并测量球壳内外的场强分布. 如果将此点电荷从球心移到球壳内其他位置，重新测量球壳内外的场强分布，则将发现（　　）.

(A) 球壳内、外场强分布均无变化

(B) 球壳内场强分布改变，球壳外不变

(C) 球壳外场强分布改变,球壳内不变

(D) 球壳内、外场强分布均改变

10.4 选无穷远处为电势零点,半径为 R 的导体球带电后,其电势为 V_0,则球外离球心距离为 r 处的电场强度的大小为( ).

(A) $\frac{R^2V_0}{r^3}$ (B) $\frac{V_0}{R}$ (C) $\frac{RV_0}{r^2}$ (D) $\frac{V_0}{r}$

10.5 如题图 10.1 所示,一厚度为 d 的无限大均匀带电导体板,电荷面密度为 σ,则板的两侧离板面距离均为 h 的两点 a,b 之间的电势差为( ).

(A) 0 (B) $\frac{\sigma}{2\varepsilon_0}$ (C) $\frac{\sigma h}{\varepsilon_0}$ (D) $\frac{2\sigma h}{\varepsilon_0}$

10.6 一个未带电的空腔导体球壳,内半径为 R. 在腔内离球心的距离为 d 处($d<R$),固定一点电荷 $+q$,如题图 10.2 所示. 用导线把球壳接地后,再把地线撤去. 选无穷远处为电势零点,则球心 O 处的电势为( ).

(A) 0 (B) $\frac{q}{4\pi\varepsilon_0 d}$ (C) $-\frac{q}{4\pi\varepsilon_0 R}$ (D) $\frac{q}{4\pi\varepsilon_0}\left(\frac{1}{d}-\frac{1}{R}\right)$

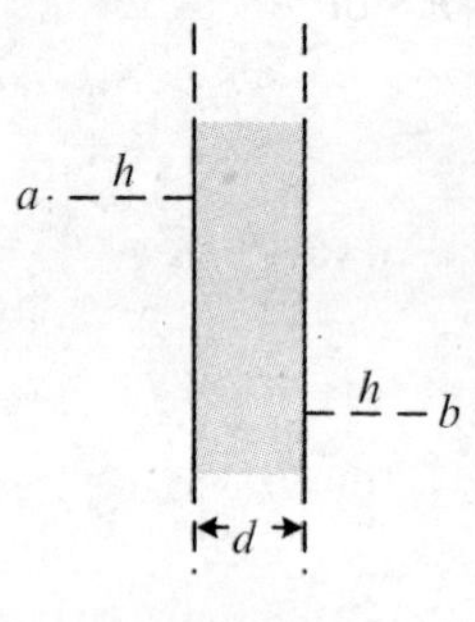

题图 10.1

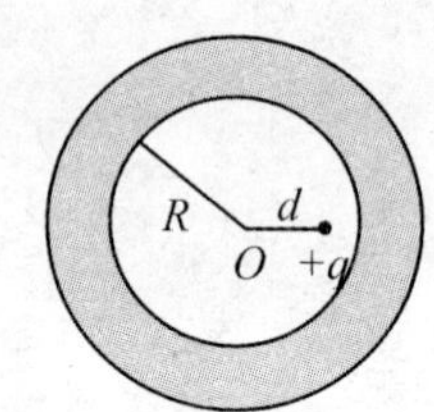

题图 10.2

10.7 关于 $\boldsymbol{D}$ 的高斯定理,下列说法中哪一个是正确的?( ).

(A) 高斯面内不包围自由电荷,则面上各点电位移矢量 $\boldsymbol{D}$ 为零

(B) 高斯面上处处 $\boldsymbol{D}$ 为零,则面内必不存在自由电荷

(C) 高斯面的 $\boldsymbol{D}$ 通量仅与面内自由电荷有关

(D) 以上说法都不正确

10.8 静电场中,关系式 $\boldsymbol{D}=\varepsilon_0\boldsymbol{E}+\boldsymbol{P}$( ).

(A) 只适用于各向同性线性电介质

(B) 只适用于均匀电介质

(C) 适用于线性电介质

(D) 适用于任何电介质

10.9 一导体球外充满相对介电常量为 ε_r 的均匀电介质,若测得导体表面附近场强为 E,则导体球面上的自由电荷面密度为( ).

(A) $\varepsilon_0 E$ (B) εE (C) $\varepsilon_r E$ (D) $(\varepsilon-\varepsilon_0)E$

10.10　一平行板电容器中充满相对介电常量为 ε_r 的各向同性均匀电介质.已知介质表面极化电荷面密度为 $\pm\sigma'$,则极化电荷在电容器中产生的电场强度的大小为(　　).

(A) $\dfrac{\sigma'}{\varepsilon_0}$　(B) $\dfrac{\sigma'}{\varepsilon_0\varepsilon_r}$　(C) $\dfrac{\sigma'}{2\varepsilon_0}$　(D) $\dfrac{\sigma'}{\varepsilon_r}$

10.11　一平行板电容器始终与端电压一定的电源相连.当电容器两极板间为真空时,电场强度为 $\boldsymbol{E}_0$,电位移为 $\boldsymbol{D}_0$,而当两极板间充满相对介电常量为 ε_r 的各向同性均匀电介质时,电场强度为 $\boldsymbol{E}$,电位移为 $\boldsymbol{D}$,则(　　).

(A) $\boldsymbol{E}=\boldsymbol{E}_0/\varepsilon_r,\boldsymbol{D}=\boldsymbol{D}_0$　(B) $\boldsymbol{E}=\boldsymbol{E}_0,\boldsymbol{D}=\varepsilon_r\boldsymbol{D}_0$

(C) $\boldsymbol{E}=\boldsymbol{E}_0/\varepsilon_r,\boldsymbol{D}=\boldsymbol{D}_0/\varepsilon_r$　(D) $\boldsymbol{E}=\boldsymbol{E}_0/\varepsilon_r,\boldsymbol{D}=\boldsymbol{D}_0$

10.12　如题图 10.3 所示,一球形导体,带有电荷 q,置于一任意形状的空腔导体中.当用导线将两者连接后,则与未连接前相比系统静电场能量将(　　).

(A) 增大　(B) 减小

(C) 不变　(D) 如何变化无法确定

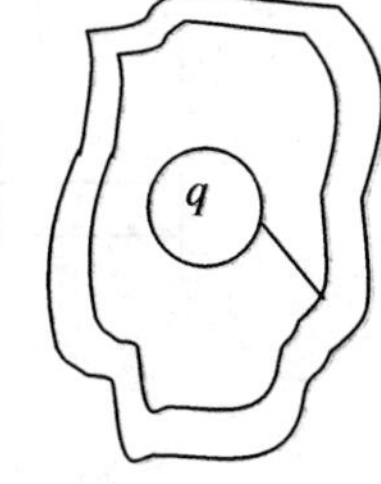

题图 10.3

二、计算题

10.13　如题图 10.4 所示,一内半径为 a,外半径为 b 的金属球壳带有电荷 Q,在球壳空腔内距离球心 r 处有一点电荷 q.设无限远处为电势零点,试求:

(1) 球壳内外表面上的电荷.

(2) 球心 O 点处,由球壳内表面上电荷产生的电势.

(3) 球心 O 点处的总电势.

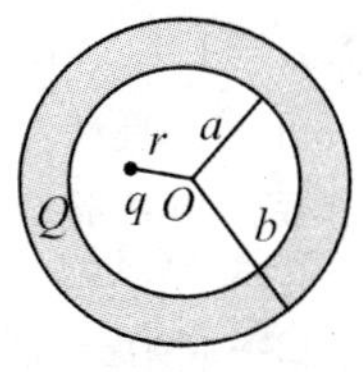

题图 10.4

10.14　有一无限大的接地导体板,在距离板面 b 处有一电荷为 q 的点电荷.如题图 10.5a 所示,试求:

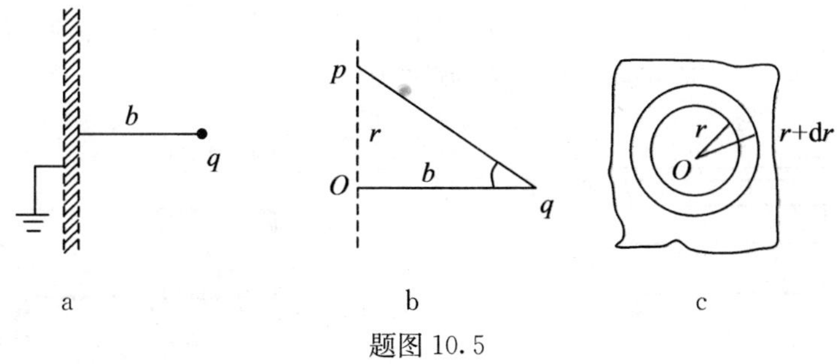

题图 10.5

(1) 导体板面上各点的感生电荷面密度分布(题图 10.5b);

(2) 面上感生电荷的总电荷(题图 10.5c).

10.15　如题图 10.6 所示,中性金属球 A,半径为 R,它离地球很远.在与球心 O 相距分别为 a 与 b 的 B,C 两点,分别放上电荷为 q_A 和 q_B 的点电荷,达到静电平衡后,问:

(1) 金属球 A 内及其表面有电荷分布吗?

(2) 金属球 A 中的 P 点处电势为多大(选无穷远处为电势零点)?

10.16 三个电容器如题图 10.7 连接,其中 $C_1=10\times10^{-6}$ F,$C_2=5\times10^{-6}$ F,$C_3=4\times10^{-6}$ F,当 A,B 间电压 $U=100$ V 时,试求:

(1) A,B 之间的电容;

(2) 当 C_3 被击穿时,在电容 C_1 上的电荷和电压各变为多少?

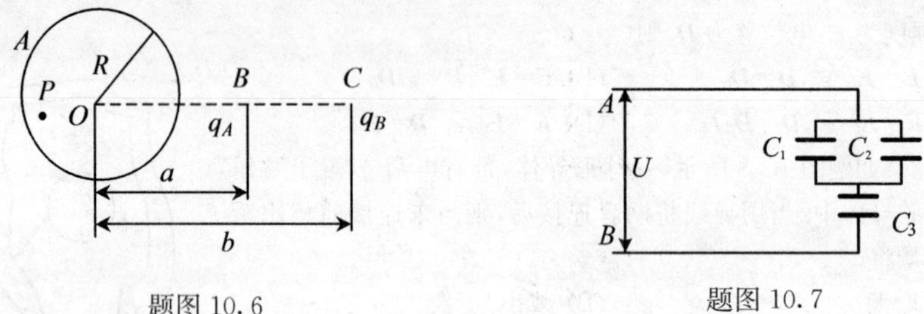

题图 10.6　　题图 10.7

10.17 一个可变电容器,由于某种原因所有动片相对定片都产生了一个相对位移,使得两个相邻的极板间隔之比为 1∶2,问电容器的电容与原来的电容相比改变了多少?

10.18 一平行板空气电容器充电后,极板上的自由电荷面密度 $\sigma_0=1.77\times10^{-6}$ $\mathrm{C\cdot m^{-2}}$. 将极板与电源断开,并平行于极板插入一块相对介电常量为 $\varepsilon_r=8$ 的各向同性均匀电介质板. 计算电介质中的电位移 $\boldsymbol{D}$、场强 $\boldsymbol{E}$ 和电极化强度 $\boldsymbol{P}$ 的大小(真空介电常量 $\varepsilon_0=8.85\times10^{-12}\ \mathrm{C^2\cdot N^{-1}\cdot m^{-2}}$).

10.19 如题图 10.8 所示,一空气平行板电容器,极板面积为 S,两极板之间距离为 d,其中平行地放有一层厚度为 $t(t<d)$、相对介电常量为 ε_r 的各向同性均匀电介质. 略去边缘效应,试求其电容值.

10.20 一平行板电容器,极板间距离为 10 cm,其间有一半充以相对介电常量 $\varepsilon_r=10$ 的各向同性均匀电介质,其余部分为空气,如题图 10.9 所示. 当两极间电势差为 100 V 时,试分别求空气中和介质中的电位移矢量和电场强度矢量.

题图 10.8　　题图 10.9

10.21 一导体球带电荷 $Q=1.0$ C,放在相对介电常量为 $\varepsilon_r=5$ 的无限大各向同性均匀电介质中. 求介质与导体球的分界面上的束缚电荷 Q'.

10.22 半径为 R 的介质球,相对介电常量为 ε_r,其自由电体荷密度 $\rho=\rho_0(1-r/R)$,式中 ρ_0 为常量,r 是球心到球内某点的距离. 试求:

(1) 介质球内的电位移和场强分布.

(2) 在半径 r 多大处场强最大？

10.23　如题图10.10，一各向同性均匀电介质球，半径为 R，其相对介电常量为 ε_r，球内均匀分布有自由电荷，其体密度为 ρ_0。求球内的束缚电荷体密度 ρ' 和球表面上的束缚电荷面密度 σ'。

10.24　如题图10.11所示，一平行板电容器，极板面积为 S，两极板之间距离为 d，中间充满介电常量按 $\varepsilon=\varepsilon_0\left(1+\frac{x}{d}\right)$ 规律变化的电介质。在忽略边缘效应的情况下，试计算该电容器的电容。

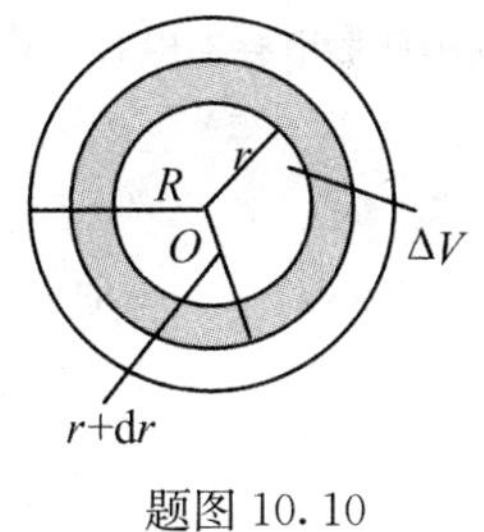

题图10.10

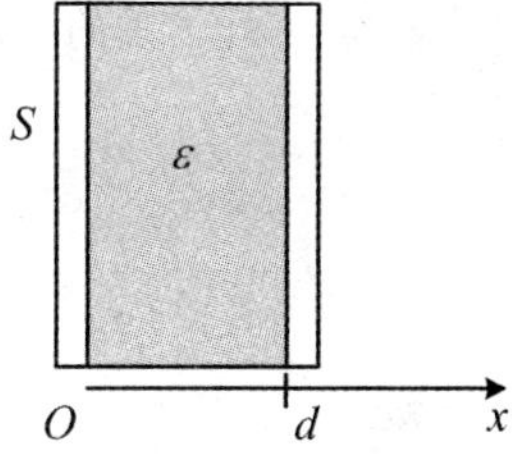

题图10.11

10.25　如题图10.12所示，一电容器由两个同轴圆筒组成，内筒半径为 a，外筒半径为 b，筒长都是 L，中间充满相对介电常量为 ε_r 的各向同性均匀电介质。内、外筒分别带有等量异号电荷 $+Q$ 和 $-Q$。设 $(b-a)\ll a, L\gg b$，可以忽略边缘效应，求：

(1) 圆柱形电容器的电容；

(2) 电容器贮存的能量。

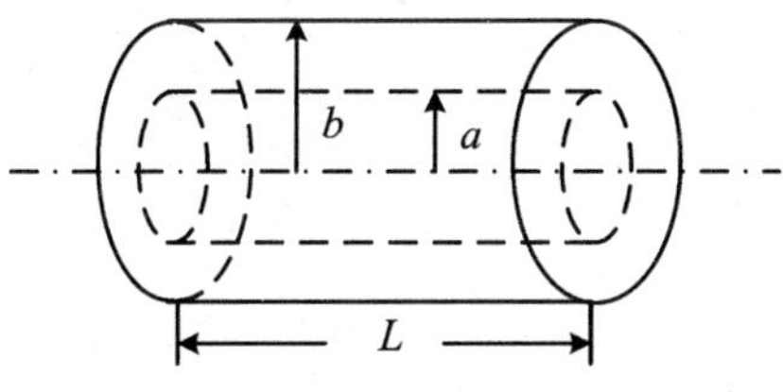

题图10.12

10.26　两个相同的空气电容器，其电容都是 $C_0=9\times10^{-10}$ F，都充电到电压各为 $U_0=900$ V后断开电源，然后，把其中之一浸入煤油($\varepsilon_r=2$)中，然后把两个电容器并联，求：

(1) 浸入煤油过程中损失的静电能；

(2) 并联过程中损失的静电能。

10.27　电容 $C_1=4\ \mu$F 的电容器在800 V的电势差下充电，然后切断电源，并将此电容器的两个极板与原来不带电、$C_2=6\ \mu$F 的电容器的两极板相连，求：

(1) 每个电容器极板所带的电荷量；

(2) 连接前后的静电能。

10.28　一平行板电容器的极板面积为 $S=1\ \text{m}^2$，两极板夹着一块 $d=5$ mm厚的同样面积的玻璃板.已知玻璃的相对介电常量为 $\varepsilon_r=5$. 电容器充电到电压 $U=12$ V 以后切断电源.求把玻璃板从电容器中抽出来外力需作多少功(真空介电常量 $\varepsilon_0 = 8.85\times10^{-12}$ $C^2\cdot N^{-1}\cdot m^{-2}$).

10.29 一平行板电容器,极板面积为 S,两极板之间距离为 d,中间充满相对介电常量为 ε_r 的各向同性均匀电介质.设极板之间电势差为 U.试求在维持电势差 U 不变下将介质取出,外力需作功多少.

三、小论文写作练习

10.30 关于电位移矢量 $\boldsymbol{D}$ 的进一步讨论.

10.31 非平行板电容器的电容和电场的计算问题,椭圆柱形电容器电容计算问题.

第 11 章　稳恒电流

11.1　电流及其连续性方程

11.1.1　电流

电荷的定向运动形成电流(electric current). 形成电流的带电粒子统称为载流子. 载流子可以是正、负离子或自由电子等. 不同种类的导体有不同类型的载流子,金属导体中的载流子是自由电子. 当金属导体内存在电场时,金属导体中的自由电子将在电场力的作用下作定向运动. 我们把金属导体中的自由电子在电场力的作用下作定向运动所形成的电流称为传导电流,本章主要讨论传导电流.

1. 电流强度

实验表明,负电荷运动引起的电流与等量正电荷沿相反方向引起的电流等效(霍耳效应除外). 由于历史的原因,人们习惯上把正电荷运动的方向规定为电流的方向,把负电荷的运动都等效地看做是正电荷的反向运动. 单位时间内通过导线截面的电荷量称为流过该截面的**电流强度**(electric current strength),用 I 表示,I 的单位是安培(符号为 A).

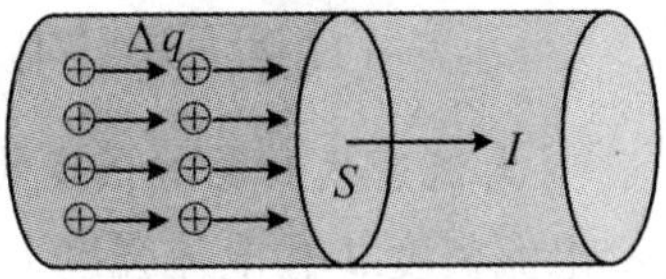

图 11.1

如图 11.1,设 Δt 时间内流过某截面 S 的电量为 Δq,则该流过该截面的电流强度为

$$I = \lim_{\Delta t \to 0} \frac{\Delta q}{\Delta t} = \frac{\mathrm{d}q}{\mathrm{d}t} \tag{11.1}$$

2. 电流密度

在实际问题中,导体内各点的电荷流动情况可以不同(在大块导体中,当导体内各点的电场不同时就出现此情形,如图 11.2a).

为了描述导体内各点的电荷流动情况,通常引入**电流密度**(current

density)概念. 电流密度是一个矢量,用 $\boldsymbol{J}$ 表示,其定义是:导体内某点的电流密度 $\boldsymbol{J}$ 的方向与该点正电荷的运动方向一致(即与该点电场 $\boldsymbol{E}$ 的方向一致),$\boldsymbol{J}$ 的大小等于单位时间内通过该点附近垂直于电荷运动方向的单位面积上的电量,即

$$J=\frac{\mathrm{d}q}{\mathrm{d}t\cdot\mathrm{d}S_{\perp}}\quad(\mathrm{d}S_{\perp}=\mathrm{d}S\cos\alpha)\tag{11.2a}$$

$\boldsymbol{J}$ 的单位为 $\mathrm{A\cdot m^{-2}}$. 如图 11.2b,设某点 p 处载流子(假设带正电)的运动速度为 $\boldsymbol{v}$,该点附近载流子的电荷体密度为 ρ,在 p 附近取面元 $\mathrm{d}\boldsymbol{S}$,$\mathrm{d}\boldsymbol{S}$ 的法线方向与速度 $\boldsymbol{v}$ 之间的夹角为 α,则 $\mathrm{d}t$ 时间内流过 $\mathrm{d}\boldsymbol{S}$ 的电量为 $\mathrm{d}q=v\mathrm{d}t\mathrm{d}S_{\perp}\rho$,根据电流密度的定义,$p$ 点电流密度的大小为

$$J=\frac{\mathrm{d}q}{\mathrm{d}t\cdot\mathrm{d}S_{\perp}}=\frac{v\mathrm{d}t\mathrm{d}S_{\perp}\rho}{\mathrm{d}t\mathrm{d}S_{\perp}}=\rho v$$

考虑到电流密度 $\boldsymbol{J}$ 的方向和正载流子运动方向一致,有

$$\boldsymbol{J}=\rho\boldsymbol{v}\tag{11.2b}$$

如果载流子带负电(例如在金属导体中),则某点电流密度常写成下面的形式

$$\boldsymbol{J}=-\rho\boldsymbol{v}=-ne\boldsymbol{v}\tag{11.3}$$

式(11.3)中的 $n(n>0)$ 是电子数体密度,即单位体积内的自由电子数.

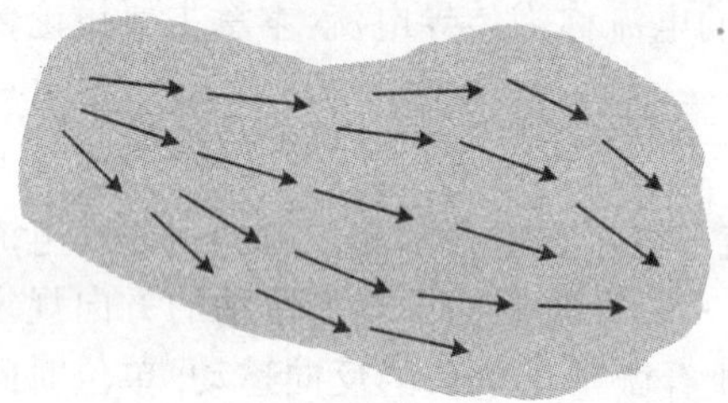

图 11.2a　大块导体中的电荷流动

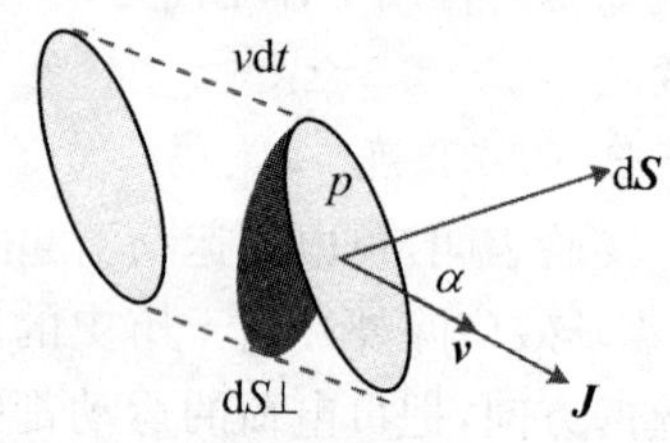

图 11.2b　电流密度

3. 电流密度和电流强度的关系

电流密度 $\boldsymbol{J}$ 和电流强度 I 都是描述电荷运动情况的物理量,它们之间一定存在着某种内在的联系. 参考图 11.2,并利用式(11.2a),$\mathrm{d}\boldsymbol{S}$ 上各点的电流密度(由于 $\mathrm{d}\boldsymbol{S}$ 是微面元,所以可认为其上各点的 $\boldsymbol{J}$ 大小相等)$\boldsymbol{J}$ 与流过 $\mathrm{d}S$ 的电流强度 $\mathrm{d}I$ 间的关系为

$$J=\frac{\mathrm{d}q}{\mathrm{d}t\cdot\mathrm{d}S_{\perp}}=\frac{\mathrm{d}I}{\mathrm{d}S_{\perp}}=\frac{\mathrm{d}I}{\mathrm{d}S\cos\alpha}$$

即

$$\mathrm{d}I=J\mathrm{d}S\cos\alpha=\boldsymbol{J}\cdot\mathrm{d}\boldsymbol{S}$$

因此,通过任意曲面 S 的电流强度 I 与面上各点的电流密度 $\boldsymbol{J}$ 之间的关系式是

$$I=\iint_S \boldsymbol{J}\cdot\mathrm{d}\boldsymbol{S} \tag{11.4}$$

这是一个普遍适用的公式,对空间任意曲面都成立. 式(11.4)表明:通过某一曲面的电流强度就是通过该曲面的**电流密度通量**. 对于通过某平面 S 上各点的电流密度 $\boldsymbol{J}$ 为均匀的简单情形,如果 $\boldsymbol{J}$ 与平面 S 垂直,则通过该平面的电流强度为 $I=JS$;如果 $\boldsymbol{J}$ 与平面 S 的法线方向有夹角 θ,则通过该平面的电流强度为 $I=JS\cos\theta$.

11.1.2 电流的连续性方程

根据关系式(11.4),可以将通过某闭合曲面(参考图 11.3)的电流强度表示为

$$I=\oint\!\!\!\oint_S \boldsymbol{J}\cdot\mathrm{d}\boldsymbol{S} \tag{11.5}$$

按照 $\boldsymbol{J}$ 的物理意义和 I 的定义,可知式(11.5)实际上表示了净流出封闭曲面 S 的电流,也就是单位时间内从封闭面内向外流出的电量. 根据电荷守恒定律,通过封闭面流出的电量应等于封闭面内电荷 q_{int} 的减少量. 因此式(11.5)应该等于封闭面内电荷 q_{int} 的减少率,即

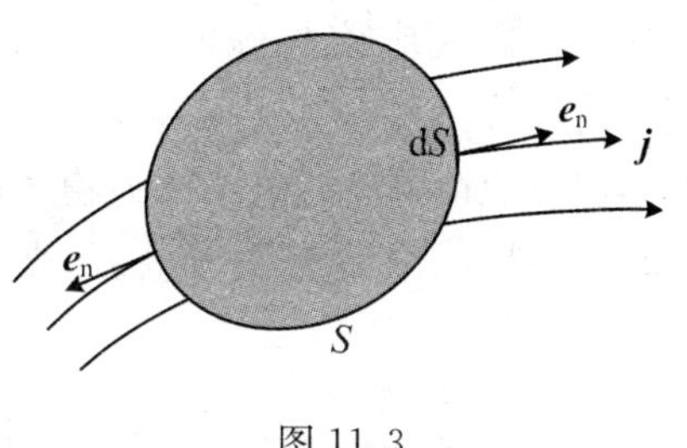

图 11.3

$$\oint\!\!\!\oint_S \boldsymbol{J}\cdot\mathrm{d}\boldsymbol{S}=-\frac{\mathrm{d}q_{\text{int}}}{\mathrm{d}t} \tag{11.6}$$

式(11.6)是电荷守恒定律的一种数学表达式,称为**电流的连续性方程**(electric current's equation of continuity). 此方程表明:在电流场(即 $\boldsymbol{J}$ 场)中,通过任意一闭合曲面的电流密度通量等于面内电荷量的减少率.

11.1.3 稳恒电流

一般来讲,电流密度 $\boldsymbol{J}$ 是空间位置和时间的函数. 如果空间各点的 $\boldsymbol{J}$ 不随时间变化,即 $\boldsymbol{J}=\boldsymbol{J}(x,y,z)$,那么这样的电流称为**稳恒电流**(steady current).

如果要在导体中维持一个稳恒电流,必须在导体中建立一个不随时间变化的电场. 这个维持稳恒电流的不随时间变化的电场称为**稳恒电场**(steady electric field). 为了在导体内建立一个稳恒电场,必须要求激发该电场的所有电

荷分布均不随时间发生变化，即在任意闭合面所包围的体积内，有下式成立：

$$\frac{\mathrm{d}q_{\text{int}}}{\mathrm{d}t} = 0$$

根据电流的续性方程(11.6)，上式可等效为

$$\oiint_S \boldsymbol{J} \cdot \mathrm{d}\boldsymbol{S} = 0 \quad (\text{对任意闭合曲面 } S) \tag{11.7}$$

式(11.7)是维持稳恒电流的**稳恒条件**的数学表达式(该式也称为稳恒电流的连续性方程). 分析式(11.7)可发现，稳恒电流场中的 $\boldsymbol{J}$ 线是既无起点又无终点的闭合曲线，这个性质叫**稳恒电流的闭合性**. 稳恒电流的闭合性决定了流有稳恒电流的电路必须是闭合的.

需要指出的是，稳恒电场与静电场有很多共同点，两者的场强 $\boldsymbol{E}$ 本身及产生场强 $\boldsymbol{E}$ 的电荷分布都不随时间发生变化. 两者的区别在于，激发静电场的电荷是静止不动的，而产生稳恒电场的电荷分布(至少有一部分)是处在动态平衡状态下的. 由于激发稳恒电场的电荷分布不随时间发生变化(动态平衡)，稳恒电场的性质就应该与静电场完全一样，即它们满足相同的高斯定理和环路定理.

流有稳恒电流的电路称为**稳恒电路**(即直流电路). 由式(11.7)可以推知，如果一根导线中流有稳恒电流，则通过导线各个截面的电流强度都相等(图11.4)，例如

$$\oiint_S \boldsymbol{J} \cdot \mathrm{d}\boldsymbol{S} = \iint_{S_1} \boldsymbol{J} \cdot \mathrm{d}\boldsymbol{S} + \iint_{S_2} \boldsymbol{J} \cdot \mathrm{d}\boldsymbol{S} = (-I_1) + I_2 = 0$$

或

$$I_1 = I_2$$

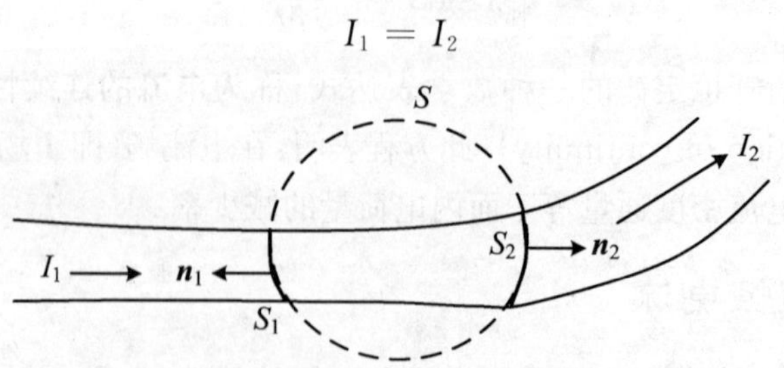

图 11.4　导体中的电流强度

因此，我们有时将流过导线中某个横截面的电流强度简单地说成是导线中的电流强度.

11.2　欧姆定律和焦耳定律

11.2.1　欧姆定律

实验表明，线状金属导体两端沿电流方向的电势差(或电压)$U_{ab}=V_a-V_b=\int_a^b \boldsymbol{E}\cdot \mathrm{d}\boldsymbol{l}$ 与其电流 I 成正比(图 11.5)，即

$$V_a-V_b=IR\quad (V_b-V_a=-IR) \tag{11.8}$$

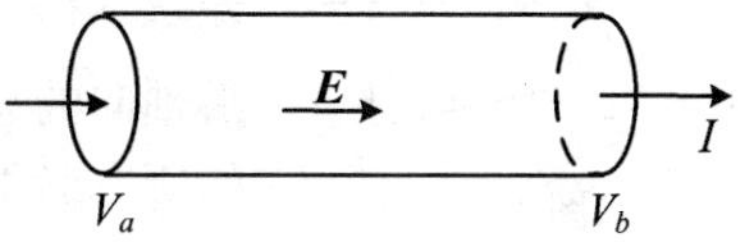

图 11.5

式(11.8)中的比例系数 R 称为导体的电阻(resistance)，其国际单位为欧姆(Ω). 这就是德国著名的科学家欧姆从实验中总结出的规律，称为欧姆定律(Ohm's Law). 电阻的数值与导体的材料、形状、长短、粗细、温度等因素有关. 电阻的倒数叫电导，用 G 表示，G 的单位为西门子或姆欧(符号为 S).

欧姆定律只适用于由线状金属导体制成的电子元件，对于二极管等许多其他电子元件，欧姆定律不成立. 为了描述电子元件中电流与电压的关系，可以分别以电压、电流为坐标画出相应的关系曲线，这种曲线称为元件的伏安特性曲线，简称**伏安特性**. 满足欧姆定律的元件的伏安特性曲线是过原点的一条直线，伏安特性曲线为直线的元件叫线性元件，否则为非线性元件. 以后如无特殊声明，我们所讨论的都是线性元件以及由线性元件组成的电路. 另外，如果一段导体支路上含有电源，则支路两端的电压与支路电流间的关系不满足式(11.8)，而是服从我们后面将要学习的另外一个规律(含源电路的欧姆定律). 故式(11.8)表达的欧姆定律被称为**无源电路的欧姆定律**.

11.2.2　电阻定律

实验证明：对于由一定材料制成的长为 l、横截面积(即垂直于电流方向的横截面积)为 S 的柱形导体，其电阻为

$$R=\rho\frac{l}{S} \tag{11.9}$$

式(11.9)称为电阻定律，式中的 ρ 称为导体材料的**电阻率**，单位为 Ω · m. ρ 的倒

数 $\gamma=1/\rho$ 称为**电导率**,单位为西门子/米($\mathrm{S}\cdot\mathrm{m}^{-1}$). 电阻率 ρ 不但与材料的种类有关,而且还和温度有关. 一般的金属在温度不太低时,电阻率与温度有线性关系 $\rho_t=\rho_0(1+\alpha\cdot t)$,其中 ρ_t 和 ρ_0 分别是 t ℃和 0 ℃时的电阻率,α 称为**电阻温度系数**,随材料种类的不同而不同. 制作标准电阻时,均选用电阻温度系数非常小的材料. 对于有些金属和化合物,当其温度降到某一特定值时,电阻率突然降为零,这种现象叫超导.

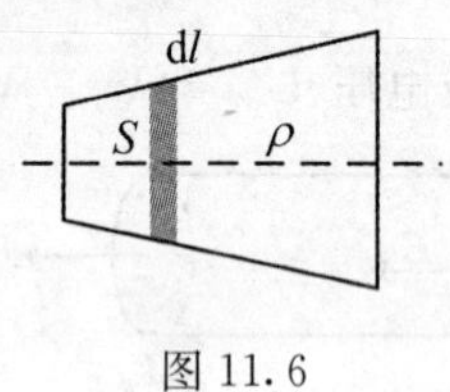

图 11.6

一段截面均匀的导体的电阻可以直接根据式(11.9)计算. 对于截面不均匀的导体(如图 11.6),只要电阻率 ρ 在每个截面上的各点都相同(对于不同截面可以不同),沿轴向的总电阻可通过积分的方法求出(原因是问题中的所有微电阻 $\mathrm{d}R$ 串联),即

$$R=\int \mathrm{d}R=\int_l \rho\,\frac{\mathrm{d}l}{S} \tag{11.10}$$

可见,电阻是一个积分量. 此外,在某些问题中,当 N 个电阻 $R_i(i=1,2,\cdots,N)$ 并联时,总电阻应为

$$\frac{1}{R}=\sum_{i=1}^{N}\frac{1}{R_i} \tag{11.11}$$

11.2.3 欧姆定律的微分形式

如图 11.7 所示,$\mathrm{d}I=(V_a-V_b)/\mathrm{d}R=E\mathrm{d}l/\mathrm{d}R$,$\mathrm{d}R=\dfrac{\rho\mathrm{d}l}{\mathrm{d}S}=\dfrac{1}{\gamma}\dfrac{\mathrm{d}l}{\mathrm{d}S}$,$\mathrm{d}I=J\mathrm{d}S$.

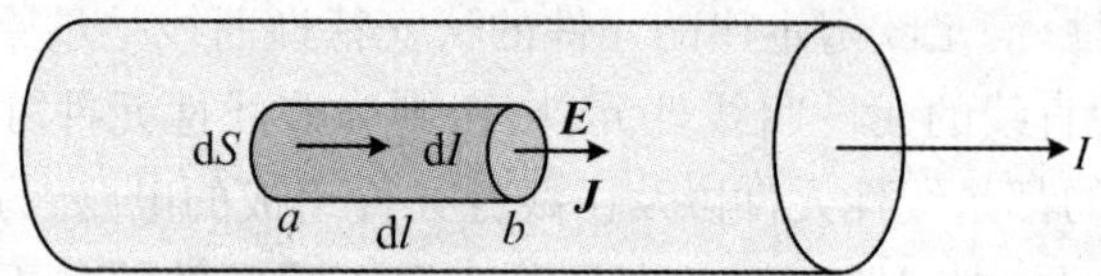

图 11.7 截面不均匀的导体

所以有 $J\mathrm{d}S=\dfrac{E\mathrm{d}l}{\left(\dfrac{1}{\gamma}\dfrac{\mathrm{d}l}{\mathrm{d}S}\right)}=\gamma E\mathrm{d}S$,即有 $J=\gamma E$. 由于 $\boldsymbol{J}$ 与 $\boldsymbol{E}$ 同方向,所以又可写成

$$\boldsymbol{J}=\gamma\boldsymbol{E} \tag{11.12}$$

此即欧姆定律的微分形式,而 $I=\dfrac{U_{ab}}{R}$ 或 $\displaystyle\iint_S \boldsymbol{J}\cdot\mathrm{d}\boldsymbol{S}=\frac{1}{R}\int_a^b \boldsymbol{E}\cdot\mathrm{d}\boldsymbol{l}$ 为欧姆定律的积分形式.

公式(11.12)反应了导体中 $\boldsymbol{J}$ 和 $\boldsymbol{E}$ 的逐点对应关系,揭示了导体中的电流依赖于导体中的电场(电流是电荷在电场力的作用下作定向运动而形成的)这一物理本质,该式具有普遍适应性,是电磁理论中反应物质电磁性质的基本方程,在交变电磁场中也成立.

11.2.4　电流的功和功率、焦耳楞次定律

1. 电流的功和功率

导体中的自由电荷在电场力的作用下运动而形成电流. 如图 11.8 所示(电子运动形成的电流等效成带正电的载流子沿相反方向运动形成的电流),在电荷的运动过程中,电场力要作功,假设在 Δt 时间内,a 面处的电荷运动到了 b 面处,那么 b 面处的电荷将运动到 b' 面处,即位于 ab 之间的电荷移动了 bb' 之间,或者说每个电荷移动了距离 l,在移动电荷的过程中(设 ab 内的粒子数为 N,每个粒子的电量为 e),电场力作的功为

$$A = NA_0 = \frac{\Delta q}{e}(eEl) = \Delta q(El) = \Delta q(V_a - V_b) = I\Delta t \cdot U_{ab} \quad (11.13)$$

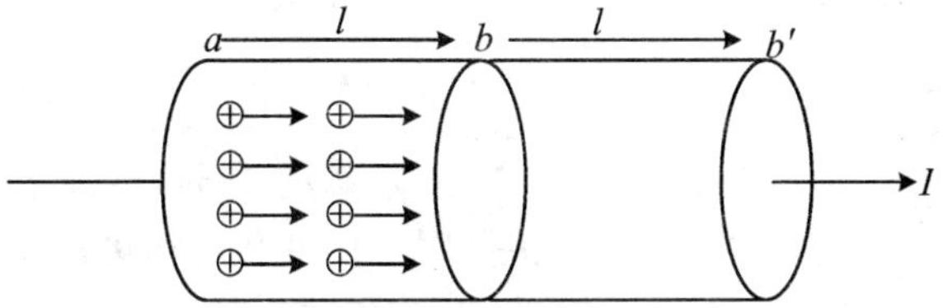

图 11.8

电场力在单位时间内所作的功为

$$P = A/\Delta t = IU_{ab} \quad (11.14)$$

在电功学中,常把 A 称为电流的功,把 P 称为电流的功率. A 的单位为 J,P 的单位为 W.

2. 焦耳楞次定律

英国物理学家焦耳和俄国物理学家楞次,分别独立地通过实验总结出了电流通过导体时电能转化为热能的规律,即**焦耳楞次定律**:当一段导体中通有电流时,导体上将放出热量(如电炉的电阻丝),在 Δt 时间内,导体上放出的热量为

$$Q = I^2R\Delta t \quad (11.15)$$

其中 I 是通过导体的电流强度. 电流通过导体时产生的热量称为**焦耳热**.

需要指出的是:

(1) 对于一段电阻电路,由于有欧姆定律 $I=U_{ab}/R$,所以 $Q=I^2R\Delta t=IU_{ab}\cdot\Delta t=A$. 即在稳恒电流情况下,导体在 Δt 时间内放出的热量等于这段时间内电流作的功(图 11.9a).

（2）对于一段非纯电阻电路，如电路中有电动机等，由于欧姆定律不成立，所以 $A\neq Q$，此情形下，$A=Q+A'$，其中 $A=I\Delta tU_{ab}$ 是电场力在 Δt 时间内作的功，$Q=I^2R\Delta t$ 是总电阻 R 上放出的热量，A' 是电动机在 Δt 时间内对外所作的功，一般没有计算式.

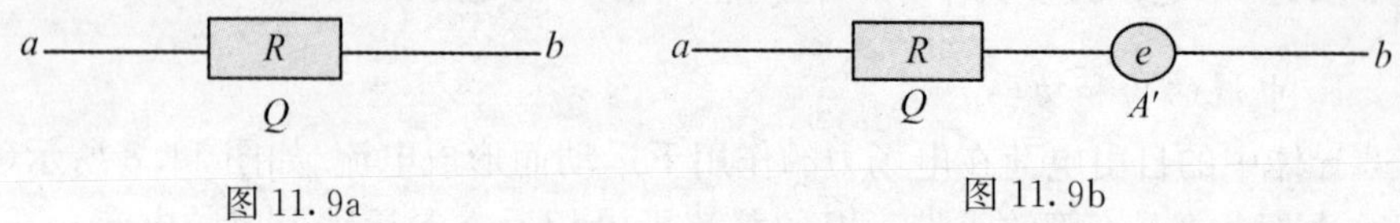

图 11.9a　　　　　　　图 11.9b

例 11.1　一导线电阻 $R=6\ \Omega$，其中有电流通过，设在下列各种情形中，通过导线某横截面的总电量都是 $q=30$ C，求各种情形中导线所产生的热量.

（1）在 $t=24$ s 内有恒定电流通过导线；

（2）在 $t=24$ s 内电流从某一值均匀地减小到零；

（3）电流按每经过 24 s 减小一半的规律从某一值开始一直减小.

解　（1）导线内恒定电流大小为 $I=q/t$，导线内产生的焦耳热

$$Q=I^2Rt=\frac{q^2R}{t}=225\ \text{J}$$

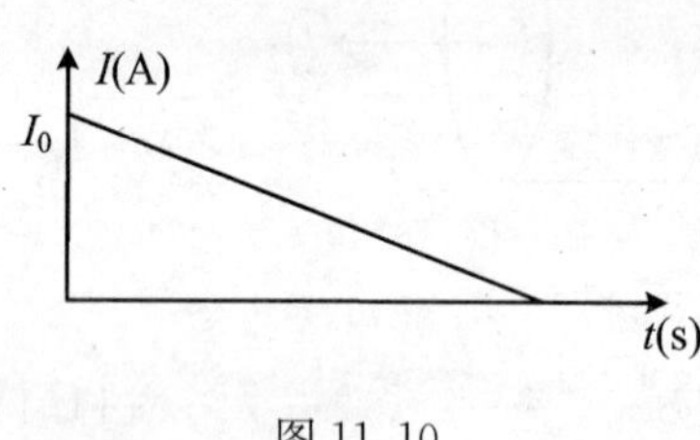

图 11.10

（2）设 $t=0$ 时，电流为 I_0. 按题意，电流随时间的变化规律可用图 11.10 表示，斜线下面的面积等于总电量，即 $q=(24\cdot I_0)/2$，因此 $I_0=q/12=2.5$ A，于是求出

$$I=2.5\left(1-\frac{1}{24}t\right)$$

相应地

$$Q=\int_0^{24} I^2R\mathrm{d}t=300\ \text{J}$$

（3）按题意，电流随时间地变化规律可表示为 $I=\dfrac{I_0}{2^{t/24}}$，利用 $q=\int_0^{\infty} I\mathrm{d}t=\dfrac{24}{\ln 2}I_0$ 得

$$I_0=\frac{q\ln 2}{24}=\frac{30\ln 2}{24}=\frac{30\times 0.693\,147}{24}=0.866\ \text{A}$$

即得电流变化规律为 $I=0.866\times 2^{-t/24}$. 电流在导线内产生的焦耳热为

$$Q = \int_0^{\infty} I^2 R\mathrm{d}t = 78\ \mathrm{J}$$

11.3 电源和电动势，闭合电路和一段含源电路的欧姆定律

11.3.1 电源及其电动势

1. 电源的基本结构及工作过程

最简单的电源可抽象为两块金属板，称为电源的两极. 在两极之间的区域内有某种物质，该物质不断地进行着某种化学或物理变化过程，导致电源内部出现一种与静电力不同的力，称为**非静电力**，用 $\boldsymbol{f}_k$ 表示，$\boldsymbol{f}_k$ 的作用是把电源一个极板上的正电荷（或等效的负电荷）分离出来，使之经电源内移到另一个极板上，如图 11.11 所示.

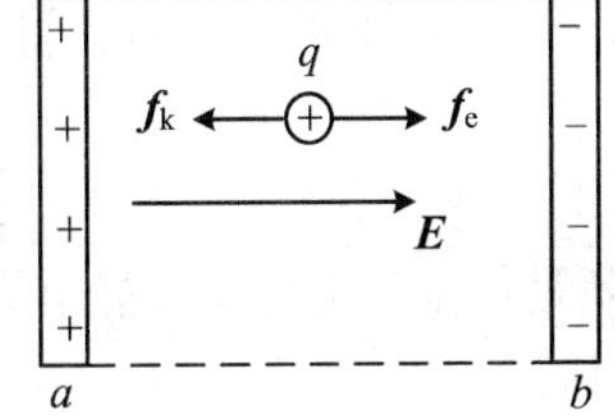

图 11.11 电源的基本结构

对于开路状态（即电源不与外电路连接），在 $\boldsymbol{f}_k$ 的作用下，b 极板上的正电荷被分离出来并被移到 a 极板上，使得 a 极板带正电，b 极板带负电，由于两极板上的正、负电荷一经出现，这些电荷就要产生电场 $\boldsymbol{E}$，相应地电源的电荷在移动中又会受到电场力 $\boldsymbol{f}_e$ 的作用（$\boldsymbol{f}_e = q\boldsymbol{E}$），开始时 $f_e < f_k$，但随着 a，b 两极电荷的增加，$\boldsymbol{f}_e$ 逐渐增大，直到 $\boldsymbol{f}_e = \boldsymbol{f}_k$，此时，$a$，$b$ 两极上的电荷不再增加，a，b 间的电场及电压均达到稳定值. 通常把开路时电势高的一极称为电源的**正极**，电势低的一极称为电源的**负极**.

对于闭路状态，如图 11.12 所示. 由于导线及电阻内存在着由两板电荷产生的电场 $\boldsymbol{E}$，a 极上的正电荷将在电场力的作用下由 a 经 R 运动到 b，这又使得 a，b 上的电荷量趋于减小，因而 $\boldsymbol{f}_e$ 有小于 $\boldsymbol{f}_k$ 的趋势，于是 $\boldsymbol{f}_k$ 又能把 b 板上的正电荷移到 a 板上，相应地，$\boldsymbol{f}_e$ 与 $\boldsymbol{f}_k$ 又趋于相等（$\boldsymbol{f}_k = \boldsymbol{f}_e + O^+$），这样便形成了一个稳恒的闭合电流回路.

2. 电源的电动势

设电源内部电量为 q 的电荷所受的非静电力为 $\boldsymbol{f}_k$，则单位正电荷在电源内所受的非静电力（亦叫非静电性场强）为 $\boldsymbol{E}_k = \boldsymbol{f}_k / q$. 注意：电荷 q 在电源内和电

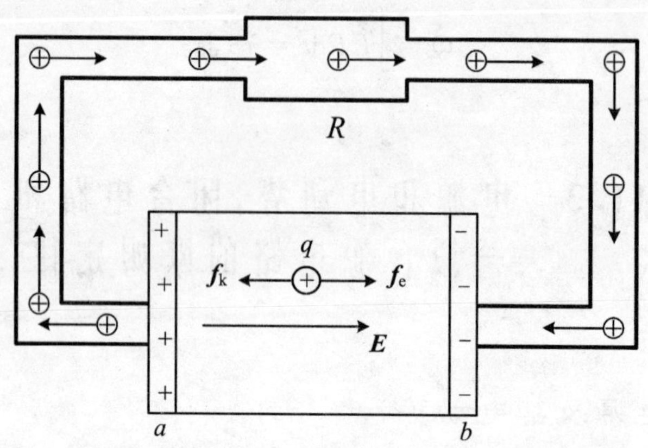

图 11.12 电源的工作过程

源外所受的静电力都是 $\boldsymbol{f}_e = q\boldsymbol{E}$，但在电源外，电荷 q 所受的非静电力为零，即 $\boldsymbol{f}_k = 0$，相应地，在电源外 $\boldsymbol{E}_k = 0$.

电源内部的非静电力将单位正电荷从负极移到正极过程中所作的功

$$\varepsilon = \int_{-}^{+} \boldsymbol{E}_k \cdot \mathrm{d}\boldsymbol{l} \tag{11.16}$$

($\mathrm{d}\boldsymbol{l}$ 是单位正电荷在非静电力 $\boldsymbol{E}_k$ 作用下的位移)定义为电源的**电动势**，其单位为伏特.

推论 由于在电源外 $\boldsymbol{E}_k = 0$，所以有

$$\varepsilon = \oint \boldsymbol{E}_k \cdot \mathrm{d}\boldsymbol{l} = \int_{-}^{+} \boldsymbol{E}_k \cdot \mathrm{d}\boldsymbol{l} \tag{11.17}$$

这可看成是电源电动势的普遍定义.

说明 (1) 电动势的方向：电动势本身是一个代数量，不是矢量. 但在电工学中，常把电源内由负极到正极的方向(即 $\boldsymbol{E}_k$ 的方向)称为**电动势的方向**.

(2) 实际电源与理想电源：实际电源内部一般是导体，具有一定的内电阻，用 r 表示. 若 $r=0$(如超导材料)，则称为**理想电源**. 任何一个实际电源可等效为一个理想电源与一个内电阻的串联.

(3) 理想电源的电动势等于电源正、负极电势之差，即

$$\varepsilon = V_+ - V_-, \quad -\varepsilon = V_- - V_+ \tag{11.18}$$

这是因为在理想电源内部 $\boldsymbol{f}_k = -\boldsymbol{f}_e$($\boldsymbol{f}_e$ 与 $\boldsymbol{f}_k$ 大小相等，方向相反)，因而 $\boldsymbol{E}_k = -\boldsymbol{E}$. 于是有

$$V_+ - V_- = \int_{+}^{-} \boldsymbol{E} \cdot \mathrm{d}\boldsymbol{l} = \int_{+}^{-} (-\boldsymbol{E}_k) \cdot \mathrm{d}\boldsymbol{l} = \int_{-}^{+} \boldsymbol{E}_k \cdot \mathrm{d}\boldsymbol{l} = \varepsilon$$

注意，对于理想电源，不论它是处于开路状态还是处于闭路状态，结论(11.18)均成立.

11.3.2　闭合电路的欧姆定律

利用以下三组公式，可处理直流电路中的各种问题：

(1) 一段纯电阻电路的欧姆定律：$V_a - V_b = IR, V_b - V_a = -IR$；

(2) 理想电源两极的电势差：$V_+ - V_- = \varepsilon, V_- - V_+ = -\varepsilon$；

(3) 静电场的环路定理：$\oint \boldsymbol{E} \cdot d\boldsymbol{l} = 0 \Rightarrow \int_a^b \boldsymbol{E} \cdot d\boldsymbol{l} + \int_b^c \boldsymbol{E} \cdot d\boldsymbol{l} + \cdots + \int_x^a \boldsymbol{E} \cdot d\boldsymbol{l} = 0$.

下面介绍几个典型的情况.

1. 单个电源的情况

对于电路中只有一个电源的情形，如图 11.13 所示，设 a,b,c 三点的电势分别为 V_a, V_b, V_c，则对整个闭合电路沿顺时针方向运用安培环路定理 $\oint \boldsymbol{E} \cdot d\boldsymbol{l} = 0$，可得

$$(V_a - V_b) + (V_b - V_c) + (V_c - V_a) = 0$$

利用 $V_a - V_b = IR, V_b - V_c = Ir, V_c - V_a = V_- - V_+ = -\varepsilon$，得

$$IR + Ir - \varepsilon = 0$$

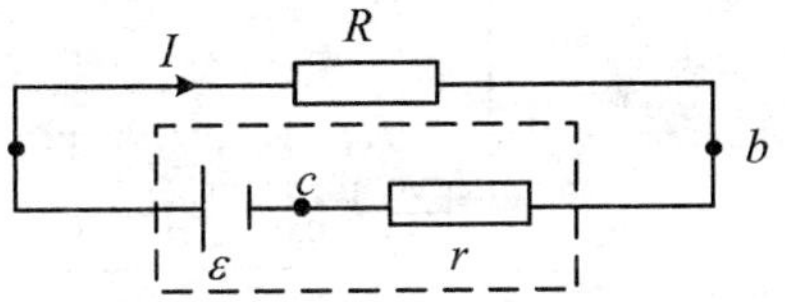

故

$$I = \frac{\varepsilon}{R + r} \tag{11.19}$$

图 11.13　单个电源

此即中学教材中介绍的**闭合电路的欧姆定律**.

2. 两个电源的情形

对于电路中有两个电源的情形，设 $\varepsilon_2 > \varepsilon_1$，则 I 的方向如图 11.14 所示，取顺时针为电路的绕行方向(即积分方向)，利用安培环路定理 $\oint \boldsymbol{E} \cdot d\boldsymbol{l} = 0$，得

$$(V_a - V_b) + (V_b - V_c) + (V_c - V_d) + (V_d - V_e) + (V_e - V_a) = 0$$

$$\varepsilon_1 + Ir_1 + IR + Ir_2 - \varepsilon_2 = 0$$

故

$$I = \frac{\varepsilon_2 - \varepsilon_1}{r_1 + r_2 + R} \tag{11.20a}$$

若将 ε_1 的正、负极互换，则有

$$I = \frac{\varepsilon_2 + \varepsilon_1}{R + r_1 + r_2} \tag{11.20b}$$

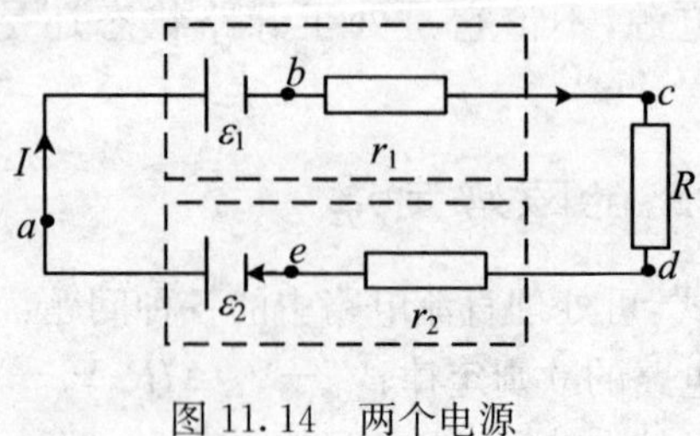

图 11.14 两个电源

3. 多个电源串接的情形

将上述两种情形的处理方法推广到多个电源串接的情形，不难得到

$$I=\sum_i(\pm\varepsilon_i)\Big/\sum_i(R_i) \tag{11.20c}$$

上式中的 R_i 项包含电源的内阻，式中的正、负号需要仿式(11.20a,b)确定.

11.3.3 含源电路的欧姆定律

如图 11.15 为某复杂电路的一部分，在这情形下，各支路的电流一般不相

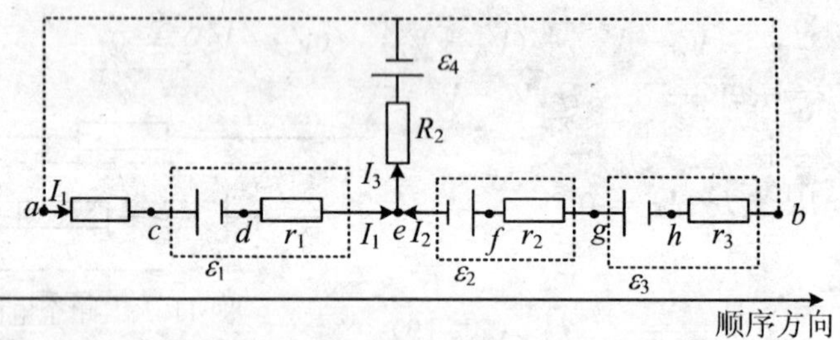

图 11.15

等，现在讨论如何计算 a,b 两点的电势差 U_{ab}. 假设各支路的电流已知，则

$$\begin{aligned}U_{ab}=V_a-V_b&=\int_a^b\boldsymbol{E}\cdot\mathrm{d}\boldsymbol{l}=(V_a-V_c)+(V_c-V_d)+(V_d-V_e)\\&\quad+(V_e-V_f)+(V_f-V_g)+(V_g-V_h)+(V_h-V_b)\\&=I_1R_1+\varepsilon_1+I_1r_1-\varepsilon_2-I_2r_2+\varepsilon_3-I_2r_3\\&=(\varepsilon_1-\varepsilon_2+\varepsilon_3)+(I_1R_1+I_1r_1-I_2r_2-I_2r_3)\end{aligned}$$

因此，只要领会到：任意两点之间的电势差可表示为一段段相邻的电势差之和，就可很方便地求出任意两点的电势差. 一般地，任意两点 a,b 之间的电势差 U_{ab} 可表示为

$$U_{ab}=\sum_i(\pm\varepsilon_i)+\sum_i(\pm I_iR_i) \tag{11.21}$$

其中的正、负号由一段纯电阻电路的欧姆定律及理想电源电压的表达式确定. 上式称为**一段含源电路的欧姆定律**.

11.3.4　基尔霍夫方程组

对于复杂电路(参见图 11.15 及图 11.16),各支路中的电流通常是未知的,需要求解. 这可通过解基尔霍夫方程组来解决. 基尔霍夫方程组包含两类方程:节点电流方程和回路电压方程.

(1) 节点电流方程:利用稳恒条件可以证明,对于任一节点,流向节点的电流之和等于流出节点的电流之和. 即

$$I_{进} = I_{出} \tag{11.22a}$$

例如,在图 11.14 中,$I_1 + I_2 = I_3$. 在电工学中,节点电流方程也叫**基尔霍夫第一定律**. 虽然对电路中的每个节点都可以列出一个方程,但可以证明,当电路共有 n 个节点时,只有 $n-1$ 个节点方程是独立的. 这 $n-1$ 个独立方程构成的方程组叫**基尔霍夫第一方程组**.

(2) 回路电压方程:利用 $\oint \boldsymbol{E} \cdot \mathrm{d}\boldsymbol{l} = 0$ 可以证明,对于任一闭合回路,沿任一绕行方向,电势差的代数和为零,即

$$\sum_i (\pm \varepsilon_i) + \sum_i (\pm I_i R_i) = 0 \tag{11.22b}$$

其中的正、负号由一段纯电阻电路的欧姆定律及理想电源电压的表达式确定. 在电工学中,回路电压方程也叫**基尔霍夫第二定律**. 一个电路可以包含许多回路,对每个回路都可以列出一个回路方程,但是这些方程并非都是独立的. 电路中任意一组独立的回路方程构成**基尔霍夫第二方程组**.

利用基尔霍夫方程组解题的步骤是:

(1) 任意标出各支路中的电流方向,由此列出节点方程组.

(2) 任意画出各回路的顺序方向,列出回路方程. 节点方程和回路方程的总数目等于未知量的总数目.

(3) 解方程组. 若某一支路的电流求出为负值,则表示该支路中电流的实际方向与假设的方向相反.

例 11.2　如图 11.16,电源电动势分别为 $\varepsilon_1 = 12$ V,$\varepsilon_2 = 8$ V,$\varepsilon_3 = 10$ V,内阻分别为 $r_1 = r_2 = r_3 = 1$ Ω,电阻分别为 $R_1 = R_2 = R_3 = 2$ Ω,$R_4 = 1$ Ω,$R_5 = 3$ Ω. 求电阻 R_1 上电流的大小和方向.

解　设各支路的电流正方向如图所示. 则

A 点

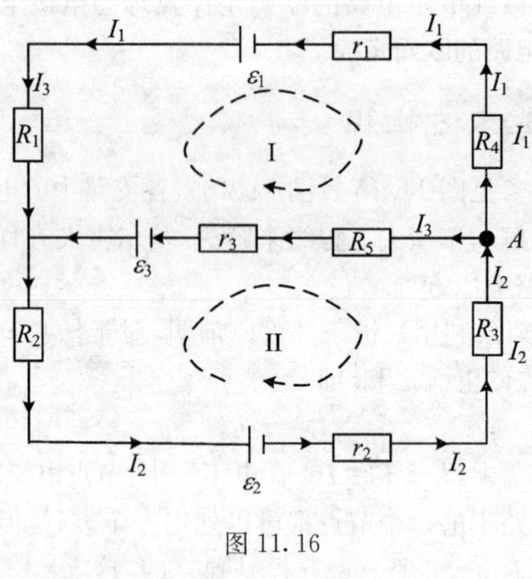

图 11.16

$$I_1 + I_3 = I_2$$

回路Ⅰ

$$-I_1(R_1 + R_4 + r_1) + I_5(R_5 + r_3) - \varepsilon_3 + \varepsilon_1 = 0$$

回路Ⅱ

$$-I_5(r_3 + R_5) - I_2(R_2 + R_3 + r_2) - \varepsilon_2 + \varepsilon_3 = 0$$

将已知数据代入并整理得

$$\begin{cases} I_1 + I_3 = I_2 \\ -2 = -4I_1 + 4I_3 \\ -2 = -4I_3 - 5I_2 \end{cases}$$

解得

$$I_1 = \frac{13}{28}\ \text{A},\quad I_2 = \frac{3}{7}\ \text{A},\quad I_3 = -\frac{1}{28}\ \text{A}$$

即:电阻 R_1 上电流的大小为 $I_1 = \frac{13}{28}$ A,逆时针流动;电阻 R_2 上电流的大小为 $I_2 = \frac{3}{7}$ A,逆时针流动;电阻 R_5 上电流的大小为 $|I_3| = \frac{1}{28}$ A,逆时针流动.注意,电阻 R_5 上电流的实际方向与在图中假设的方向相反.

习　题

一、选择题

11.1　室温下,铜导线内自由电子数密度为 $n = 8.5 \times 10^{28}\ \text{m}^{-3}$,导线中电流密度的大小

$J=2\times10^{6}\ \mathrm{A\cdot m^{-2}}$，则电子定向漂移速率为(　　).

(A) $1.5\times10^{-4}\ \mathrm{m\cdot s^{-1}}$　　(B) $1.5\times10^{-2}\ \mathrm{m\cdot s^{-1}}$

(C) $5.4\times10^{2}\ \mathrm{m\cdot s^{-1}}$　　(D) $1.1\times10^{5}\ \mathrm{m\cdot s^{-1}}$

11.2　在一个长直圆柱形导体外面套一个与它共轴的导体长圆筒，两导体的电导率可以认为是无限大. 在圆柱与圆筒之间充满电导率为 γ 的均匀导电物质，当在圆柱与圆筒间加上一定电压时，在长度为 l 的一段导体上总的径向电流为 I，如题图 11.1 所示. 则在柱与筒之间与轴线的距离为 r 的点的电场强度为(　　).

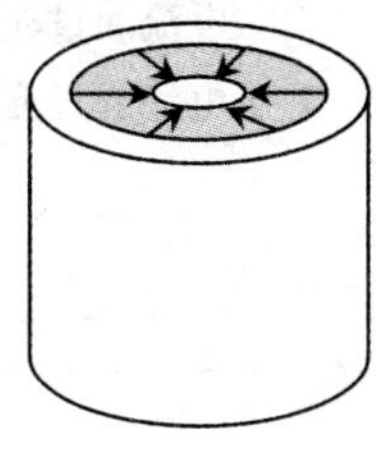

题图 11.1

(A) $\dfrac{2\pi rI}{l^2\gamma}$　　(B) $\dfrac{I}{2\pi rl\gamma}$

(C) $\dfrac{I\,l}{2\pi r^2\gamma}$　　(D) $\dfrac{I\gamma}{2\pi rl}$

11.3　已知直径为 0.02 m、长为 0.1 m 的圆柱形导线中通有稳恒电流，在 60 s 内导线放出的热量为 100 J. 已知导线的电导率为 $6\times10^{7}\ \Omega^{-1}\cdot\mathrm{m^{-1}}$，则导线中的电场强度为(　　).

(A) $2.78\times10^{-13}\ \mathrm{V\cdot m^{-1}}$　　(B) $10^{-13}\ \mathrm{V\cdot m^{-1}}$

(C) $2.97\times10^{-2}\ \mathrm{V\cdot m^{-1}}$　　(D) $3.18\ \mathrm{V\cdot m^{-1}}$

11.4　如题图 11.2 所示的电路中，两电源的电动势分别为 $\varepsilon_1,\varepsilon_2$，内阻分别为 r_1,r_2. 三个负载电阻阻值分别为 R_1,R_2,R_3，电流分别为 I_1,I_2,I_3，方向如题图 11.2. 则 A 到 B 的电势增量 V_B-V_A 为(　　).

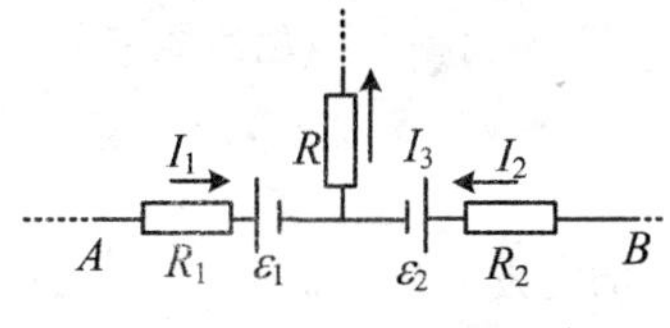

题图 11.2

(A) $\varepsilon_2-\varepsilon_1-I_1R_1+I_2R_2-I_3R$

(B) $\varepsilon_2+\varepsilon_1-I_1(R_1+r_1)+I_2(R_2+r_2)-I_3R$

(C) $\varepsilon_2-\varepsilon_1-I_1(R_1+r_1)+I_2(R_2+r_2)$

(D) $\varepsilon_2-\varepsilon_1-I_1(R_1-r_1)+I_2(R_2-r_2)$

11.5　在题图 11.3 的电路中，电源的电动势分别为 $\varepsilon_1,\varepsilon_2$ 和 ε_3，内阻分别是 r_1,r_2 和 r_3，外电阻分别为 R_1,R_2 和 R_3，电流分别为 I_1,I_2 和 I_3，方向如图. 下列各式中正确的是(　　).

(A) $\varepsilon_3-\varepsilon_1+I_1(R_1+r_1)-I_3(R_3+r_3)=0$

(B) $I_1+I_2+I_3=0$

(C) $\varepsilon_2-\varepsilon_1+I_1(R_1+r_2)-I_2(R_2+r_2)=0$

(D) $\varepsilon_2-\varepsilon_3+I_2(R_2-r_2)+I_3(R_3-r_3)=0$

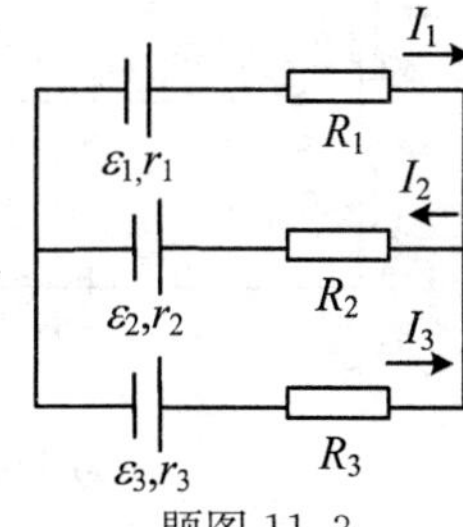

题图 11.3

二、计算题

11.6　已知导线中的电流按 $I=t^2-0.5t+6$ 的规律随时间变化，式中各量均采用国际单位. 计算在 $t_1=1$ s 到 $t_2=3$ s 的时间内通过导线截面的电荷量.

11.7　内外半径分别为 r_1,r_2 的两个同心球壳构成一电阻元件，当两球壳间填满电阻率

为 ρ 的材料后，求该电阻器沿径向的电阻.

11.8 当电流为 1 A，端压为 2 V 时，试求下列各情形中电流的功率以及 1 s 内产生的热量：

(1) 电流通过导线；

(2) 电流通过充电的蓄电池，该蓄电池的电动势为 1.3 V；

(3) 电流通过充电的蓄电池，该蓄电池的电动势为 2.6 V.

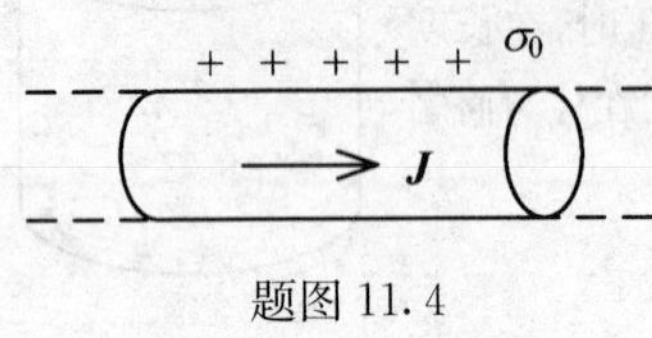

题图 11.4

11.9 在一由电动势恒定的直流电源供电的载流导线表面某处带有正电荷，已知其电荷面密度为 σ_0，在该处导线表面内侧的电流密度为 $\boldsymbol{J}$，其方向沿导线表面切线方向，如题图 11.4 所示. 导线的电导率为 γ，求在该处导线外侧的电场强度 $\boldsymbol{E}$.

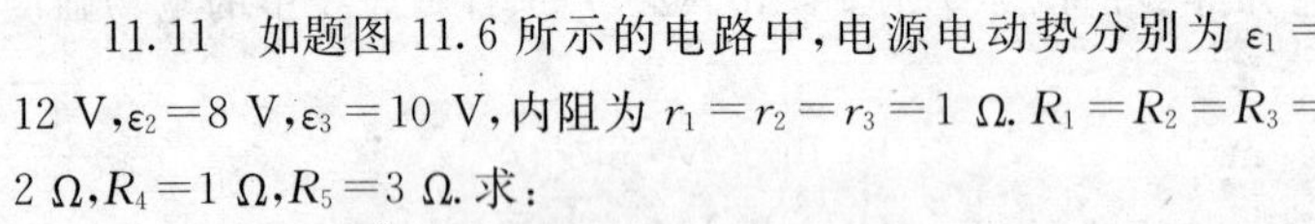

11.10 在如题图 11.5 所示的电路中，两电源的电动势分别为 $\varepsilon_1 = 9$ V 和 $\varepsilon_2 = 7$ V，内阻分别为 $r_1 = 3\ \Omega$ 和 $r_2 = 1\ \Omega$，电阻 $R = 8\ \Omega$，求电阻 R 两端的电位差.

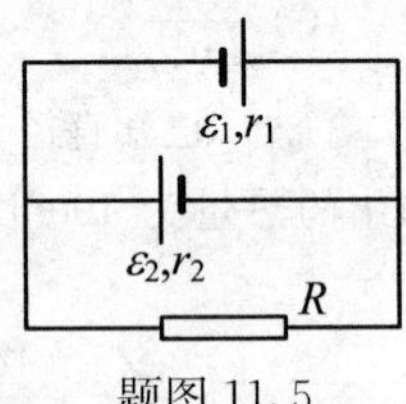

题图 11.5

11.11 如题图 11.6 所示的电路中，电源电动势分别为 $\varepsilon_1 = 12$ V，$\varepsilon_2 = 8$ V，$\varepsilon_3 = 10$ V，内阻为 $r_1 = r_2 = r_3 = 1\ \Omega$. $R_1 = R_2 = R_3 = 2\ \Omega$，$R_4 = 1\ \Omega$，$R_5 = 3\ \Omega$. 求：

(1) a，b 两点间的电位差 U_{ab}；

(2) a，b 接通后，电阻 R_5 上电流大小和流向.

11.12 在如题图 11.7 所示的电路中，已知 $\varepsilon_1 = 8.0$ V，$\varepsilon_2 = 2.0$ V，$R_1 = 20\ \Omega$，$R_2 = 40\ \Omega$，$R_3 = 60\ \Omega$. O 点接地，K 为开关，C 为电容. 求：

(1) 开关闭合前 A 点的电势 V_{A1}；

(2) 开关闭合后 A 点的电势 V_{A2}（开关闭合前后，A 点的电势及电容器极板上的电荷量均指电路稳态时的值）.

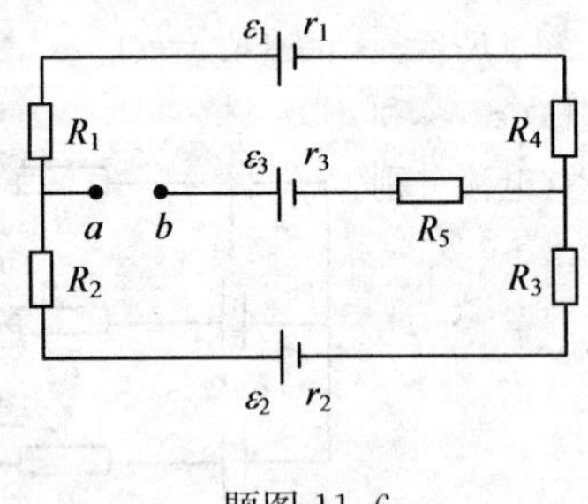

题图 11.6

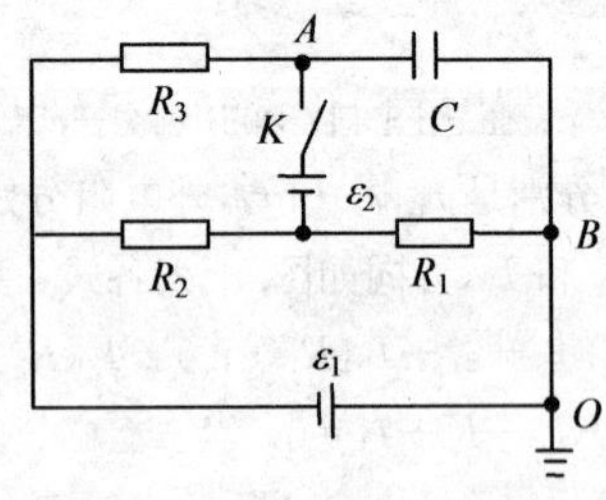

题图 11.7

11.13 在如题图 11.8 所示的电路中，已知 $R_1 = R_3 = R_4 = 2\ \Omega$，$R_2 = 6\ \Omega$，$\varepsilon_1 = 6$ V，$\varepsilon_2 = 2$ V. 各电池的内阻均可忽略. 求：

(1) 当开关 K 打开时，求电路中 B，C 两点间的电位差 U_{BC}；

(2) 当开关 K 闭合后，若已知此时 A，B 两点的电位相等，求电阻 R.

11.14　一电容器由如题图 11.9 所示的任意形状的两个导体 A,B 之间充满各向同性的均匀电介质组成. 电介质的相对介电常数为 ε_r,漏电电阻率为 ρ. 试证明两导体之间的电容 C 和电阻 R 之间的关系为:$C=\varepsilon_0\varepsilon_r\rho/R$.

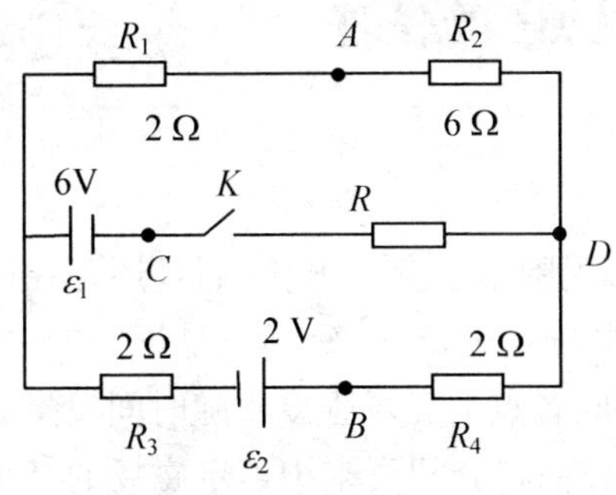

题图 11.8

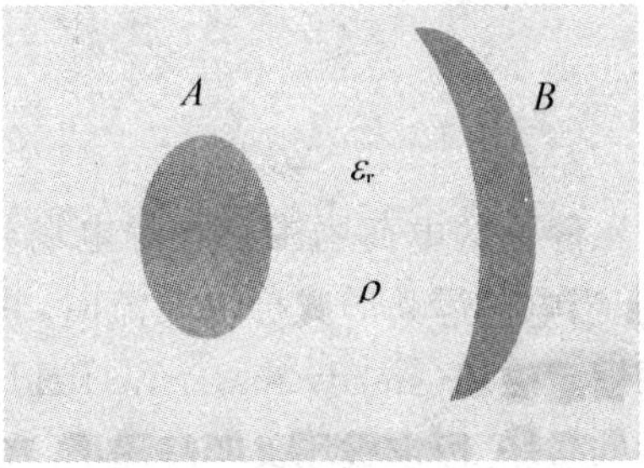

题图 11.9

三、小论文写作练习

11.15　Mathematica 软件在电路计算中的应用.

11.16　接触电势差及温差电动势的测量及其应用.

第 12 章　恒定磁场

静止的电荷周围存在静电场，运动电荷周围不仅存在电场，而且还存在磁场. 当电荷运动形成稳恒电流时，它周围的电场是恒定的，磁场也是恒定的. 所谓**恒定磁场**(steady magnetic field)，就是空间各点的磁场强度不随时间发生变化的磁场. 恒定磁场又叫静磁场. 在本章中，我们将介绍真空中恒定磁场的基本规律.

12.1　磁　　场

12.1.1　奥斯特实验

截止到 19 世纪初，一些著名的物理学家还是坚持认为电与磁是两种截然不同的客体，不存在相互联系. 例如，著名的物理学家库仑在 1780 年指出，电和磁是两个截然不同的东西，尽管它们的作用力的规律在数学形式上相似，但它们的本质却完全不同. 1807 年，托马斯 · 杨(T. Young)说，没有理由去认为电与磁存在直接的联系. 1820 年，安培(Ampere)认为，电现象和磁现象是两种彼此独立的流体产生的(当然，安培后来很快地改变了自己的这种看法). 现在看来，这些思想确实制约了磁学的发展.

深受康德哲学思想影响的奥斯特(Oersted)深信电与磁之间存在着联系. 为了探索这种联系，他进行了大量的实验研究工作. 1820 年 4 月，奥斯特观察到一个新的实验现象. 他使一个小伽伐尼电池的电流通过一条细铂丝，铂丝放在一个带玻璃罩的指南针上，结果磁针被扰动了，尽管他所观察到的现象很弱，但却是可贵的发现. 事后，奥斯特使用大容量的电池做了许多类似的实验. 奥斯特实验发现，在载流长直导线附近平行放置的磁针会发生偏转(如图 12.1 所示)，且磁针的 N 极垂直于由导线和磁针构成的平面(纸面)向外运动，磁针的 S 极垂直于由导线和磁针构成的平面(纸面)向内运动.如果电流反向,则磁针反向偏转.这种电流使与之平行的磁针发生偏转的现象,表明电流(不是电荷!)对磁针有作用力,称为**电流的磁效应**,它揭示了电现象与磁现象之间的联系.

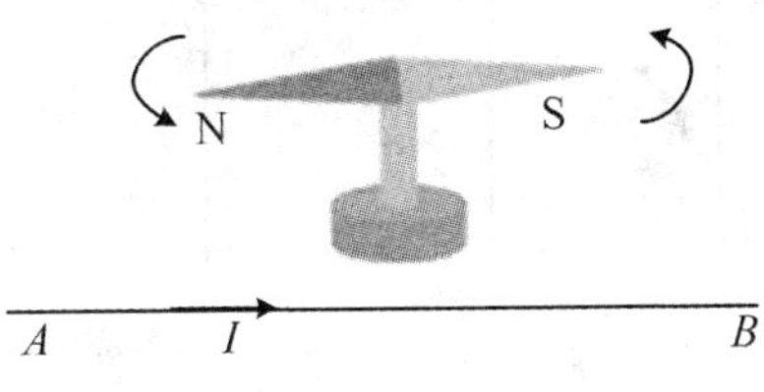

图 12.1　电流的磁效应

值得强调的是,奥斯特实验表明,磁极受到电流的作用力是一种新型的力——横向力.它与当时已知的非接触物体之间的万有引力、电力、磁体之间的作用力具有不同的特征,因为万有引力、电力、磁体之间的作用力都是把被作用的物体推开或拉近,即都是排斥或吸引的有心力.因此我们说,奥斯特该实验的另一重大成果是:突破了以往关于非接触物体之间的作用力均为有心力的局限,拓宽了作用力的类型.

磁现象的本质是什么呢?为了回答这一问题,1822年安培做出了一个重要的猜测,即**物质磁性的分子电流假说**:一切磁现象的根源来源于电流,任何物质的分子都存在回路电流,叫分子电流.每个分子电流在磁效应方面相当于一个基元磁铁(图12.2).对于一般的物质(非磁体),各分子电流方向杂乱无章,磁性互相抵消;对于永磁体,各分子电流作规则排列,磁性互相加强而导致整体显示磁性.即物质对外的磁性就是物质中的分子电流趋向于同一方向排列的结果.现代理论认为原子核外电子绕核公转和电子的自旋构成了等效分子电流.因此安培的上述假说虽然受到历史条件的限制而难免有些粗糙,但是其本质与近代物理对磁本质的看法是一致的.

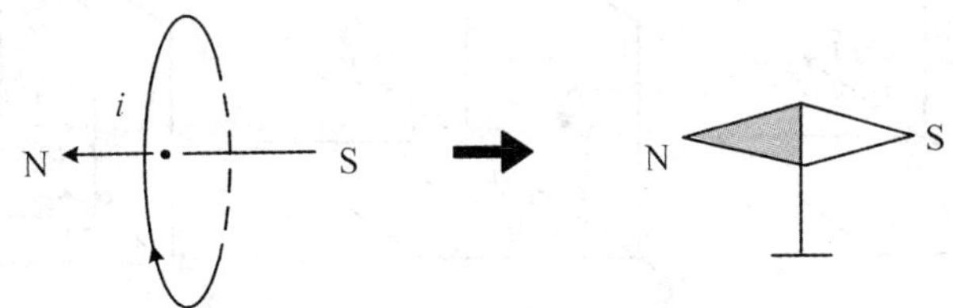

图 12.2　每个分子电流等效为一个基元磁铁

奥斯特的实验,揭示了电现象与磁现象之间的联系,开辟了一个崭新的广阔的研究领域,激起了许多物理学家的兴趣,并迅即取得了一系列重要成果.大量的实验研究表明,不仅载流导线对磁针有磁作用力,载流导线与载流导线之间、载流导线与运动点荷之间都存在磁相互作用力(实例如图12.3a,b,c).

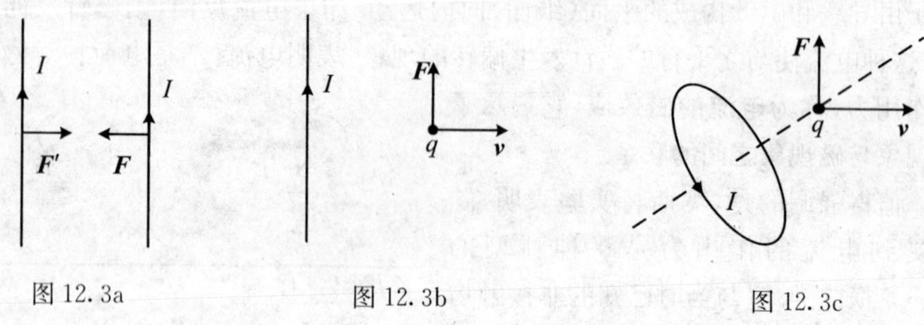

图 12.3a　　图 12.3b　　图 12.3c

12.1.2　磁感应强度

现代理论已证明，电流与电流之间或电流与运动电荷之间之所以存在着相互作用力，是因为电流（或运动电荷）在其周围空间产生磁场（与电荷在其周围空间产生电场相似），而磁场的基本性质之一是对置于其中的其他载流导线或运动电荷施加作用力.

在讨论静电场时，我们已经知道，静电场中任一点的性质由场强 $\boldsymbol{E}(\boldsymbol{F}=q\boldsymbol{E})$ 描述. $\boldsymbol{E}$ 的方向即单位正电荷在该点的受力方向，$\boldsymbol{E}$ 的大小为 $E=F/q$，即单位正电荷在该点所受的静电力的大小. 对于磁场，我们将采用类似的方法来描述场中各点的性质. 但在表述上要复杂一些.

1. 实验规律

实验发现，运动试验电荷在磁场中的受力有如下特征（参考图 12.4）：

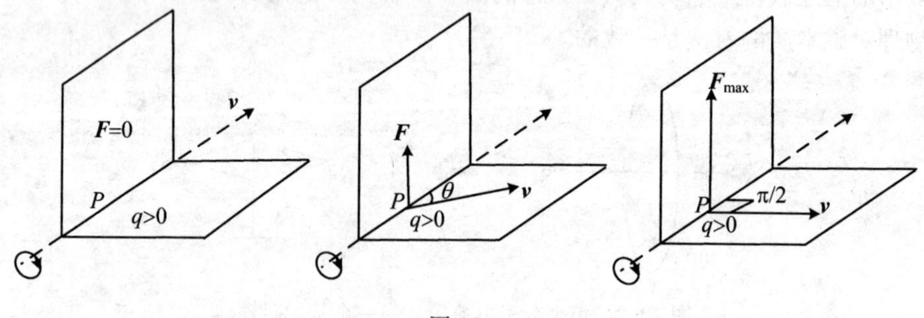

图 12.4

(1) 当电量为 q 的点电荷以速度 $\boldsymbol{v}$ 在磁场中运动时，q 经过空间不同点时，其受力大小一般不同. 对于场中选定的一点 P，q 所受磁力的大小与电量 q 有关、与 $\boldsymbol{v}$ 的大小有关、与 $\boldsymbol{v}$ 的方向也有关.

(2) 过场中任一点 P，有一个特殊的方向（沿图 12.4 中的虚线），当 $\boldsymbol{v}$ 沿着

(或逆着)该方向时,q 所受到的磁力为零,即 $\boldsymbol{F}=0$. 这个方向与运动试探电荷无关.

(3) 当 $\boldsymbol{v}$ 沿着其他方向时,$\boldsymbol{F}\neq 0$,$\boldsymbol{F}$ 垂直于 $\boldsymbol{v}$ 与上述特殊方向所组成的平面. 但 $\boldsymbol{F}$ 的大小与 $\boldsymbol{v}$ 的方向有关. 一般地,$\boldsymbol{F}$ 之值可表示为

$$F \propto |q||\boldsymbol{v}|\sin\theta = B|q||\boldsymbol{v}|\sin\theta,\quad F_{\max} = B|q||\boldsymbol{v}|,\quad F_{\min} = 0$$

其中,θ 为 $\boldsymbol{v}$ 与过 P 点的特殊方向间的夹角,$F_{\max}$ 是 q 在 P 点可能受到的最大磁力,$F_{\min}$ 为最小磁力. $F_{\max}=B|q||\boldsymbol{v}|$ 中,B 是一个仅与 P 点的位置坐标有关的量. 物理上,B 表示 $|q|=1$,$|\boldsymbol{v}|=1$ 时,q 所受的最大磁力.

2. *磁感应强度*

磁场中任意一点 P 的性质可用磁感应强度 $\boldsymbol{B}$(与电场强度 $\boldsymbol{E}$ 相似)来描述. 通常利用上述实验结论中运动电荷受力最大的状态来定义 $\boldsymbol{B}$ 的大小和方向:$\boldsymbol{B}$ 的方向平行于 $\boldsymbol{F}_{\max}\times\boldsymbol{v}$ 方向;$\boldsymbol{B}$ 的大小是 $|\boldsymbol{B}|=B=F_{\max}/|q\boldsymbol{v}|$,即 $\boldsymbol{B}=\boldsymbol{F}_{\max}\times\boldsymbol{e}_v/(qv)$. 在国际单位制中,$B$ 的单位是特斯拉(Tesla),符号为 T,有时也用高斯(Gs)作 B 的单位:1 T$=10^4$ Gs.

3. *磁感应线*

下一节将介绍计算任意电流产生的磁场中各点的 $\boldsymbol{B}$ 的大小和方向的方法. 如果知道空间各点的 $\boldsymbol{B}$,则可在磁场中画出一系列的磁感应线($\boldsymbol{B}$ 线),其定义与电场线的定义相同.

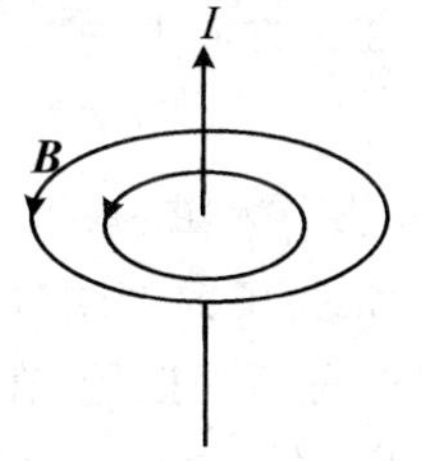

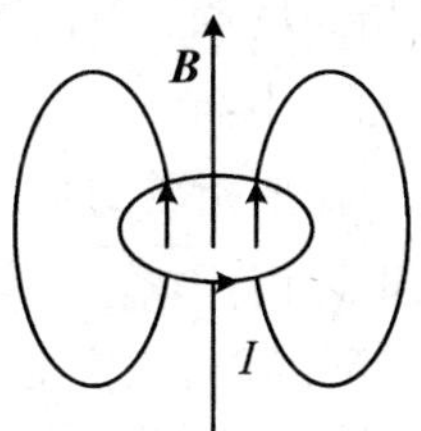

图 12.5

磁感应线有如下基本性质(图 12.5):

(1) 在任何磁场中,每一条磁感应线都是与闭合电流相互套链的无头无尾的闭合线(与静电场的 $\boldsymbol{E}$ 线不同).

(2) 磁感应线的环绕方向和电流的方向形成右手螺旋关系.

12.2　毕奥-萨伐尔定律

磁力是运动电荷之间的一种相互作用,这种相互作用是通过磁场传递的.

磁场的源有两个，其一是运动电荷，其二是变化的电场(第15章讲述). 本节介绍运动电荷产生的磁场所遵循的一个基本规律，即表示电流元产生磁场的毕奥-萨伐尔定律(Biot-Savart Law). 由这一定律，原则上可以利用积分运算求出任意电流分布的磁场.

12.2.1 毕奥-萨伐尔定律

法国物理学家 J. B. Biot(1774～1862)和 Felix Savart(1791～1841)于1822年前后，合作分析了一些简单的载流导线产生磁场的实验结论，归纳总结出电流元产生磁场的规律，即毕奥-萨伐尔定律(参考图12.6)：在载有稳恒电流的导线上，取一段线元 $d\boldsymbol{l}$，称 $Id\boldsymbol{l}$ 为该恒定电流的一个电流元，电流元 $Id\boldsymbol{l}$ 在真空中任意一点产生的磁感应强度为

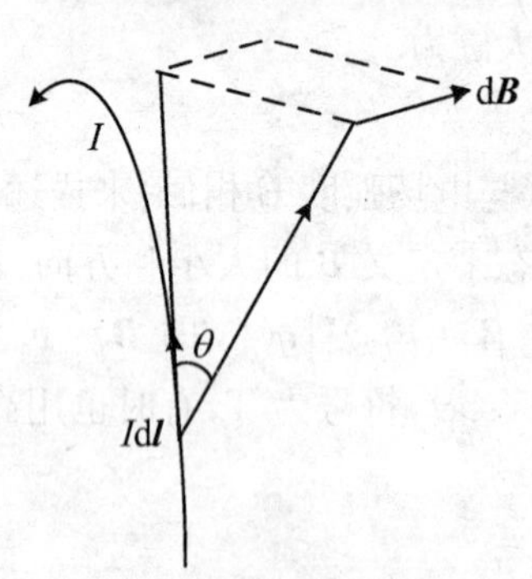

图12.6 毕奥-萨伐尔定律

$$d\boldsymbol{B} = \frac{\mu_0}{4\pi}\frac{Id\boldsymbol{l}\times\boldsymbol{e}_r}{r^2} \tag{12.1}$$

式中的 $\mu_0 = 4\pi\times10^{-7}\ \mathrm{T\cdot m\cdot A^{-1}}$ 叫真空磁导率(permeability of vacuum)，$\boldsymbol{e}_r$ 为从电流元所在位置指向场点的单位矢量，即位矢 $\boldsymbol{r}$ 方向上的单位矢量. 式(12.1)给出了 $d\boldsymbol{B}$ 的方向和大小：$d\boldsymbol{B}$ 的大小为 $dB = \mu_0 Idl\sin\theta/(4\pi r^2)$，$d\boldsymbol{B}$ 的方向沿 $Id\boldsymbol{l}\times\boldsymbol{e}_r$.

需要指出的是：① 电流元为一矢量，其大小为 Idl，方向为线元 $d\boldsymbol{l}$ 所在处电流的方向(参考图12.6). 由于恒定电流的闭合性，恒定电流元不可能单独存在. ② 该定律是人们对大量实验的总结和推理，在实验方面，我们不能像在静电场中得到单独的电荷那样得到孤立的"电流元 $Id\boldsymbol{l}$"，而只能从测量所有电流元在空间某点所产生的总的磁感应强度来间接验证该定律的正确性.

任意形状的载流导线产生的磁场可按下式计算

$$\boldsymbol{B} = \int_L d\boldsymbol{B} = \int_L \frac{\mu_0}{4\pi}\frac{Id\boldsymbol{l}\times\boldsymbol{e}_r}{r^2} \tag{12.2}$$

在直角坐标系下，(12.1)和(12.2)两式分解为

$$d\boldsymbol{B} = dB_x\boldsymbol{i} + dB_y\boldsymbol{j} + dB_z\boldsymbol{k}$$

其中 $dB_x = d\boldsymbol{B}\cdot\boldsymbol{i}$，其余类推.

$$\boldsymbol{B} = B_x\boldsymbol{i} + B_y\boldsymbol{j} + B_z\boldsymbol{k}$$

其中 $B_x = \int_L dB_x$，其余类推.

注意：高等数学中没有矢量积分的计算方法，因此矢量积分只有化成分量式后才能进行运算. 在运算过程中，要借助几何关系，将诸变量统一用某一个变量或其函数表示出，再作积分运算，详见下述例题.

12.2.2　运动点电荷的磁场

利用毕奥-萨伐尔定律，可以讨论运动电荷所产生的磁场. 我们知道，电流源于电荷的定向运动，如图 12.7，设导体内运动电荷的电量为 q（假设 $q>0$），运动速度为 $v(v\ll c)$，单位体积内的粒子数为 n，则 $I=\boldsymbol{J}\cdot\boldsymbol{S}=nqvS$. 根据毕奥-萨伐尔定律，得

$$\mathrm{d}\boldsymbol{B}=\frac{\mu_0}{4\pi}\frac{I\mathrm{d}\boldsymbol{l}\times\boldsymbol{e}_r}{r^2}=\frac{\mu_0}{4\pi}\cdot\frac{Snq\boldsymbol{v}\mathrm{d}l\times\boldsymbol{e}_r}{r^2}=\mathrm{d}N\frac{\mu_0}{4\pi}\cdot\frac{q\boldsymbol{v}\times\boldsymbol{e}_r}{r^2}$$

其中 $\mathrm{d}N=nS\mathrm{d}l$ 是线元 $\mathrm{d}l$ 中的粒子数. 由此可知，线元 $\mathrm{d}l$ 中每个作定向运动的带电粒子在 P 点产生的磁感应强度为

$$\boldsymbol{B}=\frac{\mathrm{d}\boldsymbol{B}}{\mathrm{d}N}=\frac{\mu_0}{4\pi}\cdot\frac{q\boldsymbol{v}\times\boldsymbol{e}_r}{r^2}$$

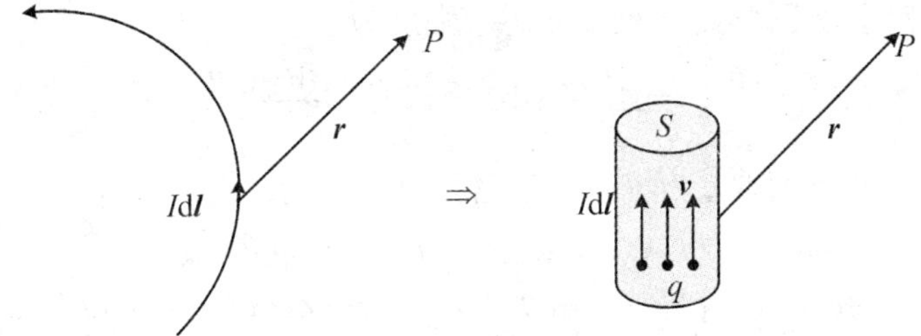

图 12.7　运动点电荷的磁场

由此得出：电量为 q，相对观察者的速度为 $\boldsymbol{v}$ 的运动电荷在空间所产生的 $\boldsymbol{B}$ 为

$$\boldsymbol{B}=\frac{\mu_0}{4\pi}\cdot\frac{q\boldsymbol{v}\times\boldsymbol{e}_r}{r^2}\tag{12.3}$$

如果 $q<0$，上式依然成立，需要注意的是，当 $q<0$ 时

$$\boldsymbol{B}=-\frac{\mu_0}{4\pi}\cdot\frac{|q|\boldsymbol{v}\times\boldsymbol{e}_r}{r^2}\tag{12.4}$$

即 $q<0$ 情形所产生的磁场与 $q>0$ 情形所产生的磁场的方向相反.

12.2.3　毕奥-萨伐尔定律的应用

下面应用毕奥-萨伐尔定律计算一些典型的载流导线所产生的磁场中的磁

感应强度.

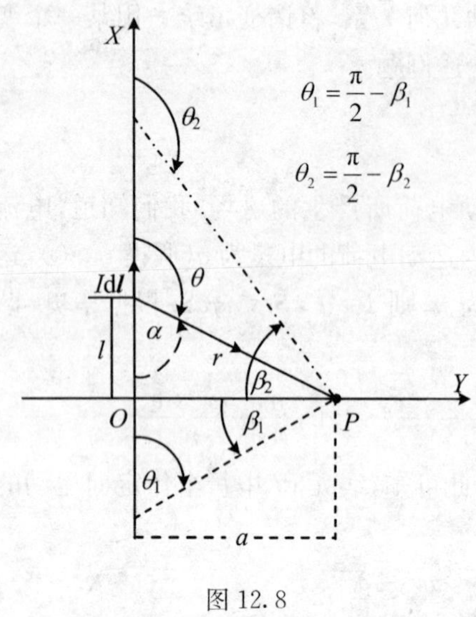

图 12.8

1. 载流长直导线周围的 $\boldsymbol{B}$

真空中,有一长为 L、通有电流为 I 的直导线.求在与导线的垂直距离为 a 的场点 P 处的磁感应强度 $\boldsymbol{B}$.

如图 12.8 所示建立一维坐标系,坐标原点 O 取在垂足处,x 轴的方向沿电流方向.在 x 坐标为 l 处取一电流元 $I\mathrm{d}\boldsymbol{l}$.该电流元在场点 P 点处产生的磁感应强度大小为

$$\mathrm{d}B=\mu_0 I\mathrm{d}l\,\frac{\sin\theta}{4\pi r^2}$$

方向沿 $I\mathrm{d}\boldsymbol{l}\times\boldsymbol{r}$,即垂直于纸面向里($\mathrm{d}B_x=0,\mathrm{d}B_y=0,\mathrm{d}B_z=\mathrm{d}B$).由于每个电流元在场点 P 处产生的磁感应强度 $\mathrm{d}\boldsymbol{B}$ 的方向相同,所以场点 P 处的磁感应强度为

$$B=B_z=\int_L \mathrm{d}B_z=\int_L \frac{\mu_0}{4\pi}\,\frac{I\mathrm{d}l\sin\theta}{r^2}$$

θ,r,l 都是变量,下面取 θ 为统一变量.利用几何关系

$$a/r=\sin\alpha=\sin(\pi-\theta)=\sin\theta \ \Rightarrow\ r=a/\sin\theta$$

$$l/a=\cot\alpha=\cot(\pi-\theta)=-\cot\theta \ \Rightarrow\ l=-a\cot\theta \ \Rightarrow\ \mathrm{d}l=a\mathrm{d}\theta/\sin^2\theta$$

有

$$B=\frac{\mu_0}{4\pi}\int_L \frac{I(a\mathrm{d}\theta/\sin^2\theta)\sin\theta}{(a/\sin\theta)^2}=\frac{\mu_0 I}{4\pi a}\int_{\theta_1}^{\theta_2}\sin\theta\mathrm{d}\theta=\frac{\mu_0 I}{4\pi a}(\cos\theta_1-\cos\theta_2)$$

(12.5a)

或者

$$B=\frac{\mu_0 I}{4\pi a}(\sin\beta_1+\sin\beta_2) \tag{12.5b}$$

对于无限长的载流直导线,根据公式(12.5)可以得出其周围的磁场大小为

$$B=\frac{\mu_0 I}{2\pi a}\quad\left(\beta_1\to\frac{\pi}{2},\beta_2\to\frac{\pi}{2}\right) \tag{12.6}$$

对于半无限长的载流直导线(指图 12.8 中,P 点在与载流长直导线的某端平齐位置)有

$$B=\frac{\mu_0 I}{4\pi a}\quad\left(\beta_1=0,\beta_2\to\frac{\pi}{2}\right)\tag{12.7}$$

2. 载流圆线圈轴线上的 $\boldsymbol{B}$

如图 12.9，真空中，有一半径为 R，载有电流为 I 的圆形线圈. P 为其轴线上一点，P 点距线圈中心的距离为 x. 求 P 点处磁感应强度 $\boldsymbol{B}$.

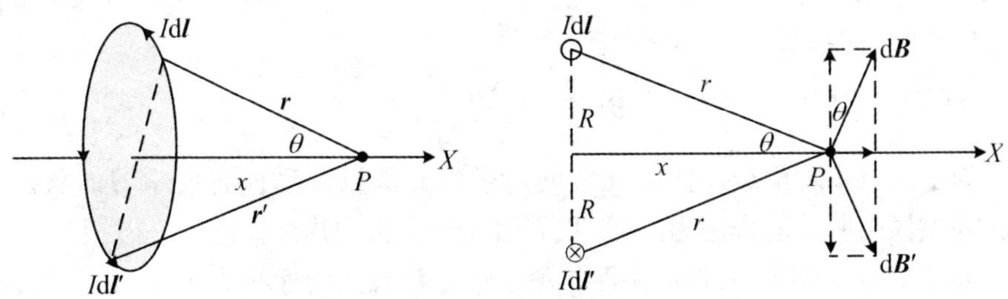

图 12.9　载流圆形线圈轴线上的磁场

如图 12.9，取轴线为 X 轴，载流线圈上任一电流元 $I\mathrm{d}\boldsymbol{l}$ 在线圈轴线上 P 点产生的磁场为

$$\mathrm{d}\boldsymbol{B}=\frac{\mu_0}{4\pi}\frac{I\mathrm{d}\boldsymbol{l}\times\boldsymbol{e}_r}{r^2},\quad \mathrm{d}B=\frac{\mu_0}{4\pi}\frac{I\mathrm{d}l\sin(\pi/2)}{r^2}=\frac{\mu_0}{4\pi}\frac{I\mathrm{d}l}{r^2}$$

$\mathrm{d}\boldsymbol{B}$ 在 X,Y,Z 三个轴上均有分量，且分量的表达式比较复杂. 但本问题具有对称性. 考虑两个对称的电流元 $I\mathrm{d}\boldsymbol{l}$ 和 $I\mathrm{d}\boldsymbol{l}'$ 所产生的 $\mathrm{d}\boldsymbol{B}$ 及 $\mathrm{d}\boldsymbol{B}'$. 将三角形 $(I\mathrm{d}\boldsymbol{l})(I\mathrm{d}\boldsymbol{l}')P$ 重绘到一个平面上，可方便地绘出 $\mathrm{d}\boldsymbol{B}$ 及 $\mathrm{d}\boldsymbol{B}'$ 的方向(如图 12.9 所示). 将 $\mathrm{d}\boldsymbol{B}$ 及 $\mathrm{d}\boldsymbol{B}'$ 分成两个分量：

$\mathrm{d}\boldsymbol{B}_\perp$ $(\mathrm{d}\boldsymbol{B}'_\perp)$—— 与 X 轴垂直的分量

$\mathrm{d}\boldsymbol{B}_{/\!/}$ $(\mathrm{d}\boldsymbol{B}'_{/\!/})$—— 与 X 轴平行的分量

由于对称性，$\mathrm{d}\boldsymbol{B}_\perp$ 与 $\mathrm{d}\boldsymbol{B}'_\perp$ 之和为零，而 $\mathrm{d}\boldsymbol{B}_{/\!/}$ 与 $\mathrm{d}\boldsymbol{B}'_{/\!/}$ 均沿着 X 轴方向. 整个圆环可被分割成一对对这样对称的电流元，它们所产生的磁场与 X 轴垂直的分量相互叠加后为零，即 $B_y=0$,$B_z=0$，与 X 轴平行的分量互相叠加后就是 P 点的总磁感应强度. 即

$$\begin{aligned}B_x&=\oint\mathrm{d}B_x=\oint|\mathrm{d}\boldsymbol{B}|\sin\theta=\oint\frac{\mu_0}{4\pi}\frac{I\mathrm{d}l}{r^2}\sin\theta\\&=\oint\frac{\mu_0 I\mathrm{d}lR}{4\pi r^3}=\frac{\mu_0 IR}{4\pi r^3}\oint\mathrm{d}l=\frac{\mu_0 IR}{4\pi r^3}2\pi R=\frac{\mu_0 IR^2}{2\,(x^2+R^2)^{3/2}}\end{aligned}$$

或写成矢量式

$$\boldsymbol{B}=\frac{\mu_0 I}{2}\frac{R^2}{(R^2+x^2)^{3/2}}\boldsymbol{i}\tag{12.8a}$$

讨论 (1) 若电流环由 N 匝导线组成,则

$$\boldsymbol{B}(x)=\frac{N\mu_0 IR^2}{2\left(x^2+R^2\right)^{3/2}}\boldsymbol{i} \tag{12.8b}$$

(2) 在载流线圈中心处 $x=0$,磁场 $\boldsymbol{B}_0$ 为

$$\boldsymbol{B}_0=\frac{N\mu_0 I}{2R}\boldsymbol{i} \tag{12.9a}$$

(3) 在 $x\gg R$ 处,

$$\boldsymbol{B}(x)=\frac{N\mu_0 IR^2}{2x^3}\boldsymbol{i} \tag{12.9b}$$

为了进一步理解载流线圈在空间产生的磁场以及后面将要学习的载流线圈在外磁场中所受的作用力问题,我们引入一个新的物理概念——磁矩.

如图 12.10,设有一平面线圈中载有电流 I,线圈的面积为 S(对其形状无要求),线圈平面法线方向的单位矢量为 $\boldsymbol{e}_n$,且 $\boldsymbol{e}_n$ 与线圈中电流的流向成右手螺旋关系,则此**载流线圈的磁矩**定义为

$$\boldsymbol{p}_m=IS\boldsymbol{e}_n \tag{12.10a}$$

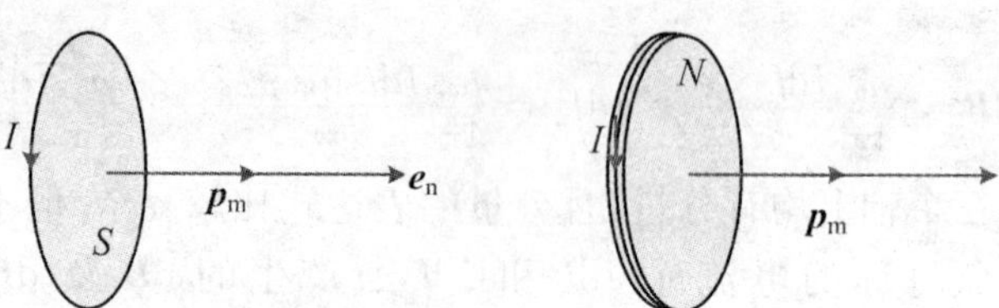

图 12.10 载流线圈的磁矩

如果线圈为相同的 N 匝并绕,则

$$\boldsymbol{p}_m=NIS\boldsymbol{e}_n \tag{12.10b}$$

线圈的磁矩 $\boldsymbol{p}_m$ 是描述载流线圈自身属性的物理量,单位 $\mathrm{A\cdot m^2}$.

对于半径为 R、载有电流为 I 的圆形线圈,$\boldsymbol{p}_m=I\pi R^2\boldsymbol{e}_n$,相应地,公式(12.8)可用磁矩 $\boldsymbol{p}_m$ 表示为

$$\boldsymbol{B}=\frac{\mu_0}{2\pi}\frac{\boldsymbol{p}_m}{\left(R^2+x^2\right)^{3/2}} \tag{12.11}$$

即载流圆线圈轴线上任意一点处的磁感应强度沿磁矩 $\boldsymbol{p}_m$ 的方向.

3. 载流直螺线管内部的 $\boldsymbol{B}$

已知直螺线管的半径为 R,载流为 I,单位长度的匝数为 n. 轴线上 P 点到螺线管两端口的引线与轴线正方向(该正方向与电流 I 成右手螺旋关系)的夹角分别为 β_1 和 β_2. 求 P 点的磁感应强度(图 12.11).

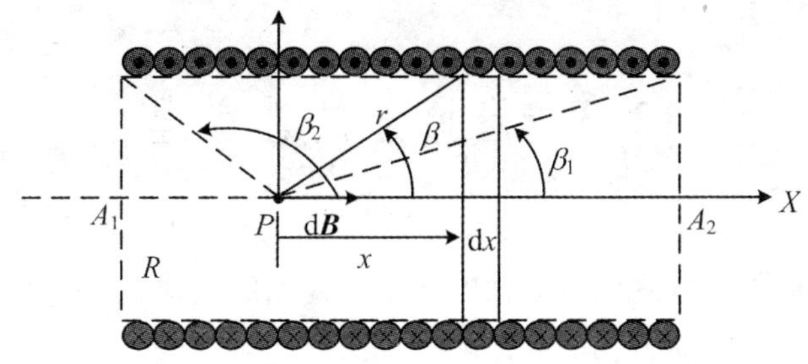

图 12.11　载流直螺线管内部的磁感应强度

一般的螺线管，各匝线圈之间都是螺旋形的. 直螺线管可看成是由许多圆形载流线圈紧密排列而成，即采用的是“并排圆电流”模型. 为此，直螺线管轴线上的磁场应等于各匝圆电流在该处产生的磁场的矢量和.

如图建立一维坐标系，坐标原点在 P 点，x 轴方向沿螺线管的轴向. 在轴线上距 P 点为 x 取一小段元 $\mathrm{d}x$. 宽为 $\mathrm{d}x$ 的小段元包含的线圈的匝数为 $\mathrm{d}N=n\mathrm{d}x$，按照式(12.8b)，$\mathrm{d}N$ 匝线圈在 P 点产生的磁场为

$$\mathrm{d}B=\frac{\mathrm{d}N\mu_0 IR^2}{2\left(R^2+x^2\right)^{3/2}}=\frac{\mu_0 In\mathrm{d}xR^2}{2r^3}=\frac{\mu_0 In\sin^3\beta}{2R}\mathrm{d}x\quad\left(\frac{R}{r}=\sin\beta\right)$$

按图 12.11 所标的电流的方向，d$\boldsymbol{B}$ 的方向应沿轴线向右.

利用 $x=R\cot\beta$，$\mathrm{d}x=-R\cdot\mathrm{d}\beta/\sin^2\beta$，我们有

$$B=\int_{A_1}^{A_2}\mathrm{d}B=-\int_{A_1}^{A_2}\frac{\mu_0 In\sin^3\beta}{2R}\frac{R\mathrm{d}\beta}{\sin^2\beta}\mathrm{d}x=-\frac{\mu_0}{2}nI\int_{\beta_2}^{\beta_1}\sin\beta\mathrm{d}\beta=\frac{\mu_0}{2}nI(\cos\beta_1-\cos\beta_2)$$

即

$$B=\frac{1}{2}\mu_0 nI(\cos\beta_1-\cos\beta_2)\tag{12.12}$$

对于无限长载流直螺线管，由于轴线上任何一点所对应的 $\beta_1\to0$，$\beta_2\to\pi$，所以轴线上任何一点的磁感应强度为

$$B=\mu_0 nI\tag{12.13}$$

其实，实际的载流螺线管的长度 L 总是有限的，但是只要 $L\gg R$，我们就认为该螺线管内部轴线上的磁场满足式(12.13). 另外，对于长直螺线管的轴线端点(例如 A_1 处：$\beta_2\to\pi/2$，$\beta_1\to0$；A_2 处：$\beta_2\to\pi$，$\beta_1\to\pi/2$)处的磁感应强度为

$$B=\frac{1}{2}\mu_0 nI\tag{12.14}$$

12.3 磁通连续性定理

本节讨论磁场对任意闭合曲面的通量所遵循的规律. 下一节将讨论磁场对任意闭合曲线的环流所遵循的规律.

$\boldsymbol{B}$ 对任意曲面 S(无论其闭合与否)的通量 $\Phi=\iint_S \boldsymbol{B}\cdot \mathrm{d}\boldsymbol{S}$ 称为通过曲面 S 的**磁通量**,简称磁通,其国际单位为韦伯(Weber),记作 Wb,1 Wb = 1 T·m^2(其中 T 代表磁感应强度 $\boldsymbol{B}$ 的单位特斯拉). 与静电场的性质不同,实验和理论证明,磁场的一大特点是 $\boldsymbol{B}$ 对任意闭合曲面 S 的磁通量都为零,即

$$\oiint_S \boldsymbol{B}\cdot \mathrm{d}\boldsymbol{S}=0 \tag{12.15}$$

这个规律称为**磁通连续性定理**(theorem of continuity of magnetic flux)或称**磁场的高斯定理**.

由磁场的高斯定理可以得到一个重要推论:以任意闭合曲线 L 为边线的所有曲面上有相同的磁通.

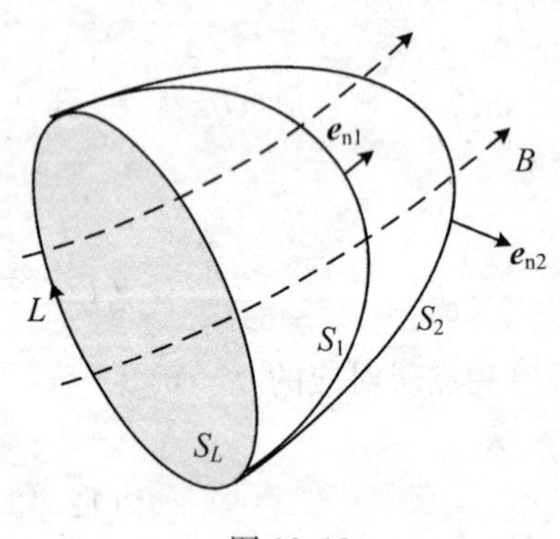

图 12.12

如图 12.12,设 S_1,S_2 是以闭合曲线 L 为边线的两个任意曲面,两曲面上各自任意面元的单位法矢量 $\boldsymbol{e}_{n1}$,$\boldsymbol{e}_{n2}$ 为默认取法(即形式上与 L 的环绕方向成右手螺旋关系),两者的磁通分别表示为

$$\Phi_1=\iint_{S_1} \boldsymbol{B}\cdot \mathrm{d}\boldsymbol{S},\quad \Phi_2=\iint_{S_2} \boldsymbol{B}\cdot \mathrm{d}\boldsymbol{S}$$

用 S_L 表示以 L 为边线的一个平面(也可以是曲面),用 Φ_L 表示通过 S_L 面的磁通

$$\Phi_L=\iint_{S_L} \boldsymbol{B}\cdot \mathrm{d}\boldsymbol{S}$$

由于 S_L 与 S_1 合在一起构成一个闭合曲面,S_L 与 S_2 合在一起构成另一个闭合曲面,根据磁场的高斯定理,即式(12.15),有

$$\Phi_L+\Phi_1=0,\quad \Phi_L+\Phi_2=0$$

于是得出

$$\Phi_1 = \Phi_2$$

可见，在承认各曲面上任意面元的单位法矢量的默认选取后（图 12.12），以闭合曲线 L 为边线的任意曲面上具有相同的磁通. 由于有这一性质，通常用"穿过某闭合曲线 L 的磁通"来概述穿过以该闭合曲线为边线的任意曲面上的磁通. "穿过某闭合曲线 L 的磁通"这一术语在第 14 章电磁感应问题中将经常使用. 与静电场的高斯定理相比较，可从 $\oiint_S \boldsymbol{B} \cdot \mathrm{d}\boldsymbol{S} = 0$ 得出磁荷不存在或磁场是无源场的结论. 磁场是无源场，说明 $\boldsymbol{B}$ 线既无起点也无终点（注意：这种说法并不完全等同于"$\boldsymbol{B}$ 线是闭合曲线"的提法. 虽然在一般情况下，$\boldsymbol{B}$ 线的确是闭合曲线，但是在某些特定电流周围，$\boldsymbol{B}$ 线却是一些永无起点和终点的螺旋曲线）.

12.4　安培环路定理

静电场的环流等于零，说明静电场是势场，在静电场中可以引入电势概念. 但恒定磁场不具备这种性质，本节予以说明.

12.4.1　安培环路定理

下面以长直电流为例来研究恒定磁场中的 $\oint_L \boldsymbol{B} \cdot \mathrm{d}\boldsymbol{l}$，12.2 节曾经计算出无限长载流直导线在其周围激发的磁场为 $B = \mu_0 I/(2\pi r)$，$\boldsymbol{B}$ 的方向与电流的流向之间成右手螺旋关系.

如图 12.13a，在载流长直导线的轴截面内，取围绕 I 的任意闭合回路，且取 L 的绕行方向（即积分方向）和 I 成右手螺旋关系，则

$$\oint_L \boldsymbol{B} \cdot \mathrm{d}\boldsymbol{l} = \oint_L B\,\mathrm{d}l\cos\theta = \int_0^{2\pi} \frac{\mu_0 I}{2\pi r} \cdot r\mathrm{d}\varphi = \mu_0 I$$

即

$$\oint_L \boldsymbol{B} \cdot \mathrm{d}\boldsymbol{l} = \mu_0 I \tag{12.16a}$$

若 I 反向，则 $\boldsymbol{B}$ 反向，如图，$\boldsymbol{B}' \cdot \mathrm{d}\boldsymbol{l} = B'\cos\theta'\mathrm{d}l = -B'\cos\theta\mathrm{d}l = -B\cos\theta\mathrm{d}l$，故

$$\oint_L \boldsymbol{B}' \cdot \mathrm{d}\boldsymbol{l} = -\mu_0 I \tag{12.16b}$$

可以看出,$\boldsymbol{B}$ 的环流等于$\pm\mu_0 I$,且当电流的方向与回路 L 的积分方向成右手螺旋关系时取正号,反之取负号.

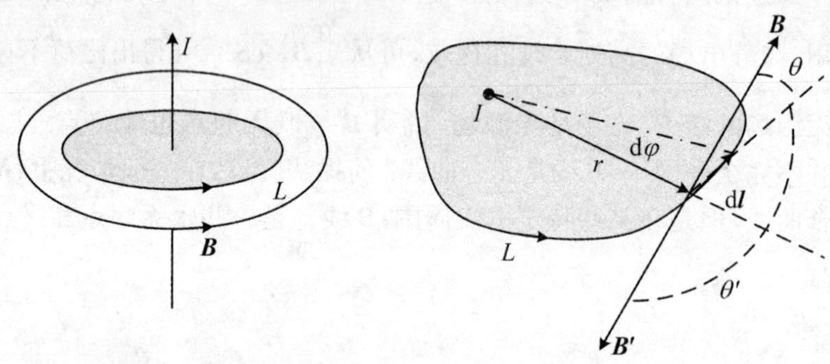

图 12.13a 载流长直导线的环流

如果闭合回路 L 不包围电流 I,如图 12.13b,则 $\boldsymbol{B}$ 的环流等于零. 事实上,在 L 上任意两点 a 和 b 把 L 分为 L_1 和 L_2 两部分. 在 L 决定的平面内,从 a 点经 c 点到 b 点围绕载流长直导线作曲线 L',则 L_1+L',L_2+L' 构成两个围绕载流长直导线的闭合回路. 利用式(12.16),有

$$\int_{acb} \boldsymbol{B} \cdot \mathrm{d}\boldsymbol{l} + \int_{bda} \boldsymbol{B} \cdot \mathrm{d}\boldsymbol{l} = \mu_0 I, \quad \int_{acb} \boldsymbol{B} \cdot \mathrm{d}\boldsymbol{l} + \int_{bea} \boldsymbol{B} \cdot \mathrm{d}\boldsymbol{l} = \mu_0 I$$

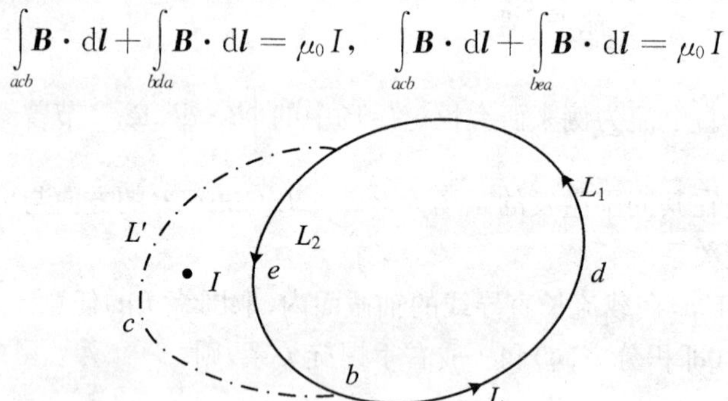

图 12.13b 载流长直导线的环流

两式相减得

$$0 = \int_{bda} \boldsymbol{B} \cdot \mathrm{d}\boldsymbol{l} - \int_{bea} \boldsymbol{B} \cdot \mathrm{d}\boldsymbol{l} = \int_{bda} \boldsymbol{B} \cdot \mathrm{d}\boldsymbol{l} + \int_{aeb} \boldsymbol{B} \cdot \mathrm{d}\boldsymbol{l} = \int_L \boldsymbol{B} \cdot \mathrm{d}\boldsymbol{l}$$

所以

$$\oint_L \boldsymbol{B} \cdot \mathrm{d}\boldsymbol{l} = 0 \tag{12.16c}$$

可见，在载流长直导线的轴截面内，沿着不围绕长直导线的闭合回路，**B** 的环路积分等于零.

在四根平行的无限长载流直导线产生的磁场中，作闭合回路 L，如图 12.14，有

$$\boldsymbol{B} = \boldsymbol{B}_1 + \boldsymbol{B}_2 + \boldsymbol{B}_3 + \boldsymbol{B}_4$$

$$\oint_L \boldsymbol{B} \cdot \mathrm{d}\boldsymbol{l} = \oint_L \boldsymbol{B}_1 \cdot \mathrm{d}\boldsymbol{l} + \oint_L \boldsymbol{B}_2 \cdot \mathrm{d}\boldsymbol{l} + \oint_L \boldsymbol{B}_3 \cdot \mathrm{d}\boldsymbol{l} + \oint_L \boldsymbol{B}_4 \cdot \mathrm{d}\boldsymbol{l} = \mu_0 (I_1 + 0 - I_3 + I_4)$$

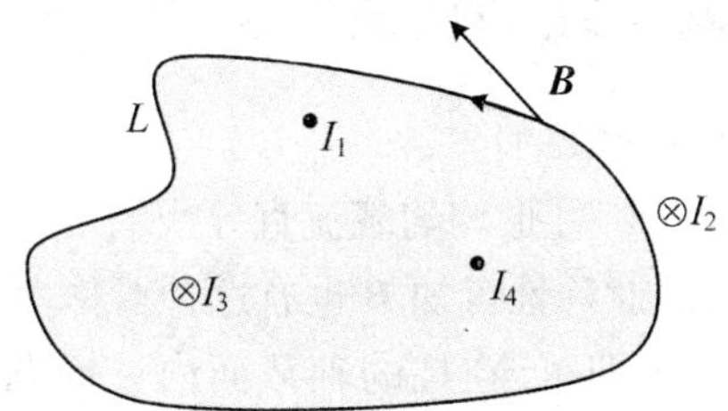

图 12.14　三根平行的载流长直导线的环流

以上讨论仅涉及载流长直导线的磁场. 根据毕奥-萨伐尔定律，可一般地证明：对于任意恒定电流产生的磁场，**B** 的环路积分和电流的关系为

$$\oint_L \boldsymbol{B} \cdot \mathrm{d}\boldsymbol{l} = \mu_0 I_{\mathrm{int}} \quad \left(I_{\mathrm{int}} = \sum_{L内} (\pm I_i)\right) \tag{12.17}$$

公式(12.17)所表达的内容叫**安培环路定理**(Ampere circuital theorem)，表述为：在恒定电流的磁场中，磁感应强度 **B** 沿任意闭合路径 L 的线积分(也称 **B** 的环流)，等于该闭合路径 L 所包围的电流强度的代数和的 μ_0 倍.

虽然公式(12.17)左边积分号内的 **B** 是空间所有电流共同产生的，但右边的电流 I_{int} 却只是"回路 L 所包围的电流".

说明　(1) 若闭合回路 L 绕载流导线 N 周，如图 12.15(N=2)，则有

$$\oint_L \boldsymbol{B} \cdot \mathrm{d}\boldsymbol{l} = N\mu_0 I$$

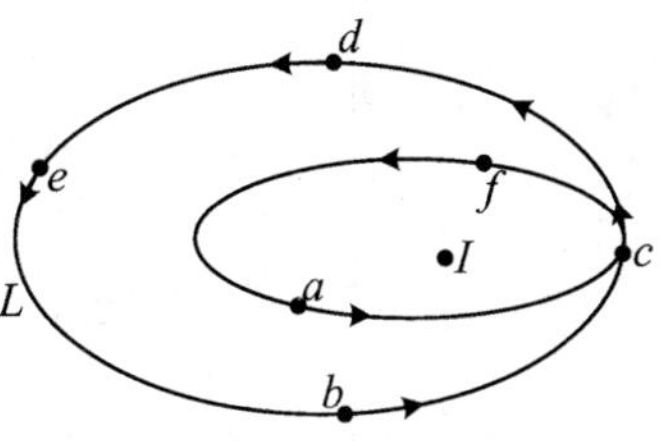

图 12.15　闭合回路 L 绕载流导线 2 周

这是因为闭合回路 $L(acdebcfa)$ 的环流等于闭合回路 $L_1(acfa)$ 和 $L_2(cdebc)$ 的环流之和

$$\oint_L \boldsymbol{B}\cdot \mathrm{d}\boldsymbol{l} = \oint_{L_1} \boldsymbol{B}\cdot \mathrm{d}\boldsymbol{l} + \oint_{L_2} \boldsymbol{B}\cdot \mathrm{d}\boldsymbol{l}$$

而 $\oint_{L_i} \boldsymbol{B}\cdot \mathrm{d}\boldsymbol{l} = \mu_0 I$，所以有 $\oint_L \boldsymbol{B}\cdot \mathrm{d}\boldsymbol{l} = N\mu_0 I$.

(2) 如果电流回路为螺旋形，而积分回路 L 中有 N 匝电流通过，则同样有

$$\oint_L \boldsymbol{B}\cdot \mathrm{d}\boldsymbol{l} = N\mu_0 I$$

磁场的高斯定理和环路定理是恒定磁场理论的两个重要定理，当电流分布有适当的对称性时，利用安培环路定理可求得恒定磁场中磁场强度的大小.

12.4.2 安培环路定理的应用

1. 无限长均匀载流圆柱体的磁场

如图 12.16，设无限长圆柱形均匀载流直导线的半径为 R，沿轴向载流为 I. 由电流分布沿柱轴平移的对称性可知 $\boldsymbol{B}$ 也有这种对称性，因此只需讨论任意一与轴垂直的平面内的磁场即可. 在柱的轴截面内过场点 P 作半径为 r 的圆周 L，其圆心在轴上. 将载流圆柱体看成是无限长载流直导线的集合，利用场叠加原理可知：L 上各点的 $\boldsymbol{B}$ 有相同的数值 B，$\boldsymbol{B}$ 的方向沿圆周的切向，且与电流成右手螺旋关系.

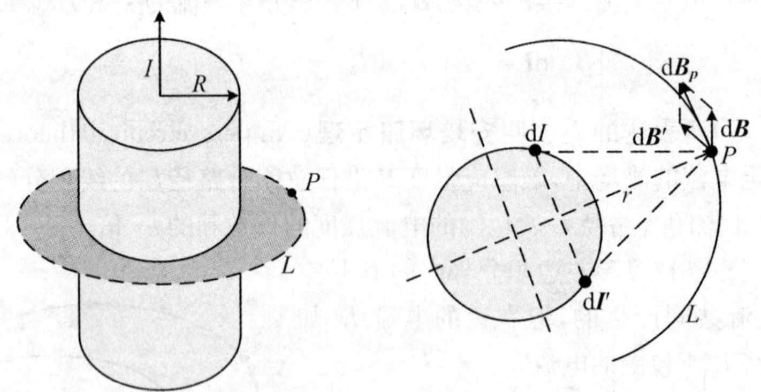

图 12.16 无限长均匀载流圆柱体的磁场

当 $r \geqslant R$ 时，对 L 用安培环路定理 $\oint_L \boldsymbol{B}\cdot \mathrm{d}\boldsymbol{l} = \mu_0 I$，即 $2\pi r B = \mu_0 I$，得

$$B = \frac{\mu_0 I}{2\pi r} \quad (r \geqslant R) \tag{12.18}$$

当 $r \leqslant R$ 时，$\oint_L \boldsymbol{B} \cdot \mathrm{d}\boldsymbol{l} = \mu_0 I'$，即 $2\pi r B = \mu_0 \dfrac{\pi r^2}{\pi R^2} I$，得

$$B = \frac{\mu_0 r}{2\pi R^2} I \tag{12.19}$$

根据以上结果，可做出无限长圆柱形均匀载流直导线的磁场 $B \sim r$ 的函数曲线.

如果电流在柱面上沿轴向流动，则 $r < R$ 区域的 $\boldsymbol{B} = 0$；另外对于载流长直细导线，根据安培环路定理容易得出其周围磁场表达式仍为式(12.18)，这要比直接利用毕奥-萨伐尔定律计算简单得多.

2. *无限长载流螺线管的磁场*

对于无限长载流螺线管内，我们已计算过其轴线上磁感应强度，现在进一步分析非轴线上的磁场分布. 设螺线管单位长度上绕有 n 匝线圈，每匝通有电流 I(图 12.17).

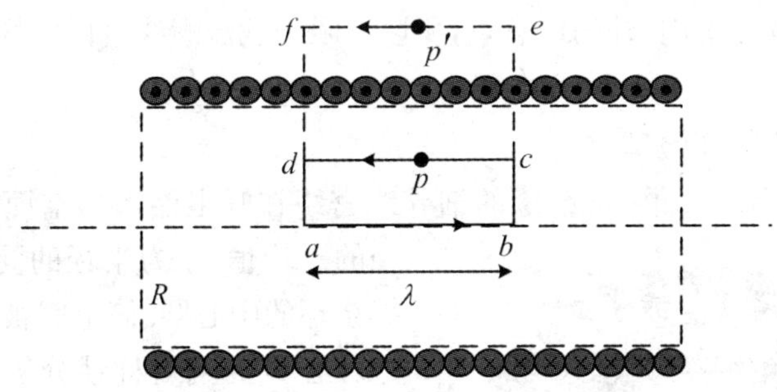

图 12.17　无限长载流螺线管的磁场

螺线管可以看成并排圆电流的集合，轴线上的磁感应强度 $B_{轴} = \mu_0 n I$(如果螺线管的轴截面不是圆形，比如椭圆形或矩形，则可以直接用安培环路定理证明其轴线上的磁场感应强度同样为 $B_{轴} = \mu_0 n I$). 设 p 为管内非轴线上的某点，根据电流沿轴向平移的对称性可知，同轴圆柱面上各点 $\boldsymbol{B}$ 的大小相等，且与轴线上的磁场有相同的方向(反证：设 p 点 $\boldsymbol{B}$ 方向与 $\boldsymbol{B}_{轴}$ 不同，如图 12.18a；绕竖直轴旋转 180°后 p 点 $\boldsymbol{B}$ 方向如图 12.18b；再令电流反向后 p 点 $\boldsymbol{B}$ 方向如图 12.18c. 而 12.18a 与 12.18c 状态相同，但结论矛盾).

如图 12.17，过场点 p 作安培回路 $abcda$，对它应用安培环路定理，注意到在回路的两个竖边上 $\boldsymbol{B}$ 的线积分为零，则

$$0 = \oint_{abcda} \boldsymbol{B} \cdot \mathrm{d}\boldsymbol{l} = B_{轴}\lambda - B_p \lambda$$

故

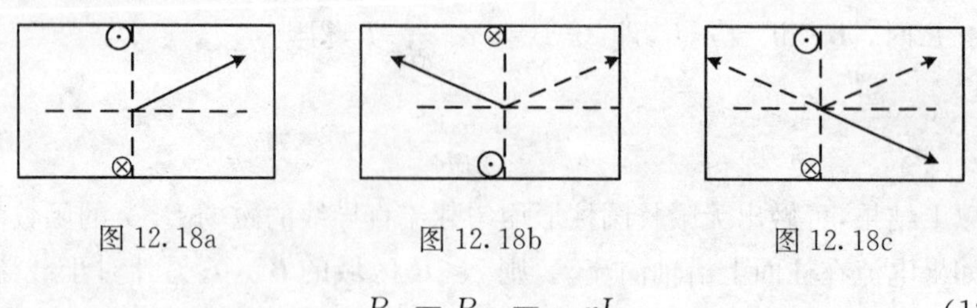
图 12.18a 图 12.18b 图 12.18c

$$B_p = B_{轴} = \mu_0 nI \tag{12.20}$$

如果场点在螺线管外(如图 12.17 的 p'点),作安培回路 $abefa$,运用安培环路定理得

$$\mu_0 \lambda nI = \oint_{abefa} \boldsymbol{B} \cdot \mathrm{d}\boldsymbol{l} = B_{轴}\lambda - B_p{}'\lambda$$

故

$$B_{p'} = 0$$

由于 p,p'分别为管内、外的任意点,所以无限长载流螺线管内磁场均匀,外部磁场为零.

3. 载流螺绕环的磁场

图 12.19 所示,通常把绝缘的细导线密绕在呼啦圈形的空面上,以内外半径的平均值 r_0 为半径的同心圆 L 称为螺绕环的中心圆.筒上就被称做螺绕环.过环心 O 的剖对称性分析可知,环内任意一点的磁场都与过该点且与中心圆同心的圆位相切,且其方向与电流的绕向成右手螺旋关系,同一条 $\boldsymbol{B}$ 线上各点 $\boldsymbol{B}$ 的大小相等.把安培环路定理应用到任一条 $\boldsymbol{B}$ 线上有

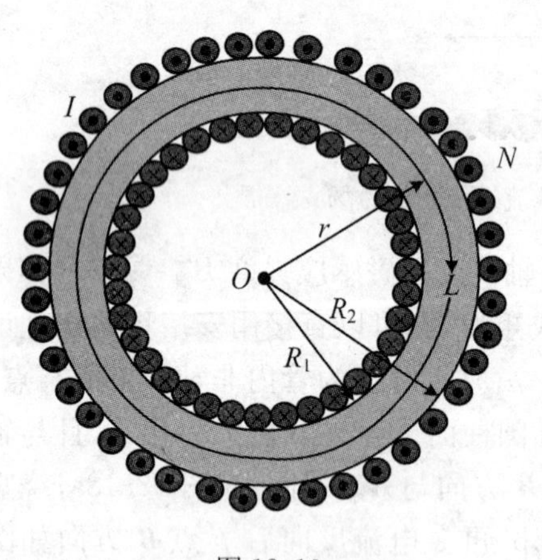

图 12.19

$$\mu_0 NI = \oint_L \boldsymbol{B} \cdot \mathrm{d}\boldsymbol{l} = 2\pi rB, \quad B = \frac{\mu_0 NI}{2\pi r}$$

$$(R_1 \leqslant r \leqslant R_2) \tag{12.21a}$$

其中 R_1 和 R_1 是螺绕环的内、外半径,N 为螺绕环的总匝数.在中心圆 L 上有

$$B = \mu_0 I \frac{N}{2\pi r_0} = \mu_0 nI \tag{12.21b}$$

其中 n 为单位长度上的匝数.若螺绕环的内、外半径之差远远小于平均半径 r_0,

则可以近似用(12.21b)表示环内其他点的磁场大小.

把安培环路定理应用到环外与中心圆同心且平行的任意圆周上,可以算出环外 $B=0$.

4. 均匀载流无限大平面的磁场

如图 12.20,一无限大导体薄平板通有均匀的面电流(集中在一个无厚度的平面上流动电流叫面电流,面电流是一种理想的物理模型),面电流密度为 $\boldsymbol{\alpha}$(即通过与电流方向垂直的单位长度的电流),$\boldsymbol{\alpha}$ 的方向与该点电流方向相同,我们来分析平面外磁场的分布.

建立直角坐标系(z 轴垂直纸面向内)如图 12.20. 将均匀载流无限大平面看成是无限长载流直导线的集合(如图 12.21),利用场叠加原理可知:① 在载流平面两侧取对称点 p_1,p_2,$z>0$ 区域(如 p_1 点)的 $\boldsymbol{B}_1$ 反平行于 y 轴,$z<0$ 区域(如 p_2 点)的 $\boldsymbol{B}_2$ 平行于 y 轴,且 $B_1=B_2=B$;② 与载流平面平行的同一平面上各点(都是中点)的 $\boldsymbol{B}$ 大小相等.

过 p_1,p_2 作矩形安培回路,安培回路与 yoz 平面平行、与载流平面垂直. 取反时针为积分方向,由安培环路定理得

$$\mu_0\lambda\alpha = \oint_{\text{矩形回路}} \boldsymbol{B}\cdot \mathrm{d}\boldsymbol{l} = B_2\lambda + B_1\lambda = 2B\lambda$$

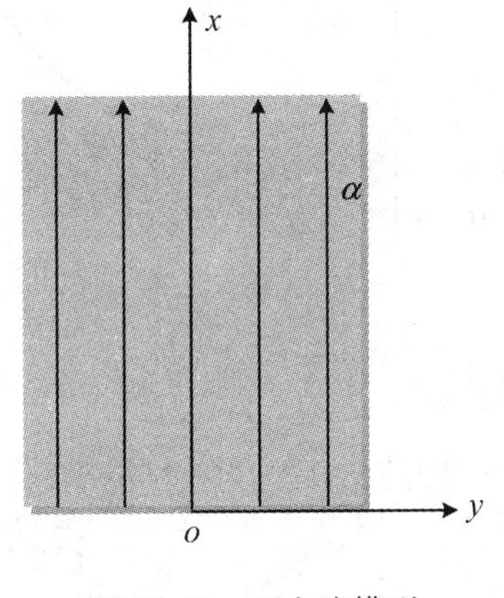

图 12.20　面电流模型

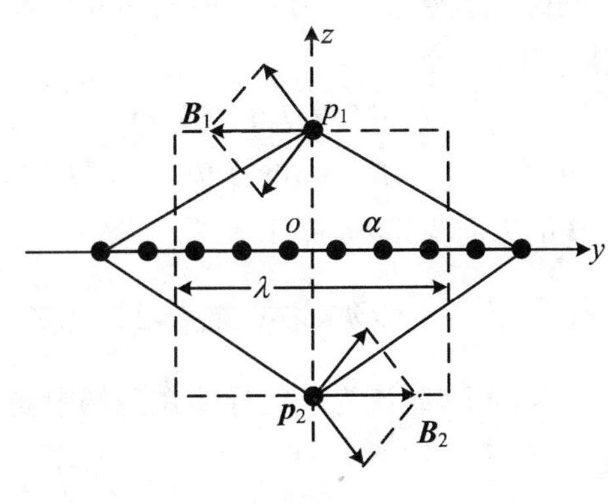

图 12.21

所以

$$B=\frac{\mu_0\alpha}{2}$$

如果用 $\boldsymbol{e}_\mathrm{n}$ 表示背离载流平面的单位法向矢量,则可用矢量式表示载流平面外任意一点的磁感应强度

$$\boldsymbol{B} = \frac{\mu_0}{2}\boldsymbol{\alpha} \times \boldsymbol{e}_{\mathrm{n}} \tag{12.22}$$

图 12.22　均匀载流平面附近的磁场分布

图 12.22 画出了无限大均匀载流平面附近的磁场分布，磁场沿均匀载流平面的切向方向（注：一定是垂直 $\boldsymbol{\alpha}$ 的切向分量），另外，无限大均匀载流平面两边各自为均匀磁场，且平面两边磁场有突变.

12.5　磁场对载流导体的作用，磁力的功

12.5.1　安培定律

在本章 12.1 节已指出，磁场对载流导线或运动电荷均有磁力的作用. 磁场对载流导线的作用力的基本定律是**安培定律**，其内容如下：若电流元 $I\mathrm{d}\boldsymbol{l}$ 位于磁场中的 $\boldsymbol{r}$ 处，且该处的磁感应强度为 $\boldsymbol{B}(\boldsymbol{r})$，则磁场对电流元的作用力为

$$\mathrm{d}\boldsymbol{f} = I\mathrm{d}\boldsymbol{l} \times \boldsymbol{B}(\boldsymbol{r}) \tag{12.23}$$

$\mathrm{d}\boldsymbol{f}$ 的大小为 $|\mathrm{d}\boldsymbol{f}| = B(r)I\mathrm{d}l\sin\theta$，$\mathrm{d}\boldsymbol{f}$ 方向由 $I\mathrm{d}\boldsymbol{l} \times \boldsymbol{B}$ 的方向决定，如图 12.23.

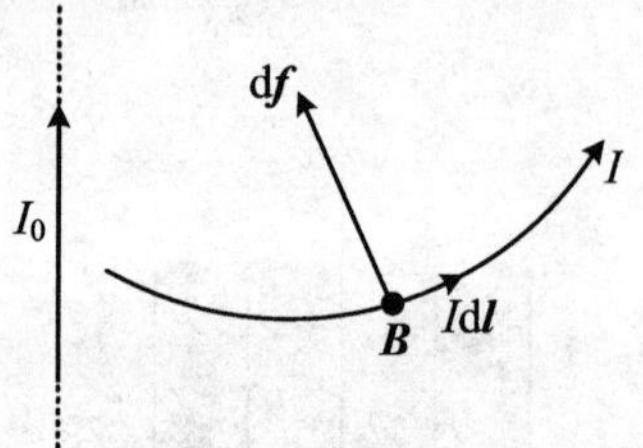

图 12.23

12.5.2　磁场对载流导线的作用力

长为 L，载流为 I 的导体在磁场中受到的作用力为

$$\boldsymbol{f} = \int_L \mathrm{d}\boldsymbol{f} = \int_L I\mathrm{d}\boldsymbol{l} \times \boldsymbol{B} \tag{12.24}$$

具体计算时要把此式化为分量式，例如，在直角坐标系中

$$\mathrm{d}\boldsymbol{f} = \mathrm{d}f_x\boldsymbol{i} + \mathrm{d}f_y\boldsymbol{j} + \mathrm{d}f_z\boldsymbol{k}$$

其中 $\mathrm{d}f_x = \mathrm{d}\boldsymbol{f} \cdot \boldsymbol{i}$，其余类推.

$$\boldsymbol{f} = f_x\boldsymbol{i} + f_y\boldsymbol{j} + f_z\boldsymbol{k}$$

其中 $f_x=\int\limits_L \mathrm{d}f_x$，其余类推.

例 12.1　求载流为 I、长为 L 的载流直棒在均匀磁场中所受的作用力. 如图 12.24.

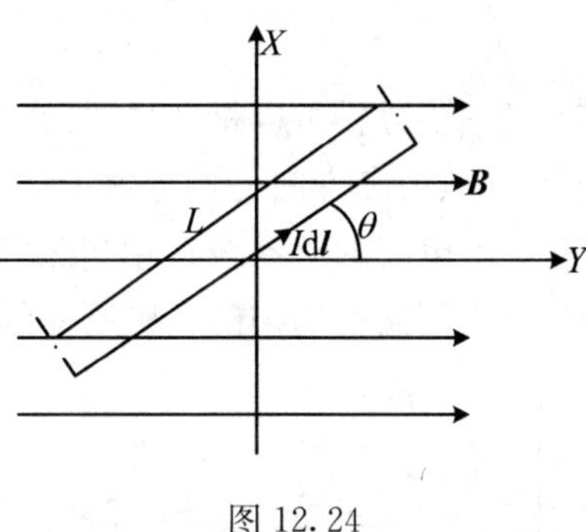

图 12.24

解　易得

$$\mathrm{d}\boldsymbol{f}=I\mathrm{d}\boldsymbol{l}\times\boldsymbol{B}=I\mathrm{d}lB\sin\theta(\boldsymbol{k})=\mathrm{d}f_z(\boldsymbol{k})$$

$$f_z=\int_0^L \mathrm{d}f_z=IB\sin\theta\int_0^L \mathrm{d}l=IBL\sin\theta$$

或

$$\boldsymbol{f}=f_z\boldsymbol{k}=IBL\sin\theta(\boldsymbol{k})$$

当 $\theta=0$ 时，$f=0$，当 $\theta=90^\circ$ 时，$f=IBL$.

例 12.2　如图 12.25，一段半圆形导线，载有电流 I，圆的半径为 R，放在均匀磁场 $\boldsymbol{B}$ 中，磁场与导线平面垂直，求磁场作用在半圆形导线上的安培力.

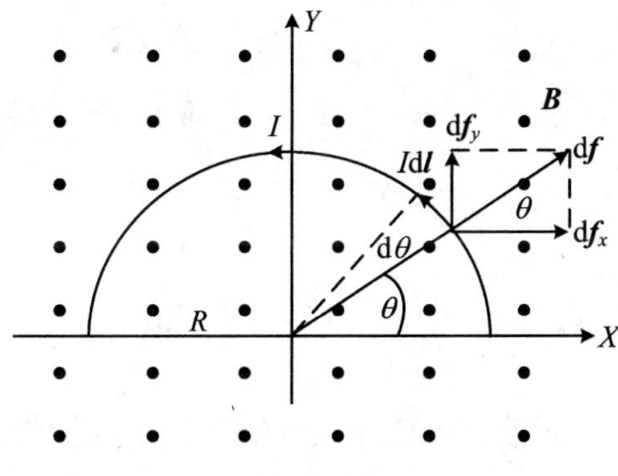

图 12.25

解　如图 12.25 建立直角坐标系. 在半圆上角度为 θ 处取电流元 $I\mathrm{d}\boldsymbol{l}$，显然有 $\mathrm{d}l=R\mathrm{d}\theta$. 该电流元所受的安培力为 $\mathrm{d}\boldsymbol{f}=I\mathrm{d}\boldsymbol{l}\times\boldsymbol{B}$. 力的大小为 $\mathrm{d}f=I\mathrm{d}l\sin(\pi/2)=I\mathrm{d}lB$. 力的方向为沿径向指向外. 力的分量为

$$\mathrm{d}f_x=\mathrm{d}f\cos\theta=I\mathrm{d}lB\cos\theta=IBR\cos\theta\mathrm{d}\theta$$

$$\mathrm{d}f_y=\mathrm{d}f\sin\theta=I\mathrm{d}lB\sin\theta=IBR\sin\theta\mathrm{d}\theta$$

故

$$f_x=\int_0^\pi \mathrm{d}f_x=0$$

$$f_y = \int_0^{\pi} \mathrm{d}f_y = \int_0^{\pi} IBR\sin\theta\mathrm{d}\theta = 2BIR$$

$$\boldsymbol{f} = f_x\boldsymbol{i} + f_y\boldsymbol{j} = 2IBR\boldsymbol{j}$$

进一步分析可以推断出，处在均匀磁场中的任意形状的载流导线所受的安培力，在数值和方向上均等效于从该任意形状的载流导线的起点到终点的一根载有等值电流的直导线在相同磁场中受的安培力，但是力的作用点不同. 另外，闭合电流回路在均匀磁场中所受的总的安培力为零.

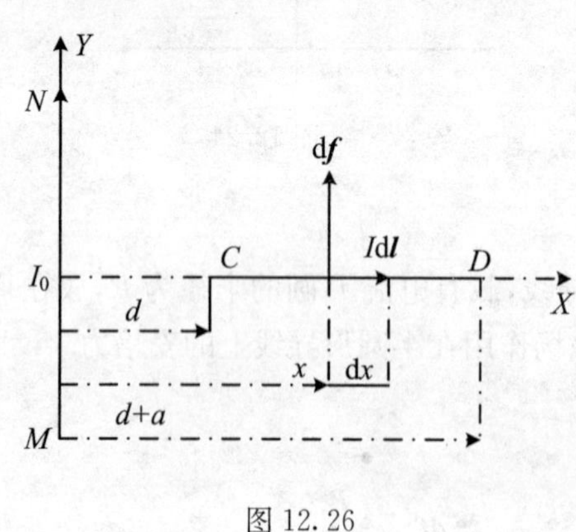

图 12.26

例 12.3　如图 12.26，在载流为 I_0 的长直导线 MN 附近，放置一长为 a、载流为 I 的直导线 CD，两导线相互垂直，C 点到 MN 的垂直距离为 d，求 CD 所受的作用力.

解　空间的磁场是非均匀的，建立坐标系如图 12.26，则 $B(x) = \frac{\mu_0 I_0}{2\pi x}$. 在载流为 I 的直导线上坐标为 x 处取电流元，则 $\mathrm{d}\boldsymbol{f} = I\mathrm{d}\boldsymbol{l} \times \boldsymbol{B} = I\mathrm{d}lB\boldsymbol{j}$，即 $\mathrm{d}f_y = I\mathrm{d}lB = I\mathrm{d}x\frac{\mu_0 I_0}{2\pi x}$，故

$$f_y = \int_d^{d+a} \frac{\mu_0 II_0}{2\pi x}\ \mathrm{d}x = \frac{\mu_0 II_0}{2\pi}\ln\left(\frac{d+a}{d}\right)$$

12.5.3　载流线圈在均匀外磁场中受到的磁力矩

本节讨论载流平面线圈在恒定磁场中所受的磁力矩(如图 12.27、图 12.28 所示). 规定右手四指沿电流流动方向弯曲，大拇指所指方向即为载流线圈的法向 $\boldsymbol{n}$. 线圈各边受力为

$$\boldsymbol{F}_{bc} = Il_1 B\sin\theta(-\boldsymbol{k}) = -Il_1 B\sin\theta\boldsymbol{k}$$

$$\boldsymbol{F}_{da} = Il_1 B\sin(\pi-\theta)\boldsymbol{k} = Il_1 B\sin\theta\boldsymbol{k}$$

$$\boldsymbol{F}_{cd} = Il_2 B(\boldsymbol{j}) = Il_2 B\boldsymbol{j}$$

$$\boldsymbol{F}_{ab} = Il_2 B(-\boldsymbol{j}) = -Il_2 B\boldsymbol{j}$$

合力为零.

$\boldsymbol{F}_{ad}$ 和 $\boldsymbol{F}_{bc}$ 大小相等，方向相反，且在一条直线上，因此互相抵消. $\boldsymbol{F}_{ab}$ 和 $\boldsymbol{F}_{cd}$ 大

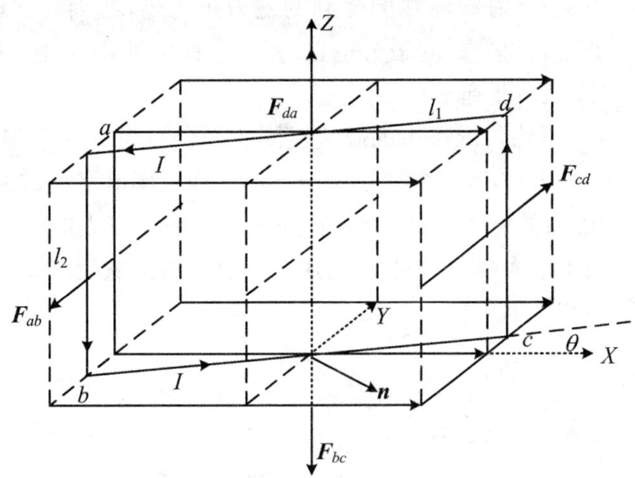

图 12.27 载流线圈在均匀外磁场中受到的磁力和力矩

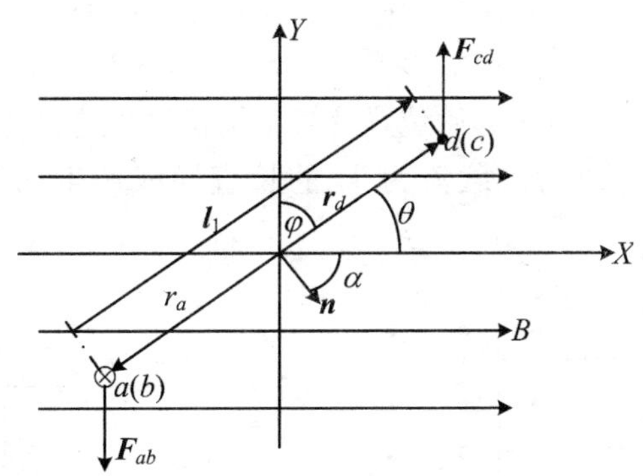

图 12.28

小相等,方向相反,但作用线不在同一直线上. 为此,整个载流平面线圈所受的磁力矩为

$$\begin{aligned} \boldsymbol{M} &= \boldsymbol{r}_a \times \boldsymbol{F}_{ab} + \boldsymbol{r}_d \times \boldsymbol{F}_{cd} = (\boldsymbol{r}_d - \boldsymbol{r}_a) \times \boldsymbol{F}_{cd} = \boldsymbol{l}_1 \times \boldsymbol{F}_{cd} = l_1 F_{cd} \sin\varphi \boldsymbol{k} \\ &= l_1 F_{cd} \sin\alpha \boldsymbol{k} = l_1 (l_2 IB) \sin\alpha \boldsymbol{k} = I(l_1 l_2) B \sin\alpha \boldsymbol{k} = ISB \sin\alpha \boldsymbol{k} \end{aligned}$$

即磁力矩的方向竖直向上,大小为 $M = ISB\sin\alpha$. 如果线圈为 N 匝,则 $M = NISB\sin\alpha$,矢量式为 $\boldsymbol{M} = NIS\boldsymbol{e}_{\mathrm{n}} \times \boldsymbol{B}$. 根据平面载流线圈(设 N 匝)的磁矩的定义 $\boldsymbol{p}_{\mathrm{m}} = NIS\boldsymbol{e}_{\mathrm{n}}$,可知载流平面线圈在恒定磁场中所受的磁力矩为

$$\boldsymbol{M} = \boldsymbol{p}_{\mathrm{m}} \times \boldsymbol{B} \tag{12.25}$$

当线圈的磁矩 $\boldsymbol{p}_{\mathrm{m}}$ 与磁感应强度 $\boldsymbol{B}$ 之间的夹角 $\alpha = \pi/2$ 时,载流线圈受的磁

力矩数值最大；当 $\alpha=0$ 时载流线圈受到的磁力矩为零，线圈处在稳定平衡状态；当 $\alpha=\pi$ 时，虽然线圈受到的磁力矩也为零，但此时线圈处在非稳定平衡状态，稍有扰动，线圈就会转到 $\alpha=0$ 的状态.

以上讨论说明了均匀磁场中的载流线圈所受合力为零，但力矩不为零. 线圈只转动而不平动. 另外，非均匀磁场中的载流平面线圈既受到磁力矩的作用，还受到不为零的磁力的作用，线圈既要转动又要向磁场较大的方向平动. 公式(12.25)不仅适用于平面载流线圈，还适用于任意形状的载流线圈. 对于任意形状的载流线圈，其磁矩 $\boldsymbol{p}_{\mathrm{m}}$ 可用分割法求出.

12.5.4 磁力的功

1. 磁力对载流导线作的功

如图 12.29a，在均匀磁场 $\boldsymbol{B}$ 中，载流导线 AB 受水平向右的安培力 $F=BIl$. 该载流导线在光滑的金属道轨上从 AB 移动到 $A'B'$ 的过程中，磁力的功为

$$\begin{aligned} A &= F\cdot(x_2-x_1)=BIl\cdot(x_2-x_1)=I\cdot B(lx_2-lx_1) \\ &= I[Bl(x_2-x_0)-Bl(x_1-x_0)]=I(\Phi_2-\Phi_1) \end{aligned} \tag{12.26}$$

其中 Φ_2，Φ_1 分别是 AB 位于起始位置及终止位置时通过回路的磁通量.

将上例中的磁场改为由载流为 I_0 的长直导线产生的非均匀磁场，如图 12.29b，再计算功.

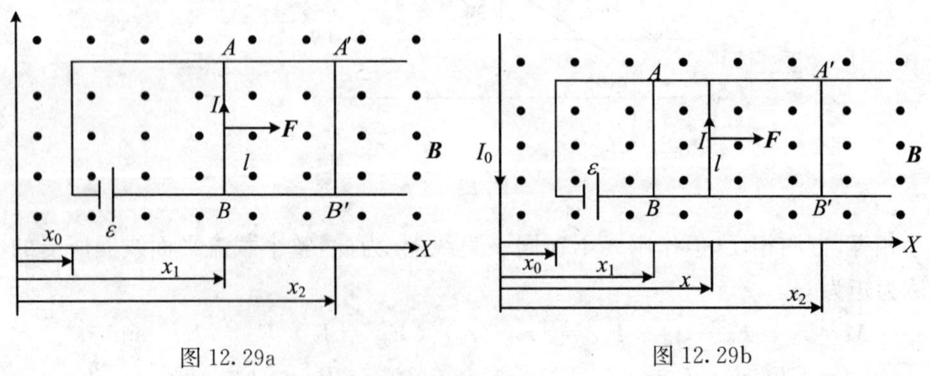

图 12.29a　　图 12.29b

$$B(x)=\frac{\mu_0 I_0}{2\pi x},\quad F=BIl=\frac{\mu_0 I_0 Il}{2\pi x},\quad \mathrm{d}A=F\mathrm{d}x=\frac{\mu_0 I_0 Il}{2\pi x}\mathrm{d}x$$

$$A=\int_{x_1}^{x_2}F\mathrm{d}x=\frac{\mu_0 I_0 Il}{2\pi}\int_{x_1}^{x_2}\frac{\mathrm{d}x}{x}=I\frac{\mu_0 I_0 l}{2\pi}\ln\frac{x_2}{x_1}=I\frac{\mu_0 I_0 l}{2\pi}\ln\frac{\dfrac{x_2}{x_0}}{\dfrac{x_1}{x_0}}$$

$$= I\left(\frac{\mu_0 I_0 l}{2\pi}\ln\frac{x_2}{x_0} - \frac{\mu_0 I_0 l}{2\pi}\ln\frac{x_1}{x_0}\right) = I(\Phi_2 - \Phi_1)$$

其中

$$\Phi_2 = \int_{x_0}^{x_2} Bl\,\mathrm{d}x = \frac{\mu_0 I_0 l}{2\pi}\int_{x_0}^{x_2}\frac{\mathrm{d}x}{x} = \frac{\mu_0 I_0 l}{2\pi}\ln\frac{x_2}{x_0}$$

$$\Phi_1 = \int_{x_0}^{x_1} Bl\,\mathrm{d}x = \frac{\mu_0 I_0 l}{2\pi}\int_{x_0}^{x_1}\frac{\mathrm{d}x}{x} = \frac{\mu_0 I_0 l}{2\pi}\ln\frac{x_1}{x_0}$$

2. 磁力矩对载流线圈作的功

如图 12.30，在均匀磁场中有一载流(平面)线圈，α 表示线圈的单位法矢量 $\boldsymbol{e}_\mathrm{n}$($\boldsymbol{e}_\mathrm{n}$ 与 I 成右手螺旋关系)与 $\boldsymbol{B}$ 之间的夹角，根据力矩作功的定义，可知，线圈转动 $\mathrm{d}\alpha$ 时，磁力矩的功为

$$\begin{aligned}\mathrm{d}A &= -M\mathrm{d}\alpha = -BIS\sin\alpha\cdot\mathrm{d}\alpha \\ &= BIS\cdot\mathrm{d}(\cos\alpha) = I\cdot\mathrm{d}(BS\cos\alpha) \\ &= I\mathrm{d}\Phi\end{aligned}$$

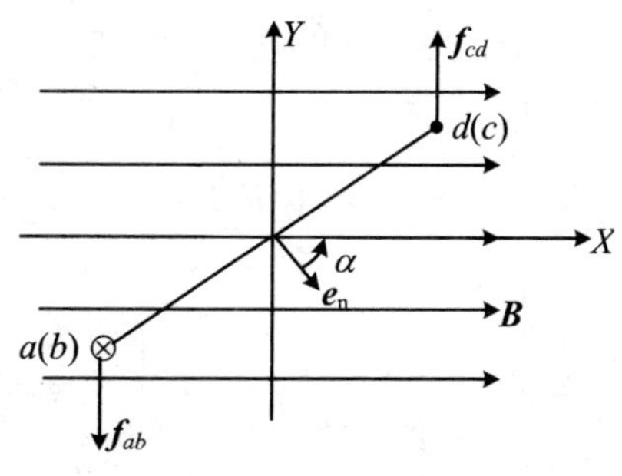

图 12.30

上面的计算之所以加负号，是因为磁力矩 $\boldsymbol{M}$ 使 α 减小而非增加，即 $\mathrm{d}\alpha<0$.

线圈从 α_1 转到 α_2 的过程中，磁力矩的功为

$$A = \int_{\Phi_1}^{\Phi_2} I\mathrm{d}\Phi = I\mathrm{d}\Phi = I(\Phi_2 - \Phi_1) \tag{12.27}$$

(12.26)和(12.27)两式分别给出了电流 I 不变时，磁力的功或磁力矩的功，所表达的结果具有普遍适应性.

例 12.4　如图 12.31，半径 R、载流 I 的半圆形闭合线圈共有 N 匝，当均匀外磁场方向与线圈法向之间的夹角 $\alpha=60°$ 时，求：

(1) 载流线圈的磁矩，及此时线圈所受磁力矩；

(2) 从该位置转到平衡位置($\theta=0$)的过程中，磁力矩所作的功.

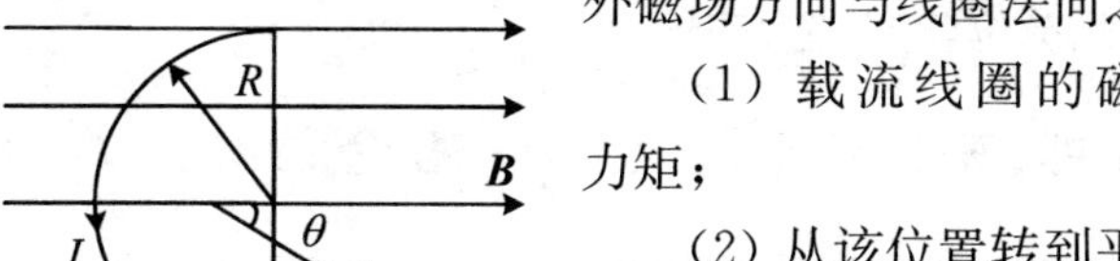

图 12.31

解　(1) 载流线圈的磁矩为

$$\boldsymbol{p}_{\mathrm{m}} = NIS\boldsymbol{e}_{\mathrm{n}} = \frac{1}{2}NI\pi R^2\boldsymbol{e}_{\mathrm{n}}$$

磁力矩的方向为竖直向上，大小为

$$M = p_{\mathrm{m}}B\sin 60^\circ = \frac{1}{2}NI\pi R^2 B\cdot\frac{\sqrt{3}}{2} = \frac{\sqrt{3}}{4}NIB\pi R^2$$

(2) 线圈从该位置转到平衡位置时磁力矩的功

$$A = I\Delta\Phi = I(\Phi_2 - \Phi_1) = NI\left(B\cdot\frac{\pi R^2}{2} - B\cdot\frac{\pi R^2}{2}\cos 60^\circ\right) = \frac{1}{4}NIB\pi R^2$$

磁力矩作正功，它使 $\boldsymbol{e}_{\mathrm{n}}$ 与 B 间的夹角 α 减少到零.

12.5.5 平行电流间的互相作用，电流单位安培的定义

平行电流间的互相作用力如图 12.32，当电流反向时相互排斥(同向时相互吸引)且

$$\mathrm{d}f_1 = I_1\mathrm{d}l_1B_2 = \frac{\mu_0 I_1 I_2\mathrm{d}l_1}{2\pi d},\quad \mathrm{d}f_2 = I_2\mathrm{d}l_2B_1 = \frac{\mu_0 I_1 I_2\mathrm{d}l_2}{2\pi d}$$

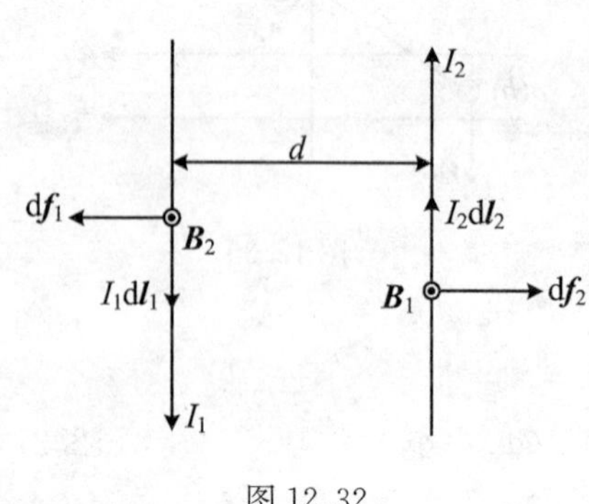

图 12.32

单位长度上的电流元所受到的磁力为

$$\frac{\mathrm{d}f_1}{\mathrm{d}l_1} = \frac{\mathrm{d}f_2}{\mathrm{d}l_2} = \frac{\mu_0 I_1 I_2}{2\pi d}$$

安培(A)是电磁学国际单位制中的四个基本单位之一. 它是如下定义的：按上面的计算，两平行长直载流导线间每单位长度上相互作用力为

$$\frac{\mathrm{d}f_1}{\mathrm{d}l_1} = \frac{\mu_0 I_1 I_2}{2\pi d} = \frac{2I_1 I_2}{d}\times 10^{-7}$$

若取 $d=1$ m，$I_1=I_2$，改变 I_1，I_2 的大小，测 $\mathrm{d}f/\mathrm{d}l$. 当 $\mathrm{d}f/\mathrm{d}l=2\times10^{-7}\ \mathrm{N\cdot m^{-1}}$时，$I_1=I_2=1$[单位]，此单位称为“安培”. 即：相距为 1 m 的两载相等电流直导线每米长相互作用力为 2×10^{-7} N 时，各导线中的电流是一个单位，此单位就定义为**安培**(A).

12.5.6 运动电荷在磁场中所受的力——洛仑兹力

按安培定律，电流元 $I\mathrm{d}\boldsymbol{l}$ 在磁场中所受的作用力为 $\mathrm{d}\boldsymbol{f}=I\mathrm{d}\boldsymbol{l}\times\boldsymbol{B}$，由此可以导出运动电荷在磁场中所受的力——洛仑兹力公式. 实际上，电流 I 是由电荷运动而形成的，设电荷运动的速度为 $\boldsymbol{v}$，带电量为 q，导线单位体积内的带电粒子数为 n，导线的横截面积为 S，则有

$$I = qnvS$$

$$\mathrm{d}\boldsymbol{f} = (qnvS)\mathrm{d}\boldsymbol{l} \times \boldsymbol{B} = (qnS)\mathrm{d}l\boldsymbol{v} \times \boldsymbol{B} = (nS\mathrm{d}l)q\boldsymbol{v} \times \boldsymbol{B}$$

因为长为 $\mathrm{d}l$ 横截面积为 S 的一段导体内的带电粒子数为 $nS\mathrm{d}l$，所以每个粒子所受到的磁力为

$$\boldsymbol{f} = q\boldsymbol{v} \times \boldsymbol{B}, \quad f = qvB\sin\theta \tag{12.28a}$$

此即洛仑兹力公式.

如果粒子带负电，上式同样成立，只是粒子带负电的情形下，$q<0$，

$$\boldsymbol{f} = -|q|\boldsymbol{v} \times \boldsymbol{B}, \quad f = |q|vB\sin\theta \tag{12.28b}$$

洛仑兹力的方向平行($q>0$)或反平行($q<0$)于 $\boldsymbol{v}\times\boldsymbol{B}$，实例如图 12.33.

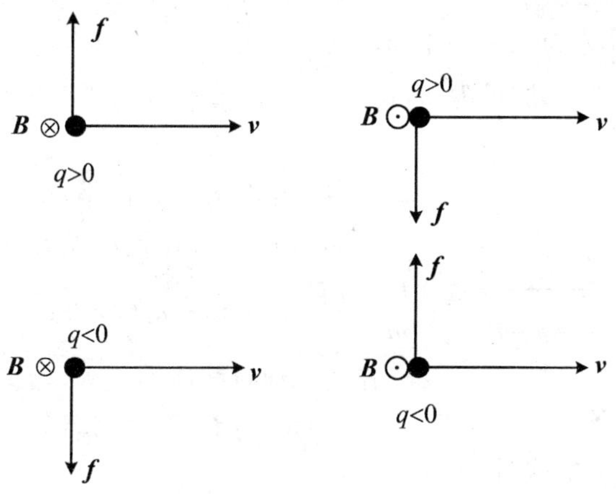

图 12.33

12.6　带电粒子在电磁场中的运动

12.6.1　运动方程(动力学方程)

质量为 m，带电为 q 的粒子在电场 $\boldsymbol{E}$ 或磁场 $\boldsymbol{B}$ 中以速度 $\boldsymbol{v}$ 运动时，其所受的电场力 $\boldsymbol{F}_{\mathrm{e}}$ 或磁场力 $\boldsymbol{F}_{\mathrm{m}}$ 分别为

$$\boldsymbol{F}_{\mathrm{e}} = q\boldsymbol{E}, \quad \boldsymbol{F}_{\mathrm{m}} = q\boldsymbol{v} \times \boldsymbol{B}$$

如果电场和磁场同时存在，则该带电粒子所受的总力为

$$\boldsymbol{F}=\boldsymbol{F}_{\mathrm{e}}+\boldsymbol{F}_{\mathrm{m}}=q\boldsymbol{E}+q\boldsymbol{v}\times\boldsymbol{B}$$

当 $v\ll c$ 时，带电粒子的运动方程按牛顿第二定律表示为

$$m\frac{\mathrm{d}\boldsymbol{v}}{\mathrm{d}t}=q\boldsymbol{E}+q\boldsymbol{v}\times\boldsymbol{B} \tag{12.29}$$

其中 $\mathrm{d}\boldsymbol{v}/\mathrm{d}t=\boldsymbol{a}$ 是粒子的加速度，而 $v=\mathrm{d}\boldsymbol{r}/\mathrm{d}t$. 原则上讲，对给定的初条件：$t=0$ 时刻的位置和速度 $\boldsymbol{r}_0$ 和 $\boldsymbol{v}_0$，解此方程可求出粒子的运动方程 $\boldsymbol{r}(t)$. 然而，在一般情形下，方程(12.29)是相当复杂的，因而求解过程也相当复杂. 在本节中，我们限于讨论此方程的几个简单特例.

12.6.2　带电粒子在电磁场中的运动

1. 带电粒子在匀强电场中的运动

设粒子带电为 q，质量为 m，初速度为 $\boldsymbol{v}_0$，初位置为坐标原点，讨论三种常见的情形.

(1) $\boldsymbol{v}_0$ 与 $\boldsymbol{E}$ 同向的情形

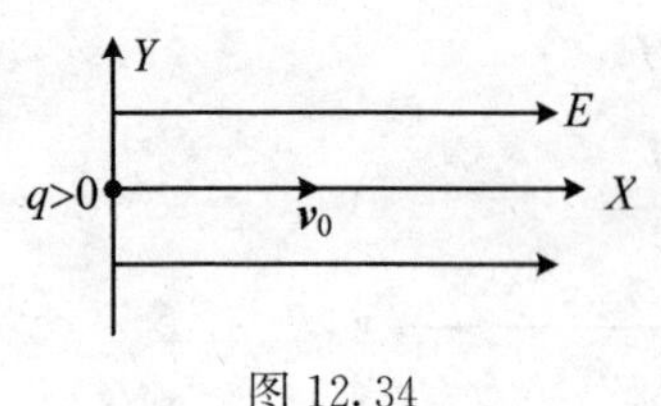

图 12.34

如图 12.34，在这种情形下，$F_x=qE$，$a_x=\frac{F_x}{m}=\frac{qE}{m}$，$v_x=v_0+a_xt$，$x=v_0t+\frac{1}{2}a_xt^2$. 带电粒子作匀加速直线运动.

(2) $\boldsymbol{v}_0$ 与 $\boldsymbol{E}$ 垂直的情形

如图 12.35，在这种情形下，$F_x=0$，$F_y=qE$，

$$a_x=0,\quad a_y=\frac{qE}{m};\quad v_x=v_0,\quad v_y=a_yt$$

运动方程为 $x=v_0t$，$y=\frac{1}{2}a_yt^2=\frac{1}{2}\frac{qE}{m}t^2$，轨迹方程为 $y=\frac{1}{2}\frac{qE}{m}\left(\frac{x}{v_0}\right)^2$.

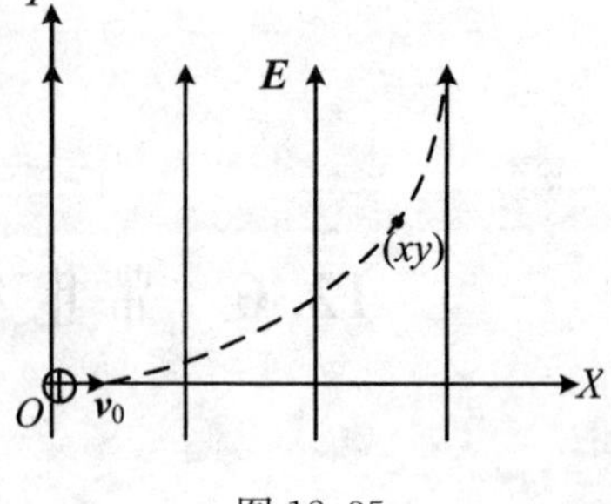

图 12.35

(3) $\boldsymbol{v}_0$ 与 $\boldsymbol{E}$ 斜交的情形

如图 13.36，在这种情形下，$F_x=0$，$F_y=-qE$. $a_x=0$，$a_y=-\frac{qE}{m}$. $v_x=v_0\cos\theta$，$v_y=v_0\sin\theta+a_yt=v_0\sin\theta-\frac{qE}{m}t$. 运动方程为 $x=v_xt=v_0\cos\theta t$，$y=v_0\sin\theta t-\frac{1}{2}\frac{qE}{m}t^2$.

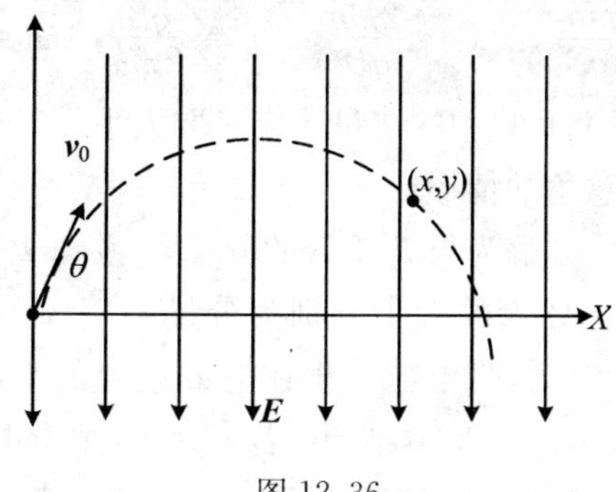

图 12.36

2. 带电粒子在均匀磁场中的运动

在均匀磁场中，运动带电粒子所受的磁力是 $\boldsymbol{F}_{\mathrm{m}}=q\boldsymbol{v}\times\boldsymbol{B}$，按照动能定理

$$\frac{1}{2}mv_b^2-\frac{1}{2}mv_a^2=\int_a^b\boldsymbol{F}_{\mathrm{m}}\cdot\mathrm{d}\boldsymbol{r}=\int_a^b(q\boldsymbol{v}\times\boldsymbol{B})\cdot\mathrm{d}\boldsymbol{r}=0\quad（因为\ \mathrm{d}\boldsymbol{r}=\boldsymbol{v}\mathrm{d}t\ /\!/\ \boldsymbol{v}）$$

因此，在均匀磁场中，运动带电粒子的速率保持不变．或者说，在均匀磁场中，运动带电粒子只可能改变速度的方向．下面，我们分四种常见的情形来对带电粒子在均匀磁场中的运动进行讨论．

(1) $\boldsymbol{v}_0$ 与 $\boldsymbol{B}$ 同向的情形

如图 12.37，在这种情形下，$\boldsymbol{F}=0$，$\boldsymbol{v}=\boldsymbol{v}_0$（速度的大小和方向均不变），$x=v_0t$．带电粒子作匀速直线运动．

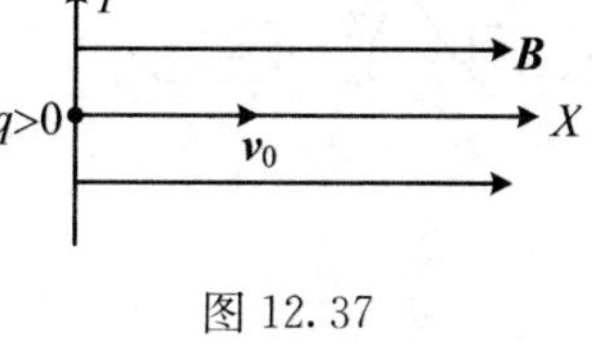

图 12.37

(2) $\boldsymbol{v}_0$ 与 $\boldsymbol{B}$ 垂直的情形

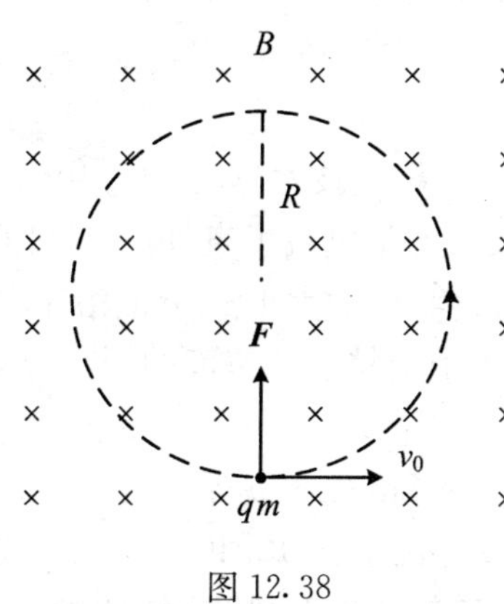

图 12.38

如图 12.38，在这种情形下，$\boldsymbol{F}$ 在与磁场垂直的平面内，大小为 $F=|q|v_0B$．既然初速度 $\boldsymbol{v}_0$ 也在此平面内，那么粒子的轨迹就必在此平面内．由于在均匀磁场中运动带电粒子只可能改变速度的方向，因此在这种情形下，带电粒子只可能在垂直 $\boldsymbol{B}$ 的平面内以 $F=|q|v_0B$ 为向心力作匀速率圆周运动．

设粒子带正电，圆周的半径为 R，则有 $mv_0^2/R=qv_0B$．根据此关系可进一步推出粒子作匀速率圆周运动的其他参量，如匀速率圆周运动的半径 R、周期 T、频率 ν、角速度 ω 分别为

$$R=\frac{mv_0}{qB},\quad T=\frac{2\pi m}{qB},\quad f=\frac{qB}{2\pi m},\quad \omega=\frac{qB}{m}\tag{12.30}$$

如果粒子带负电,则以上几式中的电量 q 应只取大小.

(3) $\boldsymbol{v}_0$ 与 $\boldsymbol{B}$ 夹任意角的情形

如图 12.39a,将 $\boldsymbol{v}_0$ 分解为与 $\boldsymbol{B}$ 垂直的分量 $\boldsymbol{v}_\perp$ 及与 $\boldsymbol{B}$ 平行的分量 $\boldsymbol{v}_{//}$,即 $\boldsymbol{v}_0=\boldsymbol{v}_\perp+\boldsymbol{v}_{//}$. 初速度两个分量的大小分别为分量 $v_\perp=v_0\sin\theta$, $v_{//}=v_0\cos\theta$(图 12.39a). 显然,当 $\boldsymbol{v}_{//}=0$ 时,带电粒子将在与 $\boldsymbol{B}$ 垂直的平面内作匀速率圆周运动,运动时的一些参数由式(12.30)给出. 若 $\boldsymbol{v}_\perp=0$,则带电粒子不受磁力作用,因而作与 $\boldsymbol{B}$ 平行或反平行的匀速直线运动. 当 $\boldsymbol{v}_\perp$ 和 $\boldsymbol{v}_{//}$ 都不为零时,粒子的运动自然是以上两种运动的合成,其轨迹应是一条螺旋线(图 12.39b),螺旋线的半径 R 和螺距 h 分别为

$$R=\frac{mv_\perp}{qB}=\frac{mv_0\sin\theta}{qB},\quad h=v_{//}T=\frac{v_{//}2\pi m}{qB}=\frac{2\pi mv_0\cos\theta}{qB}\tag{12.31}$$

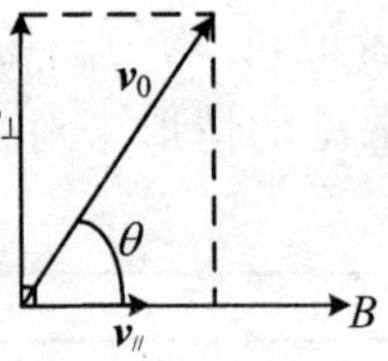

图 12.39a

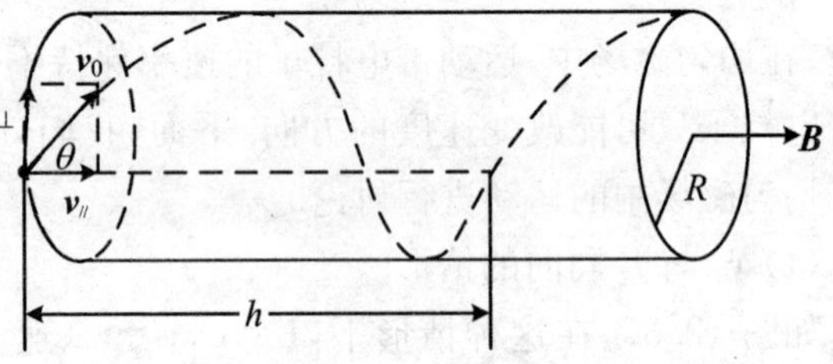

图 12.39b

式(12.31)表明,仅就对初速度的依赖而言,半径 R 只依赖于初速度的垂直分量大小,而螺距则只依赖于初速度的平行分量大小. 这对我们理解下面将要学习的磁聚焦原理起到关键性的作用.

(4) 磁聚焦

带电粒子在磁场中的螺旋运动被广泛应用于磁聚焦技术. 如图 12.40a,在近似均匀的磁场中某点 M 处,引入一发散角不太大的带电粒子束(电子枪即可产生这样的电子束),且保证:① 各带电粒子的初速度 $\boldsymbol{v}_{i0}$ 的大小 v_{i0} 近似相等,均可用 v_0 表示;② $\boldsymbol{v}_{i0}$ 与 $\boldsymbol{B}$ 的夹角 θ_i 足够小,以致各带电粒子初速度的两个分量可分别表示为

$$v_{i//}=v_{i0}\cos\theta_i=v_{i0}=v_0,\quad v_{i\perp}=v_{i0}\sin\theta_i\approx v_0\theta_i$$

每个带电粒子都作螺旋运动,各自螺旋半径 R_i 不同(图 12.40b),但由于这些粒子沿磁场方向的分速度大小几乎一样,因而其轨迹有几乎相同的螺距. 这样,经过一个回旋周期后,这些粒子将重新汇聚穿过另一点. 这种在磁力作用

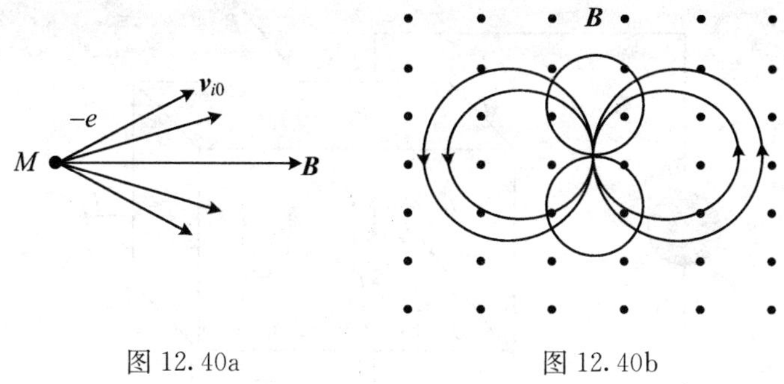

图 12.40a　　图 12.40b

下，发散带电粒子束汇聚到一点的现象叫**磁聚焦**(图 12.41). 它广泛应用于真空器件中，例如显像管中.

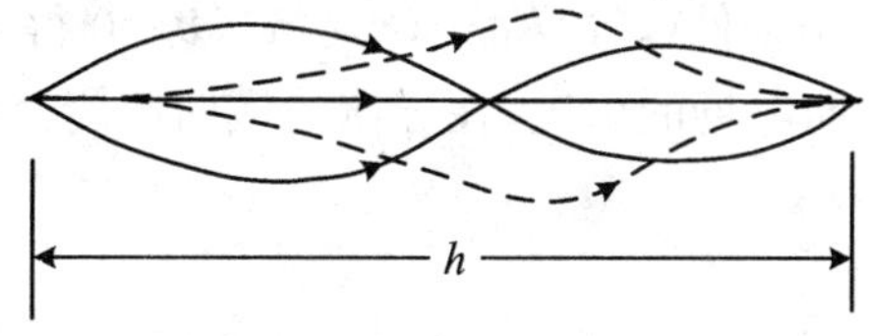

图 12.41　磁聚焦原理

12.6.3　霍尔效应

将载流导体板(或半导体板，下同)置于与其垂直的磁场 $\boldsymbol{B}$ 中，载流导体上会出现横向电势差，这种现象是霍尔(Edwin. H. Hall)在 1879 年发现的，现在称之为**霍尔效应**(Hall effect). 相应的电势差叫**霍尔电压**. 霍尔效应可以在金属、半导体等材料中出现.

1. 负载流子参与导电时(例如金属导体中)的霍尔效应

如图 12.42，在一个金属窄条(宽为 b，厚为 d)中沿长度方向通一电流 I，该电流是外加电场 $\boldsymbol{E}$ 作用于电子使之向右作定向运动(平均定向漂移速度为 $\boldsymbol{u}$)形成的.

当沿厚度方向加一外磁场 $\boldsymbol{B}$ 时，由于磁洛仑兹力的作用，电子的运动将向上偏，当它们跑到窄条顶部时，由于表面限制，它们不能脱离金属，因而就聚集在窄条的顶部，同时在窄条的底部显示出多余的正电荷. 这些多余的正、负电荷将在金属内部产生一个横向的电场 $\boldsymbol{E}_{\mathrm{H}}$(霍尔电场). 随着底部和顶部多余电荷的增多，这一电场也迅速地增大到它对电子的作用力 $(-e)\boldsymbol{E}_{\mathrm{H}}$ 与磁场对电子的作用力 $(-e)\boldsymbol{u}\times\boldsymbol{B}$ 相平衡. 这时电子将恢复原来方向的漂移运动而电流又重新

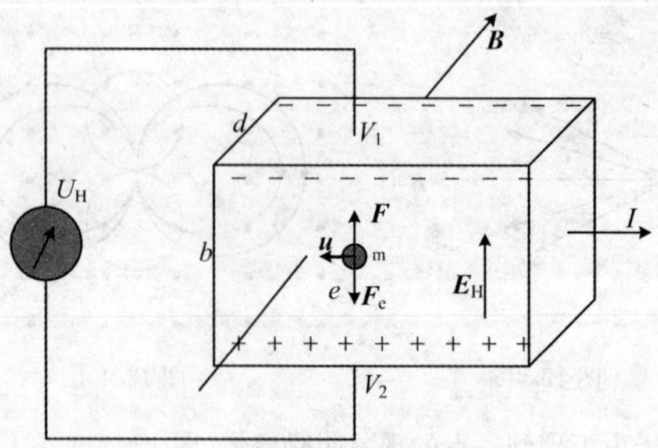

图 12.42 金属导体中的霍尔效应

恢复为恒定电流. 由平衡条件$(-e)\boldsymbol{E}_H+(-e)\boldsymbol{u}\times\boldsymbol{B}=0$得$\boldsymbol{E}_H=-\boldsymbol{u}\times\boldsymbol{B}$. $\boldsymbol{E}_H$大小为$E_H=uB$. 由于横向电场的出现,在导体的横向两侧会出现电势差,其数值为[注意:$I=neu(bd)$]

$$U_H=V_1-V_2=\int_1^2\boldsymbol{E}_H\cdot\mathrm{d}\boldsymbol{l}=-E_Hb=-uBb$$

$$=-\frac{I}{nebd}Bb=\frac{1}{n(-e)d}IB \tag{12.32}$$

2. 正载流子参与导电(例如半导体中空穴)时的霍尔效应

如果载流子带正电(例如半导体中的空穴导电),在电流和磁场方向均与前面相同的情况下,参考图 12.43,将会得到正电荷聚集在顶部而顶部电势高于底部电势的结果.

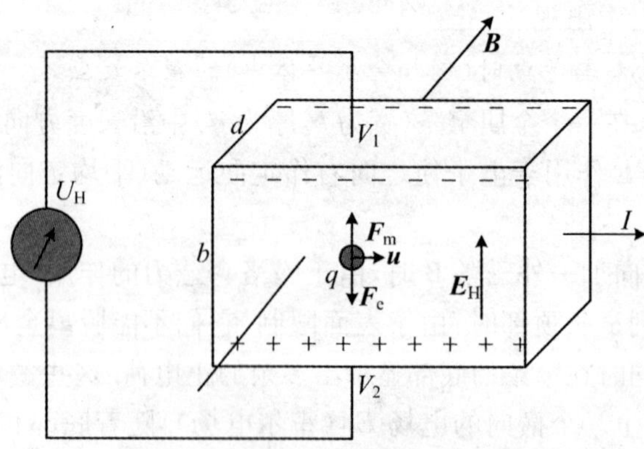

图 12.43 载流子带正电情形的霍尔效应

$$U_{\mathrm{H}}=V_1-V_2=\int_1^2 \boldsymbol{E}_{\mathrm{H}}\cdot \mathrm{d}\boldsymbol{l}=E_{\mathrm{H}}b=uBb$$

$$=\frac{I}{nqbd}Bb=\frac{1}{nqd}IB \tag{12.33}$$

分析(12.32)和(12.33)两式可知，无论何种类型的载流子参与导电，我们都可以把霍尔电压写成如下形式

$$U_{\mathrm{H}}=V_1-V_2=\frac{1}{nqd}IB=R_{\mathrm{H}}\frac{BI}{d}=K_{\mathrm{H}}BI \tag{12.34}$$

式中 n(恒取正)为载流子的浓度，q 为参与导电的载流子的电量，当电子参与导电时，$q=-e=-1.062\times10^{-19}$ C. $R_{\mathrm{H}}=1/(nq)$叫**霍尔系数**，K_{H} 叫霍尔灵敏度. K_{H} 为代数量，K_{H} 的符号与 q 相同. 通过霍尔灵敏度(或霍尔系数)的测定可以了解载流子的类型. 利用霍尔效应可以测量磁感应强度 $\boldsymbol{B}$ 等.

习　　题

一、选择题

12.1　均匀磁场的磁感强度 $\boldsymbol{B}$ 垂直于半径为 r 的圆面. 今以该圆周为边线，作一半球面 S，则通过 S 面的磁通量的大小为(　　).

(A) $2\pi r^2 B$　　(B) $\pi r^2 B$　　(C) 0　　(D) 无法确定的量

12.2　载流的圆形线圈(半径 a_1)与正方形线圈(边长 a_2)通有相同电流 I. 若两个线圈的中心 O_1，O_2 处的磁感强度大小相同，则半径 a_1 与边长 a_2 之比 $a_1:a_2$ 为(　　).

(A) 1∶1　　(B) $\sqrt{2}\pi:1$　　(C) $\sqrt{2}\pi:4$　　(D) $\sqrt{2}\pi:8$

12.3　如题图 12.1，两根直导线 ab 和 cd 沿半径方向被接到一个截面处处相等的铁环上，稳恒电流 I 从 a 端流入而从 d 端流出，则磁感强度 $\boldsymbol{B}$ 沿图中闭合路径 L 的积分$\oint_L \boldsymbol{B}\cdot \mathrm{d}\boldsymbol{l}$ 等于(　　).

(A) $\mu_0 I$　　(B) $\frac{1}{3}\mu_0 I$

(C) $\frac{\mu_0 I}{4}$　　(D) $2\frac{\mu_0 I}{3}$

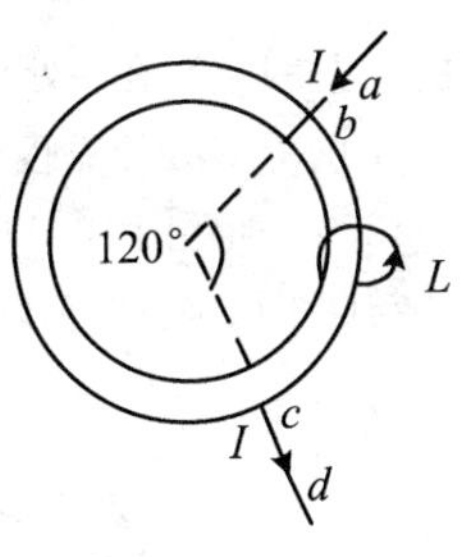

题图 12.1

12.4　如题图 12.2，在一固定的载流大平板附近有一载流小线框能自由转动或平动. 线框平面与大平板垂直. 大平板的电流与线框中电流方向如图所示. 则在同一侧且对着大平板看，通电线框的运动情况是(　　).

(A) 靠近大平板　　(B) 顺时针转动

(C) 逆时针转动　　(D) 离开大平板向外运动

12.5　在匀强磁场中，有两个平面线圈，其面积 $A_1=2A_2$，通有电流 $I_1=2I_2$，它们所受

的最大磁力矩之比 $M_1:M_2$ 等于(　　).

(A) 1　　(B) 2　　(C) 4　　(D) $\frac{1}{4}$

12.6　如题图 12.3 所示,无限长直导线在 P 处弯成半径为 R 的圆,当通以电流 I 时,则在圆心 O 点的磁感强度大小等于(　　).

(A) 0　　(B) $\frac{\mu_0 I}{4R}$　　(C) $\frac{\mu_0 I}{2\pi R}$

(D) $\frac{\mu_0 I}{2R}\left(1-\frac{1}{\pi}\right)$　　(E) $\frac{\mu_0 I}{4R}\left(1+\frac{1}{\pi}\right)$

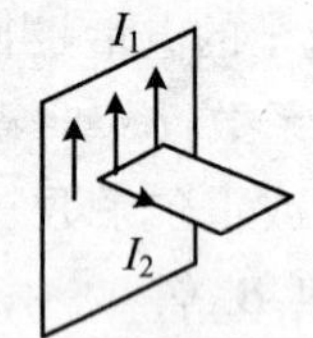

题图 12.2

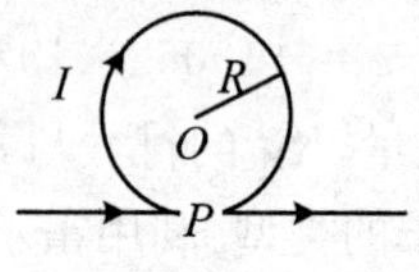

题图 12.3

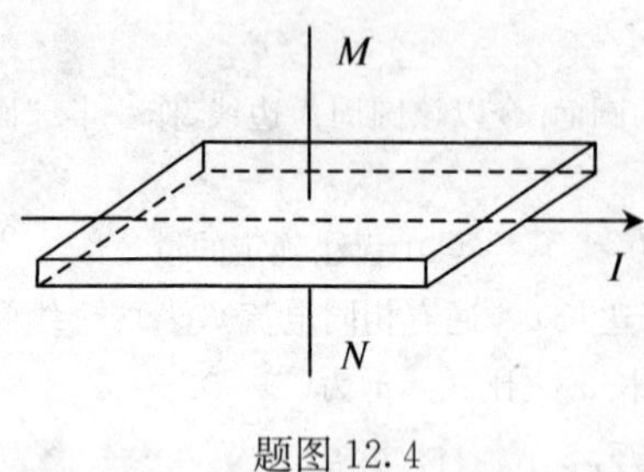

题图 12.4

12.7　如题图 12.4 所示,处在某匀强磁场中的载流金属导体块中出现霍尔效应,测得两底面 M,N 的电势差为 $V_M-V_N=0.3\times10^{-3}$ V,则图中所加匀强磁场的方向为(　　).

(A) 竖直向上　　(B) 竖直向下

(C) 水平向前　　(D) 水平向后

二、计算题

12.8　如题图 12.5 所示,一无限长直导线通有电流 $I=10$ A,在一处折成夹角 $\alpha=60°$ 的折线. 求角平分线上与导线的垂直距离均为 $r=0.1$ cm 的 P 点处的磁感强度.

12.9　如题图 12.6 所示,半径为 R,线电荷密度为 $\lambda(\lambda>0)$ 的均匀带电的圆线圈,绕过圆心与圆平面垂直的轴以角速度 ω 转动,求轴线上任一点 $\boldsymbol{B}$ 的大小及其方向.

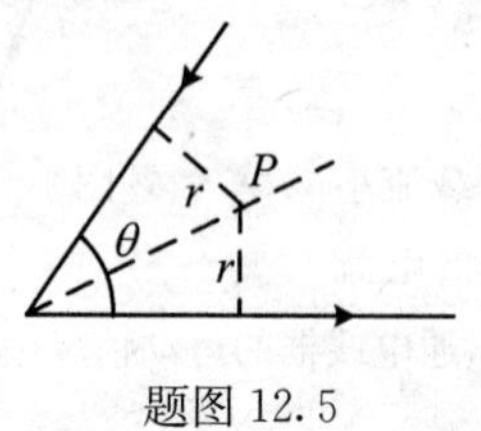

题图 12.5

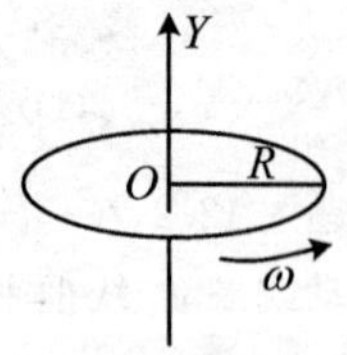

题图 12.6

12.10　一根很长的圆柱形铜导线均匀载有 10 A 电流,在导线内部作一平面 S,S 的一个边是导线的中心轴线,另一边是 S 平面与导线表面的交线,如题图 12.7 所示. 试计算通过沿导线长度方向长为 1 m 的一段 S 平面的磁通量(真空的磁导率 $\mu_0=4\pi\times10^{-7}\ \mathrm{H\cdot m^{-1}}$,铜的相对磁导率 $\mu_r\approx1$).

12.11　如题图 12.8 所示,一半径为 R 的均匀带电无限长直圆筒,面电荷密度为 σ. 该筒以角速度 ω 绕其轴线匀速旋转. 试求圆筒内部的磁感强度.

12.12　如题图 12.9 所示,一半径为 R 的带电塑料圆盘,其中半径为 r 的阴影部分均匀带正电荷,面电荷密度为 $+\sigma$,其余部分均匀带负电荷,面电荷密度为 $-\sigma$. 当圆盘以角速度 ω 旋转时,测得圆盘中心 O 点的磁感强度为零,问 R 与 r 满足什么关系?

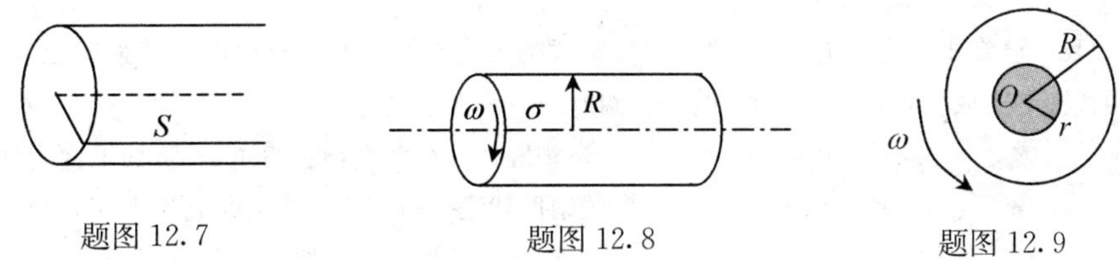

题图 12.7　　题图 12.8　　题图 12.9

12.13　有一闭合回路由半径为 a 和 b 的两个同心共面半圆连接而成,如题图 12.10 所示. 其上均匀分布线密度为 λ 的电荷,当回路以匀角速度 ω 绕过 O 点垂直于回路平面的轴转动时,求圆心 O 点处的磁感强度的大小.

12.14　如题图 12.11 所示,一无限长圆柱形直导体,横截面半径为 R,在导体内有一半径为 a 的圆柱形孔,它的轴平行于导体轴并与它相距为 b,设导体载有均匀分布的电流 I,求孔内任意一点 P 的磁感强度 B 的表达式.

题图 12.10　　题图 12.11

12.15　在一平面内有三根平行的载流直长导线,已知导线 1 和导线 2 中的电流 $I_1=I_2$,流向相同,两者相距 d,并且在导线 1 和导线 2 之间距导线 1 为 $a=d/3$ 处 $B=0$,如题图 12.12 所示. 求第三根导线放置的位置与所通电流 I_3 之间的关系.

12.16　一圆线圈的半径为 R,载有电流 I,置于均匀外磁场 $\boldsymbol{B}$ 中(如题图 12.13 所示). 在不考虑载流圆线圈本身所激发的磁场的情况下,求线圈导线上的张力(载流线圈的法线方向规定与 $\boldsymbol{B}$ 的方向相同).

12.17　如题图 12.14 所示,半径为 R 的半圆线圈 ACD 通有电流 I_2,置于电流为 I_1 的无限长直线电流的磁场中,直线电流 I_1 恰过半圆的直径,两导线相互绝缘. 求半圆线圈受到长

直线电流 I_1 的磁力.

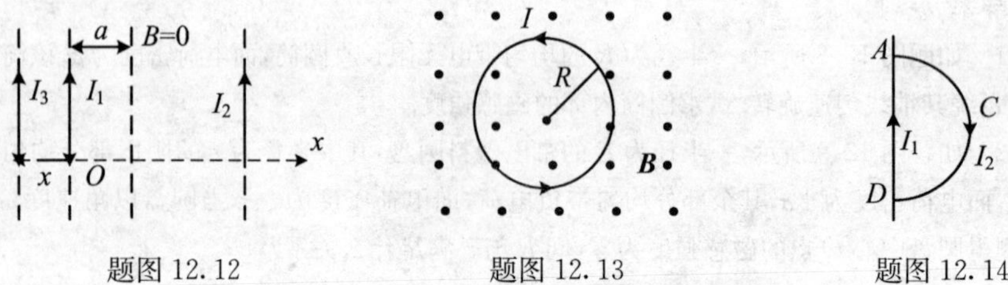

题图 12.12　　题图 12.13　　题图 12.14

12.18　已知半径之比为 2∶1 的两载流圆线圈各自在其中心处产生的磁感强度相等，求当两线圈平行放在均匀外场中时，两圆线圈所受力矩大小之比.

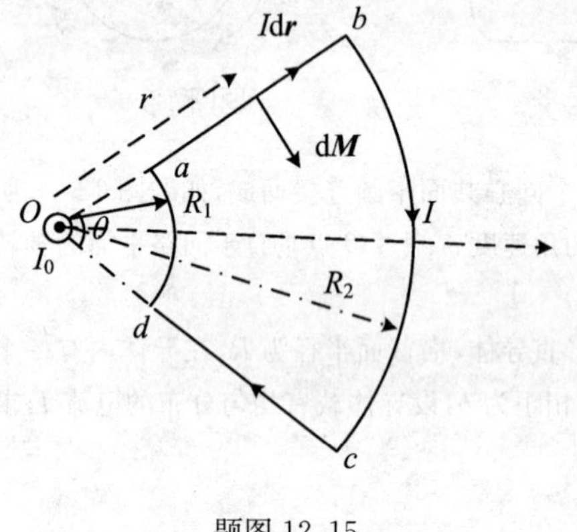

题图 12.15

12.19　在垂直与长直电流 I_0 的平面内放置扇形载流线圈 $abcda$，线圈电流为 I，半径分别为 R_1 和 R_2，张角为 θ，如题图 12.15 所示. 求：

(1) 线圈各边所受的磁力；

(2) 线圈所受的磁力矩.

12.20　如题图 12.16 所示，均匀带电刚性细杆 AB，线电荷密度为 λ，绕垂直于直线的轴 O 以 ω 角速度匀速转动（O 点在细杆 AB 延长线上）. 求：

(1) O 点的磁感强度 $\boldsymbol{B}_0$；

(2) 系统的磁矩 $\boldsymbol{p}_{\mathrm{m}}$；

(3) 若 $a \gg b$，求 B_0 及 p_{m}.

12.21　如题图 12.17 所示，放在水平面内的圆形导线，半径为 a. 圆导线上某点 C 与中心 O 之间经一电阻 R 接到电动势为 ε 的电池两端. 由中心到圆周有一能绕经过 O 点的铅直轴旋转的活动金属半径 OD，其质量为 m. 旋转时，半径与圆形导线之间有一摩擦力，该摩擦力正比于 B 点的速度，比例系数为 k（已知地磁场的铅直分量为 B）.

(1) 不计电磁感应，求 OD 旋转的角速度 ω 增加的规律；

(2) 应以多大的力 F 在垂直于半径的方向作用于 D 点，而使半径不至于转动.

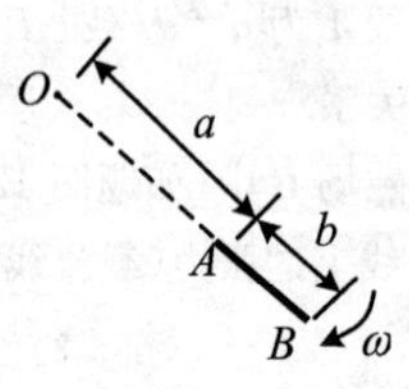

题图 12.16

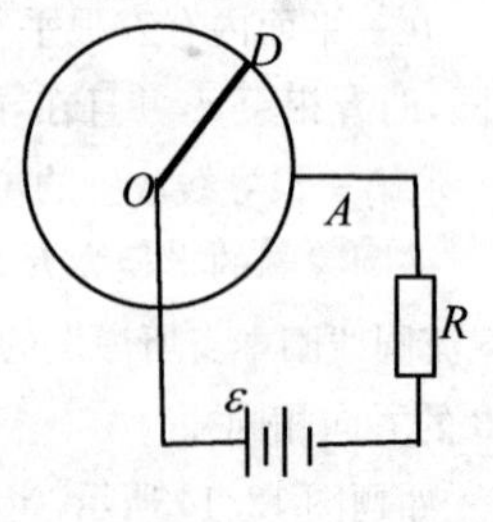

题图 12.17

12.22　如题图 12.18 所示，半径为 a，带正电荷且线密度是 λ(常量)的半圆，以角速度 ω 绕轴 $O'O''$ 匀速旋转. 求：

(1) O 点的 $\boldsymbol{B}$；

(2) 旋转的带电半圆的磁矩 $\boldsymbol{p}_m$(提示：积分公式 $\int_0^{\pi} \sin^2\theta\,\mathrm{d}\theta = \frac{1}{2}\pi$).

12.23　如题图 12.19 所示，有一无限大平面导体薄板，自下而上均匀通有电流，已知其面电流密度为 i(即单位宽度上通有的电流强度).

(1) 试求板外空间任一点磁感强度的大小和方向；

(2) 有一质量为 m，带正电荷 q 的粒子，以速度 v 沿平板法线方向向外运动，求：

(a) 带电粒子最初至少在距板什么位置处才不与大平板碰撞？

(b) 需经多长时间，才能回到初始位置(不计粒子重力)？

题图 12.18　　　　题图 12.19

12.24　如题图 12.20 所示，有一电子以初速 v_0 沿与均匀磁场 $\boldsymbol{B}$ 成 α 角度的方向射入磁场空间. 试证明当图中的距离 $L=2\pi m_e n v_0 x\cos\alpha/(eB)$ 时，电子经过一段飞行后恰好打在图中的 O 点. 其中 m_e 为电子质量，e 为电子电荷的绝对值，$n=1,2,\cdots$.

12.25　在一顶点为 45°的扇形区域，有磁感强度为 $\boldsymbol{B}$ 方向垂直指向纸面内的均匀磁场，如题图 12.21 所示. 今有一电子(质量为 m，电荷为$-e$)在底边距顶点 O 为 l 的地方，以垂直底边的速度 $\boldsymbol{v}$ 射入该磁场区域，若要使电子不从上面边界跑出，电子的速度最大不应超过多少？

题图 12.20　　　　题图 12.21

三、小论文写作练习

12.26　霍尔元器件在电磁测量中的应用.

12.27　了解生物磁学(包括生物磁现象、磁生物效应、生物磁学的现代应用等).

第 13 章　磁介质

在磁场的作用下，内部状态发生变化并能反过来影响原磁场分布的物质，称为磁介质. 事实上，任何物质在磁场的作用下都会或多或少地发生变化并反过来影响原磁场，因此任何物质都可看成磁介质，但具有显著磁效应的却只有少数物质，关于磁介质存在着两套互相平行的理论：分子电流理论和磁荷理论. 两套理论的微观模型完全不同，但宏观结果几乎完全相同，因此宏观看来是等价的. 本章主要介绍关于磁介质的分子电流理论.

13.1　磁介质存在时静磁场的基本规律

13.1.1　磁介质的磁化，磁化强度

1. 磁介质的磁化

在 12.1 节中我们曾简述了安培关于物质磁性本原的**分子电流假说**（或理论），本节将对此作进一步讨论. 磁介质由分子或原子组成，而分子或原子中的电子总是处于运动状态，因此分子或原子中的每个电子对外界都产生磁效应. 一个分子或原子中的所有电子对外界所产生的磁效应的总和，可以用一个等效的圆电流来表示，这个等效圆电流称为分子电流，其磁矩叫分子磁矩，用 $\boldsymbol{P}_{m0}$（$\boldsymbol{P}_{m0}=IS\boldsymbol{e}_n$）表示，如图 13.1 所示.

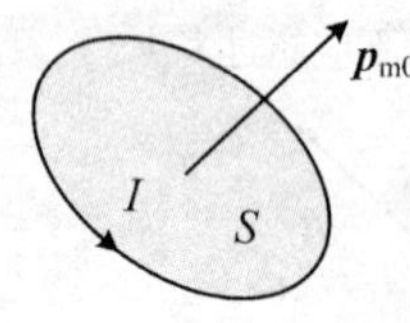

图 13.1　分子磁矩

在无磁场时，磁介质中的分子磁矩的方向是杂乱的（铁磁质除外），分子磁矩的矢量和为零，即 $\sum \boldsymbol{P}_m = 0$，磁介质在宏观上不显示磁性.

当外磁场存在时，分子内各个电子的运动均要受到磁场的作用，致使每个电子的运动状态发生改变（13.2 节将对此作简单讨论），结果表现为整个分子的

总磁矩发生改变,即

$$\boldsymbol{P}_{m0} \rightarrow \boldsymbol{P}_{m0} + \Delta\boldsymbol{P}_{m} = \boldsymbol{P}_{m}$$

其中 $\Delta\boldsymbol{P}_m$ 称为附加磁矩. 再者,每个分子都要受到磁力矩 $\boldsymbol{P}_m \times \boldsymbol{B}$ 的作用,使得分子磁矩转向外磁场方向或反方向(磁力矩为零的方向),形成较为规则的排列,这就是磁介质的**磁化**(magnetization). 例如,对于处在均匀磁场中的圆柱形磁介质(磁场沿轴向),磁化示意图如图 13.2.

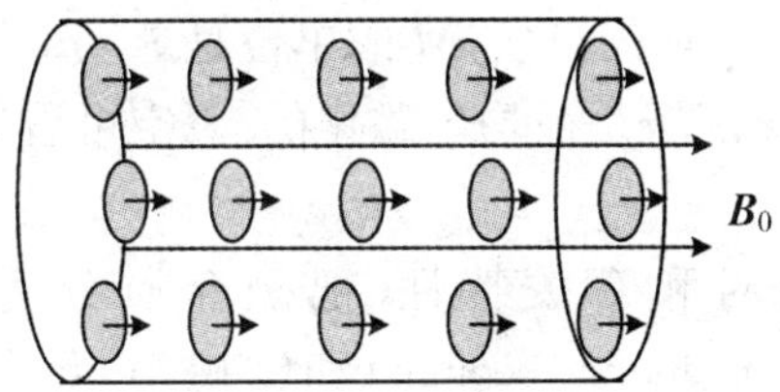

图 13.2a　分子磁矩的规则排列

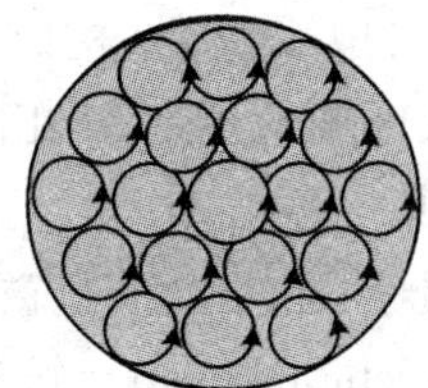

图 13.2b　任一截面上分子电流的排列

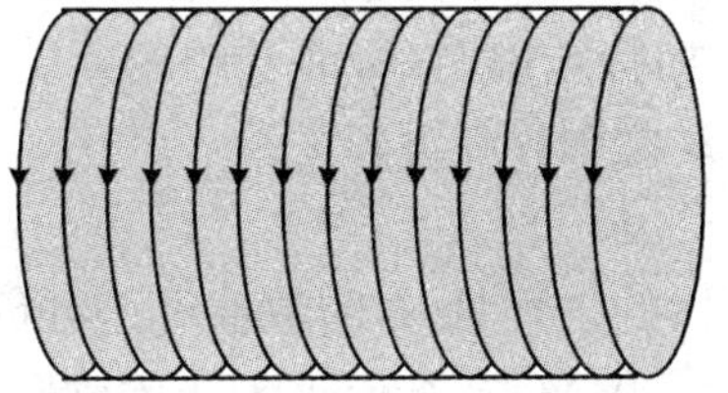

图 13.2c　介质表面的磁化电流

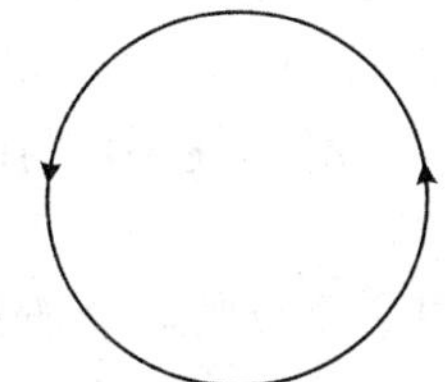

图 13.2d　任一截面上的磁化电流

磁介质磁化后产生如下宏观效果:

(1) 在磁介质表面出现宏观电流分布. 图 13.2b 定性地给出了介质内任意一截面上分子电流的排列情况,在该截面上的任意一点处,只要此点不在边缘上,通过此点的分子电流都是成对的,而且方向相反,电流总和为零. 只有在截面的边缘处,分子电流未被抵消,形成与边缘重合的宏观电流(图 13.2). 这种由于磁化而出现的宏观电流叫**磁化电流**(magnetization current). 需要说明的是,磁化电流只是分子电流规则排列的宏观效果,不对应于带电粒子的宏观位移,不同于传导电流.

(2) 介质内任一有限体积元 ΔV 内,分子磁矩之矢量和不为零: $\sum\limits_{\Delta V}\boldsymbol{P}_m \neq 0$.

(3) 由于磁化电流将在介质内外产生磁场 $\boldsymbol{B}'$,所以空间任意一点总磁感应强度为

$$\boldsymbol{B} = \boldsymbol{B}_0 + \boldsymbol{B}' \tag{13.1}$$

2. 磁化强度

为了定量的描述介质的磁化程度，与分析电介质的极化相似，引入物理量磁化强度，并用 $\boldsymbol{M}$ 表示，定义为

$$\boldsymbol{M} = \frac{\sum \boldsymbol{p}_{mi}}{\Delta V} \tag{13.2}$$

即某点附近单位体积内分子磁矩的矢量和叫该点的**磁化强度**. 磁化强度 $\boldsymbol{M}$ 是空间位置的矢量函数，构成空间中的宏观矢量场，$\boldsymbol{M}$ 的单位是 $\mathrm{A\cdot m^{-1}}$. 如果磁介质的某区域中各点 $\boldsymbol{M}$ 相同，就说该区域是被均匀磁化的. 真空可看做磁介质的特例，其中各点 $\boldsymbol{M}=0$.

习惯上，根据物质磁性的强弱和有关特性，把磁介质分为**顺磁质**(paramagnetic medium)、**抗磁质**(diamagnetic medium)和**铁磁质**(ferromagnetic material).

铁磁质的特性与顺磁质、抗磁质有很大的不同，因此又把顺磁质和抗磁质通称为非铁磁质. 非铁磁质又分为各向同性和各向异性两类. 实验表明，对各向同性的非铁磁质中的每一点(今后如不加特殊说明，所涉及的磁介质均指该类磁介质)，其 $\boldsymbol{M}$ 磁化强度与磁感应强度 $\boldsymbol{B}$ 之间存在下列关系

$$\boldsymbol{M} = g\boldsymbol{B} \tag{13.3}$$

式中 g 是一个反映磁介质每点磁化特性的物理量，g 的数值可正可负. 对于顺磁质，$g>0$，$\boldsymbol{M}$ 与 $\boldsymbol{B}$ 同向；对于抗磁质，$g<0$，$\boldsymbol{M}$ 与 $\boldsymbol{B}$ 反向. 对于铁磁质，$g\gg0$.

13.1.2 磁化电流

磁介质磁化后，表面上会出现面磁化电流(某些非均匀磁介质磁化后，磁介质内部还可以产生体磁化电流). 由于磁化电流是磁介质磁化的结果，所以磁化电流和磁化强度 $\boldsymbol{M}$ 之间一定存在着某种定量关系. 下面先分析特例，再给出普遍的结论.

1. 面磁化电流密度 $\boldsymbol{\alpha}'$ 与磁化强度 $\boldsymbol{M}$ 的关系

参考图 13.1，由于磁化，磁介质表面会出现未被抵消的分子电流. 从宏观上看，可以精确地认为这种电流在磁介质表面上流动，因而可以把它们看成是面电流，叫面磁化电流.

通常用面磁化电流密度 $\boldsymbol{\alpha}'$ 来定量地描述面磁化电流. $\boldsymbol{\alpha}'$ 的方向即面磁化电流的方向，$\boldsymbol{\alpha}'$ 的大小为介质表面与磁化电流垂直的单位长度上的磁化电流强度.

如图 13.2e，设被均匀磁化的圆柱形磁介质的横截面积为 S，磁化强度为

$\boldsymbol{M}$. 则对长为 l 的一段介质，其内部分子总磁矩为

$$\sum \boldsymbol{p}_{mi} = \boldsymbol{\alpha}' lS = \boldsymbol{\alpha}' V$$

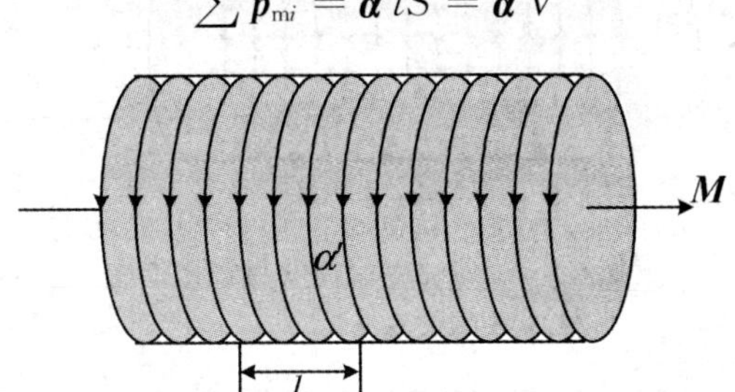

图 13.2e　磁化电流密度与磁化强度的关系

根据磁化强度的定义，可得该段磁介质内各点磁化强度为

$$\boldsymbol{M} = \sum \boldsymbol{p}_{mi}/V = \boldsymbol{\alpha}'$$

如果考虑方向，则磁介质表面的面磁化电流密度 $\boldsymbol{\alpha}'$ 与磁化强度 $\boldsymbol{M}$ 的关系为

$$\boldsymbol{\alpha} = \boldsymbol{M} \times \boldsymbol{e}_n \tag{13.4}$$

式中 $\boldsymbol{e}_n$ 为磁介质表面某点的单位法矢量(从磁介质内部指向外，如图 13.2f).

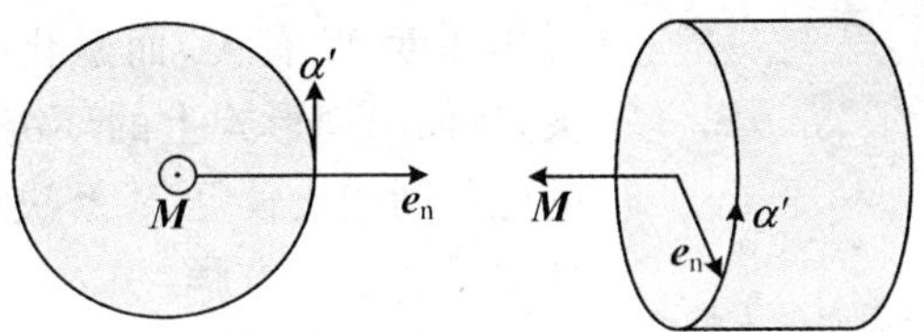

图 13.2f　磁化电流密度与磁化强度的关系

2. *磁化电流强度* $\boldsymbol{I}'$ *与磁化强度* $\boldsymbol{M}$ *的关系*

参考图 13.3，设圆柱形磁介质被均匀磁化，磁化强度为 $\boldsymbol{M}$. 取某长方形回路 L(图中的 $abcda$)，回路的绕行方向为顺时针，其 ab 边与螺线管的轴线平行. 我们有

$$\oint_L \boldsymbol{M} \cdot \mathrm{d}\boldsymbol{l} = \int_d^a \boldsymbol{M} \cdot \mathrm{d}\boldsymbol{l} = M \cdot \overline{ab} = \alpha' \cdot \overline{QP} = I'$$

即

$$I' = \oint_L \boldsymbol{M} \cdot \mathrm{d}\boldsymbol{l} \tag{13.5}$$

式(13.5)中的 I' 是穿过以闭合曲线 L 为边界所围的面积上的总磁化电流.

虽然(13.4)，(13.5)两式都是通过特例推出的，但它们都是普遍成立的关

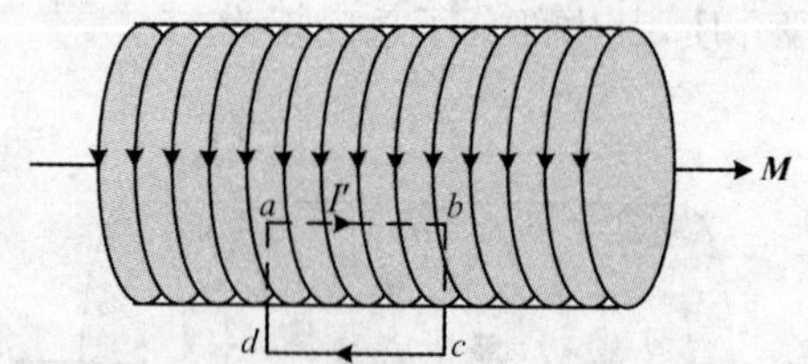

图 13.3 磁化电流强度与磁化强度的关系

系式. 特别是式(13.5),它说明:任意闭合路径 L 所包围的面积上总的磁化电流,等于磁化强度沿该闭合路径的环流.

13.1.3 有磁介质时的安培环路定理

1. $\boldsymbol{H}$ 的环路定理

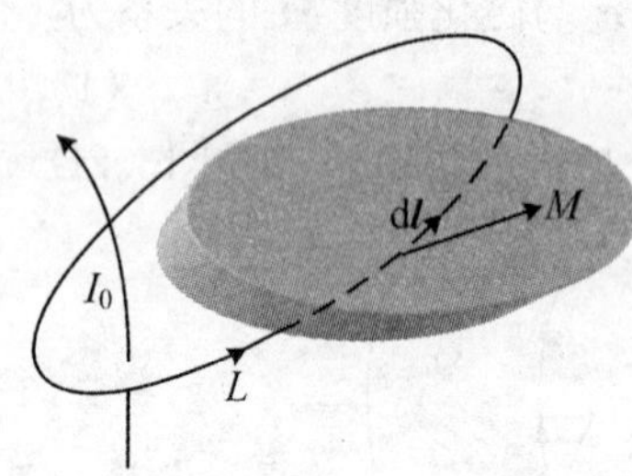

图 13.4 有磁介质时的安培环路定理

当空间的传导电流分布及磁介质的性质(物理量 g)已知时,原则上应能求出空间各点的磁感应强度 $\boldsymbol{B}$. 但是,磁化电流(I'或$\boldsymbol{\alpha}'$)与磁化强度 $\boldsymbol{M}$ 有关,而磁化强度 $\boldsymbol{M}$ 又与 $\boldsymbol{B}$ 有关,从而出现形式上的环链问题,亦即磁介质的磁化问题比较复杂. 解决这类问题的办法是列出足够多的方程,引入辅助物理量,最终使问题简化. 下面推导这种简化关系.

如图 13.4,作安培回路 L,结合式(13.5),则有

$$\oint_L \boldsymbol{B}\cdot \mathrm{d}\boldsymbol{l} = \mu_0 (I_{0\mathrm{int}} + I'_{\mathrm{int}}) = \mu_0 (I_{0\mathrm{int}} + \oint_L \boldsymbol{M}\cdot \mathrm{d}\boldsymbol{l})$$

$$\oint_L \left(\frac{\boldsymbol{B}}{\mu_0} - \boldsymbol{M}\right)\cdot \mathrm{d}\boldsymbol{l} = I_{0\mathrm{int}}$$

引入一个辅助物理量来表示等式左边积分号内的合成矢量,并把这个辅助物理量叫**磁场强度**(magnetic intensity),且用 $\boldsymbol{H}$ 表示,即定义

$$\boldsymbol{H} = \frac{\boldsymbol{B}}{\mu_0} - \boldsymbol{M} \tag{13.6}$$

则有

$$\oint_L \boldsymbol{H}\cdot \mathrm{d}\boldsymbol{l} = I_{0\mathrm{int}} \tag{13.7}$$

式(13.7)说明:磁场强度沿任意闭合路径的环流等于穿过该闭合路径所包围面积的自由电流的代数和.由于式(13.7)是以 $\boldsymbol{H}$ 场的环流的形式表达的,故式(13.7)称为 **$\boldsymbol{H}$ 的环路定理**(或叫**有磁介质时的安培环路定理**).显然真空中的安培环路定理式(12.17)是式(13.7)的特例,而式(13.7)是真空中安培环路定理的推广.

$\boldsymbol{H}$ 被称为磁场强度是历史原因(磁荷理论的先入为主)造成的,因为在磁荷理论中,$\boldsymbol{H}$ 与 $\boldsymbol{E}$ 正好对应.在我们普遍接受的分子电流理论中,$\boldsymbol{H}$ 作为一个辅助物理量,不与 $\boldsymbol{E}$ 对应,而与 $\boldsymbol{D}$ 对应.$\boldsymbol{H}$ 是一个宏观矢量点函数,单位为 $\mathrm{A\cdot m^{-1}}$,其在空间构成的矢量场叫 $\boldsymbol{H}$ 场.虽然 $\boldsymbol{H}$ 关于某闭合回路的环流只与穿过以该闭合回路为边线的任意曲面的传导电流有关,但辅助物理量 $\boldsymbol{H}$ 应与空间所有电流有关,这一点从 $\boldsymbol{H}$ 的定义式(13.7)不难看出.

2. $\boldsymbol{B},\boldsymbol{H},\boldsymbol{M}$ 三矢量间的关系

式(13.6)给出了三矢量间的普适关系(三矢量间点点对应).对于各向同性的非铁磁质,利用式(13.3)有

$$\boldsymbol{H}=\frac{\boldsymbol{B}}{\mu_0}-\boldsymbol{M}=\frac{\boldsymbol{B}}{\mu_0}-g\boldsymbol{B}=\left(\frac{1}{\mu_0}-g\right)\boldsymbol{B}=\left(\frac{1-g\mu_0}{\mu_0}\right)\boldsymbol{B}=\frac{\boldsymbol{B}}{\mu_0/(1-g\mu_0)}$$

令 $\mu_\mathrm{r}=1/(1-g\mu_0)$,且 $\mu=\mu_0\mu_\mathrm{r}$.则上式表示为

$$\boldsymbol{H}=\frac{\boldsymbol{B}}{\mu}\quad 或\quad \boldsymbol{B}=\mu\boldsymbol{H}\tag{13.8}$$

式(13.8)是描述各向同性的非铁磁质中同一点 $\boldsymbol{H}$ 与 $\boldsymbol{B}$ 之间关系的重要等式,叫**各向同性的非铁磁质的性能方程**(简称**磁介质的性能方程**).该式说明在各向同性的非铁磁质中,每一点的 $\boldsymbol{B}$ 与 $\boldsymbol{H}$ 同向,且大小呈正比.上面引入的 μ_r 叫磁介质的**相对磁导率**(relative permeability),是一个无量纲且大于零的纯数.对于顺磁质,由于 $g>0$,因而 $\mu_\mathrm{r}>1$;对于抗磁质,由于 $g<0$,因而 $\mu_\mathrm{r}<1$.但是不论顺磁质还是抗磁质,μ_r 与 1 之差都非常小.μ 叫磁介质的(绝对)磁导率,它与 μ_0 的单位相同.以后会看到,铁磁质的 $\mu_\mathrm{r}\gg1$.

利用 $\boldsymbol{M}=g\boldsymbol{B}$,$\boldsymbol{B}=\mu\boldsymbol{H}$,$\mu=\mu_0\mu_\mathrm{r}$ 和 $\mu_\mathrm{r}=1/(1-g\mu_0)$ 或 $\mu_\mathrm{r}g\mu_0=\mu_\mathrm{r}-1$,我们有

$$\boldsymbol{M}=g\boldsymbol{B}=g\mu\boldsymbol{H}=g\mu_0\mu_\mathrm{r}\boldsymbol{H}=(\mu_\mathrm{r}-1)\boldsymbol{H}=\chi_\mathrm{m}\boldsymbol{H}$$

其中 $\chi_\mathrm{m}=\mu_\mathrm{r}-1$,$\chi_\mathrm{m}$ 叫磁介质的磁化率(susceptibility).显然,$\chi_\mathrm{m}>0$ 为顺磁质,$\chi_\mathrm{m}<0$ 为抗磁质,以后会看到,铁磁质的 $\chi_\mathrm{m}\gg0$.

例 13.1　在均匀密绕的螺绕环内,充满均匀非铁磁质.已知螺绕环上每匝线圈中的传导电流为 I_0,单位长度上的线圈的匝数为 n,环的截面半径比环的平均半径小得多.磁介质的磁导率 μ.求:

(1) 环内、外的 $\boldsymbol{H},\boldsymbol{B},\boldsymbol{M}$ 的大小;

(2) 磁介质表面的磁化面电流密度 $\boldsymbol{\alpha}'$ 的大小.

解 (1) 在环内取一点，过该点作一个与环同心的圆周 L. 由对称性分析可知，圆周上各点 $\boldsymbol{H}$ 大小相等，方向沿环的切向，且与励磁电流呈右手螺旋关系.

对圆周 L 运用关于 $\boldsymbol{H}$ 环路定理 $\oint_L \boldsymbol{H}\cdot \mathrm{d}\boldsymbol{l} = NI_0$，则 $2\pi rH = NI_0$，即

$$H = \frac{NI}{2\pi r} = nI_0$$

根据磁介质的性能方程得

$$B = \mu_0\mu_r H = \mu H = \mu n I_0$$

由 $\boldsymbol{H}=\boldsymbol{B}/\mu_0-\boldsymbol{M}$，得环内各点的磁化强度大小为

$$M = \frac{B}{\mu_0} - H = n\left(\frac{\mu}{\mu_0} - 1\right)I_0$$

对螺绕环外各点，用类似的方法可得

$$H = 0,\quad B = 0,\quad M = 0$$

(2) 磁介质表面磁化面电流密度大小为

$$\alpha_s = M = n\left(\frac{\mu}{\mu_0} - 1\right)I_0$$

回顾与小结

对于有磁介质的情形，若磁介质的形状具有球对称性，且置于具有相应对称性的外磁场中，并使得磁介质内外的总磁场 $\boldsymbol{B}$ 或 $\boldsymbol{H}$ 具有相应的对称性，则可按下述步骤来处理有关问题：

具有对称分布传导电流 $I_0 \longrightarrow \boldsymbol{M},\boldsymbol{B},\boldsymbol{H}$ 对称性分析

$\downarrow$

$\oint_L \boldsymbol{H}\cdot \mathrm{d}\boldsymbol{l} = I_0$（$L$ 的选择依赖于对称性分析）

$\downarrow$

$\boldsymbol{H}[\boldsymbol{H} = \mu\boldsymbol{B} = \mu_0\mu_r\boldsymbol{B} = \mu_0(1+\chi_m)\boldsymbol{B}]$

$\downarrow$

$\boldsymbol{B} \longrightarrow \boldsymbol{M} = \chi_m\boldsymbol{H} \longrightarrow \boldsymbol{\alpha}' = \boldsymbol{M}\times \boldsymbol{e}_n$

13.1.4 稳恒磁场与静电场方程的对比

对于静电场，其基本方程为

$$\oint_L \boldsymbol{E}\cdot \mathrm{d}\boldsymbol{l} = 0 \quad \text{（对任意闭合曲线成立）}$$

$$\oiint_S \boldsymbol{D}\cdot \mathrm{d}\boldsymbol{S} = q_{0\mathrm{int}} \quad \text{（对任意闭合曲面成立）}$$

$\boldsymbol{E}$ 与 $\boldsymbol{D}$ 之间由电介质的性能方程 $\boldsymbol{D}=\varepsilon\boldsymbol{E}$ 联系. 当空间的自由电荷分布（ρ_0，σ_0）、电介质的特性（ε）及边界条件已知时，原则上利用上述方程就可求出 $\boldsymbol{E}$ 与 $\boldsymbol{D}$.

对于静磁场，其基本方程为

$$\oint_L \boldsymbol{H}\cdot \mathrm{d}\boldsymbol{l} = I_{0\mathrm{int}} \quad \text{（对任意闭合曲线成立）}$$

$$\oiint_S \boldsymbol{B}\cdot \mathrm{d}\boldsymbol{S} = 0 \quad \text{（对任意闭合曲面成立）}$$

$\boldsymbol{B}$ 与 $\boldsymbol{H}$ 之间由磁介质的性能方程 $\boldsymbol{H}=\boldsymbol{B}/\mu$ 联系. 当空间的自由电流（I_0，$\boldsymbol{\alpha}_0$）、磁介质的特性（μ）及边界条件已知时，原则上利用上述方程就可求出 $\boldsymbol{B}$ 与 $\boldsymbol{H}$.

在分子电流理论中，物理量的对应关系是：$\boldsymbol{E}\Leftrightarrow\boldsymbol{B}$，$\boldsymbol{D}\Leftrightarrow\boldsymbol{H}$，$\varepsilon\Leftrightarrow 1/\mu$.

13.2　顺磁性与抗磁性

1778年，物理学家 A. Brugmans 最早发现了物质的抗磁性，在此之前人们也早已发现了物质的顺磁性. 但是，当时物理学界并不知道物质顺磁性和抗磁性的缘由. 现在看来，物质的顺磁性和抗磁性均是由磁介质的微观结构决定的，其严格的理论是量子理论（1905年，P. Langevin 借助于电子论建立了物质抗磁性和顺磁性的经典理论，相应的量子理论是由 J. H. Van Vleck 建立的）. 本节只从经典的角度给出粗浅的解释.

13.2.1　顺磁性

磁介质由分子和原子组成. 原子中的电子由于绕核运动（叫电子的轨道运动）及本身的自旋而形成电流，因而每个电子具有磁矩. 一个分子中各电子磁矩的矢量和，称为分子的固有磁矩（intrinsic magnetic moment）. 然而，磁介质分子有两类：在第一类分子中，各电子磁矩之和不等于零（不互相抵消），分子存在固有磁矩；在第二类分子中，各电子磁矩互相抵消，分子的固有磁矩为零.

物质的顺磁性来自分子的固有磁矩，在无外电磁场时，各分子的固有磁矩排列杂乱，因而任意物理无限小体元内分子磁矩矢量和为零，即磁化强度 $\boldsymbol{M}=$

0. 在外磁场的作用下，各分子磁矩或多或少地趋向磁场 $\boldsymbol{B}$ 的方向，磁化强度 $\boldsymbol{M}$ 不再为零，而且与磁场方向一致. 这就是物质顺磁性的缘由. 当然，分子的热运动会影响分子固有磁矩的趋向，且温度越高顺磁性越弱，即顺磁性对温度非常敏感(抗磁性对温度不敏感).

顺磁质是分子固有磁矩不为零的磁介质，例如钠和空气等都是顺磁质.

13.2.2 抗磁性

与顺磁性不同，抗磁性存在于一切磁介质中. 只是由于顺磁质中的顺磁性较抗磁性强才成为顺磁质. 抗磁性起因于电子的轨道运动在外磁场作用下的变化. 下面采用进动理论给出抗磁性的微观解释.

如图 13.5，在无外磁场时，一个电子在原子核库仑力作用下作圆周运动，相当于一个圆电流. 设其圆周运动的角速度为 $\boldsymbol{\omega}_0$、半径为 r，轨道运动的线速度为 $\boldsymbol{v}$. 用 m_e 表示电子的质量，则这个圆电流的磁矩 $\boldsymbol{p}_{m0}$ 的大小为

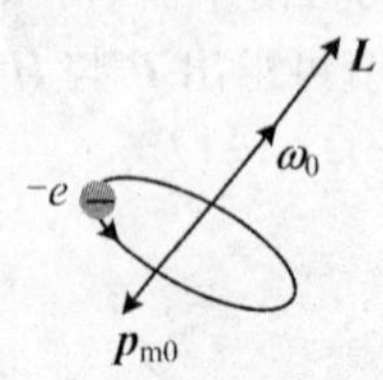

图 13.5 电子轨道运动的角速度 $\boldsymbol{\omega}_0$、角动量 $\boldsymbol{L}$、磁矩 $\boldsymbol{p}_{m0}$ 的关系

$$p_{m0} = I\pi r^2 = \frac{e\omega_0}{2\pi} \cdot \pi r^2 = \frac{er^2}{2}\omega_0$$

因电子带负电，故其磁矩 $\boldsymbol{p}_{m0}$ 的方向与 $\boldsymbol{\omega}_0$ 反向，即

$$\boldsymbol{p}_{m0} = -\frac{er^2}{2}\boldsymbol{\omega}_0 \tag{13.9}$$

电子轨道运动的角动量为

$$\boldsymbol{L} = \boldsymbol{r} \times m_e \boldsymbol{v} \tag{13.10}$$

因而电子磁矩与轨道角动量的关系为

$$\boldsymbol{p}_{m0} = -\frac{e}{2m_e}\boldsymbol{L} \tag{13.11}$$

加上一个外磁场 $\boldsymbol{B}$ 后，电子的轨道运动受到的磁力矩为 $\boldsymbol{M} = \boldsymbol{p}_{m0} \times \boldsymbol{B}$，磁力矩 $\boldsymbol{M}$ 垂直于 $\boldsymbol{p}_{m0}$，也就是垂直于角动量 $\boldsymbol{L}$. 根据力学中的结论，当物体受到一个与其角动量垂直的力矩作用时，该物体作进动——角动量 $\boldsymbol{L}$ 的"顶端"在一个平面上作圆周运动(如图 13.6)，且满足如下方程

$$\frac{d\boldsymbol{L}}{dt} = \boldsymbol{\omega} \times \boldsymbol{L} \tag{13.12}$$

其中 $\boldsymbol{\omega}$ 是进动角速度(角动量 $\boldsymbol{L}$ 的"顶端"在一个平面上作圆周运动的角速度). $\boldsymbol{\omega}$ 的方向可以如下确定. 根据角动量定理，我们有

$$\frac{d\boldsymbol{L}}{dt} = \boldsymbol{M} = \boldsymbol{p}_{m0} \times \boldsymbol{B} = -\frac{e}{2m_e}\boldsymbol{L} \times \boldsymbol{B} \tag{13.13}$$

比较以上两式得

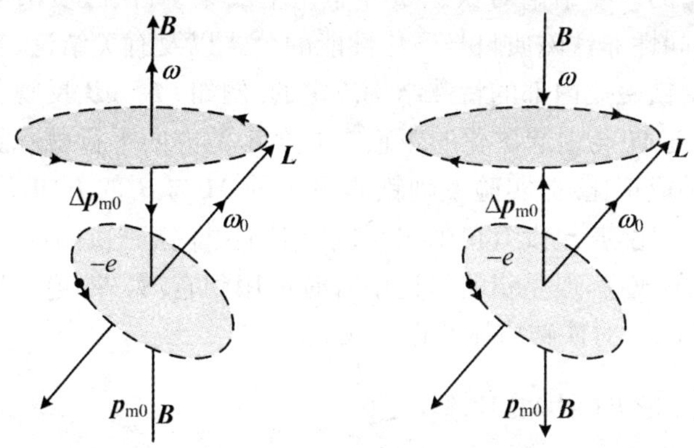

图 13.6　在外磁场中，电子的进动产生附加磁矩

$$\boldsymbol{\omega}\times\boldsymbol{L}=-\frac{e}{2m_e}\boldsymbol{L}\times\boldsymbol{B}=\frac{e}{2m_e}\boldsymbol{B}\times\boldsymbol{L}$$

由此可得进动角速度为

$$\boldsymbol{\omega}=\frac{e}{2m_e}\boldsymbol{B}\tag{13.14}$$

即 $\boldsymbol{\omega}$ 与 $\boldsymbol{B}$ 同向，因此进动的方向如图 13.6 所示. 电子的进动产生一个附加磁矩 $\Delta\boldsymbol{p}_{m0}$，其方向与进动角速度 $\boldsymbol{\omega}$ 的方向相反，因而也与外磁场 $\boldsymbol{B}$ 的方向相反.

可见，只要外磁场 $\boldsymbol{B}$ 存在，磁介质中每个电子的轨道运动都将出现一个与 $\boldsymbol{B}$ 反向的附加磁矩 $\Delta\boldsymbol{p}_{m0}$，一个分子在磁场中产生的附加磁矩 $\Delta\boldsymbol{P}_m=\sum\Delta\boldsymbol{p}_{m0}$（在此不详细讨论电子的自旋运动以及原子内部质子的运动等在磁场中引起的附加磁矩）. 磁介质中大量分子（或原子）产生的附加磁矩的矢量和与外磁场 $\boldsymbol{B}$ 方向相反，这就是物质的抗磁性. 物质的抗磁性存在于一切磁介质中. 进一步的分析表明 $\Delta\boldsymbol{p}_{m0}$ 很小，因此一般物质（例如铜、铅、水等）的抗磁性都很弱.

13.3　铁磁性与铁磁质

铁磁质是一种性能特异、用途广泛的磁介质，即使不存在外磁场，这类磁介质仍然可以有磁化（叫自发磁化）. 铁、钴、镍及其许多合金以及含铁的氧化物（铁氧体）等都属于铁磁质.

本章前两节介绍了磁介质的磁化情况，主要介绍了各向同性非铁磁质的磁化性能，所得出的一些结论对铁磁质并非完全成立. 对铁磁质不成立的结论主要是反映各向同性非铁磁质自身磁化性能的公式以及有关结论，它们之所以不成立，主要是由铁磁质内部的特殊结构决定的. 例如 $\boldsymbol{M}=g\boldsymbol{B}$ 反映各向同性非铁磁质的磁化强度 $\boldsymbol{M}$ 与引起磁化的磁感应强度 $\boldsymbol{B}$ 的方向平行(顺磁质)或反平行(抗磁质)，大小成正比. 但实验发现铁磁质中的 $\boldsymbol{M}$ 与 $\boldsymbol{B}$ 的方向不是总平行的，且大小也不成正比，甚至没有单值关系. 各向同性非铁磁质的性能方程 $\boldsymbol{B}=\mu\boldsymbol{H}$ 对铁磁质当然不成立，但是粗略讨论中有时也用到它. 另外，绝对磁导率的计算式 $\mu=\mu_0/(1-g\mu_0)$ 对铁磁质显然也不成立.

13.3.1　铁磁质的磁化性能

下面从实验出发，介绍铁磁质的磁化性能，并粗略给出铁磁性的形成原因. 铁磁质的磁化性能(或磁化规律)一般指的是 $\boldsymbol{M}$ 和 $\boldsymbol{B}$ 之间的依存关系. 由于 $\boldsymbol{H}=\boldsymbol{B}/\mu_0-\boldsymbol{M}$，因此也常说磁化性能是 $\boldsymbol{M}$ 与 $\boldsymbol{H}$ 之间的关系或 $\boldsymbol{H}$ 与 $\boldsymbol{B}$ 之间的关系. 由于实验中易测量 $\boldsymbol{H}$ 和 $\boldsymbol{B}$，所以我们一般通过实验来研究 $\boldsymbol{H}$ 与 $\boldsymbol{B}$ 之间的关系.

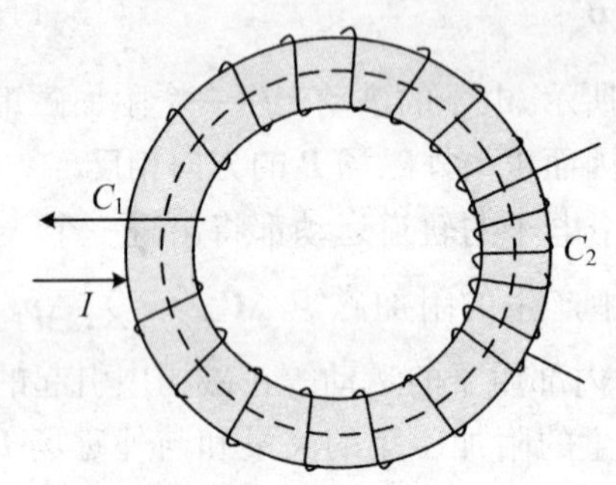

图 13.7　铁磁质磁化曲线的测定

用实验研究铁磁质的性能时通常把铁磁质式样做成环状，外面绕上两组线圈(图 13.7). 当 C_1 组线圈通入电流后，磁介质被磁化. 根据 $\boldsymbol{H}$ 的环路定理，当励磁电流为 I(在此 I 代表传导电流)时，环中的磁场强度为 $H=nI$. 因此可通过测量 I 来间接测量环中的 $\boldsymbol{H}$ 的大小. 另外，根据电磁感应原理(参见第 14 章)，通过另一组线圈 C_2 可测样品环中的磁感应强度 $\boldsymbol{B}$ 的大小. 随着励磁电流 I 的大小和通电方向的改变，样品环中的 $\boldsymbol{H}$ 和 $\boldsymbol{B}$ 会做相应的改变. 略去实验中的细节，实验结论如下.

1. *起始磁化曲线*

样品环从未磁化状态($H=B=0$)开始，电流 I 沿一个方向逐渐增大，测出许多对值(H,B)，可描绘出一条曲线，该曲线叫**起始磁化曲线**(图 13.8). 该曲线的显著特点是非线性. Oa 段增长较慢，ab 段增长较快，bc 段又趋于缓慢，到了 S 点及以后，曲线几乎不再增长. 我们说从 S 开始，磁化达到了饱和. B_S、H_S 分别叫**饱和磁感应强度**和**饱和磁场强度**.

从起始磁化曲线可以看出，$\boldsymbol{B}$ 与 $\boldsymbol{H}$ 间存在非线性关系，如果我们把磁介质的磁导率 μ 理解为常量（如非铁磁质中那样）的话，公式 $B=\mu H$ 对铁磁质自然不成立. 但是，我们可以根据起始磁化曲线，按 $\mu=B/H$ 来定义铁磁质的磁导率 μ（可结合后面的内容理解为什么约定选取起始磁化曲线来定义 μ）. 这样，对于每一个 H 值就有一个确定的 μ 值. 但不同的 H 值对应的 μ 值可以不同，即 μ 随 H 的变化而变化. 对于铁磁质，$\mu_r \gg 1$，μ_r 一般在 $10^2 \sim 10^4$，最高可达 10^6.

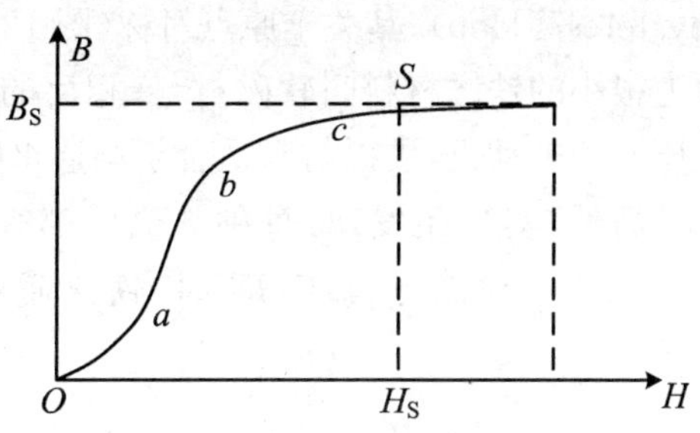

图 13.8　起始磁化曲线

2. 磁滞回线

令 H 从 H_S 减小（即减小励磁电流）到零，再次测出 $B \sim H$ 曲线（图 13.9 的 SB_R 段），会发现所测的曲线并不与起始磁化曲重合，这说明铁磁质中 B 与 H 之间并不存在单值关系. 要知道某一 B 值所对应的 H 值，必须要知道它的磁化历史，即铁磁质具有“记忆性”. 比较 OS 段与 SB_R 段可知，虽然 H 减小时 B 也减小，但 B 的减小跟不上 H 的减小（理解为：当 H 降为 H_1 时，按原来上升的规律，B 本应为 B_1，但实际上为 B_1'. 不应理解为时间上的跟不上）. 这种现象叫**磁滞**. 磁滞的一个显著特点是当 $H=0$ 时，$B \neq 0$，说明了铁磁质在没有励磁电流时也可有磁性（图 13.10 中的 B_R），这种磁性叫**剩磁**（remanence）.

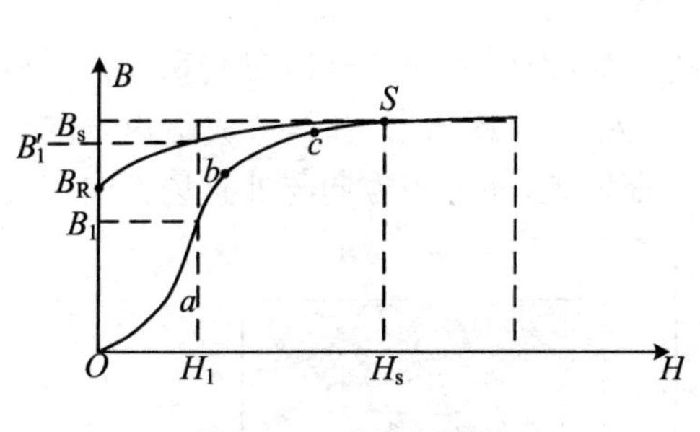

图 13.9　磁滞和剩磁

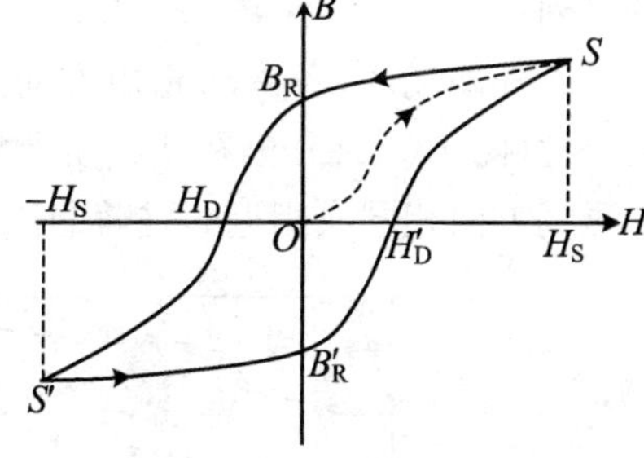

图 13.10　磁滞回线

反向增大励磁电流直至使 $B=0$，此时磁场强度 $H<0$，说明了为消除剩磁，必须加一个反向的 H_D，H_D 叫矫顽力（coercive force）. 继续反向增加励磁电流，达到反向磁饱和后（图 13.10 中 S'），再减小反向励磁电流，之后再正向增加，最终回到 S 点. 可以绘出一个闭合的曲线，这条闭合曲线叫**磁滞回线**

(hysteresis loop),其关于原点对称(图 13.10).工程上把磁滞回线比较细窄、矫顽力很小的铁磁材料叫软磁材料;相反的则叫硬磁材料.软磁材料适合于制造变压器和电动机,硬磁材料适合于制造永磁体.

另外,实验还发现:每种铁磁质都有一个临界温度 T_C——**居里点**(Curie point),当工作温度高于 T_C 时,铁磁质将丧失其铁磁性而转化为普通的顺磁质.

13.3.2 铁磁性的起因

可以说铁磁质是一种特殊的顺磁质,然而铁磁质的磁化特性不能用一般的顺磁质的磁化理论来解释,因为铁磁质元素的单个原子与顺磁质元素的单个原子相比,并不具有任何特殊的磁性.然而铁磁质的磁化特性不能用一般的顺磁质的磁化理论来解释.例如:铁原子和铬原子的结构大致相同,但是铁是典型的铁磁质,而铬则是普通的顺磁质.在技术上甚至还可以用非铁磁性物质来制成具有铁磁性的合金.另一方面,铁磁质总是固相的,这说明了铁磁性是一种与固体的结构状态有关的性质.解释铁磁质磁性起源的理论称为磁畴理论,在此简单介绍该理论的主要观点.

在铁磁质中,相邻原子和电子间存在着很强的交换耦合作用,这种相互作用促使相邻原子中的电子的自旋磁矩平行地排列起来,形成一个自发磁化达到饱和状态的微小区域,这些区域称为磁畴(magnetic domain),磁畴的体积约 10^{-15} m^3,约含10^{15}个原子.每个磁畴中,所有原子的磁矩全都沿着一个方向整齐排列.

无外磁场时,各磁畴磁矩方向杂乱无章,因而磁介质整体在宏观上无明显的磁性(图 13.11a).当在铁磁质上加上外磁场并逐渐增大时,造成磁矩方向和外磁场方向相同或相近的磁畴的体积逐渐增大,而磁矩方向与外磁场方向相反

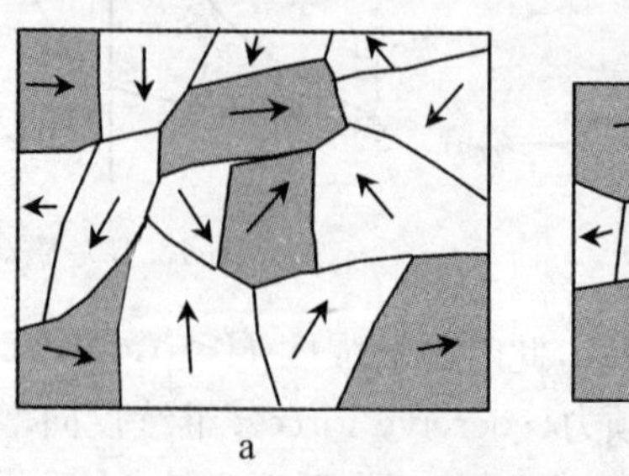

a

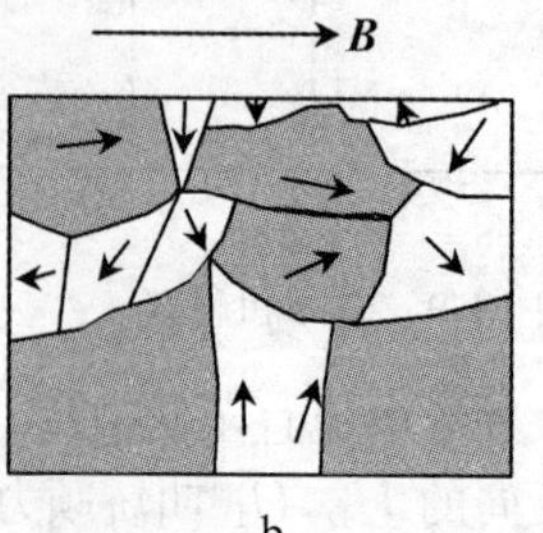

b

图 13.11 磁畴及其在外磁场作用下的变化

的磁畴的体积则逐渐缩小(叫**畴壁运动**,图 13.11b).最后,当磁场增大到一定程度后,缩小着的磁畴消失,其他所有磁畴的磁矩方向也都转向同一个方向了.外磁场越强,转向越充分.当所有磁畴都沿外磁场方向排列时,磁介质则达到饱和磁化状态,对外显示很强的磁性.

畴壁运动及磁矩的趋向是不可逆的,去除外磁场后,虽然铁磁质内部又分裂成许多磁畴,但由于掺杂和内应力等原因,磁畴之间存在摩擦阻力,使磁畴不能按原来的规律逆着恢复到磁化前的杂乱排列状态,从而使铁磁质内仍保留部分磁性,这就是磁滞现象.

根据磁畴理论,可解释高温和振动的去磁作用,磁畴的形成源于原子中电子的自旋磁矩的自发有序排列,温度 T 升高时,会使分子热运动加剧,从而破坏这种有序性.当温度达到临界温度时,磁畴全部被破坏,铁磁质也就转为普通的顺磁质了.

习　　题

一、选择题

13.1　关于稳恒电流磁场的磁场强度 $\boldsymbol{H}$,下列几种说法中哪个是正确的?(　　)

(A) $\boldsymbol{H}$ 仅与传导电流有关.

(B) 若闭合曲线内没有包围传导电流,则曲线上各点的 $\boldsymbol{H}$ 必为零.

(C) 若闭合曲线上各点 $\boldsymbol{H}$ 均为零,则该曲线所包围传导电流的代数和为零.

(D) 以闭合曲线 L 为边缘的任意曲面的 $\boldsymbol{H}$ 通量均相等.

13.2　磁介质有三种,用相对磁导率 μ_r 表征它们各自的特性时,(　　).

(A) 顺磁质 $\mu_r>0$,抗磁质 $\mu_r<0$,铁磁质 $\mu_r\gg1$

(B) 顺磁质 $\mu_r>1$,抗磁质 $\mu_r=1$,铁磁质 $\mu_r\gg1$

(C) 顺磁质 $\mu_r>1$,抗磁质 $\mu_r<1$,铁磁质 $\mu_r\gg1$

(D) 顺磁质 $\mu_r<0$,抗磁质 $\mu_r<1$,铁磁质 $\mu_r>0$

13.3　如题图 13.1 所示,图中Ⅰ,Ⅱ,Ⅲ线分别表示不同磁介质的 $B\sim H$ 关系曲线,虚线是 $B=\mu_0 H$ 关系曲线,那么表示顺磁质的是(　　).

(A) Ⅰ　　(B) Ⅱ　　(C) Ⅲ　　(D) 没有画出

二、计算题

13.4　一均匀磁化的磁棒,直径为 $d=25$ mm,长 $L=75$ mm,磁矩为 $p_m=12\,000$ A·m^2.求磁棒表面磁化电流密度 i_s.

13.5　螺绕环中心周长 $L=10$ cm,环上均匀密绕线圈 $N=200$ 匝,线圈中通有电流 $I=0.1$ A.管内充满相对磁导率 $\mu_r=4\,200$ 的磁介质,求管内磁场强度和磁感强度的大小.

13.6　一根沿轴向均匀磁化的细长永磁棒,磁化强度为 $\boldsymbol{M}$.求题图 13.2 中所标出的各点上的 $\boldsymbol{B}$ 和 $\boldsymbol{H}$.

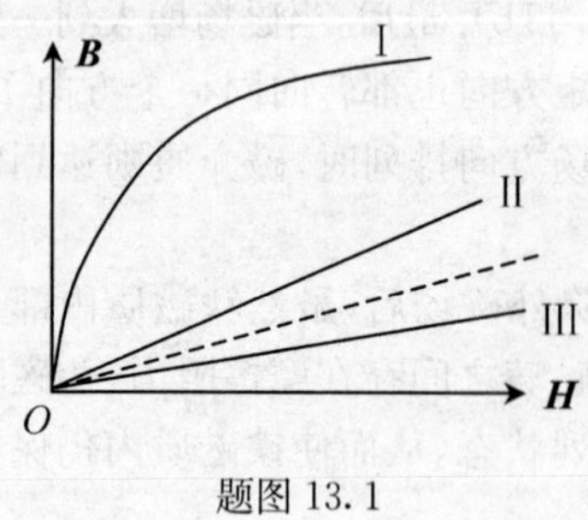

题图 13.1

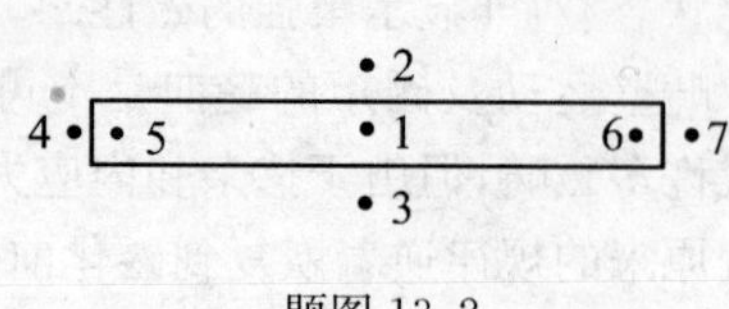

题图 13.2

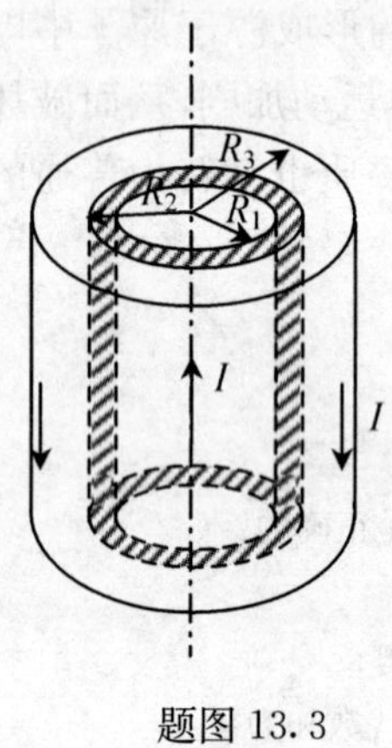

题图 13.3

13.7 一铁环的中心线周长 $l=30$ cm,横截面 $S=1.0$ m^2. 环上紧密地绕有 $N=300$ 匝线圈. 当导线中电流 $I=32$ mA 时,通过环截面的磁通量 $\Phi=2.0\times10^{-5}$ Wb. 试求铁芯的磁化率 χ_m.

13.8 在磁化强度为 $\boldsymbol{M}$ 的均匀磁化的无限大磁介质中,挖出一个半径为 R 的球形腔. 求此腔表面的磁化电流面密度和磁化电流产生的磁矩.

13.9 一根同轴线由半径为 R_1 的长导线和套在它外面的内半径为 R_2、外半径为 R_3 的同轴导体圆筒组成. 中间充满磁导率为 μ 的各向同性均匀非铁磁绝缘材料,如题图 13.3. 传导电流 I 沿导线向上流去,由圆筒向下流回,在它们的截面上电流都是均匀分布的. 求同轴线内外的磁感强度大小 B 的分布.

三、小论文写作练习

13.10 物质抗磁性的起因.

13.11 铁磁质的特性及其应用.

第 14 章　电磁感应

1820 年电流磁效应的发现,从一个方面揭示了电与磁之间的联系.与此同时,物理学界开始关注电流磁效应的逆效应,即磁的电效应,着重探索这种逆效应将以怎样的形式表现出来?

经过长达 11 年的努力,终于在 1831 年由英国物理学家法拉第发现了这种逆效应,并且认识到这种逆效应是一种在变化和运动过程中才出现的效应. 1831 年 11 月 24 日,法拉第在英国皇家学会宣读了他在《电学实验研究》上发表的关于这种逆效应的 4 篇论文,论文中正式把这种逆效应定名为电磁感应,并且把电磁感应与静电感应进行了比较,明确指出电磁感应与静电感应是两种不同的效应.

14.1　电磁感应的基本定律

14.1.1　电磁感应现象

当闭合导体回路处于变化的磁场中(图 14.1a)、或者导体回路的一部分在磁场中运动(图 14.1b)、或者导体回路在磁场中转动(图 14.1c)时,实验发现:回路中会产生电流,这类现象称为**电磁感应现象**.

法拉第在 1831 年就从实验上发现了这类现象,并总结出:当闭合导体回路所包围的面积 S 上的磁通量 $\Phi=\iint \boldsymbol{B}\cdot \mathrm{d}\boldsymbol{S}=\iint B\cos\theta \mathrm{d}S$ 发生变化时(图 14.1a, b, c 依次对应于 B,S,θ 发生变化),导体回路中就会产生电流,称之为**感应电流**.

14.1.2　楞次定律

1833 年,俄国物理学家楞次从实验中总结出如下关于确定感应电流方向的规律:闭合电路中感应电流的方向,总是企图使感应电流本身所产生的磁场通

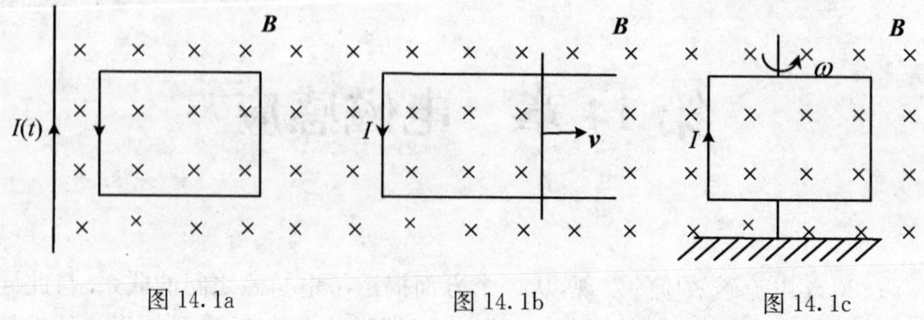

图 14.1a 图 14.1b 图 14.1c

过回路面积的磁通量，去补偿或者说反抗引起感应电流的磁通量的改变. 这个规律叫**楞次定律**(Lenz's Law).

按照这个定律，可以如下确定感应电流的方向：假定引起感应电流的磁通量为（只要适当地选择面积 S 的法线方法，总能实现此假定）

$$\Phi=\iint_S \boldsymbol{B}\cdot \mathrm{d}\boldsymbol{S}>0$$

感应电流本身所产生的磁场通过回路面积的磁通量为

$$\Phi'=\iint_S \boldsymbol{B}'\cdot \mathrm{d}\boldsymbol{S}$$

其中 $\boldsymbol{B}'$ 是感应电流本身所产生的磁场的磁感应强度，则：

当 Φ 增加时，$\Phi'<0$（即阻碍 Φ 的增加），$\boldsymbol{B}'$ 与 $\boldsymbol{B}$ 反向

当 Φ 减少时，$\Phi'>0$（即阻碍 Φ 的减少），$\boldsymbol{B}'$ 与 $\boldsymbol{B}$ 同向

由此可以确定感应电流本身所产生的磁场 $\boldsymbol{B}'$ 的方向. 因 $\boldsymbol{B}'$ 的方向与感应电流的方向呈右手螺旋关系，所以由 $\boldsymbol{B}'$ 的方向可以确定感应电流的方向. 实例如图 14.2，图中实箭头线代表引起感应电流的磁感应线（$\boldsymbol{B}$ 线），虚箭头线代表感应电流产生的磁场的磁感应线（$\boldsymbol{B}'$ 线）.

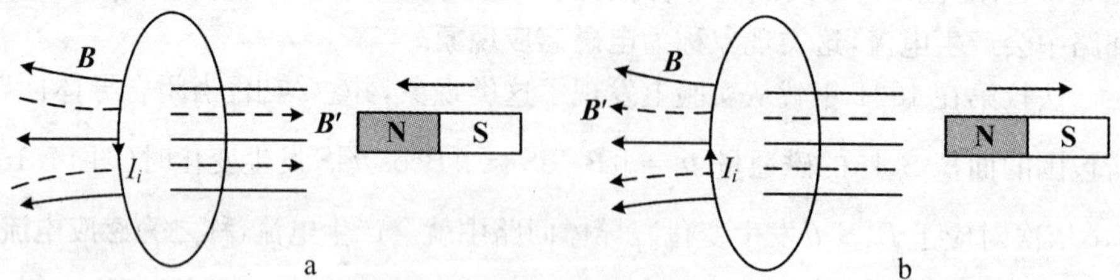

图 14.2 楞次定律应用实例

楞次定律是能量守恒定律在电磁感应理论中的体现. 为了理解这一点，我们从功和能的角度来分析图 14.2a 中的实例. 假设磁铁水平匀速运动（磁铁在

运动中动能不变). 当永久磁铁向左插入时,感应电流 I_i 的方向如图,此时线圈可被等效成是一个磁铁,其磁极为左 S 右 N,它正好与向左插入的永久磁铁相互排斥. 为了使永久磁铁能够向左匀速运动,外力必须作功. 另一方面,感应电流在线圈中要产生焦耳热,这个热量正是从外力的功转化过来的.

14.1.3　法拉第电磁感应定律

由第 11 章可知,传导电流的存在与电源的存在密切相关,而表征电源的特征量是电源的电动势. 与感应电流相联系的电动势称为感应电动势(induced emf),用 ε_i 表示.

如图 14.3,设有一闭合导体回路,其所包围的面积的法线方向为 $\boldsymbol{e}_n$,取一与 $\boldsymbol{e}_n$ 呈右手螺旋关系的绕行方向 L,大量的实验表明:通过导体回路所包围的面积上的磁通量发生变化时,回路中产生的感应电动势 ε_i 与该磁通量的时间变化率成正比. 这个规律叫法拉第电磁感应定律,表示为

$$\varepsilon_i = -\frac{d\Phi}{dt} \quad \left(\Phi = \iint_S \boldsymbol{B} \cdot d\boldsymbol{S}\right) \tag{14.1}$$

按式(14.1)计算,若 $\varepsilon_i > 0$,则表示感应电动势的方向(即感应电流的方向)与绕行方向 L 相同;若 $\varepsilon_i < 0$,则表示感应电动势的方向(即感应电流的方向)与绕行方向 L 相反. 这样给出的方向与用楞次定律判定的方向是一致的.

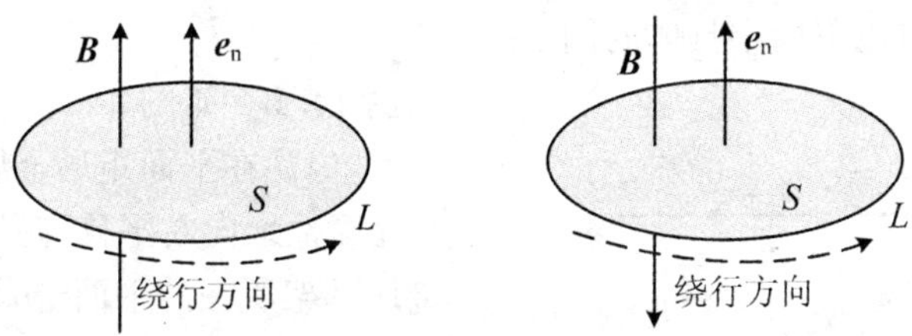

图 14.3

需要注意的是:在电源内部,电动势的方向与电流的方向相同;在具体应用式(14.1)计算感应电动势的工作中,为使计算简便,尽量选取 $\boldsymbol{e}_n$ 与 $\boldsymbol{B}$ 的方向相同或相近.

推论　(1) 若导体回路的电阻为 R,则回路中感应电流的强度为

$$I_i = \frac{\varepsilon_i}{R} = -\frac{1}{R}\frac{d\Phi}{dt}$$

(2) 在 $\Delta t = t_2 - t_1$ 的时间内,通过导体回路中任一截面积 S 的电量为

$$\Delta q = \int \mathrm{d}q = \int_{t_1}^{t_2} I_i \mathrm{d}t = -\frac{1}{R}\int_{t_1}^{t_2} \mathrm{d}\Phi = \frac{1}{R}[\Phi(t_1) - \Phi(t_2)]$$

(3) 对于由 N 匝导线绕成的线圈回路，由于这 N 匝导线是串联的，总感应电动势为

$$\varepsilon_i = -N\frac{\mathrm{d}\Phi}{\mathrm{d}t} = -\frac{\mathrm{d}(N\Phi)}{\mathrm{d}t} = -\frac{\mathrm{d}\Psi}{\mathrm{d}t}$$

其中 Φ 是通过某一匝导线回路的磁通量，习惯上把 Ψ 称为**磁通量匝数**或**磁链数**.

14.2 动生电动势

依据法拉第电磁感应定律，只要穿过闭合回路的磁通量发生变化，回路中就会产生感应电动势. 分析后发现，引起磁通量变化的原因可分为两类：其一是磁场不随时间变化而导体回路的面积或该面积的法线方向随时间发生变化(图 14.1b,c)，即导体与磁场之间有相对运动(动生型电磁感应)，其二是磁场随时间变化而导体与磁场之间无相对运动(图 14.1a 感生型电磁感应). 本节讨论第一类情形，先看以下两个具体的例子.

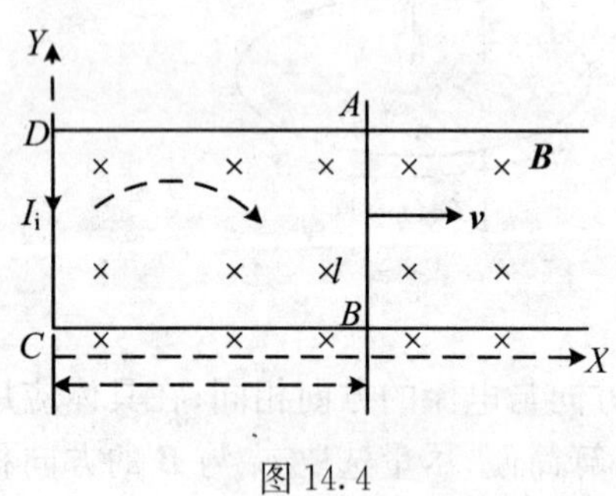

图 14.4

例 14.1 如图 14.4，在匀强磁场 $\boldsymbol{B}$ 中，导线 AB 在平面矩形金属框架上以匀速 $\boldsymbol{v}$ 无摩擦地向右平移，磁场的方向垂直于金属框架所在的平面，初始时刻 AB 与 CD 重合. 求任意时刻回路中的感应电动势.

解 取回路面积的法线方向 $\boldsymbol{e}_n$ 与 $\boldsymbol{B}$ 同向，则绕行方向如图. 任一时刻通过回路 $ABCD$ 所包围的面积的磁通量为

$$\Phi = \iint_S \boldsymbol{B}\cdot \mathrm{d}\boldsymbol{S} = \iint_S B\cos 0^\circ \mathrm{d}S = BS = Blx$$

所以

$$\varepsilon_i = -\frac{\mathrm{d}\Phi}{\mathrm{d}t} = -Bl\frac{\mathrm{d}x}{\mathrm{d}t} = -Blv$$

即 ε_i 的大小为 Bvl，方向与绕行方向相反，沿 $D\to C\to B\to A\to D$ 方向，此方向也

可以方便地用楞次定律来判定.

例 14.2　将上例中的均匀磁场改为载流为 I 的长直导线产生的非均匀磁场(图 14.5),再计算感应电动势(载流长直导线与矩形金属框架共面且与导线 AB 平行).

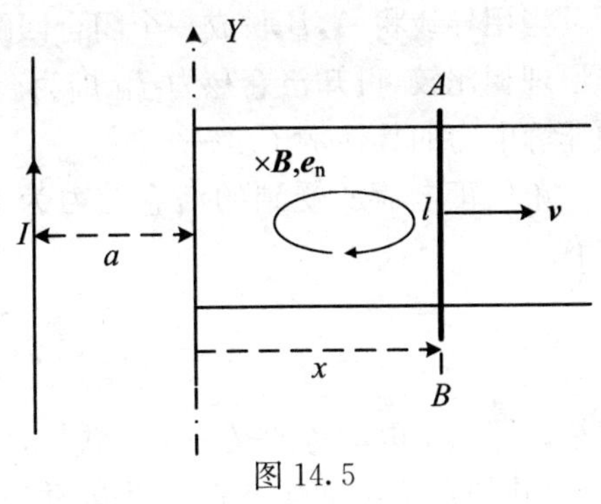

图 14.5

解　取回路面积的法线方向 $\boldsymbol{e}_n$ 与 $\boldsymbol{B}$ 同向,任一时刻通过回路所包围的面积的磁通量为

$$\Phi = \iint_S \boldsymbol{B} \cdot \mathrm{d}\boldsymbol{S} = \int Bl\,\mathrm{d}x = \int_a^{a+x} \frac{\mu_0 Il}{2\pi r}\mathrm{d}r = \frac{\mu_0 Il}{2\pi}\ln\frac{a+x}{a}$$

所以

$$\varepsilon_i = -\frac{\mathrm{d}\Phi}{\mathrm{d}t} = -\frac{\mu_0 Il}{2\pi}\frac{\mathrm{d}}{\mathrm{d}t}\left(\ln\frac{a+x}{a}\right) = -\frac{\mu_0 Il}{2\pi}\frac{a}{a+x}\frac{\mathrm{d}}{\mathrm{d}t}\left(\frac{a+x}{a}\right)$$

$$= -\frac{\mu_0 Il}{2\pi}\frac{a}{a+x}\left(\frac{1}{a}\right)\frac{\mathrm{d}x}{\mathrm{d}t} = -\frac{\mu_0 Il}{2\pi}\frac{v}{a+x}$$

14.2.1　动生电动势及相应的非静电力

由于导体在磁场中运动而产生的感应电动势,习惯上称为**动生电动势**.第 11 章曾说明,电源的电动势是电源内单位正电荷所受的非静电力作的功 $\varepsilon = \oint \boldsymbol{E}_k \cdot \mathrm{d}\boldsymbol{l}$. 为了认识动生电动势存在的根本原因,我们来寻找与之对应的非静电力.为简单起见,取例 14.1 进行分析,将图 14.4 中的运动导体 AB 放大,如图 14.6 所示.

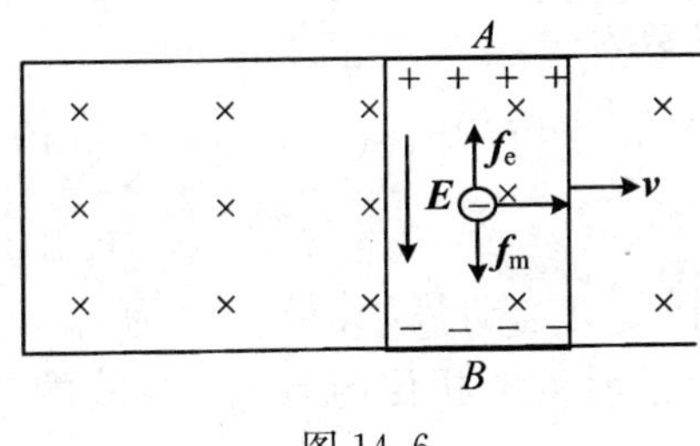

图 14.6

当 AB 以速度 $\boldsymbol{v}$ 运动时,AB 内的电子也以速度 $\boldsymbol{v}$ 作牵连运动,因此各个电子都受到洛仑兹力的作用.洛仑兹力是 $\boldsymbol{f}_m = (-e)\boldsymbol{v}\times\boldsymbol{B}$,方向为 $A\rightarrow B$ 方向.在 $\boldsymbol{f}_m$ 的作用下,导体内的自由电子向 B 端运动,使得 B 端带负电,相应地 A 端带正电.A,B 两端带电后,在 A,B 之间产生一电场 $\boldsymbol{E}$,相应地每个运动电子又要受一个电场力 $\boldsymbol{f}_e = -e\boldsymbol{E}$ 的作用,$\boldsymbol{f}_e$ 阻碍电子向 B 端运动,$\boldsymbol{f}_e$ 是由零逐渐增大的,当 $\boldsymbol{f}_e = \boldsymbol{f}_m$ 时,电子所受的合力为零,向 B 端的运动即停止,此时导体 AB 相当于一个处于开路状态的电源.

当用导线将 A,B 联成一个闭合回路时，回路中出现感应电流，与电源的工作原理相比较，可知洛仑兹力 $\boldsymbol{f}_m$ 即为产生动生电动势的非静电力. 这也是电源内非静电力的具体例子之一.

单位正电荷所受到的洛仑兹力为 $\boldsymbol{E}_k=\boldsymbol{v}\times\boldsymbol{B}$，按第 11 章关于电动势的定义有

$$\varepsilon_i=\int_-^+\boldsymbol{E}_k\cdot d\boldsymbol{l}=\int_-^+(\boldsymbol{v}\times\boldsymbol{B})\cdot d\boldsymbol{l} \tag{14.2}$$

这是计算动生电动势的又一个公式，由此得到的结果与用法拉第定律得出的结果是相同的. 需要注意的是：动生电动势只存在于运动着的导体内，回路只是起电流通路的作用. 即使没有感应电流，动生电动势仍然存在.

14.2.2 在磁场中转动的线圈中的感应电动势——发电机的基本原理

如图 14.7，在均匀磁场中，矩形线圈 $ABCD$ 以角速度 ω 绕转轴 OO' 匀速转动. 线圈的匝数为 N，面积为 S，转轴与磁场 $\boldsymbol{B}$ 垂直. 在 $t=0$ 时，线圈平面的法向 $\boldsymbol{e}_n$ 与磁感应强度 $\boldsymbol{B}$ 的夹角为 0，我们来讨论线圈中的动生电动势.

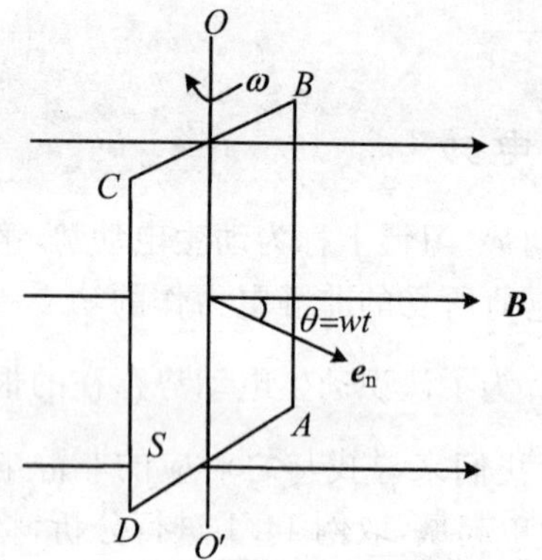

图 14.7　在均匀磁场中匀速转动的线圈

任意时刻 t，通过每匝线圈中的磁通量为 $\Phi=\boldsymbol{B}\cdot\boldsymbol{S}=BS\cos\theta=BS\cos\omega t$. 线圈中的动生电动势为

$$\varepsilon_i=-N\frac{d\Phi}{dt}=NBS\omega\sin\omega t=\varepsilon_{max}\sin\omega t \tag{14.3}$$

这是一个交变电动势，其最大值为 $\varepsilon_{max}=NSB\omega$，任意时刻的相位与时刻 t 及线圈的初始位置有关. 此即交流发电机的基本原理.

例 14.3　如图 14.8，在与均匀磁场垂直的平面内，有一长为 L 的导线 OA，导线在该平面内绕 O 点以匀角速 ω 转动，转轴与 $\boldsymbol{B}$ 平行. 求 OA 上的动生电动势 ε_i 及 O,A 之间的电压 U_{AO}.

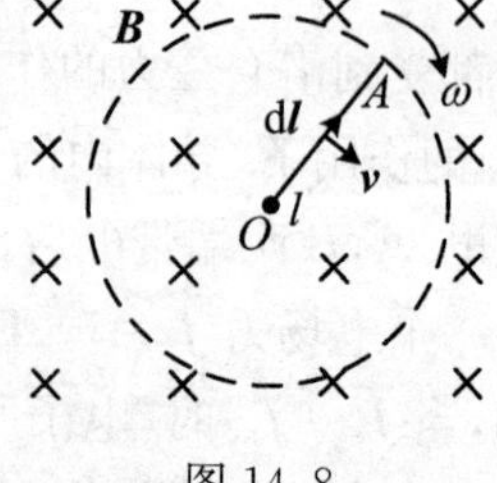

图 14.8

解　在 OA 上距 O 点为 l 处取线元 $d\boldsymbol{l}$，方向为由 O 指向 A. 在 $d\boldsymbol{l}$ 上，

$$(\boldsymbol{v}\times\boldsymbol{B})\cdot d\boldsymbol{l}=\omega lBdl$$

OA 上的电动势为

$$\varepsilon_i = \int_{-}^{+}(\boldsymbol{v}\times\boldsymbol{B})\cdot d\boldsymbol{l} = \int_{O}^{A}(\boldsymbol{v}\times\boldsymbol{B})\cdot d\boldsymbol{l} = \int_{0}^{L}\omega lB\,dl = \frac{1}{2}B\omega L^2 \qquad (14.4)$$

导线中的动生电动势的方向从 O 指向 A，即 A 端积累正电荷（正极），O 端积累负电荷（负极）. 导线 OA 相当于一个开路的电源，电势差 U_{AO} 为：$U_{AO}=V_A-V_O=\omega BL^2/2$.

例 14.4　如图 14.9，一无限长直导线中通有电流 I. 一长为 l 并与长直导线垂直的金属棒 CD 以速度 $\boldsymbol{v}$ 向上匀速运动. 棒的近导线的一端与导线的距离为 a，求棒中的动生电动势.

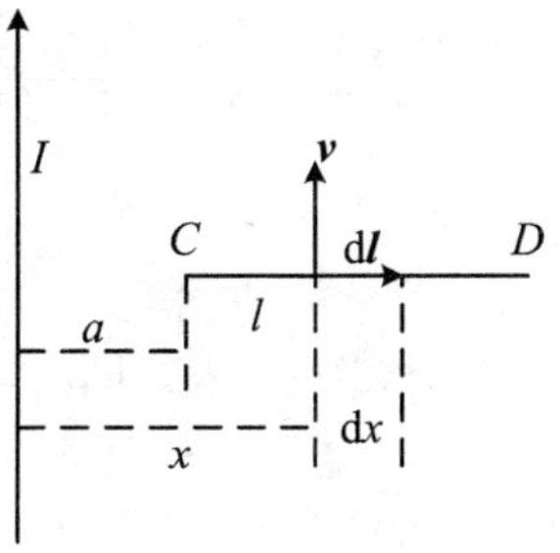

图 14.9

解　在 CD 上距直导线 x 处取线元 $d\boldsymbol{x}$，方向由 C 指向 D. 因为

$$(\boldsymbol{v}\times\boldsymbol{B})\cdot d\boldsymbol{l} = -Bv\,dx = -\frac{\mu_0 I}{2\pi x}v\,dx$$

所以金属棒 CD 中的电动势为

$$\varepsilon_i = \int_{-}^{+}(\boldsymbol{v}\times\boldsymbol{B})\cdot d\boldsymbol{l} = \int_{D}^{C}(\boldsymbol{v}\times\boldsymbol{B})\cdot d\boldsymbol{l} = -\int_{C}^{D}(\boldsymbol{v}\times\boldsymbol{B})\cdot d\boldsymbol{l}$$

$$= \frac{\mu_0 Iv}{2\pi}\int_{a}^{a+l}\frac{dx}{x} = \frac{\mu_0 Iv}{2\pi}\ln\frac{a+l}{a}$$

负号表示 $d\boldsymbol{x}$ 方向与 $\boldsymbol{E}_k=\boldsymbol{v}\times\boldsymbol{B}$ 的方向相反，即 ε 方向由 D 指向 C.

以上两例都是用公式(14.2)计算动生电动势的典型示例，这两例更加具体地表明：即使没有感应电流，动生电动势仍然存在.

14.3　感生电动势和感生电场

本节讨论感生型电磁感应. 先看下面的例题.

例 14.5　如图 14.10，总匝数为 N 的长方形线圈固定地置于由载流为 $I=I_0\sin\omega t$ 的无限长直导线所产生的磁场中，线圈与载流导线在同一个平面内. 求线圈中的感应电动势.

解　取回路绕行方向如图，回路正法线方向 $\boldsymbol{e}_n$ 与绕行方向成右手螺旋关系. 通过一匝线圈平面的磁通量为

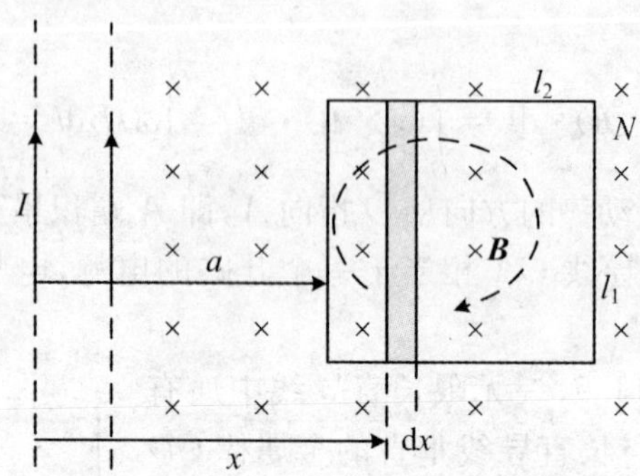

图 14.10　涡旋电场

$$\Phi = \iint_S \boldsymbol{B} \cdot \mathrm{d}\boldsymbol{S} = \int B l_1 \mathrm{d}x = \int_a^{a+l_2} \frac{\mu_0 I l_1}{2\pi x} \mathrm{d}x$$

$$= \frac{\mu_0 I l_1}{2\pi} \ln \frac{a+l_2}{a} = \left(\frac{\mu_0 I_0 l_1}{2\pi} \ln \frac{a+l_2}{a}\right) \sin \omega t$$

所以

$$\varepsilon_i = -N \frac{\mathrm{d}\Phi}{\mathrm{d}t} = -\left(N \frac{\mu_0 \omega I_0 l_1}{2\pi} \ln \frac{a+l_2}{a}\right) \cos \omega t = \varepsilon_0 \cos(\omega t + \pi)$$

其中 $\varepsilon_0 = N \frac{\mu_0 \omega I_0 l_1}{2\pi} \ln \frac{a+l_2}{a}$. 线圈中的电动势是交变的.

14.3.1　感生电动势和感生电场

一个静止的导体回路,当它包围的空间的磁场发生变化时,穿过它的磁通量也会发生变化,这时回路中也会产生感应电动势,这种感应电动势叫**感生电动势**.

产生动生电动势的非静电力是洛仑兹力,而产生感生电动势的非静电力就不可能是洛仑兹力,因为导体在磁场中不动. 但可以肯定:这种非静电力与磁场的变化有关.

物理学家麦克斯韦(Maxwell)对磁场变化产生感应电动势的现象做了深入的分析,他敏锐而深刻地认识到,导体回路中产生感生电动势而形成感生电流,说明导体中原来宏观静止的自由电子受到了某种类型的非静电力的作用. 为此,他提出了如下假设:

(1) 变化的磁场在其周围空间会激发或产生一种电场,称为**涡旋电场**或**感生电场**(图 14.11).

(2) 带电粒子在感生电场中要受到感生电场力的作用,且 $\boldsymbol{f} = q\boldsymbol{E}_{感}$,其中

$E_{感}$ 是感生电场的电场强度.

麦克斯韦的这一假设后来被大量的实验事实证明是正确的.

14.3.2　感生电场的性质

如图14.11,在变化磁场中存在一个闭合回路 L(L 可以是一个闭合导线,也可以是一个假想的回路),其绕行方向与回路所围曲面 S 的法线方向 e_n 满足右手螺旋关系.根据法拉第电磁感应定律,回路中的感生电动势可表示为

$$\varepsilon_i = -\frac{d\Phi}{dt} = -\frac{d}{dt}\iint_S \boldsymbol{B}\cdot d\boldsymbol{S} = -\iint_S \frac{\partial \boldsymbol{B}}{\partial t}\cdot d\boldsymbol{S} \tag{14.5}$$

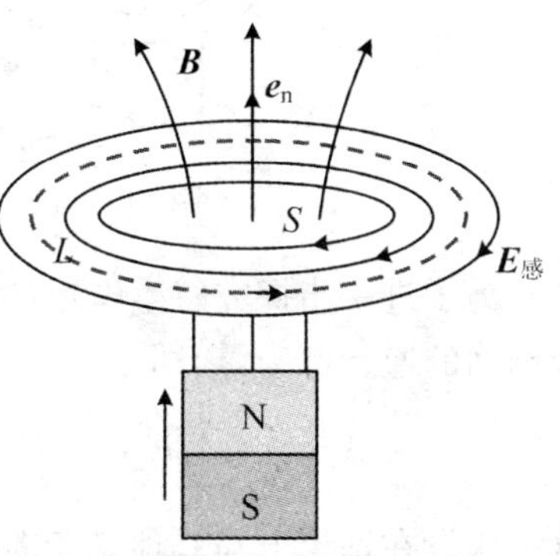

图14.11　涡旋电场

根据麦克斯韦假设,产生感生电动势的非静电力是感生电场力.导体内的自由电子所受到的感生电场力为 $\boldsymbol{f}=-e\boldsymbol{E}_{感}$,单位正电荷所受到的感生电场力为 $\boldsymbol{f}=\boldsymbol{E}_k=\boldsymbol{E}_{感}$.即感生电场 $\boldsymbol{E}_{感}$ 就是产生感生电动势的非静电性场强.$\boldsymbol{E}_{感}$ 沿闭合回路 L 积分一周应等于该闭合回路中的感生电动势,即

$$\varepsilon_i = \oint_L \boldsymbol{E}_k \cdot d\boldsymbol{l} = \oint_L \boldsymbol{E}_{感}\cdot d\boldsymbol{l} \tag{14.6}$$

结合式(14.5)和(14.6),得

$$\oint_L \boldsymbol{E}_{感}\cdot d\boldsymbol{l} = -\iint_S \frac{\partial \boldsymbol{B}}{\partial t}\cdot d\boldsymbol{S} \tag{14.7}$$

按式(14.7),感生电场的环流不为零,所以感生电场又称为**涡旋电场**(curl electric field).

由于电动势的方向与单位正电荷所受到的非静电力的方向相同,所以 $\boldsymbol{E}_{感}$ 的方向与 ε_i 的方向相同.那么,在一般情况下,如何根据磁场的变化方向(即 $\partial\boldsymbol{B}/\partial t$ 的方向)直接确定 $\boldsymbol{E}_{感}$ 的方向呢?可先根据图14.12作分析如下:

如图14.12a,当 $\boldsymbol{B}\uparrow$ 时,$\partial\boldsymbol{B}/\partial t$ 与 $\boldsymbol{B}$ 同向,则根据公式(14.5)得 $\varepsilon_i<0$,即 ε_i 的方向($\boldsymbol{E}_{感}$ 的方向)与回路 L 的绕行方向相反(当然,也可根据楞次定律判断);

如图14.12b,当 $\boldsymbol{B}\downarrow$ 时,$\partial\boldsymbol{B}/\partial t$ 与 $\boldsymbol{B}$ 反向,则根据公式(14.5)得 $\varepsilon_i>0$,即 ε_i 的方向($E_{感}$ 的方向)与回路 L 的绕行方向相同.

由此得出:$\partial\boldsymbol{B}/\partial t$ 与 $\boldsymbol{E}_{感}$ 的方向之间满足左手螺旋关系,即**感生电场是左**

旋场.

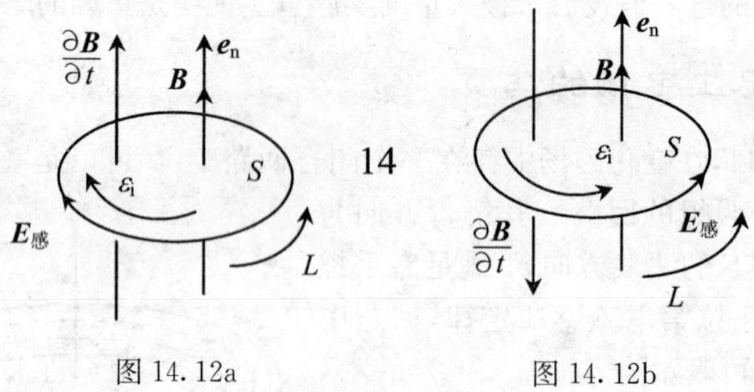

图 14.12a　　　　　　　　图 14.12b

为了进一步探究感生电场的性质，麦克斯韦又合理假设感生电场对任何闭合曲面的通量都为零，即

$$\oiint_S \boldsymbol{E}_{感} \cdot \mathrm{d}\boldsymbol{S} = 0 \quad 或 \quad \oiint_S \boldsymbol{D}_{感} \cdot \mathrm{d}\boldsymbol{S} = 0 \tag{14.8}$$

这一假设在理论上与其他结论都很融洽，且由此推出的结论与实验事实一致，所以这一假设被电磁理论普遍接受. 式(14.8)说明感生电场线是闭合曲线.

感生电场概念的问世，使人类对电磁规律的认识又取得了一个重大突破. 首先，它表明了除库仑电场外，人类又发现了一种新的电场，且两种电场产生的原因与性质都不同. 库仑电场由电荷产生，是有源无旋场；感生电场由变化的磁场产生，是无源有旋场. 两者的共同之处在于，库仑电场和感生电场都能给予其中的电荷以作用力(所以都被称为电场)，前者是静电力，后者是非静电力. 如果空间两种电场同时存在，则两者之和的总电场应为有旋电场，其中电荷所受到的总电力也是两种作用力之和. 其次，感生电场是由变化磁场产生的，从而揭示了电场与磁场内在联系的一个侧面，使人类认识到电场与磁场不再彼此无关，迈出了对电磁场统一性的认识关键的第一步.

导体内的涡旋电场在导体内产生的涡旋状闭合感应电流叫**涡电流**. 涡流与普通电流一样要产生焦耳热.

14.3.3　螺线管磁场变化引起的感生电场

原则上，利用描述感生电场规律的两个方程(14.7)和(14.8)，再加上边界条件，就可以求出感生电场的分布. 但在许多情况下，求感生电场的计算会遇到数学困难，只有少数具有对称性的简单情况才比较容易计算. 一个较常见的例子是计算载有时变电流的螺线管内部变化的磁场($\partial \boldsymbol{B}/\partial t \neq 0$)在空间所激发的感生电场 $\boldsymbol{E}_{感}$.

例 14.6　长直螺线管半径为R,内部磁场$\boldsymbol{B}$方向如图14.13所示,且在管内空间均匀分布.如果$\boldsymbol{B}$以恒定的速率增加(即$\partial \boldsymbol{B}/\partial t>0$),求管内、外的感生电场.

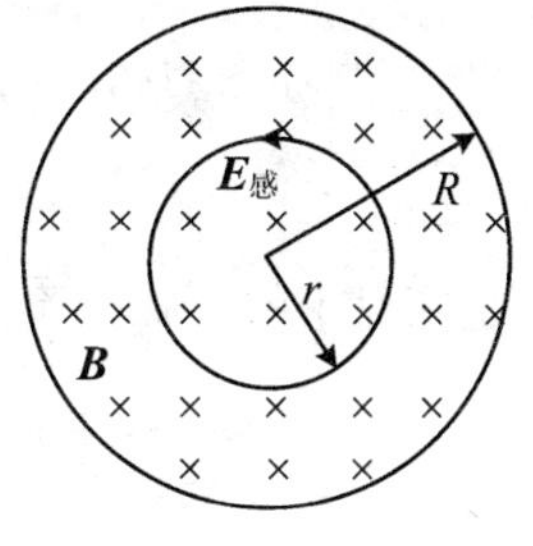

图 14.13

解　根据对称性分析,感生电场线(即$\boldsymbol{E}_{感}$线)的形状是在螺线管轴截面上的一个个同心圆周,与螺旋管中心轴线同轴的圆柱面上各点的$\boldsymbol{E}_{感}$大小相等.取半径为r的同心圆为闭合回路,且取回路的绕行方向与管内的$\boldsymbol{B}$呈右手螺旋关系,如图14.13,则有:

当$r\leqslant R$时,

$$\oint_l \boldsymbol{E}_{感}\cdot \mathrm{d}\boldsymbol{l}=-\iint_S \frac{\partial \boldsymbol{B}}{\partial t}\cdot \mathrm{d}\boldsymbol{S}$$

即

$$2\pi r E_{感}=-\frac{\mathrm{d}B}{\mathrm{d}t}\pi r^2$$

所以

$$E_{感}=-\frac{r}{2}\frac{\mathrm{d}B}{\mathrm{d}t} \tag{14.9}$$

当$r\geqslant R$时,

$$\oint_l \boldsymbol{E}_{感}\cdot \mathrm{d}\boldsymbol{l}=-\iint_S \frac{\partial \boldsymbol{B}}{\partial t}\cdot \mathrm{d}\boldsymbol{S}$$

即

$$2\pi r E_{感}=-\pi R^2\frac{\mathrm{d}B}{\mathrm{d}t}$$

所以

$$E_{感}=-\frac{R^2}{2r}\frac{\mathrm{d}B}{\mathrm{d}t} \tag{14.10}$$

由于$\partial \boldsymbol{B}/\partial t>0$,螺线管内、外的感生电场的实际方向为逆时针方向.

例 14.7　如图14.14a,设有一半径为R,高度为b的铝圆盘,其电导率为γ.把圆盘放在磁感强度为$\boldsymbol{B}$的均匀磁场中,磁场方向垂直盘面.设磁场随时间变化,且$\partial B/\partial t=k$,k为一常量.求盘内的涡旋电流(圆盘内感应电流自己的磁场略去不计).

解　如图14.14b,在圆盘上$r\to r+\mathrm{d}r$间取厚度为b的矩形圆环,圆环的环绕电阻$\mathrm{d}R=2\pi r\mathrm{d}r/(\gamma b)$.取圆环的绕行方向与$\boldsymbol{B}$成右手螺旋关系,则圆环中的感生电动势为

$$\varepsilon_i = -\iint_S \frac{\partial \boldsymbol{B}}{\partial t} \cdot d\boldsymbol{S} = -\frac{d}{dt}\iint_S B\, d\boldsymbol{S} = -\pi r^2 k$$

所以,在圆环内的涡旋电流为

$$dI = \frac{\varepsilon_i}{dR} = -\frac{kb\gamma}{2} r dr$$

于是圆盘中的涡旋电流为

$$I = \int dI = -\frac{k\,b\gamma}{2}\int_0^R r dr = -\frac{1}{4}k\gamma R^2 b$$

当 $k<0$ 时,$\varepsilon_i>0$,$I>0$,说明盘内涡旋电流的流向与 $\boldsymbol{B}$ 成右手螺旋关系;否则,盘内涡旋电流反向流动.

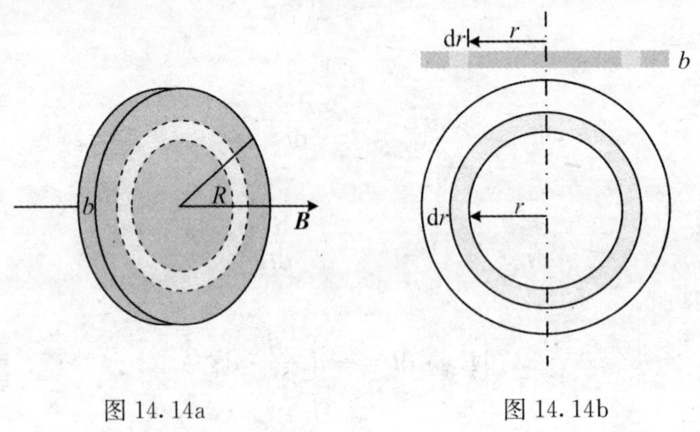

图 14.14a　　图 14.14b

14.4 自感应与互感应

磁场源于电流,如果电流变化,则必然导致其所产生的磁场发生变化,致使处在变化磁场中的线圈上产生感生电动势.这类感生型电磁感应现象在电工、电子技术中普遍存在.本节讨论比较常见的两类现象,即自感应(self-induction)现象和互感应(mutual induction)现象.

14.4.1 自感应

1. 自感现象

图 14.15 为一通电闭合回路,匝数为 N,每匝电流为 I.由于 I 在周围产生

磁场,所以回路所包围的面积上有该磁场的磁链数 Ψ(此时习惯上称 Ψ 为**自感磁链**). 当 I 随着时间变化时,必然引起 Ψ 的变化,按法拉第定律,回路中将出现感应电动势.

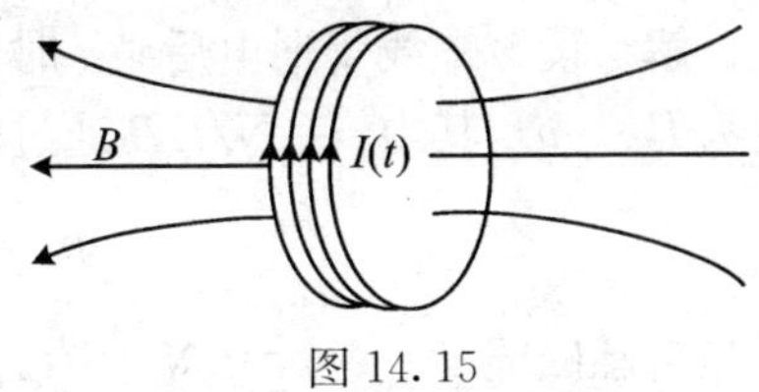

图 14.15

这种由于回路中电流变化,引起自感磁链发生变化,从而在自身回路中激起感应电动势的现象称为**自感现象**,相应的电动势叫**自感电动势**(emf by self-induction),自感电动势常用 ε_L 来表示.

2. 自感系数和自感电动势的计算

按法拉第定律,可求得回路中的感应电动势 $\varepsilon_L=-\mathrm{d}\Psi/\mathrm{d}t$. 由于磁场 $\boldsymbol{B}$ 的分布通常很复杂,所以 Ψ 的计算一般也很复杂. 当回路周围不存在铁磁性物质时,根据毕奥–萨伐尔定律可知 $B\propto I$,再结合 Ψ 的常用计算式 $\Psi=N\Phi$(其中 $\Phi=\iint_S \boldsymbol{B}\cdot\mathrm{d}\boldsymbol{S}$),可以推出 $\Psi\propto B\propto I$. 通常令

$$\Psi=LI \tag{14.11}$$

其中 L 称为回路的**自感系数**,简称**自感**(或**电感**). L 的大小等于回路中电流为单位数值时通过这个回路所围面积上的自感磁链. L 的单位为亨利,符号为 H, $1\ \mathrm{H}=1\ \mathrm{Wb\cdot A^{-1}}$(或 $1\ \mathrm{H}=1\ \mathrm{V\cdot s\cdot A^{-1}}$). 此外还常用毫亨(mH)与微亨($\mu$H)作自感系数的单位,$1\ \mathrm{mH}=10^{-3}\ \mathrm{H}$,$1\ \mu\mathrm{H}=10^{-6}\ \mathrm{H}$.

L 与回路的几何形状、匝数及周围的磁介质等因素有关. 所以,如同电阻、电容一样,自感也是一个电路参数.

习惯上取自感系数 L 为正数,因而在具体求解 Ψ 时,要求取回路的绕行方向与 I 的方向一致. 将 $\Psi=LI$ 代入 $\varepsilon_L=-\mathrm{d}\Psi/\mathrm{d}t$ 后得

$$\varepsilon_L=-L\frac{\mathrm{d}I}{\mathrm{d}t} \tag{14.12}$$

从式(14.12)可以得出,若 $I\uparrow$,$\mathrm{d}I/\mathrm{d}t>0$,则 $\varepsilon_L<0$,表示 ε_L 的方向与 I 的方向相反;反之亦然. 所以,常把自感电动势 ε_L 叫做**反电动势**. 为此,可进一步认识到回路的自感系数 L 是一个体现回路自身产生反电动势能力的物理量.

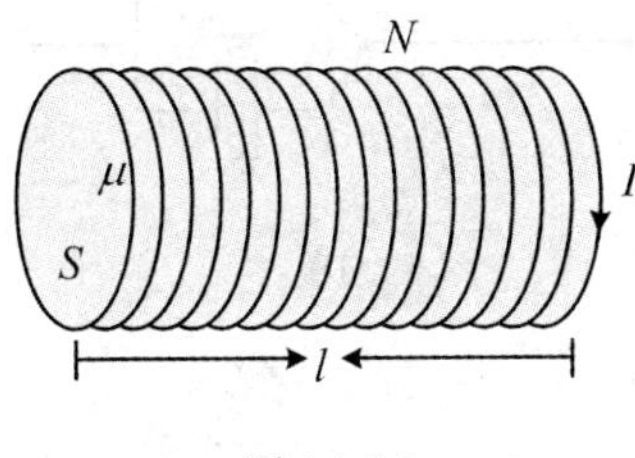

图 14.16

例 14.8　图 14.16 所示,某长直螺线管长为 l,总匝数为 N,截面积为 S,内部充满磁导率为 μ 的磁介质. 求其自感系数 L.

解 设该螺线管通电后某 t 时刻的电流强度为 I，I 在管内产生的磁感应强度为 $B=\mu nI$，其中 $n=N/l$. $\boldsymbol{B}$ 通过螺线管任意一轴截面的磁通量为

$$\Phi = BS = \frac{\mu NIS}{l}$$

于是自感磁链 $\Psi=N\Phi=\mu N^2 IS/l$，由式(14.11)得

$$L = \frac{\Psi}{I} = \frac{\mu N^2 S}{l} = \frac{\mu N^2 lS}{l^2} = \mu\left(\frac{N}{C}\right)^2 lS = \mu n^2 V \qquad (14.13)$$

其中 $V=Sl$ 是螺线管的体积. 式(14.13)对螺绕环也成立.

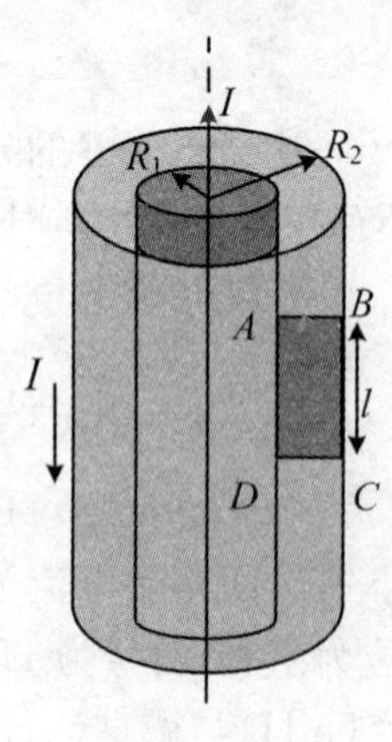

图 14.17

例 14.9 如图 14.17，真空中两个共轴长直圆管组成的传输线，半径分别为 R_1 和 R_2，电流 I 由内管流入，外管流出. 求单位长度上的自感系数.

解 由安培环路定律可知，只有两管之间存在磁场. 磁感应强度大小为 $B=\mu_0 I/(2\pi r)$. 取两管之间的截面 $ABCD$，通过此截面的磁通量为

$$\Psi = \int_S \boldsymbol{B}\cdot \mathrm{d}\boldsymbol{S} = \int_{R_1}^{R_2} Bl\,\mathrm{d}r = \frac{\mu_0 Il}{2\pi}\int_{R_1}^{R_2}\frac{\mathrm{d}r}{r} = \frac{\mu_0 Il}{2\pi}\ln\frac{R_2}{R_1}$$

所以单位长度的自感系数为

$$L' = \frac{\Psi}{Il} = \frac{\mu_0}{2\pi}\ln\frac{R_2}{R_1}$$

3. R-L 串联电路

(1) 电流增长情况：如图 14.18，将开关 K 打到触点"1". 若电路中没有自感线圈 L，则此电路即第 11 章所述的稳恒电路，按闭合电路的欧姆定律，$I=\varepsilon/R$（电源内阻已经包含在 R 中）. 但现在回路中有自感线圈，电流将按下式由零逐渐增大到 ε/R，即

$$I = \frac{\varepsilon}{R}(1-\mathrm{e}^{-\frac{R}{L}t}) \qquad (14.14)$$

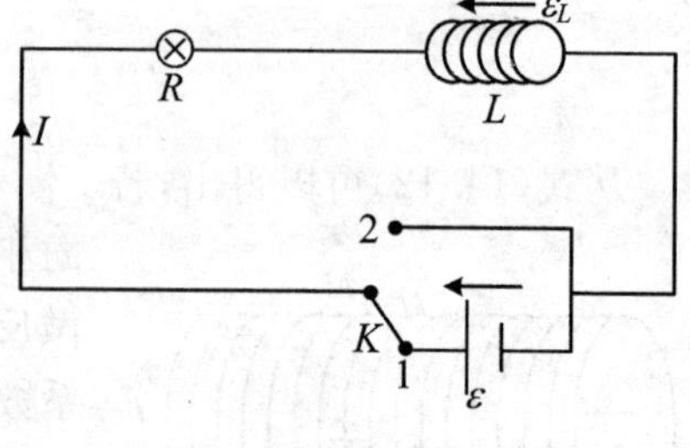

图 14.18

推导如下：设任一时刻 t，电路中的电流为 I，按闭合电路的欧姆定律

$$I = \frac{\varepsilon+\varepsilon_L}{R} = \frac{\varepsilon - L\dfrac{\mathrm{d}I}{\mathrm{d}t}}{R} = \frac{\varepsilon}{R} - \frac{L}{R}\frac{\mathrm{d}I}{\mathrm{d}t}$$

此式可以改写成

$$I - \frac{\varepsilon}{R} = -\frac{L}{R}\frac{\mathrm{d}I}{\mathrm{d}t}$$

即

$$\frac{\mathrm{d}I}{I-\frac{\varepsilon}{R}}=-\frac{R}{L}\mathrm{d}t$$

取积分得

$$\int_0^I \frac{\mathrm{d}I}{I-\frac{\varepsilon}{R}}=-\int_0^t \frac{R}{L}\mathrm{d}t$$

即

$$\ln\left(I-\frac{\varepsilon}{R}\right)\Big|_0^I=-\frac{R}{L}t,\quad \ln\frac{\frac{\varepsilon}{R}-I}{\frac{\varepsilon}{R}}=-\frac{R}{L}t$$

由此给出

$$\frac{\frac{\varepsilon}{R}-I}{\frac{\varepsilon}{R}}=\mathrm{e}^{-\frac{R}{L}t},\quad I=\frac{\varepsilon}{R}(1-\mathrm{e}^{-\frac{R}{L}t})=I_0(1-\mathrm{e}^{-t/\tau})$$

其中 $I_0=\varepsilon/R$，τ 称为 $R-L$ 串联电路的**时间常数**. τ 的计算式为

$$\tau=L/R \tag{14.15}$$

讨论　① $t=0$ 时，$I=0$；　② $t=\tau$ 时，$I=I_0\left(1-\frac{1}{e}\right)=0.63I_0$；

③ $t\to\infty$时，$I=I_0$；　④ $\varepsilon_L=-L\frac{\mathrm{d}I}{\mathrm{d}t}=-\varepsilon\mathrm{e}^{-t/\tau}$(与 I 反向).

(2) 电流衰减情况：如图 14.18，经过相当一段时间后，上述电路中的电流可以认为达到稳定值 $I_0=\varepsilon/R$，这时将开关 K 迅速打到触点"2". 这种情况下，闭合回路中没有外电源，但由于自感的作用，可由自感电动势维持电流，所以电流强度并不立即降为零，而是按下式由 I_0 逐渐降为零，而是按下式由 I_0 逐渐降为零

$$I=I_0\mathrm{e}^{-t/\tau} \tag{14.16}$$

推导如下：设任一时刻 t，电路中的电流为 I，按闭合电路的欧姆定律

$$I=\frac{\varepsilon_L}{R}=\frac{-L\frac{\mathrm{d}I}{\mathrm{d}t}}{R}$$

此式可以改写成

$$\frac{\mathrm{d}I}{I}=-\frac{R}{L}\mathrm{d}t$$

取积分得

$$\int_{I_0}^{I}\frac{\mathrm{d}I}{I}=\int_{0}^{t}-\frac{R}{L}\mathrm{d}t$$

即

$$\ln\frac{I}{I_0}=-\frac{R}{L}t$$

由此给出

$$I=I_0\mathrm{e}^{-t/\tau}$$

讨论 ① $t=0$ 时，$I=I_0$； ② $t=\tau$ 时，$I=I_0/\mathrm{e}$；

③ $t\to\infty$时，$I=0$； ④ $\varepsilon_L=-L\dfrac{\mathrm{d}I}{\mathrm{d}t}=\varepsilon\mathrm{e}^{-t/\tau}$（与 I 同向）；

⑤ 在电流衰减的全过程中，电阻 R 上放出的热量为

$$Q=\int\mathrm{d}Q=\int_0^{\infty}I^2R\mathrm{d}t=\int_0^{\infty}RI_0^2\mathrm{e}^{-2Rt/\tau}\mathrm{d}t=-\frac{1}{2}LI_0^2\ \mathrm{e}^{-2Rt/L}\Big|_0^{\infty}=\frac{1}{2}LI_0^2$$

14.4.2 互感应

1. 互感现象

如图 14.19，设有两个相邻的载流回路 1 及 2，电流分别为 I_1 及 I_2. 当其中任意一个回路中的电流发生变化时，通过另一个回路所围面积上的磁链数也会发生变化，从而在回路中产生感应电动势，即 I_1 的变化引起回路 2 中产生感应电动势，I_2 的变化引起回路 1 中产生感应电动势. 这种由于一个回路中的电流发生变化而在相邻另一个回路中产生感应电动势的现象，称为**互感现象**. 相应的电动势称为**互感电动势**.

2. 互感系数和互感电动势的计算

如图 14.19，设 1 和 2 是两个线圈，分别由 N_1 和 N_2 匝导线绕成，I_1 和 I_2 分别表示两线圈中的电流. I_1 及 I_2 在空间产生的磁场分别为 $\boldsymbol{B}_1$（图中实线）及 $\boldsymbol{B}_2$（图中虚线）. $\boldsymbol{B}_1$ 通过回路 2 的磁链数记为 Ψ_{21}（一般情况下 $\Psi_{21}=N_2\Phi_{21}$），$\boldsymbol{B}_2$ 通过回路 1 的磁通量记为 Ψ_{12}（同样 $\Psi_{12}=N_1\Phi_{12}$）. 依据法拉第电磁感应定律，回路 2 中的电流 I_2 变化时，在回路 1 中产生的互感电动势为 $\varepsilon_{12}=-\mathrm{d}\Psi_{12}/\mathrm{d}t$；回路 1 中电流 I_1 变化时，在回路 2 中产生的互感电动势为 $\varepsilon_{21}=-\mathrm{d}\Psi_{21}/\mathrm{d}t$. 与讨论自感电动势相似，可令

$$\Psi_{21}=M_{21}I_1,\quad \Psi_{12}=M_{12}I_2 \tag{14.17}$$

式(14.17)中的 M_{12}，M_{21}是两个比例系数，可以证明 $M_{12}=M_{21}=M$，M 叫两线圈

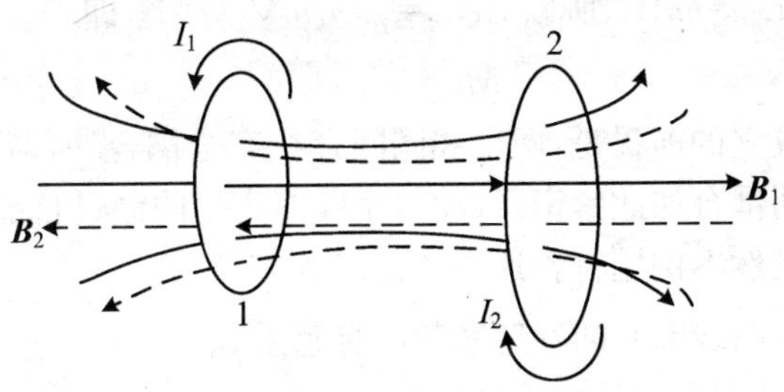

图 14.19　互感现象

间的**互感系数**(简称**互感**).其单位与自感系数的单位相同.习惯上把此时的磁链数 Ψ_{12} 叫线圈 2 中的电流 I_2 在线圈 1 中产生的互感磁链,Ψ_{21} 叫线圈 1 中的电流 I_1 在线圈 2 中产生的互感磁链.式(14.17)是计算线圈间互感系数常用的公式.需要提醒的是:为了依据式(14.17)求出 M,必先计算互感磁链.为了保证 M 为正,规定在计算 Ψ_{12} 时,回路 1 的绕行方向选取应与 I_2 流向相同,计算 Ψ_{21} 时,回路 2 的绕行方向选取的与 I_1 流向相同.

当两个线圈的电流可以互相提供磁通时,就说它们之间存在互感耦合,因此 M 是表征两线圈间互感耦合强弱的物理量.可以证明,M 只取决于两线圈的几何因素(形状、大小、匝数、相互配置等)及周围磁介质的特性,与其中有否电流无关(有铁磁质时除外).

线圈内的互感电动势为可以表示为

$$\varepsilon_{21} = -M\frac{\mathrm{d}I_1}{\mathrm{d}t},\quad \varepsilon_{12} = -M\frac{\mathrm{d}I_2}{\mathrm{d}t} \tag{14.18}$$

例 14.10　图 14.20 为一个双层直螺线管,第一层线圈 C_1 的总匝数为 N_1,另一层线圈 C_2 的总匝数为 N_2.螺线管长为 l,截面积为 S,管内均匀充满磁导率为 μ 的磁介质.求两线圈间的互感系数.

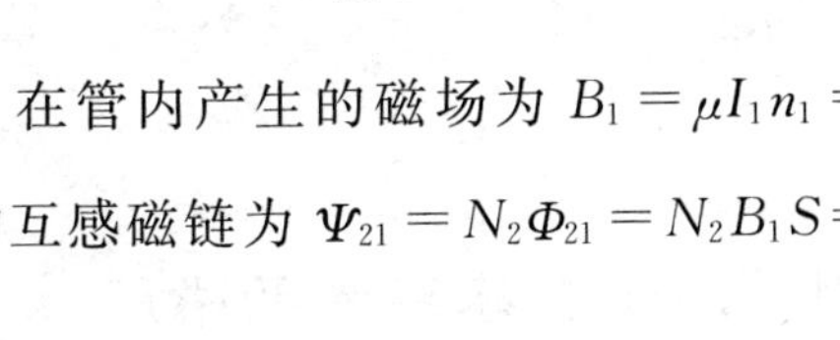

图 14.20

解　令线圈 C_1 中的电流为 I_1,I_1 在管内产生的磁场为 $B_1=\mu I_1 n_1=\mu\frac{N_1}{l}I_1$,$B_1$ 在另一个线圈 C_2 中产生的互感磁链为 $\Psi_{21}=N_2\Phi_{21}=N_2B_1S=\mu N_2\frac{N_1}{l}I_1S$.根据式(14.17)得

$$M=\frac{N_1N_2\mu S}{l}=\mu\frac{N_1N_2}{l^2}Sl=\mu n_1n_2V \tag{14.19}$$

因为 $L_1=\mu n_1^2 V$，$L_2=\mu n_2^2 V$，所以 $L_1L_2=\mu^2 n_1^2 n_2^2 V^2=M^2$，即

$$M=\sqrt{L_1L_2} \tag{14.20}$$

式(14.20)成立的前提是：两个线圈间存在完全耦合．所谓两线圈间完全耦合，指的是线圈间耦合如此紧密，致使每个线圈产生的穿过自己的 $\boldsymbol{B}$ 线，全部穿过另一个线圈．显然本例题符合这一条件．

一般情况下，两线圈间的互感系数与自感系数之间的关系为 $M=k\sqrt{L_1L_2}$．其中 k 叫线圈间的耦合系数($0\leqslant k\leqslant 1$)．

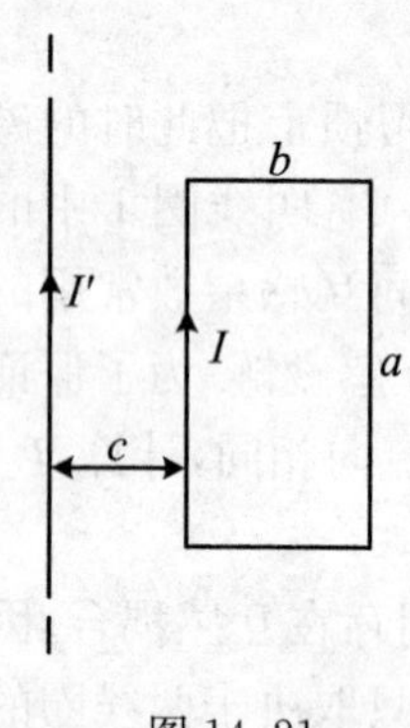

图 14.21

例 14.11 长直导线与矩形单匝线圈共面放置，导线与线圈的长边平行，矩形线圈的长、宽分别为 a 和 b．矩形线圈的近边到直导线的距离为 c．当矩形线圈中通有电流 $I=I_0\sin\omega t$ 时，求直导线中的感应电动势(图 14.21)．

解 长直导线处在矩形线圈中的电流产生的变化磁场中，因此会产生感生电动势，由于长直导线的磁通难以计算，故此可通过计算互感来间接处理．

设长直导线中通有电流 I'，则其在矩形线圈中产生的总磁通为

$$\Psi=\iint_S \boldsymbol{B}\cdot \mathrm{d}\boldsymbol{S}=\int_c^{c+b}\frac{\mu_0 I'}{2\pi r}a\,\mathrm{d}r=\frac{\mu_0 I'a}{2\pi}\ln\frac{c+b}{c}$$

所以直导线与矩形线圈间的互感系数为

$$M=\frac{\Psi}{I'}=\frac{\mu_0 a}{2\pi}\ln\frac{c+b}{c}$$

故长直导线中的感应电动势(即为互感电动势)为

$$\varepsilon=-M\frac{\mathrm{d}I}{\mathrm{d}t}=-\frac{\mu_0\omega a I_0}{2\pi}\ln\frac{c+b}{c}\cdot\cos\omega t$$

14.5 磁场的能量

14.5.1 自感线圈的磁能

按照前面对 $R-L$ 串联电路的分析，对于图 14.22 所示的电路，设小灯泡的电阻为 R，线圈的电感为 L(不考虑线圈的电阻)，则当开关 K 打到接点"1"后，

小灯泡逐渐变亮，最后达到稳定状态，且稳态时电路中的电流为 $I_0=\varepsilon/R$. 在达到稳态后将开关迅速打到"2"，虽然灯泡脱离电源，但是其并不是马上熄灭，而是逐渐变暗. 现在，我们从能量的角度再来对此进行分析.

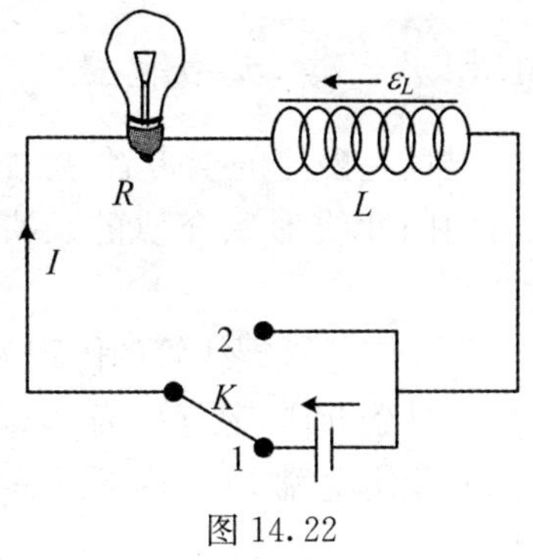

图 14.22

当开关打到触点"1"后，$R-L$ 电路与直流电源接通，在这个暂态过程中，电路中的电流 $I(t)$ 满足如下规律 $\varepsilon-L\mathrm{d}I/\mathrm{d}t=RI$，两边同乘 I 后再对时间积分得

$$\int_0^\infty \varepsilon I\,\mathrm{d}t=\int_0^\infty RI^2\,\mathrm{d}t+\int_0^{I_0} LI\,\mathrm{d}I=\int_0^\infty RI^2\,\mathrm{d}t+\frac{1}{2}LI_0^2$$

上式中，$\int_0^\infty \varepsilon I\,\mathrm{d}t$ 是在整个暂态过程中电源电动势作的总功，即在整个暂态过程中电源提供的总能量[注意：电源内的非静电力将电量 $\mathrm{d}q$ 从负极移到正极作的功为 $\mathrm{d}A=\int_-^+ \boldsymbol{F}_\mathrm{k}\cdot\mathrm{d}\boldsymbol{l}=\int_-^+ -(\mathrm{d}q\boldsymbol{E}_\mathrm{k})\cdot\mathrm{d}\boldsymbol{l}=\mathrm{d}q\int_-^+\boldsymbol{E}_\mathrm{k}\cdot\mathrm{d}\boldsymbol{l}=\mathrm{d}q\varepsilon=\varepsilon I\,\mathrm{d}t$]；$\int_0^\infty RI^2\,\mathrm{d}t$ 是在整个暂态过程中消耗在 R 上的焦耳热，而 $\frac{1}{2}LI_0^2$ 是某种其他形式的能量，它是在整个暂态过程中从电源提供的总能量中转化出来的.

当开关 K 从触点"1"打到触点"2"后，电路脱离电源，电源电动势不再作功，即电源不再提供能量. 但在这一过程中，灯泡并不是马上熄灭，而是逐渐变暗. 那么，灯泡中的能量是从哪里提供的呢？由于在这一过程中，电路中只有灯泡和线圈，因此可以肯定，灯泡中的能量只能是由线圈提供的. 而且，按照前面对 $R-L$ 串联电路的分析，在这一过程中，灯泡 R 上放出的热量为 $Q=\frac{1}{2}LI_0^2$，所以线圈提供的能量的大小是 $\frac{1}{2}LI_0^2$，这正好是上面所述的在接通电源的过程从电源提供的总能量中转化出来的那部分能量. 线圈中之所以具有能量，是因为线圈内有磁场，此能量实际上就是磁场的能量，简称磁能.

因此，可以得出这样的结论：自感为 L 的线圈通有稳定电流 I 时，所具有的磁场能量 W_m 为

$$W_\mathrm{m}=\frac{1}{2}LI^2 \tag{14.21}$$

14.5.2 磁场的能量

磁场是磁能的携带者,磁能以某种体密度定域地存在于磁场中.以充有均匀各向同性线形磁介质的长直螺线管为例,我们可以导出磁能体密度的表达式.

设无限长直螺线管的体积为V,单位长度上的匝数为n,内部充有均匀各向同性线性磁介质,磁导率为μ,则式(14.15)给出其自感系数为$L=\mu n^2V$.当螺线管通有稳定电流I时,内部磁感应强度为$B=\mu nI$,储存的磁能为

$$W_{\mathrm{m}}=LI^2/2=\mu n^2VI^2/2=\mu n^2V\frac{1}{2}\left(\frac{B}{\mu n}\right)^2=\frac{B^2V}{2\mu}$$

单位体积中磁场的能量叫**磁能体密度**,用w_{m}表示,单位为$\mathrm{J\cdot m^{-3}}$.对于载流长直螺线管,其内的磁场均匀分布,所以其内部磁能体密度为

$$w_{\mathrm{m}}=\frac{W_{\mathrm{m}}}{V}=\frac{1}{2}\frac{B^2}{\mu}=\frac{1}{2}\mu H^2=\frac{1}{2}\boldsymbol{B}\cdot\boldsymbol{H}$$

即

$$w_{\mathrm{m}}=\frac{1}{2}\boldsymbol{B}\cdot\boldsymbol{H} \tag{14.22}$$

此结论虽然是从特例推出的,但它适用于均匀磁介质中的任意磁场.磁场中任意一区域内的磁场能量可以利用式(14.22)通过下述积分求得

$$W_{\mathrm{m}}=\iiint_V w_{\mathrm{m}}\mathrm{d}V=\frac{1}{2}\iiint_V \boldsymbol{B}\cdot\boldsymbol{H}\mathrm{d}V \tag{14.23}$$

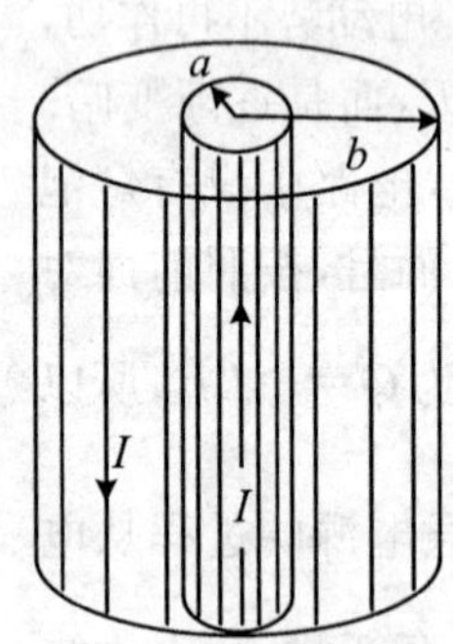

图 14.23 同轴电缆

例 14.12 如图 14.23,某同轴电缆中间充以磁导率为μ的磁介质.芯线与圆筒上的电流大小相等、方向相反,数值均为I.已知圆柱形芯线的半径为a,圆筒的内半径为b.求单位长度同轴电缆的磁能和自感(设金属芯线内的磁场可忽略).

解 根据磁场的安培环路定理,且利用磁介质的性能方程$\boldsymbol{B}=\mu\boldsymbol{H}$可求得半径为$r$的同轴圆柱面上各点的磁场$\boldsymbol{H}$及磁感应强度$\boldsymbol{B}$的大小分别为

$$H(r)=\begin{cases}0 & (r<a)\\ \dfrac{I}{2\pi r} & (a<r<b)\\ 0 & (r>b)\end{cases},\quad B(r)=\begin{cases}0 & (r<a)\\ \dfrac{\mu I}{2\pi r} & (a<r<b)\\ 0 & (r>b)\end{cases}$$

根据公式(14.22)可知:在忽略芯线内磁场的情况下,芯线内部及圆筒外部

的磁能体密度 w_m 均为零. 故载流同轴电缆的磁能仅储存于同轴电缆内部，该空间的磁能体密度为

$$w_m = \frac{1}{2}BH = \frac{1}{2}\mu H^2 = \frac{\mu I^2}{8\pi^2 r^2}$$

在同轴电缆内部取长为 l，半径 $r \to r + \mathrm{d}r$ 的同轴柱壳，其体积 $\mathrm{d}V = 2\pi r l \mathrm{d}r$，则单位长度同轴电缆的磁场的能量 W_m 为

$$W_m = \frac{W_m}{l} = \frac{1}{l}\iiint_V w_m \mathrm{d}V = \frac{1}{l}\int_a^b \frac{\mu I^2}{8\pi^2 r^2} 2\pi r l \, \mathrm{d}r = \int_a^b \frac{\mu I^2}{4\pi r}\mathrm{d}r = \frac{\mu I^2}{4\pi}\ln\frac{b}{a}$$

根据 $W_m = \frac{1}{2}LI^2$ 得单位长度同轴电缆的自感系数为 $L = \frac{\mu}{2\pi}\ln\frac{b}{a}$.

附录　两线圈互感系数相等的直接证明

直接证明两回路互感系数相等的一种方法，是利用毕奥-萨伐尔定律来给出磁感强度的表达式，并借助格林公式将曲线积分转化为面积分，从而得出两回路互感系数相等的结论. 介绍如下：

在如图1所示的两个载流线圈1和2中，当线圈1通有电流 I 时，按照毕奥-萨伐尔定律，它在线圈2所围面 S_2 上产生的磁感强度为

$$\boldsymbol{B}_1 = \frac{\mu_0 I}{4\pi}\oint_{l_1} \frac{I\mathrm{d}\boldsymbol{l}_1 \times \boldsymbol{r}_{21}}{r_{21}^3} \tag{1}$$

$\boldsymbol{B}_1$ 通过 S_2 的磁通为

$$\Phi_{21} = \int_{S_2} \boldsymbol{B}_1 \cdot \mathrm{d}\boldsymbol{S}_2 = \frac{\mu_0 I}{4\pi}\int_{S_2}\left(\oint_{l_1} \frac{I\mathrm{d}\boldsymbol{l}_1 \times \boldsymbol{r}_{21}}{r_{21}^3}\right) \cdot \mathrm{d}\boldsymbol{S}_2 \tag{2}$$

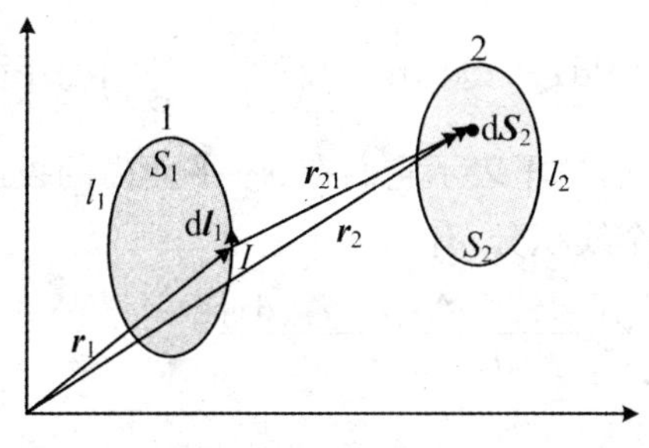

图1

式中 r_{21} 是载流线圈 1 中电流元 $I\mathrm{d}\boldsymbol{l}_1$(坐标 x_1,y_1,z_1)对线圈 2 所围曲面中的面元 $\mathrm{d}S_2$(坐标 x_2,y_2,z_2)所引的矢径,$\mathrm{d}\boldsymbol{l}_1$,$\mathrm{d}\boldsymbol{S}_2$,$\boldsymbol{r}_{21}$ 的表达式分别为

$$\mathrm{d}\boldsymbol{l}_1=\mathrm{d}x_1\boldsymbol{i}+\mathrm{d}y_1\boldsymbol{j}+\mathrm{d}z_1\boldsymbol{k} \tag{3}$$

$$\mathrm{d}\boldsymbol{S}_2=\mathrm{d}y_2\mathrm{d}z_2\boldsymbol{i}+\mathrm{d}z_2\mathrm{d}x_2\boldsymbol{j}+\mathrm{d}x_2\mathrm{d}y_2\boldsymbol{k} \tag{4}$$

$$\boldsymbol{r}_{21}=\boldsymbol{r}_2-\boldsymbol{r}_1=(x_2-x_1)\boldsymbol{i}+(y_2-y_1)\boldsymbol{j}+(z_2-z_1)\boldsymbol{k} \tag{5}$$

于是,线圈 1 对线圈 2 的互感系数 M_{21} 为

$$M_{21}=\frac{\Phi_{21}}{I}=\frac{\mu_0}{4\pi}\int_{S_2}\left(\oint_{l_1}\frac{I\mathrm{d}\boldsymbol{l}_1\times\boldsymbol{r}_{21}}{r_{21}^3}\right)\mathrm{d}\boldsymbol{S}_2 \tag{6}$$

对于式(6)中的$(\mathrm{d}\boldsymbol{l}_1\times\boldsymbol{r}_{21})\cdot\mathrm{d}\boldsymbol{S}_2$ 有

$$\begin{aligned}(\mathrm{d}\boldsymbol{l}_1\times\boldsymbol{r}_{21})\cdot\mathrm{d}\boldsymbol{S}_2=\mathrm{d}\boldsymbol{S}_2\cdot(\mathrm{d}\boldsymbol{l}_1\times\boldsymbol{r}_{21})&=\begin{vmatrix}\mathrm{d}y_2\mathrm{d}z_2 & \mathrm{d}z_2\mathrm{d}x_2 & \mathrm{d}x_2\mathrm{d}y_2\\ \mathrm{d}x_1 & \mathrm{d}y_1 & \mathrm{d}z_1\\ x_2-x_1 & y_2-y_1 & z_2-z_1\end{vmatrix}\\ &=[(y_2-y_1)\mathrm{d}x_1-(x_2-x_1)\mathrm{d}y_1]\mathrm{d}x_2\mathrm{d}y_2\\ &\quad+[(z_2-z_1)\mathrm{d}y_1-(y_2-y_1)\mathrm{d}z_1]\mathrm{d}y_2\mathrm{d}z_2\\ &\quad+[(x_2-x_1)\mathrm{d}z_1-(z_2-z_1)\mathrm{d}x_1]\mathrm{d}z_2\mathrm{d}x_2\end{aligned} \tag{7}$$

于是式(6)可以改写为

$$\begin{aligned}M_{21}=\frac{\mu_0}{4\pi}\int_{S_2}\Bigg\{&\left[\oint_{l_1}\frac{(y_2-y_1)\mathrm{d}x_1-(x_2-x_1)\mathrm{d}y_1}{r_{21}^3}\right]\mathrm{d}x_2\mathrm{d}y_2\\ &+\left[\oint_{l_1}\frac{(z_2-z_1)\mathrm{d}y_1-(y_2-y_1)\mathrm{d}z_1}{r_{21}^3}\right]\mathrm{d}y_2\mathrm{d}z_2\\ &+\left[\int_{l_1}\frac{(x_2-x_1)\mathrm{d}z_1-(z_2-z_1)\mathrm{d}x}{r_{21}^3}\right]\mathrm{d}z_2\mathrm{d}x_2\Bigg\}\end{aligned} \tag{8}$$

利用格林公式,得

$$\oint_L(P\mathrm{d}x+Q\mathrm{d}y)=\int_S\left(\frac{\partial Q}{\partial x}-\frac{\partial P}{\partial y}\right)\mathrm{d}x\mathrm{d}y \tag{9}$$

式中的 S 是 L 所围平面,这里表示它们在 xy 平面内的投影. 对于式(8)中关于 S_2 的面积分中的第一个线积分,有

$$\begin{aligned}&\oint_{l_1}\frac{(y_2-y_1)\mathrm{d}x_1-(x_2-x_1)\mathrm{d}y_1}{r_{21}^3}\\ &=\int_{S_1}\left[\frac{\partial}{\partial x_1}\left(-\frac{x_2-x_1}{r_{21}^3}\right)-\frac{\partial}{\partial y_1}\left(\frac{y_2-y_1}{r_{21}^3}\right)\right]\mathrm{d}x_1\mathrm{d}y_1\end{aligned}$$

$$= \iint_{S_1} \left[\frac{1}{r_{21}} - \frac{3\,(x_2 - x_1)^2}{r_{21}^5} + \frac{1}{r_{21}^3} - \frac{3\,(y_2 - y_1)^2}{r_{21}^5} \right] dx_1 dy_1$$

$$= \iint_{S_1} \left[\frac{3\,(z_2 - z_1)^2}{r_{21}^5} - \frac{1}{r_{21}^3} \right] dx_1 dy_1 = \iint_{S_1} \frac{\partial}{\partial z_1} \left(\frac{z_2 - z_1}{r_{21}^3} \right) dx_1 dy_1 \tag{10}$$

同理，可以得出

$$\oint_{l_1} \frac{(z_2 - z_1)dy_1 - (y_2 - y_1)dz_1}{r_{21}^3} = \iint_{S_1} \frac{\partial}{\partial x_1} \left(\frac{x_2 - x_1}{r_{21}^3} \right) dy_1 dz_1 \tag{11}$$

$$\oint_{l_1} \frac{(x_2 - x_1)dz_1 - (z_2 - z_1)dx_1}{r_{21}^3} = \iint_{S_1} \frac{\partial}{\partial y_1} \left(\frac{y_2 - y_1}{r_{21}^3} \right) dz_1 dx_1 \tag{12}$$

将式(10)，(11)，(12)代入式(8)，得

$$\begin{aligned} M_{21} = \frac{\mu_0}{4\pi} \iint_{S_2} \Big\{ & \Big[\iint_{S_1} \frac{\partial}{\partial x_1} \left(\frac{x_2 - x_1}{r_{21}^3} \right) dy_1 dz_1 \Big] dy_2 dz_2 \\ & + \Big[\iint_{S_1} \frac{\partial}{\partial y_1} \left(\frac{y_2 - y_1}{r_{21}^3} \right) dz_1 dx_1 \Big] dz_2 dx_2 \\ & + \Big[\iint_{S_1} \frac{\partial}{\partial z_1} \left(\frac{z_2 - z_1}{r_{21}^3} \right) dx_1 dy_1 \Big] dx_2 dy_2 \Big\} \end{aligned} \tag{13}$$

同理，如图 2，当线圈 2 通有电流 I 时，它在线圈 1 所围面中产生的磁通为

$$\Phi_{12} = \frac{\mu I}{4\pi} \iint_{S_1} \left(\oint_{l_2} \frac{I d\boldsymbol{l}_2 \times \boldsymbol{r}'_{12}}{r'^3_{12}} \right) \cdot d\boldsymbol{S}_1 \tag{14}$$

式中 $\boldsymbol{r}'_{12}$是载流线圈 2 中电流元 $Id\boldsymbol{l}_2$（坐标 x'_2, y'_2, z'_2）对线圈 1 所围曲面中的面元 $d\boldsymbol{S}_1$（坐标 x'_1, y'_1, z'_1）引的矢径，$d\boldsymbol{l}_2$，$d\boldsymbol{S}_1$，$\boldsymbol{r}'_{12}$的表达式分别为

$$d\boldsymbol{l}_2 = dx'_2 \boldsymbol{i} + dy'_2 \boldsymbol{j} + dz'_2 \boldsymbol{k} \tag{15}$$

$$d\boldsymbol{S}_1 = dy'_1 dz'_1 \boldsymbol{i} + dz'_1 dx'_1 \boldsymbol{j} + dx'_1 dy'_1 \boldsymbol{k} \tag{16}$$

$$\boldsymbol{r}'_{12} = (x'_1 - x'_2)\boldsymbol{i} + (y'_1 - y'_2)\boldsymbol{j} + (z'_1 - z'_2)\boldsymbol{k} \tag{17}$$

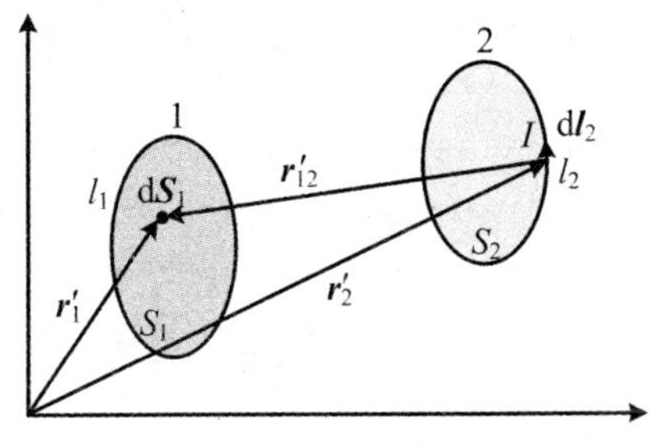

图 2

于是,线圈2对线圈1的互感系数 M_{12} 为

$$M_{12}=\frac{\Phi_{12}}{I}=\frac{\mu_0}{4\pi}\int\limits_{S_1}\left(\oint\limits_{l_2}\frac{I\mathrm{d}\boldsymbol{l}_2\times\boldsymbol{r}'_{12}}{r'^3_{12}}\right)\mathrm{d}\boldsymbol{S}_1 \tag{18}$$

进行类似于式(10)～(12)的运算,可得

$$\begin{aligned}M_{21}=\frac{\mu_0}{4\pi}\int\limits_{S_1}\Bigg\{&\left[\int\limits_{S_2}\frac{\partial}{\partial x'_2}\left(\frac{x'_1-x'_2}{r'^3_{12}}\right)\mathrm{d}y'_2\mathrm{d}z'_2\right]\mathrm{d}y'_1\mathrm{d}z'_1\\&+\left[\int\limits_{S_2}\frac{\partial}{\partial y'_2}\left(\frac{y'_1-y'_2}{r'^3_{12}}\right)\mathrm{d}z'_2\mathrm{d}x'_2\right]\mathrm{d}z'_1\mathrm{d}x'_1\\&+\left[\int\limits_{S_2}\frac{\partial}{\partial z'_2}\left(\frac{z'_1-z'_2}{r'^3_{12}}\right)\mathrm{d}x'_2\mathrm{d}y'_2\right]\mathrm{d}x'_1\mathrm{d}y'_1\Bigg\}\end{aligned} \tag{19}$$

由于 S_1 与 S_2 无关,$\mathrm{d}\boldsymbol{S}_1$ 与 $\mathrm{d}\boldsymbol{S}_2$ 无关,故先对 S_1 积分与先对 S_2 积分不改变积分的值,所以可以得出

$$\begin{aligned}M_{12}=\frac{\mu_0}{4\pi}\int\limits_{S_2}\Bigg\{&\left[\int\limits_{S_1}\frac{\partial}{\partial x'_2}\left(\frac{x'_1-x'_2}{r'^3_{12}}\right)\mathrm{d}y'_1\mathrm{d}z'_1\right]\mathrm{d}y'_2\mathrm{d}z'_2\\&+\left[\int\limits_{S_1}\frac{\partial}{\partial y'_2}\left(\frac{y'_1-y'_2}{r'^3_{12}}\right)\mathrm{d}z'_1\mathrm{d}x'_1\right]\mathrm{d}z'_2\mathrm{d}x'_2\\&+\left[\int\limits_{S_1}\frac{\partial}{\partial z'_2}\left(\frac{z'_1-z'_2}{r'^3_{12}}\right)\mathrm{d}x'_1\mathrm{d}y'_1\right]\mathrm{d}x'_2\mathrm{d}y'_2\Bigg\}\end{aligned} \tag{20}$$

利用

$$\frac{\partial}{\partial x_1}\left(\frac{x_2-x_1}{r^3_{21}}\right)=-\frac{1}{r^3_{21}}+\frac{3\,(x_2-x_1)^2}{r^5_{21}} \tag{21}$$

$$\frac{\partial}{\partial x_2}\left(\frac{x_1-x_2}{r^3_{12}}\right)=-\frac{1}{r^3_{12}}+\frac{3\,(x_1-x_2)^2}{r^5_{12}} \tag{22}$$

注意到 $r_{12}=r_{21}$,有

$$\frac{\partial}{\partial x_1}\left(\frac{x_2-x_1}{r^3_{21}}\right)=\frac{\partial}{\partial x_2}\left(\frac{x_1-x_2}{r^3_{12}}\right) \tag{23}$$

$$\frac{\partial}{\partial y_1}\left(\frac{y_2-y_1}{r^3_{21}}\right)=\frac{\partial}{\partial y_2}\left(\frac{y_1-y_2}{r^3_{12}}\right) \tag{24}$$

$$\frac{\partial}{\partial z_1}\left(\frac{z_2-z_1}{r^3_{21}}\right)=\frac{\partial}{\partial z_2}\left(\frac{z_1-z_2}{r^3_{12}}\right) \tag{25}$$

所以式(20)可以改写为

$$M_{12}=\frac{\mu_0}{4\pi}\int\limits_{S_2}\Bigg\{\left[\int\limits_{S_1}\frac{\partial}{\partial x'_1}\left(\frac{x'_2-x'_1}{r'^3_{12}}\right)\mathrm{d}y'_1\mathrm{d}z'_1\right]\mathrm{d}y'_2\mathrm{d}z'_2$$

$$+\left[\iint_{S_1}\frac{\partial}{\partial y'_1}\left(\frac{y'_2-y'_1}{r'^3_{12}}\right)\mathrm{d}z'_1\mathrm{d}x'_1\right]\mathrm{d}z'_2\mathrm{d}x'_2$$

$$+\left[\iint_{S_1}\frac{\partial}{\partial z'_1}\left(\frac{z'_2-z'_1}{r'^3_{12}}\right)\mathrm{d}x'_1\mathrm{d}y'_1\right]\mathrm{d}x'_2\mathrm{d}y'_2\Bigg\} \tag{26}$$

其中

$$r'_{12}=\sqrt{(x'_1-x'_2)^2+(y'_1-y'_2)^2+(z'_1-z'_2)^2}$$

注意到，定积分中的积分变量是可以任意改写的，将上式中的定积分变量全部改写为无撇号的定积分变量，得

$$M_{12}=\frac{\mu_0}{4\pi}\iint_{S_2}\left\{\left[\iint_{S_1}\frac{\partial}{\partial x_1}\left(\frac{x_2-x_1}{r^3_{21}}\right)\mathrm{d}y_1\mathrm{d}z_1\right]\mathrm{d}y_2\mathrm{d}z_2\right.$$

$$+\left[\iint_{S_1}\frac{\partial}{\partial y_1}\left(\frac{y_2-y_1}{r^3_{21}}\right)\mathrm{d}z_1\mathrm{d}x_1\right]\mathrm{d}z_2\mathrm{d}x_2$$

$$\left.+\left[\iint_{S_1}\frac{\partial}{\partial z_1}\left(\frac{z_2-z_1}{r^3_{21}}\right)\mathrm{d}x_1\mathrm{d}y_1\right]\mathrm{d}x_2\mathrm{d}y_2\right\} \tag{27}$$

此式与式(13)完全相同，即 $M_{21}=M_{12}=M$.

习　　题

一、选择题

14.1　半径为 a 的圆线圈置于磁感强度为 $\boldsymbol{B}$ 的均匀磁场中，线圈平面与磁场方向垂直，线圈电阻为 R；当把线圈转动使其法向与 $\boldsymbol{B}$ 的夹角 $\theta=60°$时，线圈中通过的电荷与线圈面积及转动所用的时间的关系是(　　).

(A) 与线圈面积成正比，与时间无关

(B) 与线圈面积成正比，与时间成正比

(C) 与线圈面积成反比，与时间成正比

(D) 与线圈面积成反比，与时间无关

14.2　如题图 14.1，长度为 l 的直导线 ab 在均匀磁场 $\boldsymbol{B}$ 中以速度 $\boldsymbol{v}$ 移动，直导线 ab 中的电动势为(　　).

(A) Blv　　(B) $Blv\sin\alpha$　　(C) $Blv\cos\alpha$　　(D) 0

14.3　如题图 14.2 所示，在均匀磁场中，导体棒 AB 绕通过 O 点并且垂直于棒的轴线 MN 转动，MN 与磁感应强度 $\boldsymbol{B}$ 平行，角速度 ω 与 $\boldsymbol{B}$ 反向，BO 的长度为棒长的三分之一，则(　　).

(A) A 点比 B 点的电势高　　(B) A 点比 B 点的电势低

(C) A 点与 B 点的电势相等　　(D) 有稳恒电流从 A 点流向 B 点

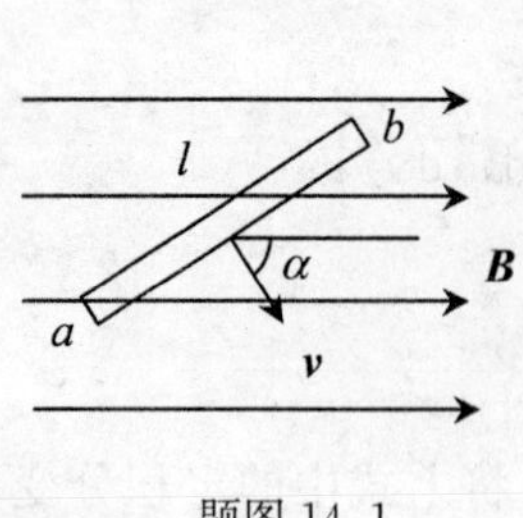

题图 14.1

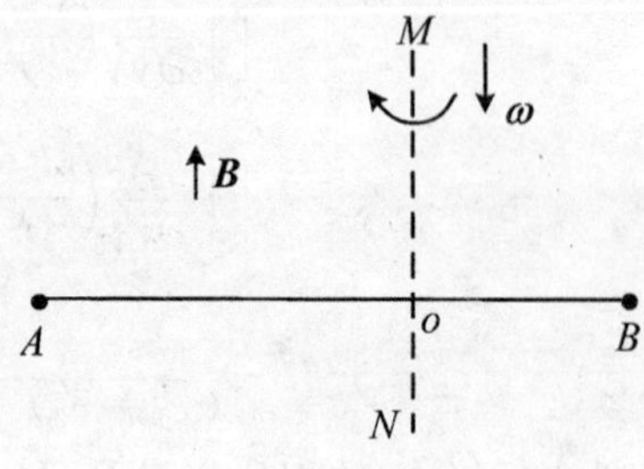

题图 14.2

14.4 圆铜盘水平放置在均匀磁场中，**B** 的方向垂直盘面向上. 当铜盘绕通过中心垂直于盘面的轴沿题图 14.3 所示方向转动时，(　　).

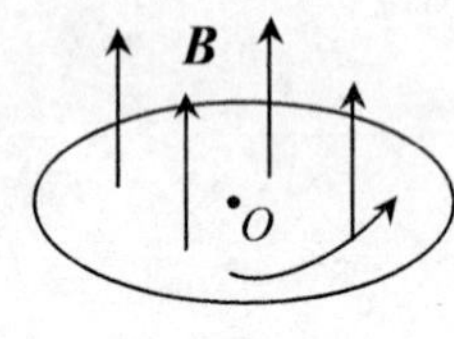

题图 14.3

(A) 铜盘上有感应电流产生，沿着铜盘转动的相反方向流动

(B) 铜盘上有感应电流产生，沿着铜盘转动的方向流动

(C) 铜盘上产生涡流

(D) 铜盘上有感应电动势产生，铜盘边缘处电势最高

(E) 铜盘上有感应电动势产生，铜盘中心处电势最高

14.5 一矩形线框长为 a 宽为 b，置于均匀磁场中，线框绕 OO' 轴，以匀角速度 ω 旋转(如题图 14.4 所示). 设 $t=0$ 时，线框平面处于纸面内，则任一时刻感应电动势的大小为(　　).

(A) $2abB|\cos\omega t|$　　(B) ωabB　　(C) $\frac{1}{2}\omega abB|\cos\omega t|$

(D) $\omega abB|\cos\omega t|$　　(E) $\omega abB|\sin\omega t|$

14.6 如题图 14.5 所示，在半径为 R 的无限长螺线管内部，磁场的方向垂直纸面向里，设磁场按一定的速率在减小. 则 P 点处涡旋电场的方向为(　　).

(A) 垂直纸面向内　　(B) 顺时针

(C) 逆时针　　(D) 沿径向向外

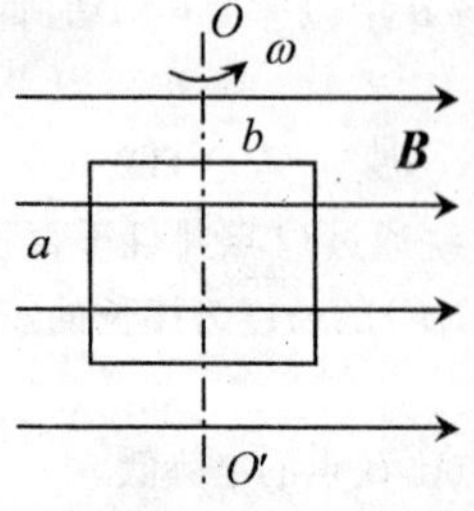

题图 14.4

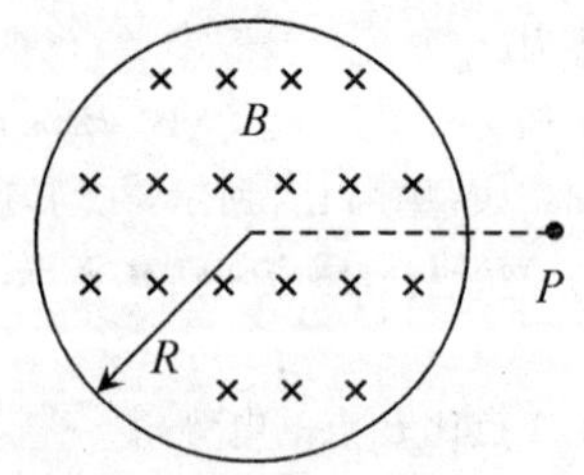

题图 14.5

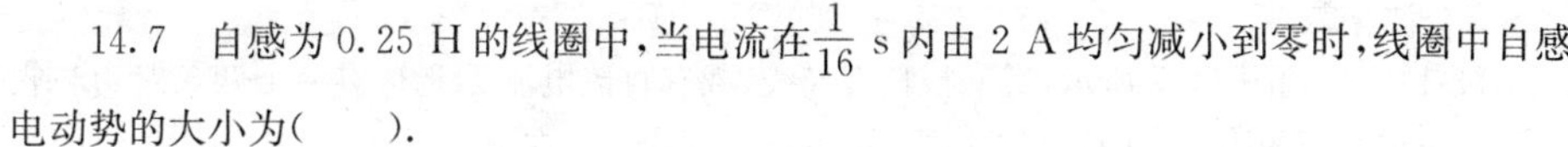

14.7　自感为 0.25 H 的线圈中，当电流在$\frac{1}{16}$ s 内由 2 A 均匀减小到零时，线圈中自感电动势的大小为(　　).

(A) 7.8×10^{-3} V　　(B) 3.1×10^{-2} V

(C) 8.0 V　　(D) 12.0 V

14.8　两个相距不太远的平面圆线圈，怎样可使其互感系数近似为零？设其中一线圈的轴线恰通过另一线圈的圆心.(　　)

(A) 两线圈的轴线互相平行放置　　(B) 两线圈并联

(C) 两线圈的轴线互相垂直放置　　(D) 两线圈串联

14.9　面积为 S 和 $2S$ 的两圆线圈 1，2，如题图 14.6 放置，通有相同的电流 I. 线圈 1 的电流所产生的通过线圈 2 的磁通用 Φ_{21} 表示，线圈 2 的电流所产生的通过线圈 1 的磁通用 Φ_{12} 表示，则 Φ_{21} 和 Φ_{21} 的大小关系为(　　).

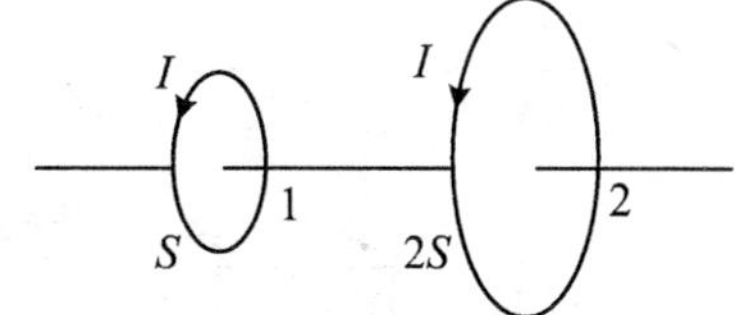

题图 14.6

(A) $\Phi_{21}=2\Phi_{12}$　　(B) $\Phi_{21}>\Phi_{12}$

(C) $\Phi_{21}=\Phi_{12}$　　(D) $\Phi_{21}=\frac{1}{2}\Phi_{12}$

14.10　用线圈的自感系数 L 来表示载流线圈磁场能量的公式 $W_m=LI^2/2$(　　).

(A) 只适用于无限长密绕螺线管

(B) 只适用于单匝圆线圈

(C) 只适用于一个匝数很多，且密绕的螺绕环

(D) 适用于自感系数 L 一定的任意线圈

14.11　有两个长直密绕螺线管，长度及线圈匝数均相同，半径分别为 r_1 和 r_2. 管内充满均匀介质，其磁导率分别为 μ_1 和 μ_2. 设 $r_1:r_2=1:2$，$\mu_1:\mu_2=2:1$，当将两只螺线管串联在电路中通电稳定后，其自感系数之比 $L_1:L_2$ 与磁能之比 $W_{m1}:W_{m2}$ 分别为(　　).

(A) $L_1:L_2=1:1$，$W_{m1}:W_{m2}=1:1$　　(B) $L_1:L_2=1:2$，$W_{m1}:W_{m2}=1:1$

(C) $L_1:L_2=1:2$，$W_{m1}:W_{m2}=1:2$　　(D) $L_1:L_2=2:1$，$W_{m1}:W_{m2}=2:1$

14.12　真空中一根无限长直细导线上通电流 I，则距导线垂直距离为 a 的空间某点处的磁能密度为(　　).

(A) $\frac{1}{2}\mu_0\left(\frac{\mu_0 I}{2\pi a}\right)^2$　　(B) $\frac{1}{2\mu_0}\left(\frac{\mu_0 I}{2\pi a}\right)^2$

(C) $\frac{1}{2}\left(\frac{2\pi a}{\mu_0 I}\right)^2$　　(D) $\frac{1}{2\mu_0}\left(\frac{\mu_0 I}{2a}\right)^2$

14.13　一忽略内阻的电源接到阻值 $R=10\ \Omega$ 的电阻和自感系数 $L=0.52$ H 的线圈所组成的串联电路上，从电路接通计时，当电路中的电流达到最大值的 90%时，经历的时间是(　　).

(A) 46 s　　(B) 0.46 s　　(C) 0.12 s　　(D) 5.26×10^{-3} s

二、计算题

14.14 如题图 14.7 所示，有一根长直导线，载有直流电流 I，近旁有一个两条对边与它平行并与它共面的矩形线圈，以匀速度 $\boldsymbol{v}$ 沿垂直于导线的方向离开导线. 设 $t=0$ 时，线圈位于图示位置，求：

(1) 在任意时刻 t 通过矩形线圈的磁通量 Φ；

(2) 在图示位置时矩形线圈中的电动势 ε.

14.15 如题图 14.8 所示，长直导线 AB 中的电流 I 沿导线向上，并以 $\mathrm{d}I/\mathrm{d}t=2\ \mathrm{A}\cdot\mathrm{s}^{-1}$ 的变化率均匀增长. 导线附近放一个与之同面的直角三角形线框，其一边与导线平行，位置及线框尺寸如图所示. 求此线框中产生的感应电动势的大小和方向（$\mu_0=4\pi\times10^{-7}\ \mathrm{T}\cdot\mathrm{m}\cdot\mathrm{A}^{-1}$）.

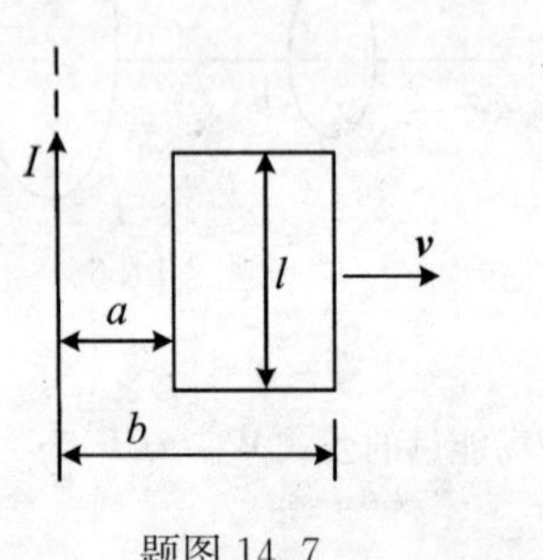

题图 14.7

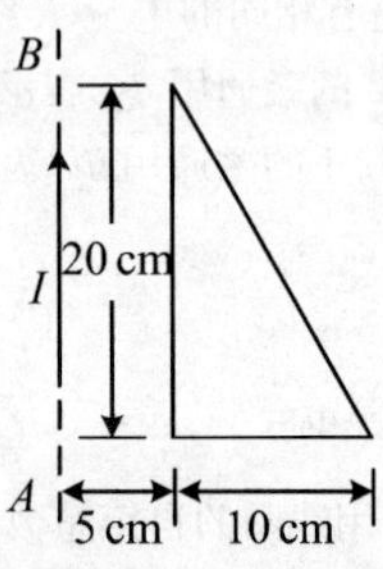

题图 14.8

14.16 如题图 14.9 所示，载有电流 I 的长直导线附近，放一导体半圆环 MeN 与长直导线共面，且端点 MN 的连线与长直导线垂直. 半圆环的半径为 b，环心 O 与导线相距 a. 设半圆环以速度 $\boldsymbol{v}$ 平行导线平移，求半圆环内感应电动势的大小和方向以及 MN 两端的电压 V_M-V_N.

14.17 求长度为 L 的金属杆在均匀磁场 $\boldsymbol{B}$ 中绕平行于磁场方向的定轴 OO' 转动时的动生电动势. 已知杆相对于均匀磁场 $\boldsymbol{B}$ 的方位角为 θ，杆的角速度为 ω，转向如题图 14.10 所示.

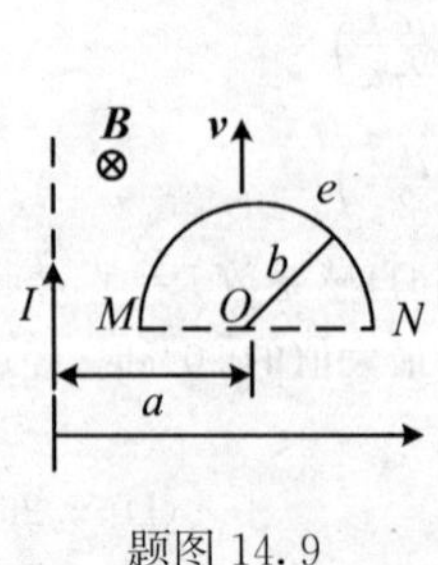

题图 14.9

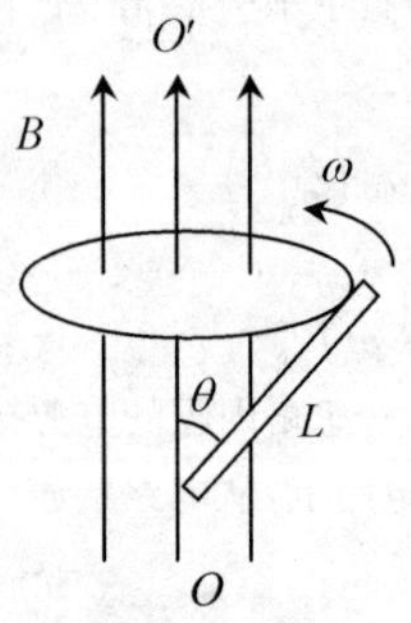

题图 14.10

14.18　如题图 14.11 所示，一长直导线中通有电流 I，有一垂直于导线、长度为 l 的金属棒 AB 在包含导线的平面内，以恒定的速度 $\boldsymbol{v}$ 沿与棒成 θ 角的方向移动. 开始时，棒的 A 端到导线的距离为 a，求任意时刻金属棒中的动生电动势，并指出棒哪端的电势高.

14.19　如题图 14.12 所示，长直导线中电流为 i，矩形线框 $abcd$ 与长直导线共面，且 $ad /\!/ AB$，dc 边固定，ab 边沿 da 及 cb 以速度 $\boldsymbol{v}$ 无摩擦地匀速平动. $t=0$ 时，ab 边与 cd 边重合. 设线框自感忽略不计.

(1) 如 $i=I_0$，求 ab 中的感应电动势. ab 两点哪点电势高？

(2) 如 $i=I_0\cos\omega t$，求 ab 边运动到图示位置时线框中的总感应电动势.

题图 14.11　　　　题图 14.12

14.20　如题图 14.13 所示，一根长为 L 的金属细杆 ab 绕竖直轴 O_1O_2 以角速度 ω 在水平面内旋转，O_1O_2 在离细杆 a 端 $L/5$ 处，若已知地磁场在竖直方向的分量为 $\boldsymbol{B}$. 求 ab 两端间的电势差 V_a-V_b.

14.21　长为 L，质量为 m 的均匀金属细棒，以棒端 O 为中心在水平面内旋转，棒的另一端在半径为 L 的金属环上滑动. 棒端 O 和金属环之间接一电阻 R，整个环面处于均匀磁场 $\boldsymbol{B}$ 中，$\boldsymbol{B}$ 的方向垂直纸面向里，如题图 14.14 所示. 设 $t=0$ 时，初角速度为 ω_0. 忽略摩擦力及金属棒、导线和圆环的电阻. 求：

(1) 当角速度为 ω 时金属棒内的动生电动势的大小；

(2) 棒的角速度随时间变化的表达式(提示：利用转动定律).

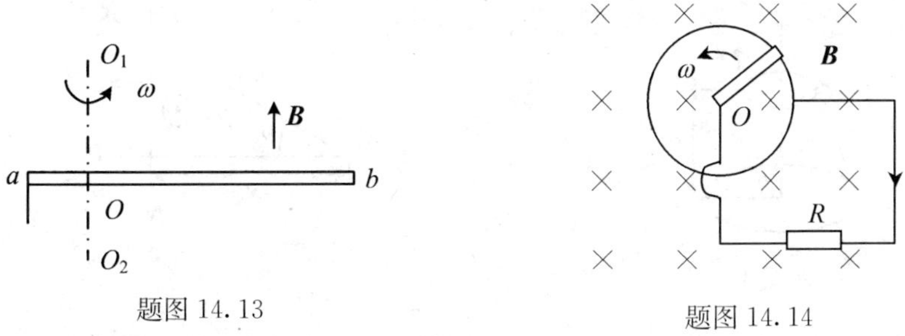

题图 14.13　　　　题图 14.14

14.22　一面积为 S 的单匝平面线圈，以恒定角速度 ω 在磁感强度 $\boldsymbol{B}=B_0\sin\omega t\boldsymbol{k}$ 的均匀外磁场中转动，转轴与线圈共面且与 $\boldsymbol{B}$ 垂直($\boldsymbol{k}$ 为沿 z 轴的单位矢量). 设 $t=0$ 时线圈的正法

向与 $\boldsymbol{k}$ 同方向，求线圈中的感应电动势.

14.23　如题图14.15所示，一半径为 r_2 电荷线密度为 λ 的均匀带电圆环，里边有一半径为 r_1 总电阻为 R 的导体环，两环共面同心（$r_2 \gg r_1$），当大环以变角速度 $\omega=\omega(t)$ 绕垂直于环面的中心轴旋转时，求小环中的感应电流. 其方向如何？

14.24　电荷 Q 均匀分布在半径为 a，长为 $L(L\gg a)$ 的绝缘薄壁长圆筒表面上，圆筒以角速度 ω 绕中心轴线旋转. 一半径为 $2a$，电阻为 R 的单匝圆形线圈套在圆筒上，如题图14.16所示. 若圆筒转速按照 $\omega=\omega_0(1-t/t_0)$ 的规律（ω_0 和 t_0 是已知常数）随时间线性地减小，求圆形线圈中感应电流的大小和流向.

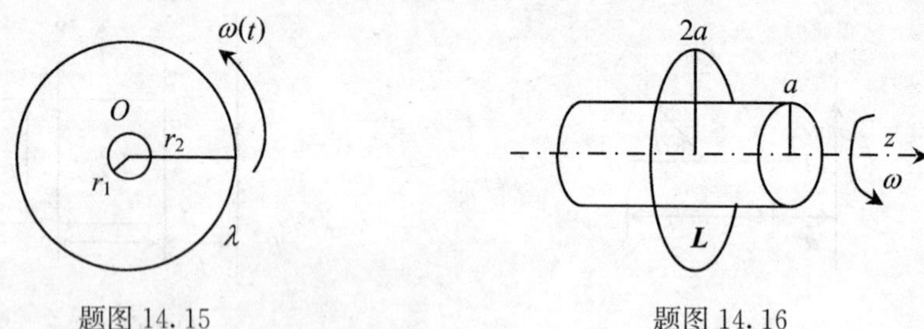

题图14.15　　题图14.16

14.25　如题图14.17所示，两个半径分别为 R 和 r 的同轴圆形线圈相距 x，且 $R\gg r$，$x\gg R$. 若大线圈通有电流 I 而小线圈沿 x 轴方向以速率 v 运动，试求：

(1) 小线中感应电动势的大小；

(2) $x=NR$ 时（N 为正数）小线圈回路中产生的感应电动势的大小.

14.26　如题图14.18所示，有一弯成 θ 角的金属架 COD 放在磁场中，磁感强度 $\boldsymbol{B}$ 的方向垂直于金属架 COD 所在平面. 一导体杆 MN 垂直于 OD 边，并在金属架上以恒定速度 $\boldsymbol{v}$ 向右滑动，$\boldsymbol{v}$ 与 MN 垂直. 设 $t=0$ 时，$x=0$. 求下列两情形，框架内的感应电动势 ε_i.

(1) 磁场分布均匀，且 $\boldsymbol{B}$ 不随时间改变；

(2) 非均匀的时变磁场 $B=Kx\cos\omega t$.

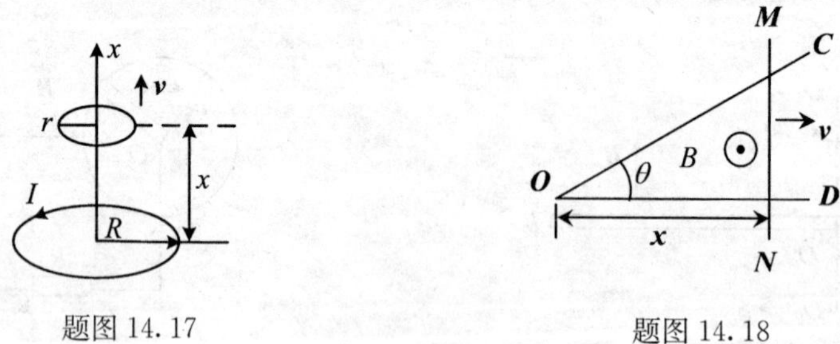

题图14.17　　题图14.18

14.27　如题图14.19所示，真空中一长直导线通有电流 $I(t)=I_0\mathrm{e}^{-\lambda t}$（式中 I_0，λ 为常量，t 为时间），有一带滑动边的矩形导线框与长直导线平行共面，二者相距 a. 矩形线框的滑动边与长直导线垂直，它的长度为 b，并且以匀速 $\boldsymbol{v}$（方向平行长直导线）滑动. 若忽略线框中的自感电动势，并设开始时滑动边与对边重合，试求任意时刻 t 在矩形线框内的感应电动势 ε_i，并讨论 ε_i 的方向.

14.28　在半径为 R 的圆柱形空间内，存在磁感强度为 $\boldsymbol{B}$ 的均匀磁场，$\boldsymbol{B}$ 的方向与圆柱的轴线平行. 有一无限长直导线在垂直圆柱中心轴线的平面内，两线相距为 a，$a>R$，如题图 14.20 所示. 已知磁感强度随时间的变化率为 $\mathrm{d}B/\mathrm{d}t$，求长直导线中的感应电动势 ε_i，并说明其方向[提示：选取过轴线而平行给定的无限长直导线的一条无限长直导线，与给定的无限长直导线构成闭合回路(在无限远闭合). 利用在过轴线的长直导线上，感生电场 $\boldsymbol{E}$ 处处与之垂直的条件].

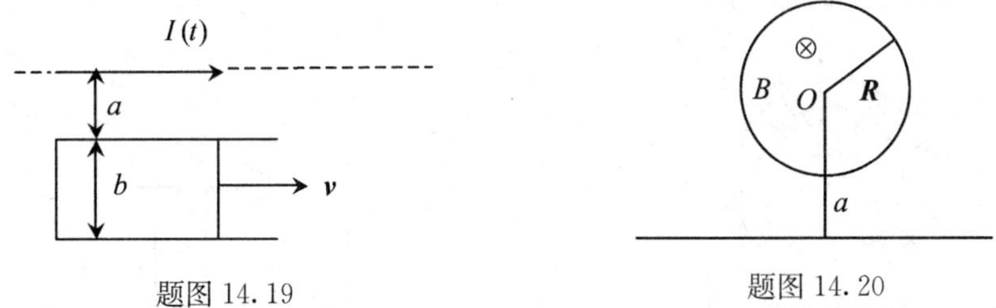

题图 14.19　　题图 14.20

14.29　题图 14.21 所示为水平面内的两条平行长直裸导线 LM 与 $L'M'$，其间距离为 l，其左端与电动势为 ε_0 的电源连接. 匀强磁场 $\boldsymbol{B}$ 垂直于图面向里. 一段直裸导线 ab 横嵌在平行导线间(并可保持在导线间无摩擦地滑动)把电路接通. 由于磁场力的作用，ab 将从静止开始向右运动起来. 求：

(1) ab 能达到的最大速度 v.

(2) ab 达到最大速度时通过电源的电流 I.

14.30　如题图 14.22 所示，在圆柱形的匀强磁场中，同轴地放置一个半径为 a、厚度为 b 的金属圆盘，今使磁场随时间变化 $\mathrm{d}B/\mathrm{d}t=k$，$k$ 为一常数，已知金属盘的电导率为 σ. 试求金属盘内的总的涡电流.

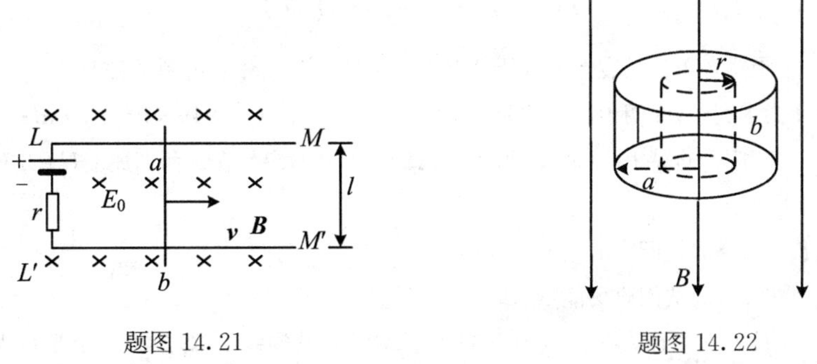

题图 14.21　　题图 14.22

14.31　两同轴长直螺线管，大管套着小管，半径分别为 a 和 b，长为 $L(L\gg a, a>b)$，匝

数分别为 N_1 和 N_2，求互感系数 M.

14.32 真空中，一个半径 $r_1=1$ cm，长度 $l_1=1$ m，圈数为 $N_1=1\,000$ 的螺线管在它的中部与它同轴有一个半径 $r_2=0.5$ cm，长度 $l_2=1.0$ cm，圈数 $N_2=10$ 的小线圈. 计算两个线圈的互感系数(真空的磁导率 $\varepsilon_0=4\pi\times10^{-7}$ H · m^{-1}).

14.33 真空矩形截面螺绕环的总匝数为 N，尺寸如题图 14.23 所示，求它的自感系数.

14.34 一无限长直导线通有电流 $I=I_0\mathrm{e}^{-3t}$. 一矩形线圈与长直导线共面放置，其长边与导线平行，位置如题图 14.24 所示. 求：

(1) 矩形线圈中感应电动势的大小及感应电流的方向；

(2) 导线与线圈的互感系数.

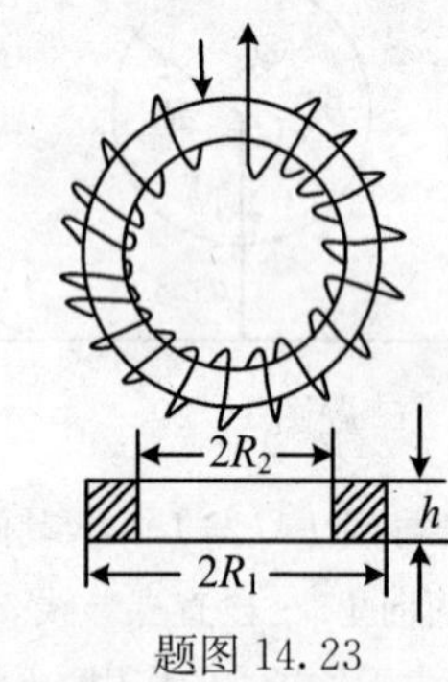

题图 14.23

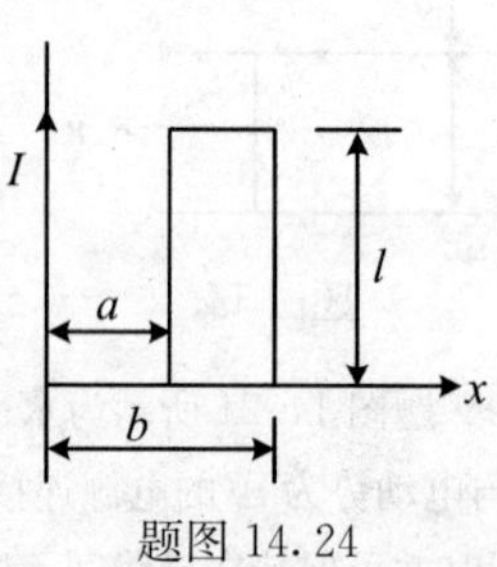

题图 14.24

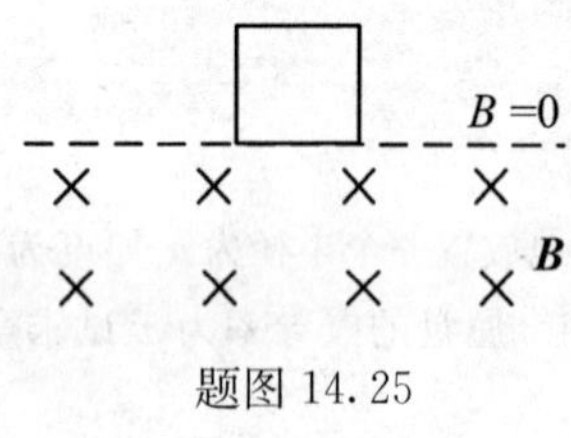

题图 14.25

14.35 一边长为 a 的正方形线圈，在 $t=0$ 时正好从如图所示的均匀磁场的区域上方由静止开始下落，设磁场的磁感强度为 $\boldsymbol{B}$(如题图 14.25 所示)，线圈的自感为 L，质量为 m，电阻可忽略. 求线圈的上边进入磁场前，线圈的速度与时间的关系[提示：$Blv+\left(-L\dfrac{\mathrm{d}i}{\mathrm{d}t}\right)=iR$，其中 $R=0$；运动方程 $m\dfrac{\mathrm{d}v}{\mathrm{d}t}=mg-BaI$. 联合求解].

14.36 一螺绕环单位长度上的线圈匝数为 $n=10$ cm^{-1}. 环心材料的磁导率 $\mu=\mu_0$. 求在电流强度 I 为多大时，线圈中磁场的能量密度 $w=1$ J · m^{-3}($\mu_0=4\pi\times10^{-7}$ T · m · A^{-1}).

14.37 一线圈的自感 $L=1$ H，电阻 $R=3$ Ω. 在 $t=0$ 时突然在它两端加上 $U=3$ V 的电压，此电压不再改变.

(1) 求 $t=0.2$ s 时线圈中的电流强度；

(2) 求 $t=0.2$ s 时线圈磁场能量对时间的变化率.

14.38 在长为 l，半径为 b，匝数为 N 的细长螺线管的轴线中部，放置一个半径为 a 的导体圆环，圆环平面的法线与螺线管轴线之间的夹角固定成 45°(如题图 14.26 所示). 已知螺线管电阻为 R，圆环电阻为 r，其自感不计，电源的电动势为 ε，内电阻为零. 设 $a\ll b$，螺线管与圆环的互感与螺线管的自感相比可不计.

(1) 求开关合上后通过螺线管的电流 I 随时间的变化规律；

(2) 求开关合上后小圆环内电流随时间的变化规律；

(3) 证明圆环受到的最大磁力矩为 $T_{\max}=\dfrac{\pi a^4\mu_0\varepsilon^2}{8b^2 rRl}$.

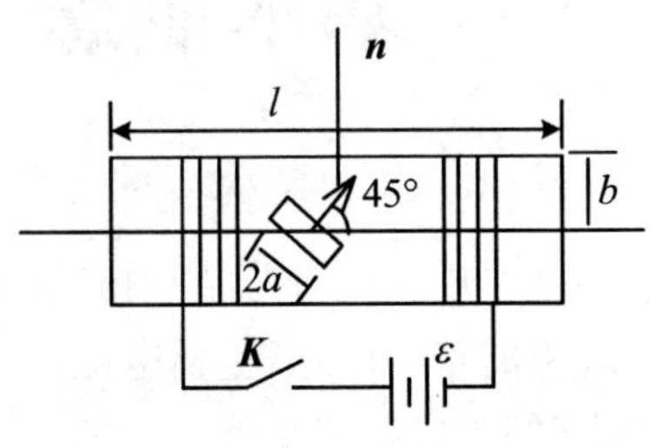

题图 14.26

三、小论文写作练习

14.39　总结出互感系数 $M_{12}=M_{21}$ 的几种证明方法.

14.40　根据电磁感应定律和简单的电子线路，设计电磁感应摆与电磁陀螺演示实验.

第 15 章　电磁场理论的基本概念

本章在对电场和磁场的基本规律进行总结和拓展的基础上，介绍以麦克斯韦方程组为核心的电磁场理论的基本概念，包括电磁波的辐射和传播的基本概念. 本章是下一篇“波动光学”的主要物理基础.

15.1　麦克斯韦方程组

15.1.1　电磁场基本规律小结

在前几章中，我们分别介绍了电场和磁场的基本规律，现将这些规律总结如下.

1. 静电场和静磁场的基本规律

静电场和稳恒电流的磁场(静磁场)的基本规律是

$$\oiint_S \boldsymbol{D}^{(1)} \cdot \mathrm{d}\boldsymbol{S} = q_{\mathrm{int}} \tag{15.1}$$

$$\oint_L \boldsymbol{E}^{(1)} \cdot \mathrm{d}\boldsymbol{l} = 0 \tag{15.2}$$

$$\oiint_S \boldsymbol{B}^{(1)} \cdot \mathrm{d}\boldsymbol{S} = 0 \tag{15.3}$$

$$\oint_L \boldsymbol{H}^{(1)} \cdot \mathrm{d}\boldsymbol{l} = I_{0\mathrm{int}} \tag{15.4}$$

对于静电场和稳恒电流的磁场，无论是在真空中还是在介质中，以上四个方程均成立. 方程(15.1)中的 q_{int} 是高斯面 S 内包围的总自由电荷，方程(15.4)中的 $I_{0\mathrm{int}}$ 是闭合回路 L 中包围的总传导电流. 此外，对于各向同性均匀介质，方程

$\boldsymbol{D}^{(1)}=\varepsilon\boldsymbol{E}^{(1)}$ 和 $\boldsymbol{B}^{(1)}=\mu\boldsymbol{H}^{(1)}$ 成立.

2. 感生电场的基本规律

感生电场的基本规律是

$$\oint_L \boldsymbol{E}^{(2)}\cdot \mathrm{d}\boldsymbol{l}=-\iint_S \frac{\partial \boldsymbol{B}}{\partial t}\cdot \mathrm{d}\boldsymbol{S} \tag{15.5}$$

$$\oiint_S \boldsymbol{D}^{(2)}\cdot \mathrm{d}\boldsymbol{S}=0 \quad (\boldsymbol{D}^{(2)}=\varepsilon\boldsymbol{E}^{(2)}) \tag{15.6}$$

15.1.2 位移电流

1. 一个需要考虑的问题

在稳恒电流情况下,电流是闭合的,方程(15.4)中的电流 $I_{0\mathrm{int}}$ 即这种闭合电流. 若电流 I 是非闭合的,则方程(15.4)不成立. 举例说明如下:如图 15.1,在长为 b 的载流直导线产生的磁场中,在导线的中垂面上取一半径为 r 的圆形回路,在回路 L 上的各点,$\boldsymbol{H}^{(1)}$ 沿切线方向,大小为

$$H^{(1)}=\frac{B^{(1)}}{\mu}=\frac{\mu I_0}{4\pi\mu\cdot r}(\cos\theta_1-\cos\theta_2)=\frac{I_0}{2\pi r}\cos\theta_1$$

于是

$$\oint_L \boldsymbol{H}^{(1)}\cdot \mathrm{d}\boldsymbol{l}=H^{(1)}2\pi r=I_0\cos\theta_1\neq I_0$$

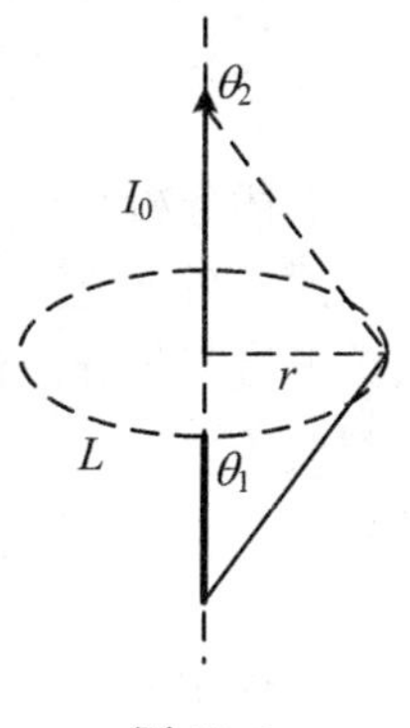

图 15.1

然而,在非稳恒电流(如交变电流)情况下,电流不闭合的情况是很普遍的,最简单的例子是电路中有电容器,这种情况下 H 的环流将如何计算呢? 这是一个需要考虑的问题.

2. 电容器充电过程的讨论

如图 15.2,合上开关 K 后,在电场及电源内非静电场力的作用下,b 板上的正电荷不断地转移到 a 板上(实际上是 a 板的电子转移到 b 板),使得 a,b 两板分别带正、负电荷,且电量不断地增加,此即电容器的充电过程. 此过程中,导线上有随时间变化的传导电流 I_0,但电容器内没有传导电流,即传导电流是非闭合的. 注意到在充电过程中由于两板上的电量不断增加,它们将产生一个变化的电场 E,其电位移 $\boldsymbol{D}$ 的方向如图,t 时刻电位移的大小为 $D=\sigma=q/S$(S 为板的面积,q 为 a 板上 t 时刻的电量). 于是 t 时刻 $\boldsymbol{D}$ 通过两板间任一与极板板面平行的平面 S 的 $\boldsymbol{D}$ 通量为

$$\Phi_D = \iint_S \boldsymbol{D} \cdot \mathrm{d}\boldsymbol{S} = DS = q$$

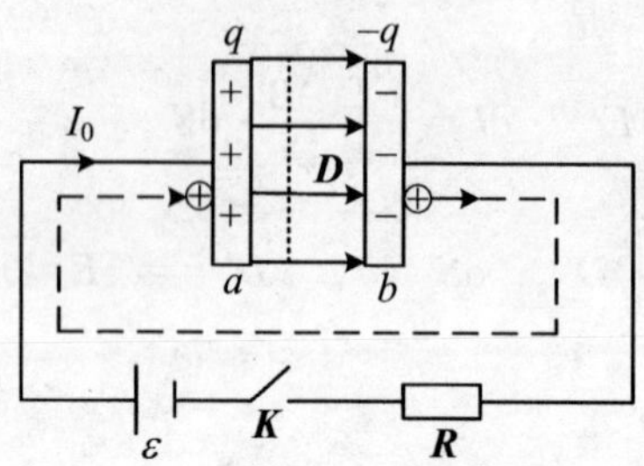

图 15.2

Φ_D 随时间的变化率为

$$\frac{\mathrm{d}\Phi_D}{\mathrm{d}t} = \frac{\mathrm{d}}{\mathrm{d}t}\iint_S \boldsymbol{D} \cdot \mathrm{d}\boldsymbol{S} = \frac{\mathrm{d}q}{\mathrm{d}t} = I_0 \tag{15.7}$$

上述分析与讨论，导致了如下设想：若把无传导电流的区域内通过某平面或曲面 S 的 $\boldsymbol{D}$ 通量 Φ_D 的变化率 $\mathrm{d}\Phi_D/\mathrm{d}t$ 等效地看成是某种电流的电流强度，则该电流与传导电流相结合便能构成一个闭合电流回路. 而且，若将式(15.7)改写成

$$I_0 = \frac{\mathrm{d}}{\mathrm{d}t}\iint_S \boldsymbol{D} \cdot \mathrm{d}\boldsymbol{S} = \iint_S \frac{\partial \boldsymbol{D}}{\partial t} \cdot \mathrm{d}\boldsymbol{S} = \iint_S \boldsymbol{J}_\mathrm{d} \cdot \mathrm{d}\boldsymbol{S}$$

则 $\partial \boldsymbol{D}/\partial t$ 显然充当了电流密度 $\boldsymbol{J}_\mathrm{d}$ 的角色.

3. 位移电流假说

麦克斯韦在全面分析这类问题的过程中，提出了如下假设：

(1) 若空间某区域的电场 $\boldsymbol{E}$(或电位移 $\boldsymbol{D}$)随时间 t 变化，则该电场中存在一种非传导电流，称为**位移电流**(displacement current)，位移电流的电流密度(一般用 $\boldsymbol{J}_\mathrm{d}$ 表示)等于电位移 $\boldsymbol{D}$ 的时间变化率，即

$$\boldsymbol{J}_\mathrm{d} = \frac{\partial \boldsymbol{D}}{\partial t} \tag{15.8}$$

相应地，通过电场中任一曲面 S 的位移电流强度为

$$I_\mathrm{d} = \iint_S \boldsymbol{J}_\mathrm{d} \cdot \mathrm{d}\boldsymbol{S} = \iint_S \frac{\partial \boldsymbol{D}}{\partial t} \cdot \mathrm{d}\boldsymbol{S} = \frac{\mathrm{d}}{\mathrm{d}t}\iint_S \boldsymbol{D} \cdot \mathrm{d}\boldsymbol{S} = \frac{\mathrm{d}\Phi_D}{\mathrm{d}t} \tag{15.9}$$

(2) 位移电流与传导电流一样，在周围空间产生磁场 $\boldsymbol{H}^{(2)}$，且 $\boldsymbol{H}^{(2)}$ 具有如下规律

$$\oint_L \boldsymbol{H}^{(2)} \cdot \mathrm{d}\boldsymbol{l} = I_\mathrm{d} = \iint_S \frac{\partial \boldsymbol{D}}{\partial t} \cdot \mathrm{d}\boldsymbol{S} \tag{15.10}$$

$$\oiint_S \boldsymbol{B}^{(2)} \cdot \mathrm{d}\boldsymbol{S} = 0 \quad (\boldsymbol{B}^{(2)} = \mu \boldsymbol{H}^{(2)}) \tag{15.11}$$

可以看出，麦克斯韦的位移电流假说的内涵，是认为变化的电场也是一种电流. 位移电流假说与涡旋电场假说一样，均已由实验证明是正确的. 这两个假说为电磁场理论的确立奠定了重要基础.

最后，我们简单讨论一下位移电流的物理本质. 一般情况下，根据位移电流密度的定义式(15.8)和电位移 $\boldsymbol{D}$ 的定义式 $\boldsymbol{D}=\varepsilon_0\boldsymbol{E}+\boldsymbol{P}$，有

$$\boldsymbol{J}_{\mathrm{d}} = \frac{\partial \boldsymbol{D}}{\partial t} = \varepsilon_0 \frac{\partial \boldsymbol{E}}{\partial t} + \frac{\partial \boldsymbol{P}}{\partial t}$$

上式中 $\varepsilon_0(\partial \boldsymbol{E}/\partial t)$ 被称为纯粹的位移电流密度，其本质就是变化的电场，并不对应任何电荷的运动，而且除了在产生磁场方面与运动电荷产生的传导电流等效以外，和传导电流并无其他共同之处. $\partial \boldsymbol{P}/\partial t$ 项也仅与介质极化时极化电荷的微观运动有关. 与 $\varepsilon_0(\partial \boldsymbol{E}/\partial t)$ 对应的纯粹的位移电流不会产生热量. 但是对于由有极分子组成的电介质，与 $\partial \boldsymbol{P}/\partial t$ 对应的位移电流有可能产生较大的热量，原因是变化的电场迫使有极分子反复极化，造成分子热运动加剧. 位移电流产生的热量完全不同于焦耳热，它们遵从完全不同的规律.

15.1.3　麦克斯韦方程组

在一般情况下，空间的电磁场包含两部分，一部分是由电荷及传导电流产生的，另一部分是由变化的电场或磁场产生的，即有

$$\boldsymbol{E} = \boldsymbol{E}^{(1)} + \boldsymbol{E}^{(2)}, \quad \boldsymbol{D} = \boldsymbol{D}^{(1)} + \boldsymbol{D}^{(2)}$$
$$\boldsymbol{H} = \boldsymbol{H}^{(1)} + \boldsymbol{H}^{(2)}, \quad \boldsymbol{B} = \boldsymbol{B}^{(1)} + \boldsymbol{B}^{(2)}$$

利用上述公式(15.1)～(15.6)以及(15.10)和(15.11)可得

$$\oiint_S \boldsymbol{D} \cdot \mathrm{d}\boldsymbol{S} = q_{\mathrm{int}} \tag{15.12}$$

$$\oint_L E \cdot \mathrm{d}\boldsymbol{l} = -\iint_S \frac{\partial \boldsymbol{B}}{\partial t} \cdot \mathrm{d}\boldsymbol{S} \tag{15.13}$$

$$\oiint_S \boldsymbol{B} \cdot \mathrm{d}\boldsymbol{S} = 0 \tag{15.14}$$

$$\oint_L \boldsymbol{H} \cdot \mathrm{d}\boldsymbol{l} = I_{0\mathrm{int}} + \iint_S \frac{\partial \boldsymbol{D}}{\partial t} \cdot \mathrm{d}\boldsymbol{S} \tag{15.15}$$

此即**积分形式的麦克斯韦方程组**(Maxwell equation in integral form). 利用数学上关于矢量运算的定理，可以将积分形式的麦克斯韦方程组变化为**微分形式的麦克斯韦方程组**，即

$$\nabla\cdot \boldsymbol{D} = \rho \tag{15.16}$$

$$\nabla\times \boldsymbol{E} = -\frac{\partial \boldsymbol{B}}{\partial t} \tag{15.17}$$

$$\nabla\cdot \boldsymbol{B} = 0 \tag{15.18}$$

$$\nabla\times \boldsymbol{H} = \boldsymbol{J} + \frac{\partial \boldsymbol{D}}{\partial t} \tag{15.19}$$

麦克斯韦方程组给出了空间电磁场与自由电荷及传导电流之间的关系.原则上若自由电荷及传导电流已知,且边界条件给定,那么结合介质的性能方程 $\boldsymbol{D}=\varepsilon\boldsymbol{E}$ 和 $\boldsymbol{B}=\mu\boldsymbol{H}$ 以及 $\boldsymbol{J}=\gamma\boldsymbol{E}$,解此方程组,即可求出整个空间的电磁场.

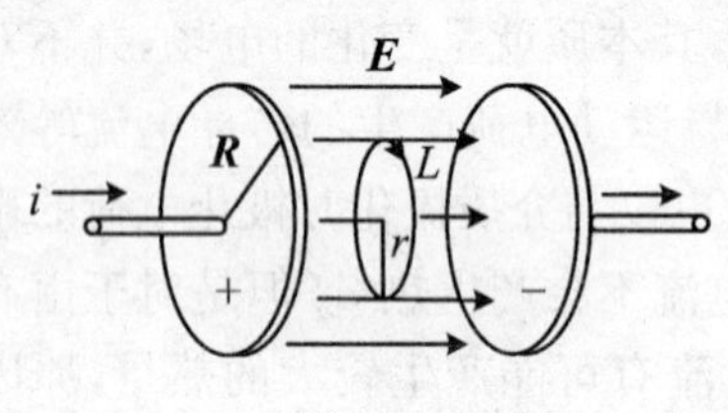

图 15.3

例 15.1 如图 15.3,半径 $R=0.1$ m 的两块导体圆板,构成空气平板电容器.充电时,极板间的电场强度以 $\mathrm{d}E/\mathrm{d}t=10^{12}$ V·m^{-1}·s^{-1}的变化率增加.求:

(1) 两极板间的位移电流 I_{d};

(2) 距两极板中心连线为 $r(r<R)$处的磁感应强度 B_r 和 $r=R$ 处的磁感应强度 B_R(忽略边缘效应).

解 (1) 两极板间的电场可视为均匀分布.两板间位移电流为

$$I_{\mathrm{d}} = \iint_S \boldsymbol{J}_{\mathrm{d}}\cdot \mathrm{d}\boldsymbol{S} = S\frac{\mathrm{d}D}{\mathrm{d}t} = \pi R^2\varepsilon_0\frac{\mathrm{d}E}{\mathrm{d}t} = 0.28 \text{ A}$$

(2) 在两板之间且与极板平面平行的平面内,以两板中心连线上某点为圆心、半径为 r 作闭合回路 L,根据普遍的安培环路定理 $\oint_L \boldsymbol{H}\cdot \mathrm{d}\boldsymbol{l} = \iint_S \frac{\partial \boldsymbol{D}}{\partial t}\cdot \mathrm{d}\boldsymbol{S}$,得

$$H2\pi r = \varepsilon_0 \frac{\mathrm{d}}{\mathrm{d}t}\int_S \boldsymbol{E}\cdot \mathrm{d}\boldsymbol{S} = \varepsilon_0\frac{\mathrm{d}E}{\mathrm{d}t}\cdot \pi r^2$$

故

$$H = \frac{\varepsilon_0}{2}r\frac{\mathrm{d}E}{\mathrm{d}t}$$

于是

$$B_r = \mu_0 H = \frac{\varepsilon_0\mu_0}{2}r\frac{\mathrm{d}E}{\mathrm{d}t}\quad (0\leqslant r\leqslant R)$$

当 $r=R$ 时

$$B_R = \frac{\varepsilon_0\mu_0}{2}R\frac{\mathrm{d}E}{\mathrm{d}t} = \frac{1}{2}\times 4\pi\times 10^{-7}\times 8.85\times 10^{-12}\times 0.1\times 10^{12}\ \mathrm{T}$$
$$= 5.6\times 10^{-7}\ \mathrm{T}$$

15.2　电磁波的辐射和传播

15.2.1　振荡电偶极子辐射的电磁波

按麦克斯韦电磁理论，当空间某区域内有随时间变化的电流或电荷分布时，空间将产生变化的电磁场. 而变化的电磁场又可交替地激发，从而使得电磁场将由近及远地向整个空间传播(图 15.4). 电磁场的传播过程称为电磁波.

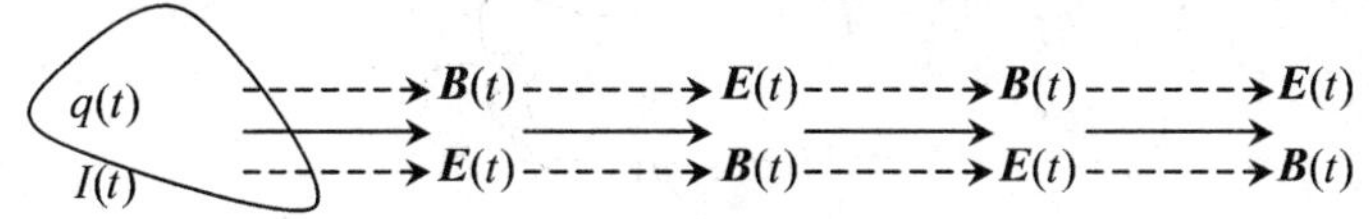

图 15.4　电磁场的传播

电磁场的传播的简单例子是振荡电偶极子辐射的电磁波. 设有一电偶极子，其电矩为 $\boldsymbol{p}=q\boldsymbol{l}$，若 $l=l_0\cos\omega t$，则 $p=ql_0\cos\omega t=p_0\cos\omega t$，这种电偶极子称为振荡电偶极子(oscillating electric dipole，图 15.5).

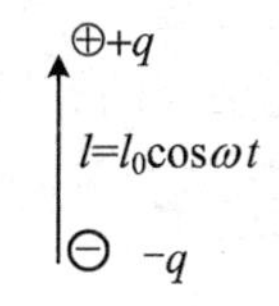

图 15.5　振荡电偶极子

通过求解麦克斯韦方程组，可以求得(见本章附录)：在远离电偶极子的空间的任意一点 P 处，任意一时刻 t 的电场 $\boldsymbol{E}$ 和磁场 $\boldsymbol{H}$ 的方向如图 15.6 所示，大小为

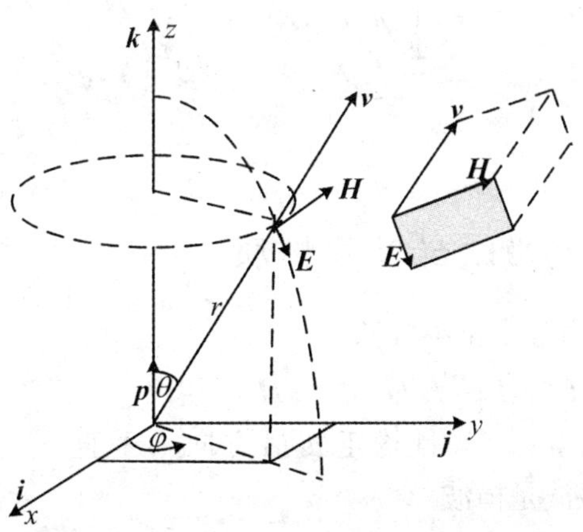

图 15.6　振荡电偶极子辐射的电磁波的方向

$$E(r,t) = \frac{\mu p_0 \omega^2 \sin\theta}{4\pi r}\cos\omega\left(t - \frac{r}{v}\right) \tag{15.20}$$

$$H(r,t) = \frac{\sqrt{\varepsilon\mu}\, p_0 \omega^2 \sin\theta}{4\pi r}\cos\omega\left(t - \frac{r}{v}\right) \tag{15.21}$$

上面两式中,$v=1/\sqrt{\varepsilon\mu}$.

与机械波的波动方程相比,可知方程(15.20)和(15.21)中的 v 为电磁波的传播速度.这种电磁波为球面电磁波,上面的两个方程就是球面电磁波的波动方程.

若 $r_0 \gg l$,则在 $r=r_0+x'(x' \ll r_0)$,$\theta'=\theta \pm \Delta\theta$($\Delta\theta$ 很小)的范围内,各点的 E(或 H)的振幅可视为相等,因而上述方程可写成(略去一个初位相)

$$E = E_0 \cos\omega\left(t - \frac{x'}{v}\right) \tag{15.22a}$$

$$H = H_0 \cos\omega\left(t - \frac{x'}{v}\right) \tag{15.22b}$$

其中 $\sqrt{\varepsilon}E_0=\sqrt{\mu}H_0$. 如果不限定 x' 的范围,则式(15.22a,b)称为平面电磁波的波动方程.它与平面机械波的运动学方程相似.图 15.7 定性地给出了 t 时刻平面电磁波的波形图.

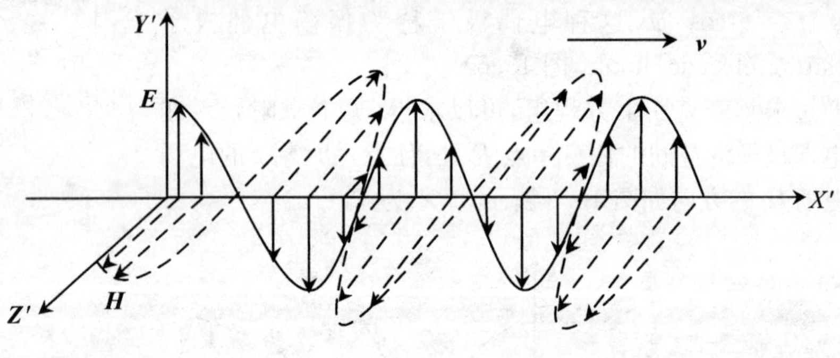

图 15.7

15.2.2 平面电磁波的基本性质

平面电磁波具有如下基本性质:

(1) $\sqrt{\varepsilon}E_0=\sqrt{\mu}H_0$,$\sqrt{\varepsilon}E=\sqrt{\mu}H$,$\boldsymbol{E}$ 与 $\boldsymbol{H}$ 同相位.

(2) $\boldsymbol{E}$ 与 $\boldsymbol{H}$ 相互垂直,且均于转播方向 $\boldsymbol{v}$ 垂直,三者呈右手螺旋关系 $\boldsymbol{E}\times\boldsymbol{H}//\boldsymbol{v}$,因而电磁波是横波.

(3) 沿一定方向传播的电磁波,$\boldsymbol{E}$ 与 $\boldsymbol{H}$ 分别在各自的平面上振动,此性质称为偏振性.

(4) 电磁波的传播速度为

$$v=\frac{1}{\sqrt{\mu\varepsilon}}=\frac{1}{\sqrt{\mu_0\varepsilon_0}}\frac{1}{\sqrt{\mu_r\varepsilon_r}}=\frac{c}{n}$$

其中 $n=\sqrt{\mu_r\varepsilon_r}$ 称为介质的折射率，$c=\dfrac{1}{\sqrt{\mu_0\varepsilon_0}}=3\times10^8\ \mathrm{m\cdot s^{-1}}$ 是电磁波在真空中的传播速度，它与真空中的光速相等.

15.2.3 电磁波的能量

以电磁波的形式传播出去的能量称为电磁波的辐射能. 电磁波传播的区域中，单位体积内电磁场的能量称为电磁波的能量密度. 按照电场和磁场能量密度的表达式，电磁波的能量密度为

$$w=w_e+w_m=\frac{1}{2}(\varepsilon E^2+\mu H^2) \tag{15.23}$$

在单位时间内，通过垂直于电磁波传播方向上的单位面积播出去的电磁能称为电磁波的能流密度(电磁波的强度)，用 S 表示，$S=wv$. 利用式(15.23)并注意到 $\sqrt{\varepsilon}E=\sqrt{\mu}H$，可以将电磁波的能流密度表示为

$$\begin{aligned}S&=wv=(w_e+w_m)v=\frac{v}{2}(\varepsilon E^2+\mu H^2)\\&=\frac{1}{2\sqrt{\varepsilon\mu}}(\sqrt{\varepsilon}E\sqrt{\varepsilon}E+\sqrt{\mu}H\sqrt{\mu}H)=\frac{1}{2\sqrt{\varepsilon\mu}}(\sqrt{\varepsilon}E\sqrt{\mu}H+\sqrt{\varepsilon}E\sqrt{\mu}H)\\&=EH=E\sqrt{\frac{\varepsilon}{\mu}}E=\sqrt{\frac{\varepsilon}{\mu}}E^2\end{aligned} \tag{15.24}$$

令 $\boldsymbol{S}=S\cdot(\boldsymbol{v}/v)$，其中 $(\boldsymbol{v}/v)$ 是电磁波传播方向上的单位矢量($\boldsymbol{v}$ 是电磁波的传播速度)，则 $\boldsymbol{S}$ 称为电磁波的**能流密度矢量**(坡印廷矢量，Poynting vector). 利用式(15.20)和电磁波的基本性质(2)，可以将 $\boldsymbol{S}$ 表示为

$$\boldsymbol{S}=\boldsymbol{E}\times\boldsymbol{H} \tag{15.25}$$

与机械波相似，电磁波的平均能流密度称为电磁波的强度，用 I 表示，

$$I=\bar{S}=\sqrt{\frac{\varepsilon}{\mu}}\bar{\boldsymbol{E}}^2=\frac{1}{2}\sqrt{\frac{\varepsilon}{\mu}}\boldsymbol{E}_0^2 \tag{15.26}$$

15.2.4 电磁波谱

在真空中，各种电磁波都具有相同的传播速度，将各种电磁波按照波长或频率的大小顺序排列起来，就形成了电磁波谱，如图 15.8 所示.

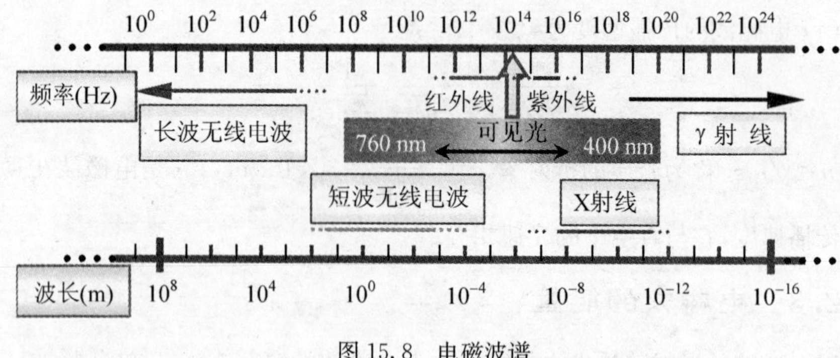

图 15.8 电磁波谱

对照图 15.8,我们可以将电磁波谱大致划分如下 6 个区域:

(1) 无线电波和微波:长波(30～3 km),主要用于远洋长距离通讯;中波(3000～50 m)和短波(50～10m)主要用于无线电广播、电报;超短波(10～0.1 m)和微波(0.1～0.001 m)主要用于电视、雷达、无线电导航等.

(2) 红外线(6×10^5～760 nm):主要应用于红外侦察、红外制导、红外热成像、红外报警等.

(3) 可见光(760～400 nm):人眼敏感区.

(4)紫外线(400～5 nm):紫外线有显著的生理作用和荧光效应,可用于杀菌.太阳发射的紫外线由于被大气层的臭氧吸收而不至于危及地球上的生命.

(5) X 射线(5～0.04 nm,又叫伦琴射线):X 射线通常是由高速电子流轰击金属而产生的,具有很强的穿透力,能使照相底片感光,使荧光物质发光,可用于医疗检查、金属探伤、晶体分析等.

(6) γ 射线(<0.04 nm):γ 射线通常是在核反应以及其他高能过程中产生的,可用于金属探伤.用作手术刀的 γ 刀就是 γ 射线在医学方面的应用.γ 爆(即一种在极短时间内释放出无比巨大能量的突发性 γ 射线爆发现象)是天文学中最神秘的问题之一.

附录 电偶极子辐射公式的推导

设真空中电偶极子位于坐标原点处,电偶极子的极轴方向平行于 Z 轴,如图 1 所示.

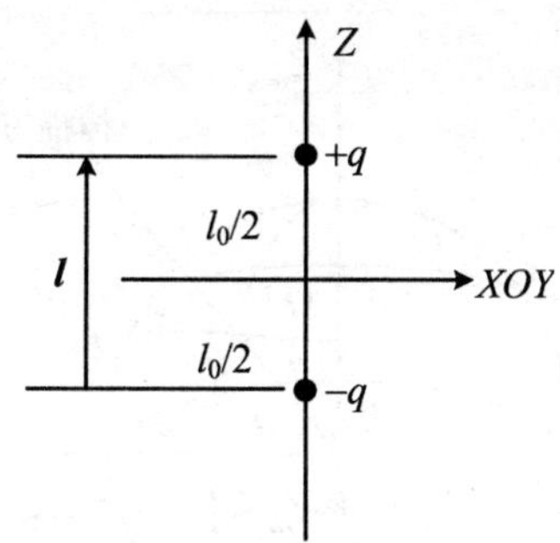

图 1　电偶极子

图中正负电荷的电量保持不变，但相对于共同中心做简谐振动，在 t' 时刻

$$l=l_0\cos\omega t'$$

在 t' 时刻，电偶极子的电偶极矩的表达式为

$$\boldsymbol{P}=q\boldsymbol{l}=ql\boldsymbol{k}=ql_0\cos\omega t'\boldsymbol{k}=P_0\cos\omega t'\boldsymbol{k} \tag{1}$$

其中 $P_0=ql_0$，$\boldsymbol{k}$ 为 Z 轴方向上的单位矢量．t' 时刻的电偶极矩也可以表示为

$$\boldsymbol{P}=q\boldsymbol{r}_+ +(-q)\boldsymbol{r}_- =q(\boldsymbol{r}_+ -\boldsymbol{r}_-)$$

其中 $\boldsymbol{r}_+$ 和 $\boldsymbol{r}_-$ 分别表示 t' 时刻电偶极子中正负电荷的位矢，且

$$\boldsymbol{r}_+=\left(\frac{1}{2}l_0\cos\omega t'\right)\boldsymbol{k} \tag{2}$$

$$\boldsymbol{r}_-=\left(-\frac{1}{2}l_0\cos\omega t'\right)\boldsymbol{k} \tag{3}$$

t' 时刻，电偶极子中正负电荷的速度分别为

$$\boldsymbol{v}_+=\frac{\mathrm{d}\boldsymbol{r}_+}{\mathrm{d}t}=(-\frac{1}{2}l_0\omega\sin\omega t')\boldsymbol{k} \tag{4}$$

$$\boldsymbol{v}_-=\frac{\mathrm{d}\boldsymbol{r}_-}{\mathrm{d}t}=(\frac{1}{2}l_0\omega\sin\omega t')\boldsymbol{k}=-\boldsymbol{v}_+ \tag{5}$$

加速度分别为

$$\boldsymbol{a}_+=\frac{\mathrm{d}\boldsymbol{v}_+}{\mathrm{d}t}=(-\frac{1}{2}l_0\omega^2\cos\omega t')\boldsymbol{k} \tag{6}$$

$$\boldsymbol{a}_-=\frac{\mathrm{d}\boldsymbol{v}_-}{\mathrm{d}t}=(\frac{1}{2}l_0\omega^2\cos\omega t')\boldsymbol{k}=-\boldsymbol{a}_+ \tag{7}$$

设空间中 M 点离坐标原点的距离为 r，且 $r\gg l_0$，即考虑远场情况，如图 2 所示．

根据运动点电荷的毕奥-萨伐尔定律，电偶极子中正负电荷在 M 点产生的磁感应强度为

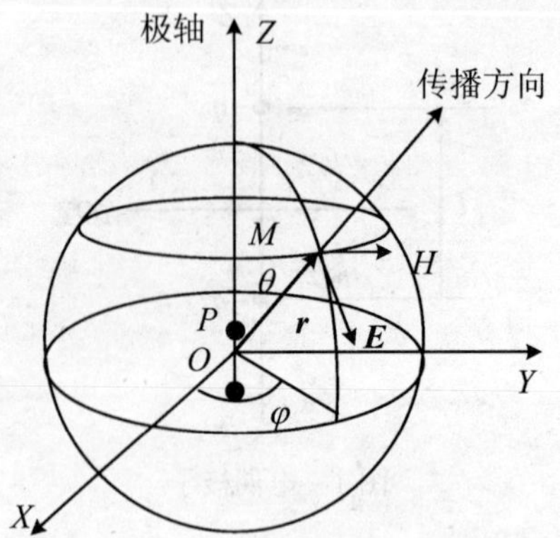

图2 r 很大处的电磁场

$$\boldsymbol{B}_{+}=\frac{\mu_0}{4\pi}\cdot\frac{q\,\boldsymbol{v}_{+}\times\boldsymbol{r}}{r^3} \tag{8}$$

$$\boldsymbol{B}_{-}=\frac{\mu_0}{4\pi}\cdot\frac{(-q)\boldsymbol{v}_{-}\times\boldsymbol{r}}{r^3}=\frac{\mu_0}{4\pi}\cdot\frac{q\,\boldsymbol{v}_{+}\times\boldsymbol{r}}{r^3}=\boldsymbol{B}_{+} \tag{9}$$

磁感应强度的时间变化率为

$$\frac{\partial\boldsymbol{B}_{+}}{\partial t}=\frac{\mu_0}{4\pi}\cdot\frac{q\,\boldsymbol{a}_{+}\times\boldsymbol{r}}{r^3},\quad \frac{\partial\boldsymbol{B}_{-}}{\partial t}=\frac{\partial\boldsymbol{B}_{+}}{\partial t} \tag{10}$$

由此知，M 点处的磁感应强度的时间变化率为[注意利用式(6)]

$$\begin{aligned}\frac{\partial\boldsymbol{B}}{\partial t}&=\frac{\partial\boldsymbol{B}_{+}}{\partial t}+\frac{\partial\boldsymbol{B}_{-}}{\partial t}=2\,\frac{\partial\boldsymbol{B}_{+}}{\partial t}=\frac{\mu_0}{2\pi}\cdot\frac{q\,\boldsymbol{a}_{+}\times\boldsymbol{r}}{r^3}\\&=\frac{\mu_0}{2\pi}\cdot\frac{q\left(-\frac{1}{2}l_0\omega^2\cos\omega t'\right)\boldsymbol{k}\times\boldsymbol{r}}{r^3}\end{aligned} \tag{11}$$

然而，我们应当注意到：电磁波从原点 O 传播到 M 点需要的时间为 r/c（c 为电磁波的传播速度），因此 t 时刻 M 点的电磁场实际上是电偶极子在 $t'=t-r/c$ 时刻发出的，或者说 t 时刻 M 点所测量到的电磁波是由 $t'=t-r/c$ 时刻的电偶极子所激发的，这一事实称为推迟效应. 将 $t'=t-r/c$ 代入式(11)，得到 t 时刻 M 点处磁感应强度的其随时间变化率为

$$\frac{\partial\boldsymbol{B}}{\partial t}=-\boldsymbol{e}_{\varphi}\,\frac{\mu_0 P_0\sin\theta}{4\pi r^2}\omega^2\cos\omega\left(t-\frac{r}{c}\right) \tag{12}$$

其中已用到

$$\boldsymbol{k}\times\boldsymbol{r}=r\sin\theta\,\boldsymbol{e}_{\varphi} \tag{13}$$

上面我们研究了电偶极子在 M 点产生的磁场，下面来研究电场. M 点处的

电场来源于两个方面:其一是电偶极子所带电量直接产生的电场,由于我们所考虑的 M 点远离场源,而且电偶极子中正负电荷产生的电场在远处相互抵消,因此这一部分电场强度可以忽略不计;其二是来源于 M 处磁场随时间变化产生的涡旋电场,这一部分电场的大小与该处磁感应强度随的时间变化率有关,不可忽略.

根据微分形式的麦克斯韦方程,涡旋电场 $\boldsymbol{E}$ 的旋度与 $\partial\boldsymbol{B}/\partial t$ 之间有如下关系

$$\nabla\times\boldsymbol{E}=-\frac{\partial\boldsymbol{B}}{\partial t} \tag{14a}$$

由于 $\partial\boldsymbol{B}/\partial t$ 只有 $\boldsymbol{e}_\varphi$ 分量,因此 $\boldsymbol{E}$ 的旋度 $\nabla\times\boldsymbol{E}$ 也只有 $\boldsymbol{e}_\varphi$ 分量. 而在球坐标系中,

$$(\nabla\times\boldsymbol{E})_\varphi=\frac{1}{r}\left[\frac{\partial(rE_\theta)}{\partial r}-\frac{\partial E_r}{\partial\theta}\right]$$

因而

$$\nabla\times\boldsymbol{E}=\left[\frac{1}{r}\left(\frac{\partial(rE_\theta)}{\partial r}-\frac{\partial E_r}{\partial\theta}\right)\right]\boldsymbol{e}_\varphi \tag{14b}$$

注意到电偶极子产生的电场在空间的分布关于 Z 轴是对称的,因而 E 与 φ 无关,即

$$\boldsymbol{E}=E_\theta(r,\theta)\boldsymbol{e}_\theta+E_\varphi(r,\theta)\boldsymbol{e}_\varphi+E_r(r,\theta)\boldsymbol{e}_r$$

另一方面,由第 14 章关于涡旋电场 $\boldsymbol{E}$ 的方向与 $\partial\boldsymbol{B}/\partial t$ 的方向的关系($\mathrm{d}\boldsymbol{B}/\mathrm{d}t$ 与 $\boldsymbol{E}_{感}$ 的方向之间满足左手螺旋关系)可知,涡旋电场 $\boldsymbol{E}$ 的方向平行于 $\boldsymbol{e}_\theta$ 方向(见图 2),即有

$$\boldsymbol{E}=E_\theta(r,\theta)\boldsymbol{e}_\theta,\quad E_r(r,\theta)=E_\varphi(r,\theta)=0 \tag{15}$$

根据式(14b)和(15),$\boldsymbol{E}$ 的旋度可表示为(将 E_θ 简写为 E)

$$\nabla\times\boldsymbol{E}=\boldsymbol{e}_\varphi\frac{1}{r}\frac{\partial}{\partial r}(rE)=\left(\frac{E}{r}+\frac{\partial E}{\partial r}\right)\boldsymbol{e}_\varphi\approx\left(\frac{E}{r}\right)\boldsymbol{e}_\varphi \tag{16}$$

其中已考虑到在 M 点附近(M 点远离场源)E 随 r 的变化可以忽略[参考式(17),$\partial E/\partial r\sim1/r^2\approx0$].

将式(16)和式(12)代入式(14a),得(略去一个无关紧要的负号)

$$\left(\frac{E}{r}\right)\boldsymbol{e}_\varphi=\boldsymbol{e}_\varphi\frac{\mu_0P_0\sin\theta}{4\pi r^2}\omega^2\cos\omega\left(t-\frac{r}{c}\right)$$

即

$$E=\frac{\mu_0P_0\omega^2\sin\theta}{4\pi r}\cos\omega\left(t-\frac{r}{c}\right) \tag{17}$$

上面我们研究了电偶极子在 M 点产生的电场，下面来研究磁场. M 点处的磁场来源于两个方面：其一是电偶极子中正负电荷运动直接产生的磁场，即由式(8)和(9)所表示的磁场，其振幅正比于 $1/r^2$，由于我们所考虑的 M 点远离场源，因此这一部分磁场强度可以忽略不计[注意到由式(17)表示的电场强度的振幅正比于 $1/r$]；其二是来源于 M 处电场[式(17)]随时间变化产生的磁场，这一部分磁场的大小与该处电场强度随时间的变化率有关，不可忽略. 按照自由空间中微分形式的麦克斯韦方程组的形式解，电场随时间变化产生的磁场与电场之间有如下关系

$$B=\frac{E}{c}$$

再利用 $c=1/\sqrt{\varepsilon_0\mu_0}$，可得

$$B=\frac{E}{c}=\frac{\mu_0\ \sqrt{\varepsilon_0\mu_0}}{4\pi}\frac{P_0\omega^2\sin\theta}{r}\cos[\omega(t-r/c)] \tag{18}$$

或者

$$H=\frac{B}{\mu_0}=\frac{\sqrt{\varepsilon_0\mu_0}}{4\pi}\frac{P_0\omega^2\sin\theta}{r}\cos[\omega(t-r/c)] \tag{19}$$

式(17)和(19)即电偶极子在真空中辐射的电磁波的表达式.

习　题

一、选择题

15.1　电位移矢量的时间变化率 $\mathrm{d}\boldsymbol{D}/\mathrm{d}t$ 的单位是(　　).

(A) $\mathrm{C\cdot m^{-2}}$　　(B) $\mathrm{C\cdot s^{-1}}$　　(C) $\mathrm{A\cdot m^{-2}}$　　(D) $\mathrm{A\cdot m^{-2}}$

15.2　如题图15.1所示，平板电容器(忽略边缘效应)充电时，沿环路 L_1 的磁场强度 $\boldsymbol{H}$ 的环流与沿环路 L_2 的磁场强度 $\boldsymbol{H}$ 的环流两者，必有(　　).

(A) $\oint_{L_1}\boldsymbol{H}\cdot\mathrm{d}\boldsymbol{l}'>\oint_{L_2}\boldsymbol{H}\cdot\mathrm{d}\boldsymbol{l}'$　　(B) $\oint_{L_1}\boldsymbol{H}\cdot\mathrm{d}\boldsymbol{l}'=\oint_{L_2}\boldsymbol{H}\cdot\mathrm{d}\boldsymbol{l}'$

(C) $\oint_{L_1}\boldsymbol{H}\cdot\mathrm{d}\boldsymbol{l}'<\oint_{L_2}\boldsymbol{H}\cdot\mathrm{d}\boldsymbol{l}'$　　(D) $\oint_{L_1}\boldsymbol{H}\cdot\mathrm{d}\boldsymbol{l}'=0$

15.3　如题图15.2所示，空气中有一无限长金属薄壁圆筒，在表面上沿圆周方向均匀地流着一层随时间变化的面电流 $i(t)$，则(　　).

(A) 圆筒内均匀地分布着变化磁场和变化电场

(B) 任意时刻通过圆筒内假想的任一球面的磁通量和电通量均为零

(C) 沿圆筒外任意闭合环路上磁感强度的环流不为零

(D) 沿圆筒内任意闭合环路上电场强度的环流为零

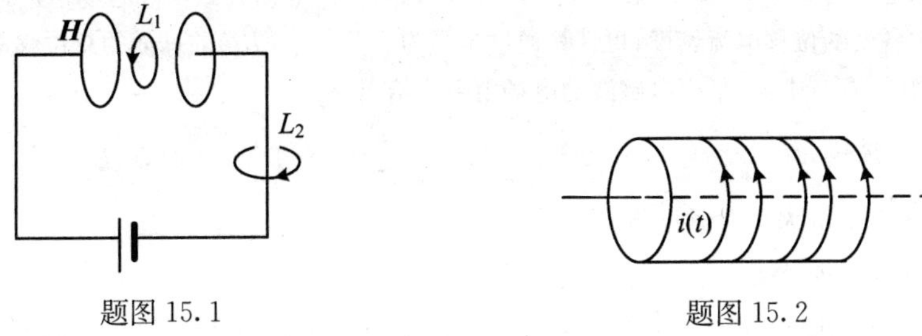

题图 15.1　　　　题图 15.2

15.4　对位移电流，有下述四种说法，请指出哪一种说法正确.（　　）

(A) 位移电流是指变化电场

(B) 位移电流是由线性变化磁场产生的

(C) 位移电流的热效应服从焦耳－楞次定律

(D) 位移电流的磁效应不服从安培环路定理

15.5　在半径为 0.01 m 直导线中，流有 2 A 电流，已知 1 000 m 长度的导线的电阻为 0.5 Ω，则在导线表面上任意点的能流密度矢量的大小为（　　）.

(A) 3.18×10^{-2} W·m^{-2}　　(B) 1.27×10^{-2} W·m^{-2}

(C) 3.18×10^{-3} W·m^{-2}　　(D) 1.60×10^{-3} W·m^{-2}

二、计算题

15.6　给电容为 C 的平行板电容器充电，电流为 $i=0.2\mathrm{e}^{-t}$，$t=0$ 时电容器极板上无电荷. 求：

(1) 极板间电压 U 随时间 t 而变化的关系；

(2) t 时刻极板间总的位移电流 I_d（忽略边缘效应）.

15.7　如题图 15.3，一电量为 q 的点电荷，以匀角速度 ω 作圆周运动，圆周的半径为 R. 设 $t=0$ 时 q 所在点的坐标为 $x_0=R$，$y_0=0$，以 $\boldsymbol{i}$，$\boldsymbol{j}$ 分别表示 x 轴和 y 轴上的单位矢量. 求圆心处的位移电流密度 $\boldsymbol{J}$.

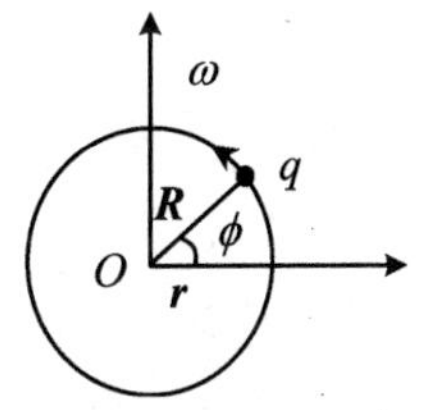

题图 15.3

15.8　如题图 15.4 所示，由圆形板构成的平板电容器，两极板之间的距离为 d，其中的介质为非理想绝缘的、具有电导率为 λ，介电常数为 ε，磁导率为 μ 的非铁磁性各向同性均匀介质. 两极板间加电压 $U=U_0\sin\omega t$. 忽略边缘效应，试求：

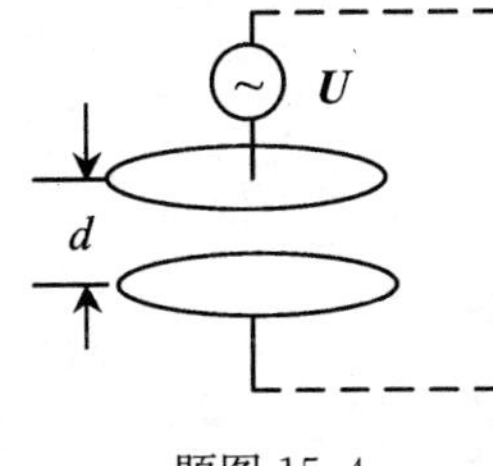

题图 15.4

(1) 两板间的电场强度 $\boldsymbol{E}$，传导电流密度 $\boldsymbol{J}_c$，位移电流密度 $\boldsymbol{J}_d$ 大小各自随时间的变化规律；

(2) 电容器两板间任一点的磁感强度 B.

15.9　一球形电容器，内导体半径为 R_1，外导体半径为 R_2. 两球间充有相对介电常数为 ε_r 的介质. 在电容器上加电压，内球

对外球的电压为 $U=U_0\sin\omega t$. 假设 ω 不太大，以致电容器电场分布与静态场情形近似相同，求介质中各处的位移电流密度，再计算通过半径为 $r(R_1<r<R_2)$ 的球面的总位移电流.

15.10 真空中，一平面电磁波的电场由下式给出

$$E_x=0,\quad E_y=60\times10^{-2}\cos\left[2\pi\times10^8\left(t-\frac{x}{c}\right)\right]\mathrm{V\cdot m^{-1}},\quad E_z=0$$

式中 $c=3\times10^8\,\mathrm{m}$ 为真空中的光速. 求：

(1) 波长和频率；

(2) 传播方向；

(3) 磁场 $\boldsymbol{B}$ 的大小和方向.

三、小论文写作练习

15.11 比较传导电流和位移电流.

15.12 麦克斯韦的物理思想.

15.13 简单直流电路的能流及简谐交流电路中纯电容的能流问题研究.

5

第5篇

Di wu pian

波光动学

- 光的干涉
- 光的衍射
- 光的偏振

光学是物理学中发展较早的一个分支，其发展过程大致可以划分为五个时期. ① 萌芽时期：光学的起源应追溯到远古时代，我国战国时期的墨翟在《墨经》中就记载着关于光的直线传播和光的镜面反射等现象，并提出了一系列的经验规律，把物和像的位置和大小与所用的镜面的曲率联系起来. ② 几何光学时期：这时期是光学发展史的一个转折点，在这一时期建立了光的反射、折射定律，奠定了几何光学的基础，同时为了扩大观察能力，出现了光学仪器，如望远镜等. ③ 波动光学时期：到了 19 世纪，波动光学体系已经形成，杨氏和菲涅耳的著作在这里起了决定性作用. 1801 年杨氏最先用干涉原理圆满地解释了白光照射下薄膜颜色的由来，利用双缝显示了光的干涉现象，并第一次成功地测量了光的波长. 1815 年菲涅耳补充了惠更斯原理，形成了惠更斯-菲涅耳原理，成功地解释了光的衍射和双折射等现象. ④ 量子光学时期：19 世纪到 20 世纪初，光学的研究已经深入到光的产生以及光与物质相互作用的微观领域. 1900 年普朗克提出了辐射的量子理论，解释了黑体辐射问题，开始了量子光学时期，1905 年爱因斯坦提出了光量子理论，圆满地解释了光电效应等现象. ⑤ 现代光学时期：20 世纪 60 年代激光问世以后，建立了以量子力学和激光技术为基础的现代光学.

概括地说，以光的直线传播性质为基础，研究光在透明介质中的传播问题的光学，称为几何光学. 以光的波动性质为基础，研究光的传播及其规律的光学理论，称为波动光学. 波动光学主要包括光的干涉、光的衍射和光的偏振理论. 以光和物质相互作用时显示的粒子性和量子性为基础而建立的光学理论，称为量子光学. 波动光学与量子光学又统称为物理光学. 本篇主要介绍波动光学的基本理论. 关于光的量子性，将在第 6 篇中介绍.

光学的应用十分广泛. 几何光学本来就是为设计各种光学仪器而发展起来的专门学科. 随着科学技术的进步，物理光学也越来越显示出它的威力，例如，光的干涉目前仍是精密测量中无可替代的手段，衍射光栅则是重要的分光仪器. 光谱在人类认识物质的微观结构（如原子结构、分子结构等）方面曾起了关键性的作用，现在它不仅是化学分析中的先进方法，还为天文学家提供了关于星体的化学成分、温度、磁场、速度等大量信息. 近三十年来，人们把数学、信息论与光的衍射结合起来，发展起一门新的学科——傅里叶光学，把它应用到信息处理、光通信、像质评价、光学计算等技术中.激光的发明,可以说是光学发展史上一个革命性的里程碑.由于激光具有强度大、单色性好、方向性强等一系列独特的性能,自从它问世以来,很快就被运用到材料加工、精密测量、通信、测距、全息检测、医疗、农业等极为广泛的技术领域.此外,激光还在同位素分离、催化、信息处理、受控核聚变以及军事上的应用中展现了光辉的前景.

本书不详述几何光学的内容,但是,为了表述和应用上的方便,我们将对几何光学的基本定律作一个简单的概括.

几何光学有三个基本定律,这些定律是人们从观察和实验中总结出来的,它们是几何光学的理论基础,是各种光学仪器设计的依据.

几何光学又称光线光学或射线光学,因为几何光学中可用一条表示光的传播方向的几何线来代表光,并称这条线为光线.借助于光线这个概念,可以将几何光学的三个基本定律表述如下:

(1) 光的直线传播定律

在真空或均匀介质中,光沿直线传播,即光线为一条直线.

(2) 光的独立传播定律

自不同方向或由不同物体发出的光线相交,对每一条光线的独立传播不发生影响.

(3) 光的反射和折射定律

如图1所示,当光线由一种各向同性、均匀介质进入另一种各向同性、均匀介质时,光线在两种介质的分界面上被分为反射光线和折射光线.对于这两条光线的行进方向,可分别由反射和折射定律来表述.

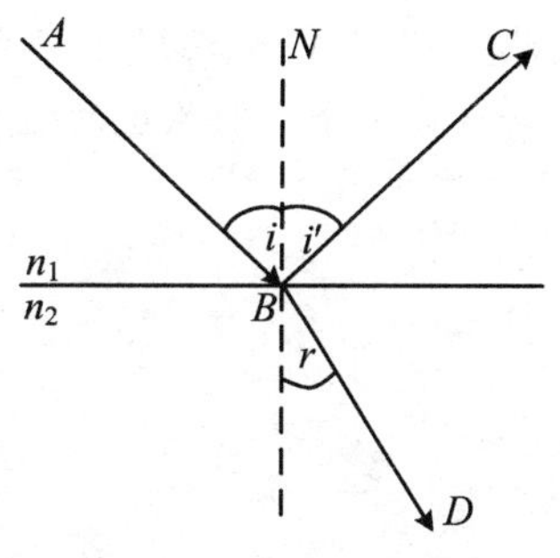

图1　光的反射和折射

反射定律:入射光线 AB、过 B 点所引的分界面法线 BN 和反射光线 BC,三者在同一平面(入射面)内,并且反射光线与法线间的夹角 i' 等于入射光线与法线间的夹角 i.

折射定律:入射光线 AB、过 B 点所引的分界面法线 BN 和折射光线 BD,三者在同一平面内,并且入射角 i 的正弦与折射角 r 的正弦之比等于介质2的绝对折射率 n_2 和介质1的绝对折射率 n_1 之比,即

$$\frac{\sin i}{\sin r}=\frac{n_2}{n_1}$$

或者

$$n_1\sin i=n_2\sin r$$

此处 n_1,n_2 的定义是 $n_1=\frac{c}{v_1},n_2=\frac{c}{v_2}$,其中 c 为光在真空中的传播速度,v_1 和 v_2 分别为光在介质 1 和介质 2 中的传播速度. 折射定律是荷兰数学家斯涅耳(Snell)于 1621 年发现的,故又称为斯涅耳定律.

作为折射定律的一个推论,我们简要介绍一下全反射的概念. 当光线由光密介质(折射率大)射到光疏媒质(折射率小)的界面上时,根据折射定律,折射角一定大于入射角,而且折射角随入射角的增大而增大. 当入射角增大到某一临界角 θ_c 时,折射角将达到 90°. 如果入射角再增加,就没有与它对应的折射角了. 这时光线完全反射回到光密媒质,这种现象称为全反射,角 θ_c 称为全反射的临界角,其数值可根据折射定律求得. 令 $i=\theta_c,r=90°$,得 $n_1\sin\theta_c=n_2\sin 90°$,$\sin\theta_c=\frac{n_2}{n_1}$,$\theta_c=\arcsin\frac{n_2}{n_1}$.

例如:水的折射率 $n_1=1.33$,空气的折射率 $n_2\approx1$,则从水到空气的临界角约为49°.

全反射能使入射的能量全部反射,比起一般的界面反射来更为优越,因此它被广泛地应用于各种光学仪器中,新型光学器件——光学纤维——就是全反射原理的一个重要的应用.

第 16 章　光的干涉

在电磁波谱的介绍中，我们已指出光是一定波长（或频率）范围内的电磁波，可见光是波长在 400～700 nm 之间的电磁波. 电磁波是横波，由两个相互垂直的振动矢量即电场强度 $\boldsymbol{E}$ 和磁场强度 $\boldsymbol{H}$ 来表征，而 $\boldsymbol{E}$ 和 $\boldsymbol{H}$ 都与电磁波的传播方向垂直. 在光波中，产生感光作用和生理作用的主要是电场强度 $\boldsymbol{E}$，因此我们将 $\boldsymbol{E}$ 称为光矢量，$\boldsymbol{E}$ 的振动称为光振动. 在波动光学中，我们一般只考虑 $\boldsymbol{E}$ 振动. 在折射率为 n 的介质中，给定频率的光波的波动方程可以表示为

$$E = E_0 \cos \omega\left(t - \frac{r}{v}\right) = E_0 \cos\left(\omega t - \frac{\omega}{c} nr\right) = E_0 \cos\left(\omega t - \frac{2\pi}{\lambda} nr\right) \tag{16.1}$$

其中 E_0 表示光波的振幅，$v=\frac{c}{n}$ 表示光波在介质中的传播速度，c 表示光波在真空中的传播速度，λ 表示光波在真空中的波长，r 表示光波在介质中传播的几何路程，$\omega t-\frac{2\pi}{\lambda}nr$ 表示光振动的位相. 在波动光学中，我们将介质的折射率 n 与光波在该介质中传播的几何路程 r 之积 nr 称为光程，用 L 表示，即

$$L = nr = \frac{c}{v} r = c\,\frac{r}{v} = c\Delta t$$

其中 Δt 为光在介质中的传播时间. 在数值上，光程 L 等于光在 Δt 时间内在真空中传播的距离，此即光程 L 的物理意义. 如果光是在真空中传播，则由于 $n=1$，$L=r$，因而当光在真空中传播时，光程就等于几何路程.

如果光在传播过程中发生折射，如 187 页图 1，则在介质 2 中，给定频率的光波的波动方程可以表示为

$$E = E_0 \cos\left[\omega t - \frac{2\pi}{\lambda}(n_1 r_1 + n_2 r_2)\right] \tag{16.2}$$

其中 r_1 是光在介质 1 中传播的几何路程，r_2 是光在介质 2 中传播的几何路程. 在式(16.2)中，$n_1 r_1 + n_2 r_2$ 称为总光程，总光程也用 L 表示.

与机械波相似，当光波在三维介质中传播时，我们将由介质中振动状态相同的点所连成的面称为波阵面（或波前），若波阵面是球面，就称为球面波，若波阵面是平面，就称为平面波. 光波的任一传播方向称为一条波线. 在各向同性介

质中,波线总是与波阵面垂直的,对于球面波,波线是球的径线,对于平面波,波线是与波阵面垂直的平行直线.

16.1　光源和光的相干性

16.1.1　光源

发光的物体称为光源.最常见的光源是太阳.按照光的激发方式,通常将光源分为两大类:热光源和冷光源.利用热能激发的光源称为热光源,利用化学能、电能或光能激发的光源称为冷光源.光源发光源于物体内原子或分子的运动.以氢原子为例,它有一个核和一个电子,电子绕核作圆周运动.在热能或电能等的激发下,电子可以从半径较小的圆轨道(对应的能量为 E_1)跳到半径较大的圆轨道(对应的能量为 $E_2>E_1$)上.当电子从半径较大的圆轨道返回到半径较小的圆轨道(从高能态 E_2 跃迁到低能态 E_1)的过程中,氢原子系统的能量发生相应的变化,在这一过程中氢原子发出一列频率为 $\nu=(E_2-E_1)/h$ 的光波,如图16.1所示.

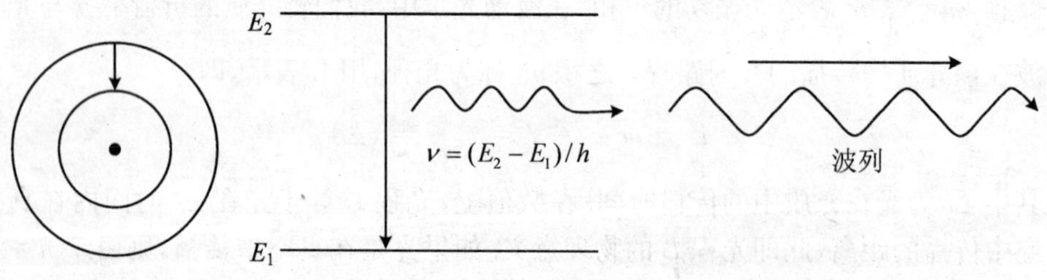

图16.1　原子发光原理图

原子发光过程持续的时间为 $10^{-11}\sim10^{-8}$ s,由于光的传播速度是 3×10^8 $\mathrm{m\cdot s^{-1}}$,原子所发出的一列光波的波列长度为 $10^{-3}\sim1$ m.一个物体所发出的光是该物体内大量原子发出的光的总和,在任一瞬间,总是一批原子发光,各原子所发出的光波的频率和振动方向一般说来是不同的,各原子所发出的光波之间也没有确定的位相关系.

16.1.2　单色光与复色光

具有单一频率的光称为单色光,包含多种频率的光称为复色光.光源中一个原子在某一瞬间发出的光具有一定的频率，但总是有一定的频率范围的，并不是严格单色的.光源中有大量的原子或分子，所发出的光含有各种不同的频率成分，因而是复色光（如太阳光、白炽灯光等）.但也有一些光源发出的光的频率范围较窄，接近单色光，如钠光灯、汞光灯等.

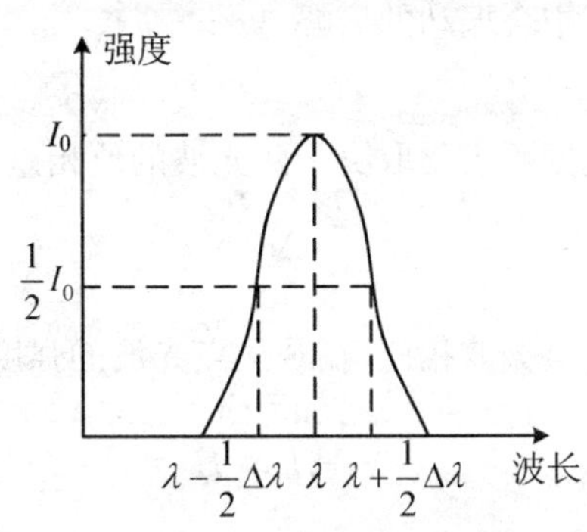

图 16.2　光谱曲线

通常用光谱曲线来描述光的频率和强度（图 16.2）.光谱曲线是以波长为横坐标，以强度为纵坐标绘出的强度与波长的关系曲线.

如果谱线对应的波长范围越窄，则称光的单色性越好.光的单色性一般用谱线宽度来定量表示.设谱线中心的波长为 λ 强度为 I_0，则强度下降至 $\frac{1}{2}I_0$ 的两点之间的波长范围 $\Delta\lambda$ 称为谱线宽度.一般情况下把谱线宽度较窄的光称做普通的单色光，如汞灯光，钠灯光等.比普通单色光的谱线宽度更窄的是 20 世纪 60 年代问世的激光，激光具有非常好的单色性.

16.1.3　光的相干性

与机械波的干涉现象相类似，两束单色光在相遇的空间区域可能产生干涉现象，但两束光必须满足一定的条件，称为相干条件.光的相干条件是：两束光的频率相同、振动方向相同或相近、在相遇点有恒定的振动位相差.对于满足相干条件的两束光（图 16.3），假如它们是在真空中传播，且在 S_1 和 S_2 处的光振动分别为

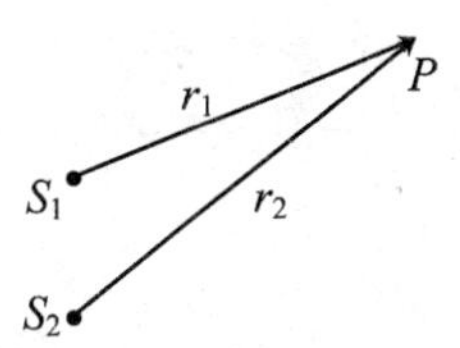

图 16.3　光的相干性

$$E_{S_1}=E_1\cos(\omega t+\varphi_{10}),\quad E_{S_2}=E_2\cos(\omega t+\varphi_{20})$$

则由波的运动学方程可知，当两束光传到 P 点时，在 P 点引起的振动分别为

$$E_{P_1}=E_1\cos\left[\omega\left(t-\frac{r_1}{c}\right)+\varphi_{10}\right]=E_1\cos(\omega t+\varphi_1)$$

$$E_{P_2}=E_2\cos\left[\omega\left(t-\frac{r_2}{c}\right)+\varphi_{20}\right]=E_2\cos(\omega t+\varphi_2)$$

其中

$$\varphi_1=\varphi_{10}-\frac{\omega r_1}{c}=\varphi_{10}-\frac{2\pi}{\lambda}r_1,\quad \varphi_2=\varphi_{20}-\frac{\omega r_2}{c}=\varphi_{20}-\frac{2\pi}{\lambda}r_2$$

按照同频率同方向的简谐振动的合成公式，P 点的合振动为

$$E_P = E\cos(\omega t + \varphi) \tag{16.3a}$$

其中合振动的振幅是

$$E = \sqrt{E_1^2 + E_2^2 + 2E_1 E_2 \cos \Delta\varphi} \tag{16.3b}$$

此振幅主要取决于两光波的位相差 $\Delta\varphi$，即

$$\Delta\varphi = \varphi_1 - \varphi_2 = (\varphi_{10} - \varphi_{20}) + \frac{2\pi}{\lambda}(r_2 - r_1) \tag{16.3c}$$

与机械波相似，在观测点光波的强度(简称光强)I 正比于 $\overline{E^2}$，即

$$I \propto \overline{E^2} = E_1^2 + E_2^2 + 2E_1 E_2 \left[\frac{1}{T}\int_0^T \mathrm{d}t\cos \Delta\varphi\right] \tag{16.3d}$$

下面分两种情形对上式进行分析.

如果这两束同频率的单色光是由两个独立的普通光源发出的，则由于光源中原子及分子发光的随机性，这两束光波间的初始相位差 $\varphi_{10} - \varphi_{20}$ 是随机变化的(即 $\varphi_{10} - \varphi_{20}$ 是时间 t 的随机函数，取$[0,2\pi]$内的所有可能值)，在一个周期的时间内

$$\begin{aligned}\frac{1}{T}\int_0^T \mathrm{d}t\cos\Delta\varphi &= \frac{1}{T}\int_0^T \mathrm{d}t\cos\left[(\varphi_{10} - \varphi_{20}) + 2\pi\,\frac{r_2 - r_1}{\lambda}\right] \\ &= \frac{1}{T}\left[\cos\left(2\pi\,\frac{r_2 - r_1}{\lambda}\right)\int_0^T \mathrm{d}t\cos(\varphi_{10} - \varphi_{20})\right. \\ &\quad \left. -\sin\left(2\pi\,\frac{r_2 - r_1}{\lambda}\right)\int_0^T \mathrm{d}t\sin(\varphi_{10} - \varphi_{20})\right] = 0\end{aligned}$$

因而

$$\overline{E^2} = \overline{E_1^2} + \overline{E_2^2}$$

或

$$I = I_1 + I_2$$

上式表明两束光重合后光强等于两束光分别照射时光强之和，我们把这种情况称为光的非相干叠加.

如果这两束光来自于同一光源(使两束光来自于同一光源的方法稍后讲述)，而且它们的初始相位差 $\varphi_{10} - \varphi_{20}$ 始终保持恒定(即 $\varphi_{10} - \varphi_{20}$ 是与时间无关的常量)，则

$$\frac{1}{T}\int_0^T \mathrm{d}t\cos \Delta\varphi = \frac{1}{T}\cos \Delta\varphi\int_0^T \mathrm{d}t = \cos \Delta\varphi$$

因而

$$\overline{E^2} = E_1^2 + E_2^2 + 2E_1E_2\cos\Delta\varphi$$

即合成后的光强为

$$I = I_1 + I_2 + 2\sqrt{I_1I_2}\cos\Delta\varphi \tag{16.4a}$$

我们把 $2\sqrt{I_1I_2}\cos\Delta\varphi$ 称为干涉项，把这种情况称为相干叠加. 由上式可知，合成后的光强不仅取决于两光束的光强 I_1 和 I_2，而且还与两束光在 P 点的位相差 $\Delta\varphi$ 有关，如图 16.4a.

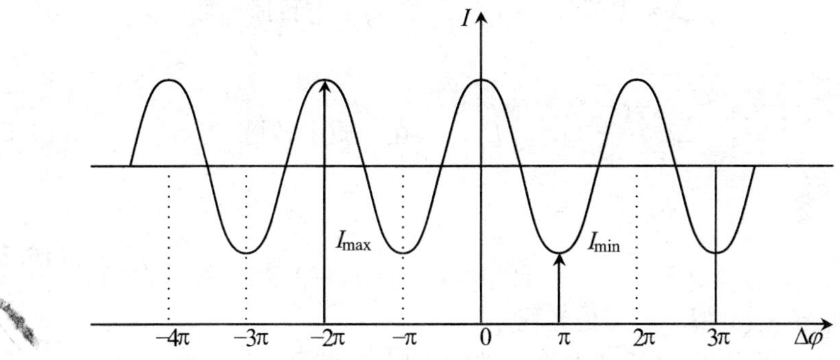

图 16.4a　干涉现象的光强分布

特别地，当 $\Delta\varphi=(\varphi_{10}-\varphi_{20})+\dfrac{2\pi}{\lambda}(r_2-r_1)=2k\pi(k=0,\pm1,\pm2,\cdots)$时，有

$$\cos\Delta\varphi = 1,\quad I = I_1 + I_2 + 2\sqrt{I_1I_2} = I_{\max}$$

在这些位置的光强最大，称为干涉相长；当 $\Delta\varphi=(\varphi_{10}-\varphi_{20})+\dfrac{2\pi}{\lambda}(r_2-r_1)=(2k'+1)\pi(k'=0,\pm1,\pm2,\cdots)$时，有

$$\cos\Delta\varphi = -1,\quad I = I_1 + I_2 - 2\sqrt{I_1I_2} = I_{\min}$$

在这些位置的光强最小，称为干涉相消.

当 $\Delta\varphi$ 之值介于上述两种情况之间时，对应的光强也介于上述两者之间.

若 $I_1=I_2=I_0$，则式(16.4a)简化为

$$I = I_0 + I_0 + 2I_0\cos\Delta\varphi = 2I_0(1+\cos\Delta\varphi) = 4I_0\cos^2\left(\frac{\Delta\varphi}{2}\right) \tag{16.4b}$$

此时 $I_{\max}=4I_0$，$I_{\min}=0$. 光强 I 随位相差 $\Delta\varphi$ 的变化如图 16.4b 所示.

对于相干性问题的分析，关键是分析两光波的位相差 $\Delta\varphi$. 在以下各节中，我们将限于讨论 $\varphi_{10}-\varphi_{20}=0$ 的情形，在这种情形下，两光波的位相差 $\Delta\varphi$ 的表达式是

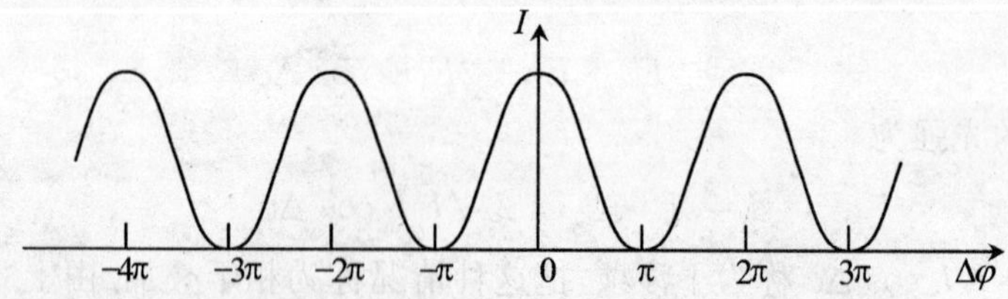

图 16.4b　$I_1=I_2$时干涉现象的光强分布

$$\Delta\varphi=\frac{2\pi}{\lambda}(r_2-r_1)\quad（在真空中转播）\tag{16.5a}$$

或者一般地

$$\Delta\varphi=\frac{2\pi}{\lambda}(L_2-L_1)\quad（在介质中转播）\tag{16.5b}$$

即

$$\Delta\varphi=\frac{2\pi}{\lambda}\times\delta\tag{16.5c}$$

式中 $\Delta\varphi$ 是相差，$\delta=L_2-L_1$ 是光程差.

对位相差的分析，注重于两个极端的情形，这就是：

当 $\Delta\varphi=2k\pi(k=0,\pm1,\pm2,\cdots)$时，干涉相长（干涉加强）；

当 $\Delta\varphi=(2k'+1)\pi(k'=0,\pm1,\pm2,\cdots)$时，干涉相消（干涉减弱）.

16.2　获得相干光的方法

16.2.1　获得相干光的方法

干涉现象是波动的基本特征之一. 如果能在实验中实现光的干涉，就能证实光的波动本性. 然而，除激光外，任何两个普通光源所发出的光，即使频率相同，振动方向相同，也是不相干的，这是由于两个普通光源所发出的两束光在相遇点不可能保持恒定的振动位相差，原因是普通光源发出的光波是由各个原子发出的波列组成的，而这些波列之间没有固定的位相联系.

激光是理想的相干光源，但在激光问世之前，人们只能用普通光源去进行干涉实验，办法是将同一光源发出的光分成两个光束，然后使这两束光在空间经不同的路径传播后相遇，在分离点这两束光的振动位相相同，在相遇点的振动位相差只与空间经传播路径有关,因而满足相干条件. 将同一光源发出的光分成两个光束的常用方法有两种:一种称为分波阵面法,即将同一波阵面的不同部分作为发射次波的光源,这些次波是相干的,下面即将介绍的杨氏双缝干涉就是典型的分波阵面干涉,其分波示意图如图 16.5a.

另一种称为分振幅法,即将同一光分束成两个能量不等的光束,然后使这两束光在空间经不同的路径传播后相遇,发生干涉. 由于能流密度(光强)正比于振幅的平方,因此,光束的这种分割方式称为分振幅法,图 16.5b 就是分振幅法的一个实例.

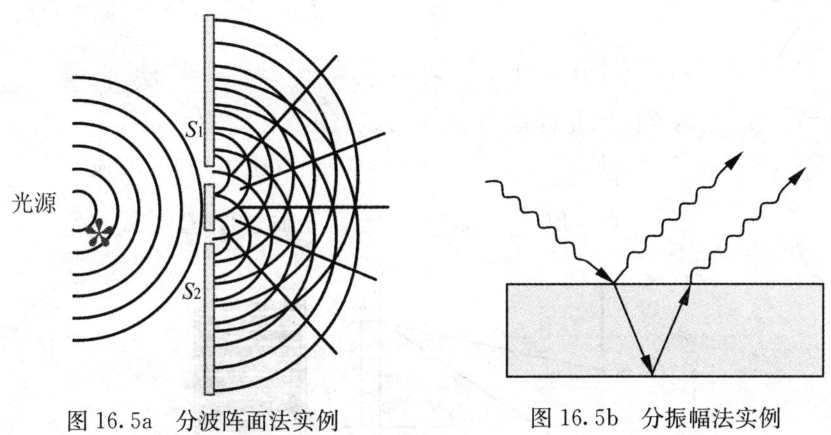

图 16.5a　分波阵面法实例　　图 16.5b　分振幅法实例

16.2.2　杨氏双缝干涉实验

杨氏(T. Young)最先在 1801 年用实验方法研究了光的干涉现象. 图 16.6a 是杨氏双缝干涉实验装置原理图,在单色平行光前放一狭缝 S,在狭缝 S 前放有两条平行狭缝 S_1 和 S_2,均与 S 平行且等间距. S_1 和 S_2 构成一对相干光源. 双缝的间距为 d,在双缝后放一屏幕,屏幕与双缝的距离为 $D(D \gg d)$,屏的中心区域出现一系列明暗相间的条纹,称为干涉条纹,这些条纹都与狭缝平行,

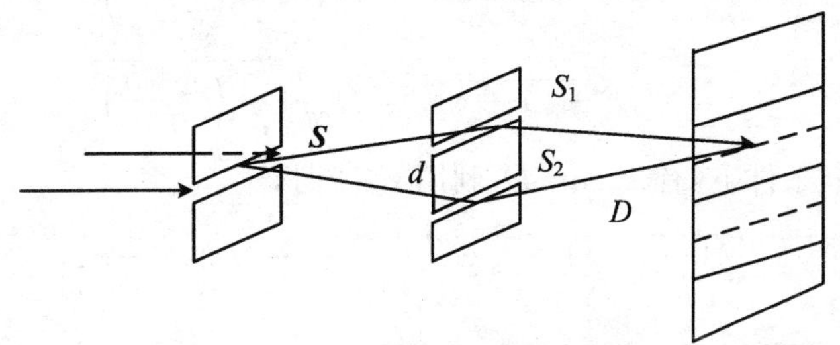

图 16.6a　杨氏双缝干涉实验装置原理图

条纹的间距彼此相等.

杨氏双缝干涉实验的原理如下:由 S_1 和 S_2 发出的光波是相干光,因为当一束单色平行光照射到狭缝 S 上时,由惠更斯次波假说可知 S 为发射次波的波源,该次波照射到 S_1 和 S_2 上时,S_1 和 S_2 是两个新的次波波源,由于 S_1,S_2 位于由 S 发出的次波的同一波面上,所以它们初位相相同,即 $\varphi_{10}=\varphi_{20}$,因而从 S_1,S_2 发出的光波具有相同频率、相近的振动方向和有固定的相位差,所以是一对相干光. 由上节的讨论可知,在 $\varphi_{10}-\varphi_{20}=0$ 的情况下,两光波相遇点 P 的合振动是加强还是减弱的条件是

$$\Delta\varphi=\frac{2\pi\delta}{\lambda}=\begin{cases}2k\pi & (k=0,\pm1,\pm2,\cdots) \quad 加强\\ (2k'+1)\pi & (k'=0,\pm1,\pm2,\cdots) \quad 减弱\end{cases}$$

其中 $\delta=r_2-r_1$ 是两光波的光程差. 上式也可以表示为

$$\delta=r_2-r_1=\begin{cases}k\lambda & (k=0,\pm1,\pm2,\cdots) \quad 加强\\ \dfrac{1}{2}(2k'+1)\lambda & (k'=0,\pm1\pm2,\cdots) \quad 减弱\end{cases}$$

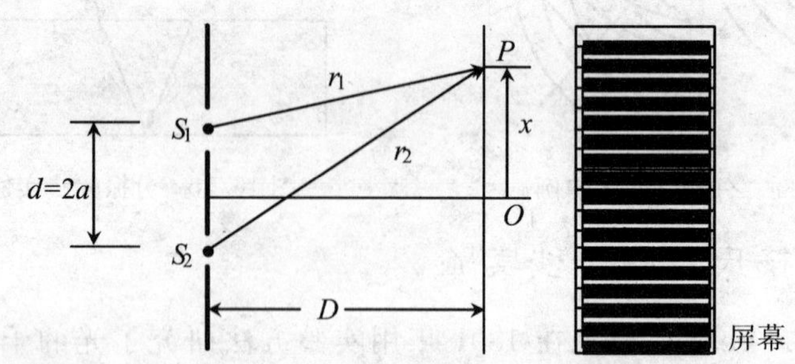

图 16.6b　杨氏双缝干涉计算用图

下面对此式作进一步讨论. 如图 16.6b 所示,

$$r_1=\sqrt{D^2+(x-a)^2}=D\sqrt{1+\left(\frac{x-a}{D}\right)^2}$$

$$r_2=\sqrt{D^2+(x+a)^2}=D\sqrt{1+\left(\frac{x+a}{D}\right)^2}$$

在通常的实验条件下,有 $x\pm a\ll D$,利用 $z\ll1$ 时,

$$\sqrt{1+z}=1+\frac{1}{2}z-\frac{1}{8}z^2+\cdots\approx1+\frac{1}{2}z$$

我们有

$$\delta=r_2-r_1=D\left[1+\frac{1}{2}\left(\frac{x+a}{D}\right)^2\right]-D\left[1+\frac{1}{2}\left(\frac{x-a}{D}\right)^2\right]$$

$$=\frac{D}{2}\left[\left(\frac{x+a}{D}\right)^2-\left(\frac{x-a}{D}\right)^2\right]=\frac{(x+a)^2-(x-a)^2}{2D}=\frac{2ax}{D} \quad (16.6)$$

由此可知，P 点的位置不同，即 x 的取值不同时，δ 的值不同，P 点的光强也不同. 利用上述表达式，我们有

$$\delta=\frac{2ax}{D}=\begin{cases}k\lambda & (k=0,\pm1,\pm2,\cdots) \quad \text{加强}\\ \frac{1}{2}(2k'+1)\lambda & (k'=0,\pm1,\pm2,\cdots) \quad \text{减弱}\end{cases}$$

或者

$$x=\begin{cases}\frac{kD\lambda}{2a} & (k=0,\pm1,\pm2,\cdots) \quad \text{加强(明)}\\ \frac{(2k'+1)D\lambda}{4a} & (k'=0,\pm1,\pm2,\cdots) \quad \text{减弱(暗)}\end{cases} \quad (16.7)$$

干涉加强处称为明纹的中心，干涉减弱处称为暗纹的中心，上式即决定明暗条纹中心位置的公式. $k=0$ 时，$x=0$，对应于 O 点处的中央明条纹，$k=\pm1$，±2，…的明纹分别称为第一级明条纹、第二级明条纹，等等. 相邻明条纹间的间距与相邻暗条纹间距都相等，实际上，明纹间距为

$$\Delta x=x_{k+1}-x_k=(k+1)\frac{D\lambda}{2a}-k\frac{D\lambda}{2a}=\frac{D\lambda}{2a}$$

暗纹间距为

$$\Delta x'=x'_{k'+1}-x'_{k'}=[2(k'+1)+1]\frac{D\lambda}{4a}-(2k'+1)\frac{D\lambda}{4a}=\frac{D\lambda}{2a}$$

所以

$$\Delta x=\Delta x'=\frac{D\lambda}{2a} \quad (16.8)$$

最后指出，若用白光做入射光也可以看到干涉现象，但此时中央明纹是白色的，中央明纹附近的次级明纹是彩色的.

例 16.1　在杨氏双缝实验中，已知屏与双缝间的距离 $D=1$ m，用钠光灯作单色光源($\lambda=5\,893$ Å)，求：$d=2a=2$ mm 和 $d=10$ mm 两种情况下相邻明纹间距的大小；如肉眼仅能分辨间距为 0.15 mm 的两条明纹，那么用肉眼观察干涉条纹时，双缝的最大间距应为多少？

解　由式(16.6)可知相邻明纹的间距为

$$\Delta x=\frac{D\lambda}{2a}=\frac{D\lambda}{d}$$

将 $D=1$ m，$d=2$ mm，$\lambda=5\,893$ Å$=5.893\times10^{-7}$ m 代入上式，得到 $\Delta x=0.295$ mm；同理，当 $d=10$ mm 时，$\Delta x=0.0589$ mm. 若 $\Delta x=0.15$ mm，则由上式有

$$d=\frac{D\lambda}{\Delta x}=3.93\ \text{mm}$$

即在这种情况下，双缝必须小于 3.93mm 才能用肉眼观察到干涉条纹.

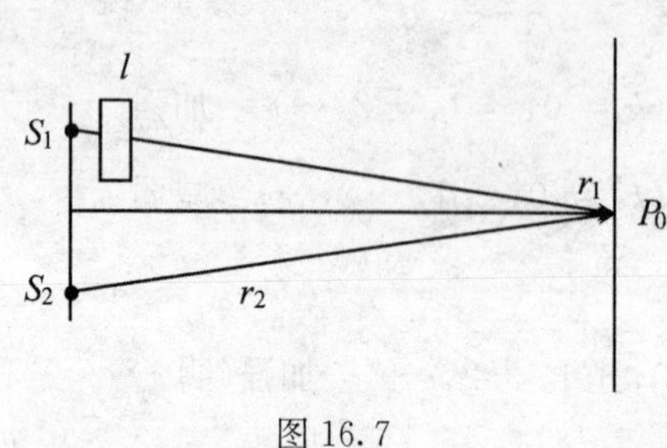

图 16.7

例 16.2 如图 16.7，用很薄的云母片($n=1.58$)覆盖在双缝实验中的一条缝上，这时屏幕上的第 7 级明条纹恰好移到屏幕中央零级明纹移的位置，如果入射的光波长为 550 nm，则这云母片的厚度是多少？

解 按照题意，未加云母时 P_0 点为中央零级明纹处，加云母后 P_0 点为第 7 级明纹处. 加云母后，P_0 点的光程差为

$$\delta=r_2-[ln+(r_1-l)]=(r_2-r_1)+l(1-n)=l(1-n)<0$$

由于 P_0 点为第 7 级明纹位置，故有 $\delta=k\lambda$，其中 $k=\pm 7$，考虑到 $\delta<0$，所以应取 $k=-7$，即 $l(1-n)=-7\lambda$，由此得到

$$l=\frac{7\lambda}{n-1}=\frac{7\times 5.5\times 10^{-7}}{1.58-1}\ \text{m}=6.6\times 10^{-3}\ \text{mm}$$

注意到，如果已知 l 和 λ，则可由此式求出 n，此即测量折射率的一种方法.

16.2.3 洛埃镜实验

洛埃(Lloyd)镜实验装置如图 16.8a 所示. S_1 是一狭缝光源，一部分光线直接射到屏幕 E 上，另一部分光线射向平面镜 KL，然后反射到屏幕 E 上. S_2 是 S_1 在镜中的虚像，S_2 与 S_1 构成一对相干光源.

洛埃镜实验的光路与杨氏双缝干涉实验相似，然而观察到的实验现象与杨

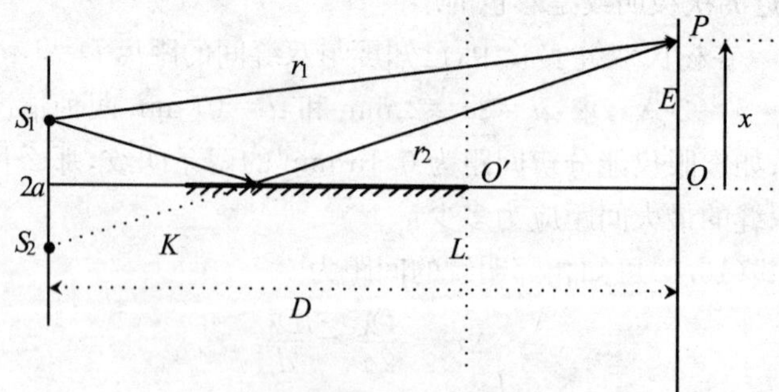

图 16.8a 洛埃镜实验装置简图

氏双缝干涉有所不同.特别是,当屏幕 E 移到平面镜 KL 的右端(图中用虚线表示)时,O' 点处是暗纹(在杨氏双缝干涉实验图中,此位置是明纹).这一现象与光在平面镜 KL 上的反射有关.

实际上,由电动力学理论可以证明:当光线由光疏介质(折射率小的介质)射向光密介质(折射率大的介质)并在光密介质表面上反射时,在反射点,电场强度矢量 E 突然反向,或者说 E 的振动位相产生数值为 π 的位相突变,如图 16.8b 所示.

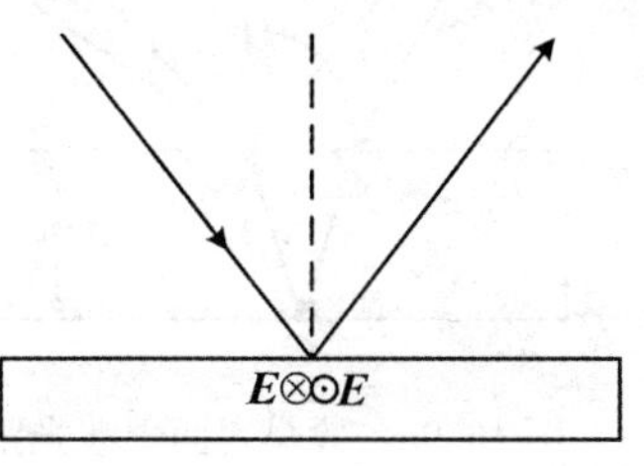

图 16.8b　位相突变

这种位相突变相当于光波少走了(或多走了)半个波长的路程[见式(16.10)],称为半波损失.考虑位相突变因素后,洛埃镜实验中两光束在 P 点的位相差是

$$\Delta\varphi=\frac{2\pi\delta}{\lambda}+\pi=\frac{2\pi}{\lambda}\left(\delta+\frac{\lambda}{2}\right)=\frac{2\pi\delta'}{\lambda} \tag{16.9}$$

其中

$$\delta'=\delta+\frac{\lambda}{2},\quad \delta=r_2-r_1=\frac{2ax}{D} \tag{16.10}$$

两光束在 P 点加干涉加强或减弱的条件是(注意 $\delta'>\lambda/2$)

$$\delta'=\begin{cases}k\lambda & (k=1,2,\cdots) \quad 加强\\ \dfrac{1}{2}(2k'+1)\lambda & (k'=0,1,2,\cdots) \quad 减弱\end{cases}$$

16.3　薄膜表面的干涉

前面讨论了许多点光源分出的两束光的干涉.许多光源(如太阳)可以看成是大量点光源的集合,称为扩展光源(或面光源),本节讨论由扩展光源发出的光在薄膜表面所产生的干涉现象.

如图 16.9a,从面光源上 S 点发出的光线 b 以入射角 i 射到薄膜 MN 上,在 B 点处入射光线 b 经反射后成为 b_1,另一入射光线 a 在 A 点经折射后进入薄膜内,再在 C 点经反射后射到 B 点,最后射入原媒质中成为光线 a_1.两条光线 aa_1 和 bb_1 来自同一点光源 S,满足相干条件,因而它们在薄膜上表面 B 处相遇时可

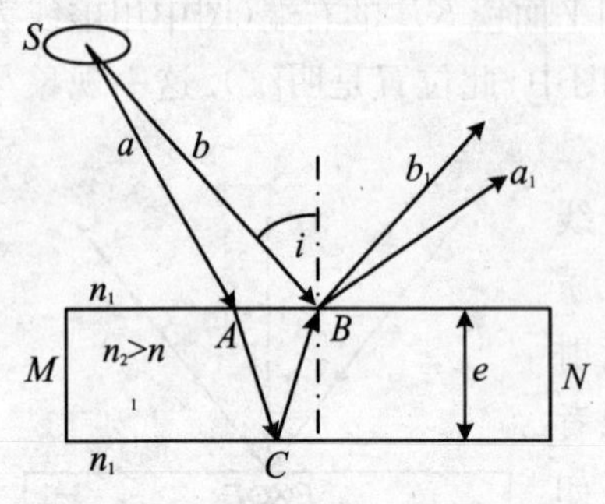

图 16.9a 薄膜表面干涉光路图

以产生干涉现象，B 处到底是干涉加强还是干涉减弱，取决于两光束的光程差. 如果光程差是半波长的偶数倍，B 处干涉加强；如果光程差是半波长的奇数倍，B 处干涉减弱. 类似地，从扩展光源上另一点 S' 发出的光也在薄膜上表面 B' 处(图中未画出)产生干涉现象. 因此，如果入射光是单色光，薄膜上表面将出现明暗相间的干涉条纹，如果是复色光则出现彩色条纹.

可近似地认为光线 aA 平行于 bB，也就是说可以近似地用图 16.9b 来计算光程差. 由此图可知，光束 aa_1 与 bb_1 在 B 点的光程差为

$$\delta = [n_2(AC+CB)-n_1BD]+\frac{\lambda}{2}$$

其中附加项$\frac{\lambda}{2}$是因为光束 bb_1 在反射过程中有半波损失(在光密介质表面上反射).

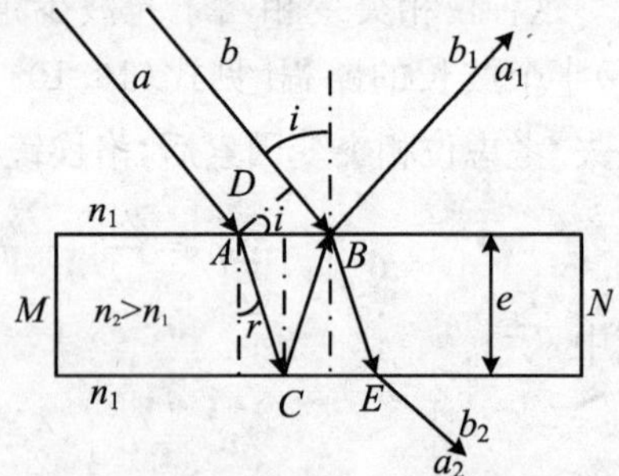

图 16.9b 薄膜表面干涉计算用图

利用图中的几何关系

$$AC=CB=\frac{e}{\cos r},\quad BD=AB\sin i,\quad AB=2e\tan r=2e\frac{\sin r}{\cos r}$$

式中 e 为膜厚，并注意应用折射定律 $n_1\sin i=n_2\sin r$，得到

$$\begin{aligned}\delta &= (2n_2AC-n_1DB)+\frac{\lambda}{2}=2n_2\frac{e}{\cos r}-n_1\left(2e\frac{\sin r}{\cos r}\right)\sin i+\frac{\lambda}{2}\\ &=\frac{2n_2e}{\cos r}-\left(2e\frac{\sin r}{\cos r}\right)n_2\sin r+\frac{\lambda}{2}=\frac{2n_2e}{\cos r}-\frac{2n_2e}{\cos r}\sin^2 r+\frac{\lambda}{2}\\ &=\frac{2n_2e}{\cos r}(1-\sin^2 r)+\frac{\lambda}{2}=2n_2e\cos r+\frac{\lambda}{2}=2n_2e\sqrt{1-\sin^2 r}+\frac{\lambda}{2}\\ &=2e\sqrt{n_2^2-n_1^2\sin^2 i}+\frac{\lambda}{2}\end{aligned}\tag{16.11}$$

因而 B 点干涉加强或减弱的条件为(注意 $\delta\geqslant\lambda/2$)

$$\delta=2e\sqrt{n_2^2-n_1^2\sin^2 i}+\frac{\lambda}{2}=\begin{cases}k\lambda & (k=1,2,3,\cdots)\quad \text{加强}\\ \frac{1}{2}(2k'+1)\lambda & (k'=0,1,2,\cdots)\quad \text{减弱}\end{cases}\tag{16.12}$$

一般来说,薄膜表面的不同点处,有些点满足干涉加强条件成为明点,另一些点成为暗点,相连的明亮点组成明条纹,相连的暗点组成暗条纹.整个表面出现明暗线相间的干涉条纹.如果是复色光,就出现彩色条纹.定量计算不规则膜厚分布产生的干涉条纹的形状及位置很复杂,本课程对此不作进一步讨论.

当光线垂直射入时(用平行光或用透镜),$i=0$,式(16.12)简化为

$$\delta = 2n_2e + \frac{\lambda}{2} = \begin{cases} k\lambda & (k = 1,2,3,\cdots) \quad \text{加强} \\ \frac{1}{2}(2k'+1)\lambda & (k' = 0,1,2,\cdots) \quad \text{减弱} \end{cases} \tag{16.13}$$

本课程主要讨论这种情况,在这种情况下,δ 由薄膜的折射率 n_2、薄膜的厚度 e 和入射光的波长 λ 决定.如果薄膜的厚度 e 是均匀的,则:

当 $\delta=2n_2e+\frac{\lambda}{2}=k\lambda$ 时,干涉加强,整个膜的上表面是明亮的;

当 $\delta=2n_2e+\frac{\lambda}{2}=(2k'+1)\frac{\lambda}{2}$ 时,干涉减弱,整个膜的上表面是暗的.

如果膜厚 e 是非均匀(膜厚呈规则分布)的,则需要另行讨论,见下节(劈尖干涉和牛顿环).

如果薄膜两边的介质不同,折射率分别为 n_1 和 n_3,且 $n_1<n_2<n_3$,则由于光线 bb_1 在薄膜上表面上反射产生半波损失,光线 aa_1 在薄膜下表面上反射也产生半波损失,因而总的来说,无半波损失,$\delta=2n_2e$.

透射光(参见图 16.9b)aa_2 与 bb_2 在膜的下表面 E 处也产生干涉.对于透射光,无半波损失,光程差为

$$\delta = n_2(AC+BC) - n_1DB = 2e\sqrt{n_2^2 - n_1^2\sin^2 i} \tag{16.14}$$

当 $i=0$ 时,$\delta=2n_2e$,干涉条件为

$$\delta = 2en_2 = \begin{cases} k\lambda & (k = 1,2,3,\cdots) \quad \text{加强} \\ \frac{1}{2}(2k'+1)\lambda & (k' = 0,1,2,\cdots) \quad \text{减弱} \end{cases}$$

应当注意到:当反射光满足干涉加强的条件时,透射光满足干涉减弱条件.

例 16.3　一平面单色光垂直照射在厚度均匀的薄油膜上,油膜盖在玻璃板上,油的折射率为 $n_2=1.30$,玻璃的折射率为 $n_g=1.50$,若单色光的波长连续可调,可观察到 500 nm 与 700 nm 这两个波长的单色光在反射中消失,试求油膜的最小厚度.

解　如图 16.10 所示,由于 $n_1<n_2<n_g$,反射过程中半波损失抵消,因而 $\delta=2n_2e$.

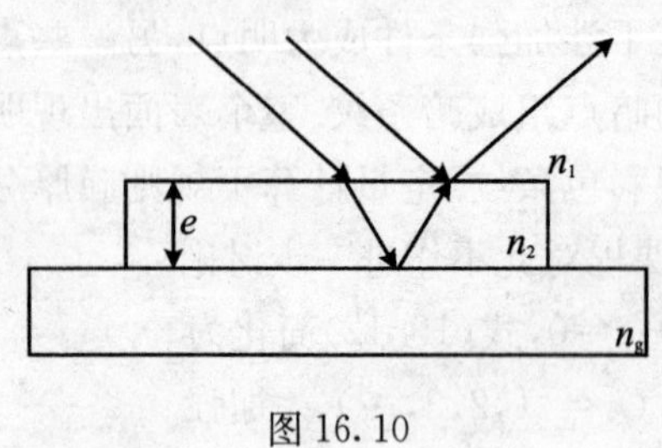

图 16.10

由于 $\lambda_1=500$ nm 和 $\lambda_2=700$ nm 的光在反射中消失，即这两种波长的光都在反射中干涉相消，因此有

$$2n_2e=(2k_1+1)\frac{\lambda_1}{2},\quad 2n_2e=(2k_2+1)\frac{\lambda_2}{2}$$

由此可得

$$\frac{2k_1+1}{2k_2+1}=\frac{\lambda_2}{\lambda_1}=\frac{7}{5},\quad 5k_1-7k_2=1$$

因为 k_1 和 k_2 都是大于 0 的整数，此方程的通解为

$$k_1=3+7N,\quad k_3=2+5N\quad(N=0,1,2,\cdots)$$

与油膜的最小厚度所对应的解是 $k_1=3,k_2=2$，且

$$e_{\min}=\frac{(2k_1+1)\lambda_1}{2\times 2n_2}=\frac{7\lambda_1}{4n_2}=\frac{7\times 5\times 10^{-7}}{4\times 1.3}\text{ m}=6.73\times 10^{-7}\text{ m}$$

16.4 劈尖干涉和牛顿环

下面讨论光线垂直入射到厚度非均匀的薄膜表面上而产生的两种常见的干涉现象：劈尖干涉和牛顿环.

16.4.1 劈尖干涉

如图 16.11a 所示，两块平面玻璃片一端互相叠合，另一端夹一薄片（为便于说明问题和易于作图，图中的薄片厚度放大很多），因此在两玻璃片之间形成一劈尖形空气薄膜，称为空气劈尖，两玻璃片的交线称为棱边，平行于棱边的线上劈尖的厚度 e 是相等的. 一般地，我们将形状与劈尖形空气薄膜相似的非均匀薄膜统称为介质劈尖，如图 16.11b 所示，图中 θ 表示劈尖的夹角，n_2 表示劈

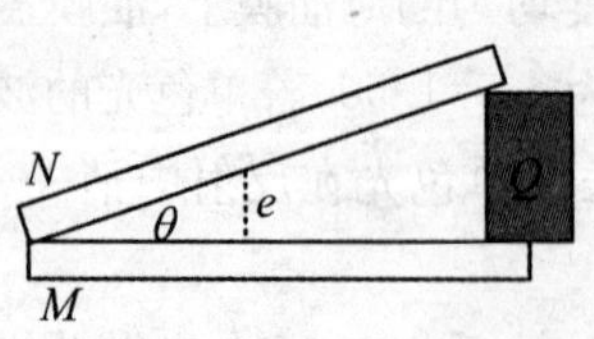

图 16.11a 空气劈尖

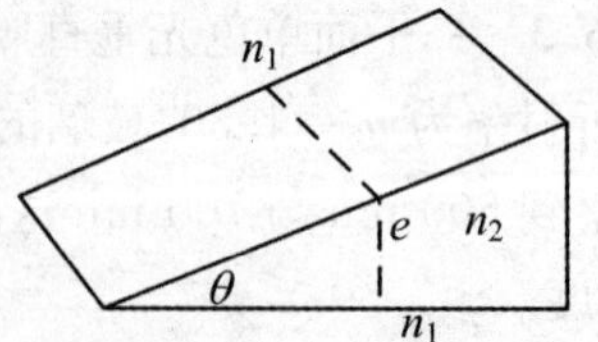

图 16.11b 介质劈尖

尖的折射率，n_1 表示劈尖外的介质的折射率.

劈尖的干涉原理如图 16.12a 所示. 与薄膜干涉相似，在劈尖干涉中，aa 与 bb 两束反射光在 B 点的光程差可以表示为

$$\delta = 2e\sqrt{n_2^2 - n_1^2\sin^2 i} + \frac{\lambda}{2} = 2en_2' + \frac{\lambda}{2} \tag{16.15a}$$

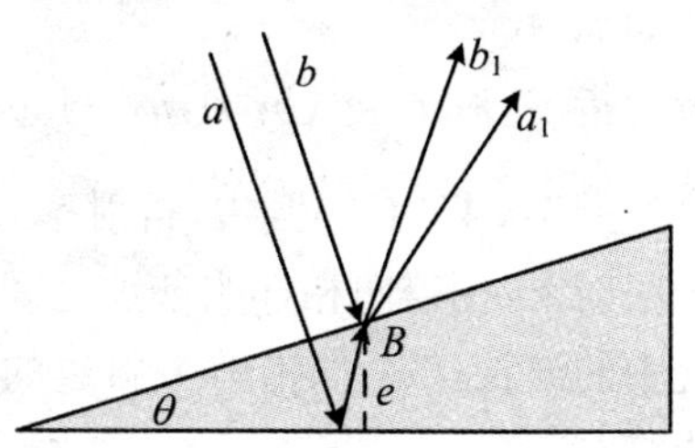

图 16.12a　劈尖干涉原理图

其中

$$n_2' \equiv \sqrt{n_2^2 - n_1^2\sin^2 i} \tag{16.15b}$$

若 $i=0$（平行光垂直入射，以下主要讨论这种情形），则有

$$n_2' = n_2, \quad \delta = 2n_2 e + \frac{\lambda}{2} \tag{16.15c}$$

对于给定的波长 λ，δ 由 B 点处的厚度 e 决定，B 点的干涉条件为

$$\delta = 2en_2 + \frac{\lambda}{2} = \begin{cases} k\lambda & (k = 1,2,3,\cdots) \quad 加强 \\ \dfrac{1}{2}(2k'+1)\lambda & (k' = 0,1,2,\cdots) \quad 减弱 \end{cases} \tag{16.16}$$

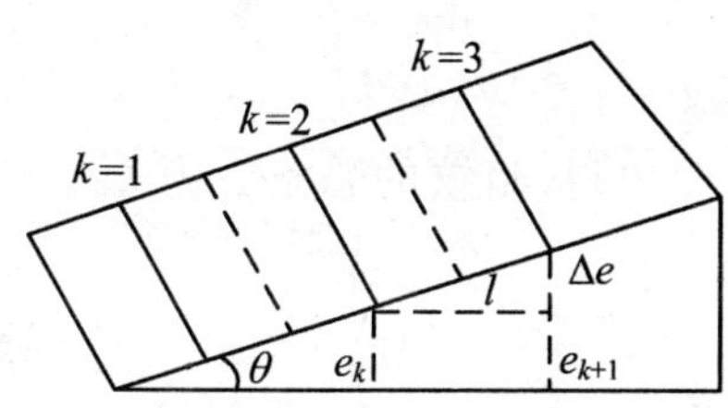

图 16.12b　劈尖干涉花样

由于 δ 由 e 决定，干涉条纹是与棱边平行的一组平行直线，如图 16.12b 所示.

在劈尖尖端处，$e=0$，$\delta=\lambda/2$，是 $k'=0$ 级暗纹的位置，实验结果正是如此，这是半波损失的又一例证.

每一条明纹或暗纹与一定的 e 值相对应，第 k 级明纹与第 k' 级暗纹对应的 e 值分别为

$$e_k = \frac{\left(k-\dfrac{1}{2}\right)\lambda}{2n_2}, \quad e_k' = \frac{k'\lambda}{2n_2} \tag{16.17}$$

由于每一条明纹或暗纹与一定的 e 值相对应，故这些干涉条纹称为等厚干涉条纹，并且厚度越厚对应的条纹级数越大. 两相邻明纹或暗纹之间的间距为

$$l = \frac{\Delta e}{\sin\theta} \approx \frac{\Delta e}{\theta}$$

其中 θ 用弧度表示. 利用

$$\Delta e = e_{k+1} - e_k = \frac{(k+1-\frac{1}{2})\lambda}{2n_2} - \frac{(k-\frac{1}{2})\lambda}{2n_2} = \frac{\lambda}{2n_2} \tag{16.18}$$

又有

$$l = \frac{\lambda}{2n_2\theta} \tag{16.19}$$

最后指出，对于空气劈尖，$n_2=1$，$\delta=2e+\frac{\lambda}{2}$，上述各式可以简化.

例 16.4 有一劈尖，折射率 $n=1.4$，尖角 $\theta=10^{-4}$ rad，在某一单色光的垂直照射下，测得两相邻明条纹之间的距离为 0.25 cm，试求：(1) 此单色光在空气中的波长；(2) 如果劈尖斜边的长度为 $L=3.5$ cm，那么总共可出现多少条明纹？

解 (1) $l=\frac{\lambda}{2n_2\theta}$，$\lambda=2n_2\theta l=2\times1.4\times10^{-4}\times0.25\times10^{-2}\text{ m}=7\times10^{-7}\text{ m}=700\text{ nm}$

(2) 由于劈尖的最大厚度是

$$e_{\max} = L\sin\theta \approx L\theta = 3.5\times10^{-2}\times10^{-4}\text{ m} = 3.5\times10^{-6}\text{ m}$$

因此明纹的最大级数为

$$k_{\max} = \frac{2n_2 e_{\max}}{\lambda} + \frac{1}{2} = \frac{2\times1.4\times3.5\times10^{-6}}{7\,000\times10^{-10}} + \frac{1}{2} = 14.5$$

取整数 $k_{\max}=14$，即总共可出现 14 条明纹.

类似地，暗纹的最大级数为 $k'_{\max}=\frac{2n_2 e_{\max}}{\lambda}=14$，暗纹的总条数为 $k'_{\max}+1=15$.

16.4.2 牛顿环

如图 16.13a 所示，在一块光平的玻璃片上，放一曲率半径 R 很大的平凸透镜，在平凸透镜与玻璃片之间形成一劈形空气薄层，在以接触点为圆心、以 r 为半径的圆周上，空气层各点的厚度相等. 当平行光束垂直地射向平凸透镜时，由于透镜下表面所反射的光和平面玻璃片的上表面所反射的光发生干涉，将呈现干涉条纹，这也是一种等厚干涉条纹，这些干涉条纹都是以接触点为中心的许多同心环，称为牛顿环.

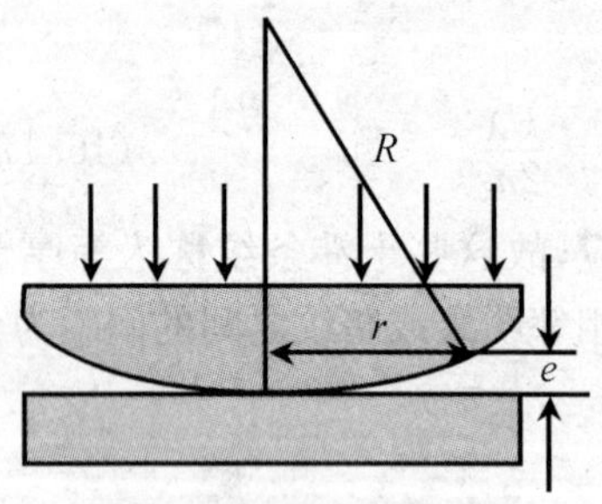

图 16.13a 牛顿环干涉计算用图

与式(16.16)相似，形成牛顿环处的空气

膜的厚度 e 符合下列条件(注意,在牛顿环干涉中 $n_2=1$)

$$\delta = 2e + \frac{\lambda}{2} = k\lambda \quad (k = 1,2,3,\cdots) \quad \text{明环} \tag{16.20a}$$

$$\delta = 2e + \frac{\lambda}{2} = (2k' + 1)\frac{\lambda}{2} \quad (k' = 0,1,2,3,\cdots) \quad \text{暗环} \tag{16.20b}$$

利用图中的几何关系,我们有

$$r^2 = R^2 - (R - e)^2 = 2eR - e^2$$

由于 $R \gg e$,相应地 $2eR \gg e^2$,因此 $r^2 \approx 2eR$,或者

$$e = \frac{r^2}{2R}, \quad \delta = 2E + \frac{\lambda}{2} = \frac{r^2}{R} + \frac{\lambda}{2} \tag{16.21}$$

将式(16.21)代入式(16.20)得

$$\delta = \frac{r^2}{R} + \frac{\lambda}{2} = k\lambda \qquad (k = 1,2,3,\cdots) \quad \text{明环}$$

$$\delta = \frac{r^2}{R} + \frac{\lambda}{2} = (2k' + 1)\frac{\lambda}{2} \quad (k' = 0,1,2,\cdots) \quad \text{暗环}$$

因此,在反射光中,第 k 级明环和第 k' 暗环的半径分别为

$$r_k = \sqrt{\frac{(2k - 1)R\lambda}{2}} \quad (k = 1,2,3,\cdots) \quad \text{明环} \tag{16.22a}$$

$$r'_k = \sqrt{k'R\lambda} \qquad (k' = 0,1,2,\cdots) \quad \text{暗环} \tag{16.22b}$$

牛顿环的干涉图样如图 16.13b 所示. 在接触点,即 $r=0$ 处,是 $k'=0$ 的暗环的位置,也就是说,牛顿环中心是个暗点. 实验结果正是如此. 这也是半波损失的一个例证.

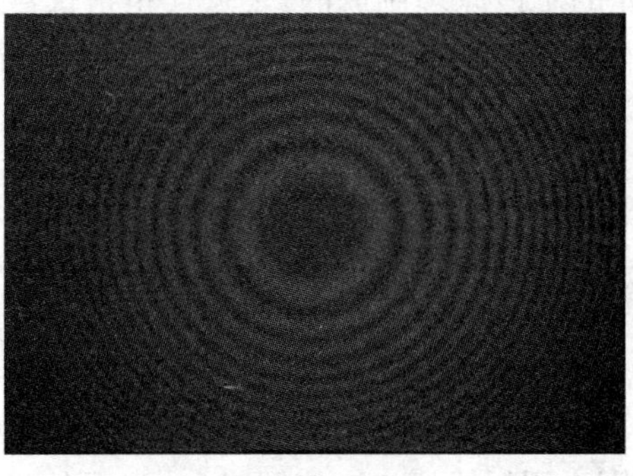

图 16.13b　牛顿环

由于 $r_k \propto \sqrt{\lambda}$,因此,对于波长不同的入射光,同一级明环的半径是不同的.

最后指出,在透射光中也可以观察到牛顿环,因为透射时没有半波损失,所

以透射光中干涉条纹的明暗情况与反射时恰好相反，在透射光中，牛顿环的中心是亮点.

例 16.5 用钠光灯的黄色光观察牛顿环现象时，看到第 k' 级暗环的半径 $r'_k=4$ mm，第 $k'+5$ 级暗环的半径 $r_{k'+5}=6$ mm. 已知钠黄光的波长 $\lambda=589.3$ nm，求所用平凸透镜的曲率半径 R，并确定 k' 之值.

解 根据牛顿环的暗环公式 $r'_k=\sqrt{k'R\lambda}\,(k'=0,1,2,\cdots)$，我们有

$$r'_k=\sqrt{k'R\lambda},\quad r_{k'+5}=\sqrt{(k'+5)R\lambda}$$

由此得到

$$\frac{k'+5}{k'}=\left(\frac{r_{k'+5}}{r'_k}\right)^2=\left(\frac{6}{4}\right)^2=\frac{9}{4},\quad k'+5=\frac{9}{4}k',\quad \left(\frac{9}{4}-1\right)k'=5$$

于是

$$k'=\frac{5}{\frac{9}{4}-1}=4$$

$$R=\frac{r^2}{k'\lambda}=\frac{16\times10^{-6}}{4\times5.893\times10^{-7}}\ \text{m}=6.79\ \text{m}$$

16.5 迈克尔孙干涉仪

干涉仪是根据光的干涉原理制成的，是近代精密仪器之一，在科学技术领域有着广泛而重要的应用. 干涉仪具有各种形式，我们只简要介绍最常用的迈克尔孙干涉仪.

16.5.1 迈克尔孙干涉仪

图 16.14 是迈克尔孙(Michelson)干涉仪的原理图. M_1 与 M_2 是两面精细磨光的平面反射镜，其中 M_1 是固定的，M_2 用螺旋控制，可作微小移动. G_1 和 G_2 是两块材料相同、厚薄均匀而且相等的平行玻璃片. 在 G_1 的一个表面上镀有半透明的薄银层(图中用粗线标出)，使照射在 G_1 上的光线一半反射，一半透射. G_1 和 G_2 这两块平行玻璃片与 M_1 和 M_2 倾斜成 45°角.

面光源 S 发出的光线，射在 G_1 上，折入 G_1 的光线，一部分在薄银层上反射，向 M_2 传播，如图中所示的光线 2，经 M_2 反射后，再穿过 G_1 向 E 处传播，如

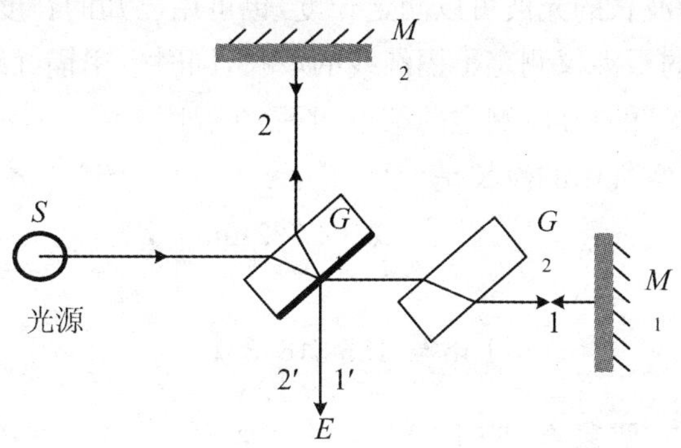

图 16.14　迈克尔孙干涉仪

图中所示的光线 2′；另一部分穿过薄银层和 G_2，向 M_1 传播，如图中所示的光线 1，经 M_1 反射后，再穿过 G_2，经薄银层反射，也向 E 处传播，如图中所示的光线 1′. 显然，1′，2′是两条相干光线，在 E 处可以看到干涉条纹. 装置中 G_2 的目的是为了使光线 1 和 2 穿过等厚的玻璃片的次数相同，以免光线所经路程不相等，而引起的较大的光程差.

迈克尔孙干涉仪干涉原理的等效光路图如图 16.15，图中 M_1'是镀银层所形成的 M_1 的虚像，来自 M_1 的反射光线 1′可看做是从 M_1'处反射的. 如果 M_1 与 M_2 并不严格地相互垂直，那么相应地 M_1'与 M_2 也不严格的相互平行，因而 M_1'与 M_2 形成一空气劈尖. 来自 M_2 与 M_1'的光线 2′和 1′与上节劈尖两表面上反射的光线相类似. 结果，在视场中的干涉条纹将近似为平行的等厚条纹（如果 M_1 与 M_2 严格地相互垂直，那么干涉条纹将为环形的条纹组）.

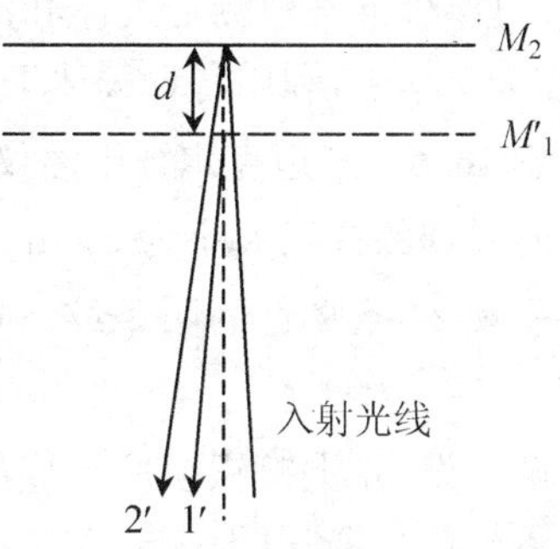

图 16.15　迈克尔孙干涉仪干涉原理的等效光路图

上述干涉条纹的位置取决于光程差. 只要光程差有微小的变化，即使变化的数量级为光波波长的十分之一，干涉条纹就将发生可鉴别的移动. 当 M_2 平移 $\lambda/2$ 的距离时，视场中将看到移过一级条纹. 所以数出视场中明或暗条纹移动的数目 Δn，就可算出 M_2 平移的距离

$$\Delta d = \Delta n \frac{\lambda}{2} \tag{16.23}$$

上式指出,用已知波长的光波可以测定长度,也可用已知的长度来测定波长,迈克尔孙曾用自己的干涉仪测定了镉红线的波长,同时也用镉红线的波长作为单位,表出标准尺"米"的长度.测定的结果如下:在温度 $t=15$ ℃和压强 $p=1$ atm 时,镉红线在干燥空气中的波长是

$$\lambda_1 = 643.84\,722 \text{ nm}$$

因此

$$1 \text{ m} = 155\,316.35\lambda_1$$

16.5.2 干涉现象的应用

光的干涉现象在科学研究和工程技术上的应用很广.除了可以测定长度、长度的微小改变以及检验表面的磨光程度外,还有很多其他方面的应用.根据不同要求,曾设计出不同式样的干涉仪.在工业上常用显微干涉仪检查光学玻璃的表面质量,测定机件磨光面的光洁度等.在光谱学中,应用精确度极高的近代干涉仪[迈克尔孙式的和法布里-珀罗(Fabry-Perot)式的干涉仪]可以准确而详细地测定谱线的波长及其精细结构,在工业上和化学分析中,也常用折射干涉仪,可以极准确地测定气体和液体的折射率,并确定气体或液体中的杂质浓度.在天文学中,利用特种天体干涉仪还可以测定远距离星体的直径.

例 16.6 某迈克尔孙干涉仪中的平面反射镜 M_1,M_2 适当放置,观察 G_1 分束板时看到的视场大小为 3 cm×3 cm,在波长为 6 000 Å 的单色光照射下,视场中呈现 24 条竖直的明条纹.试计算 M_1,M_2 的平面与严格垂直位置的偏离程度.

解 设 G_1 上镀银层所形成的 M_1 的虚像是 M_1',按题意,此时 M_1' 和 M_2 构成一空气劈尖,所以本题可按空气劈尖进行计算.相邻两明条纹间的距离为

$$l = \frac{3\times10^{-2}}{24}\text{ m} = 1.25\times10^{-3}\text{ m}$$

与之相应的空气膜厚度的增量为

$$\Delta e = \frac{\lambda}{2} = 3\,000\text{ Å} = 3\,000\times10^{-10}\text{ m}$$

所以 M_1' 和 M_2 平面之间的夹角为

$$\alpha = \frac{\Delta e}{l} = 2.4\times10^{-4}\text{ rad} = 0.013\,8°$$

这也就是 M_1 和 M_2 与严格垂直位置所偏离的角度.

16.5.3　相干长度

一般认为单色的点光源发出的光经干涉装置分束后，总是能够产生干涉的. 然而实际上并不如此，例如迈克尔孙干涉仪中，如果 M_2 和 M_1' 之间的距离超过一定的限度，就观察不到干涉条纹. 这是因为光源实际发射的是一个个的波列，每个波列有一定的长度. 例如在迈克尔孙干涉仪的光路中，光源先后发出两个波列 a 和 b，每个波列都被分束板分成 1,2 两波列，我们用 a_1, a_2, b_1, b_2 表示. 当两路光程差不太大时(图 16.16a)，由同一波列分解出来的 1,2 两波列，如 a_1 和 a_2，b_1 和 b_2 等可能重叠，这时能够发生干涉. 但如果两光路的光程差太大(图 16.16b)，则由同一波列分解出来的两列波将不再重叠，而相互重叠的却是由前后两波列 a，b 分解出来的波列(如 a_2 和 b_1)，这时两波列的初位相就不能恒定，因而不能发生干涉. 这就是说，两光路之间的光程差超过了波列长度，就不再发生干涉. 两个分光束产生干涉效应的最大光程差 δ_m，亦即波列长度 L，称为该光源所发射的该单色光波的相干长度. 与相干长度这么长的一段光程所对应的时间 Δt，称为相干时间. 显然，$\Delta t = \delta_m / c$ 或 $\delta_m = c\Delta t$. 当同一波列分解出来的 1,2 两波列到达观察点的时间间隔小于 Δt 时，这两波列叠加后发生干涉现象. 否则就不发生. 为了描述所用单色光源相干性的好坏，常用相干长度或相干时间来衡量. 这里讨论的相干性通常称为时间相干性.

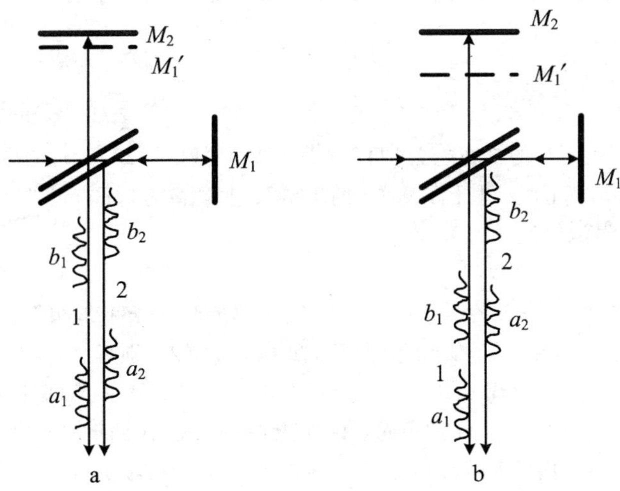

图 16.16　说明相干长度用图

上面说明，相干长度的存在可引用波列长度的概念来解释. 在16.1节中，我们曾提到波列，也提到光源所发射的光的单色性和谱线宽度. 利用傅里叶积分可以证明，谱线的频率宽度 $\Delta\nu$ 和波列的持续时间 Δt 之间的关系为

$$\Delta\nu = \frac{1}{\Delta t}$$

由此式可知，Δt 愈大或波列长度愈长，则 $\Delta\nu$ 愈小，即谱线的频率宽度愈窄而单色性愈好. Δt 相当于相干时间，所以相干长度也可用谱线的频率宽度 $\Delta\nu$ 来表示，即

$$\delta_{\mathrm{m}} = c\Delta t = \frac{c}{\Delta\nu}$$

由 $\nu=\frac{c}{\lambda}$ 取微分(并略去负号)可知，$\Delta\nu=\frac{c}{\lambda^2}\Delta\lambda$，所以相干长度也可用谱线的波长宽度 $\Delta\lambda$ 来表示，即

$$\delta_{\mathrm{m}} = \frac{\lambda^2}{\Delta\lambda}$$

上式表明最大光程差与谱线的波长宽度成反比. $\Delta\lambda$ 越小，光源的单色性越好，可产生干涉的最大光程差越大，光波的相干长度越长. 对于普通的单色光源，如钠光灯、镉灯、水银灯等，其谱线宽度在0.1～0.001 nm的数量级，所以最大光程差的数量级在1 mm～10 cm的范围内. 而对于采用稳频措施的氦-氖激光器发射的谱线，其谱线宽度可以窄到只有 10^{-7} nm，最大光程差可达180 km.

习　题

一、选择题

16.1　从一狭缝透出的单色光经过两个平行狭缝而照射到120 cm远的幕上，若此两狭缝相距为0.20 mm，幕上所产生干涉条纹中两相邻亮线间距离为3.60 mm，则此单色光的波长以mm为单位，其数值为(　　).

(A) 5.50×10^{-4}　　(B) 6.00×10^{-4}　　(C) 6.20×10^{-4}　　(D) 4.85×10^{-4}

16.2　用波长为650 nm的红色光做杨氏双缝干涉实验，已知狭缝相距 10^{-4} m，从屏幕上量得相邻亮条纹间距为1 cm，如狭缝到屏幕间距以m为单位，则其大小为(　　).

(A) 2　　(B) 1.5　　(C) 3.2　　(D) 1.8

16.3　波长 λ 为 6×10^{-4} mm单色光垂直地照到尖角 α 很小、折射率 n 为1.5的玻璃尖劈上. 在长度 l 为1 cm内可观察到10条干涉条纹，则玻璃尖劈的尖角 α 为(　　).

(A) 42″　　(B) 42.4″　　(C) 40.3″　　(D) 41.2″

16.4　在一个折射率为1.50的厚玻璃板上，覆盖着一层折射率为1.25的丙酮薄膜. 当波长可变的平面光波垂直入射到薄膜上时，发现波长为600 nm的光产生相消干涉，而

700 nm波长的光产生相长干涉. 若此丙酮薄膜厚度是用 nm 为计量单位,则为(　　).

(A) 840　　(B) 900　　(C) 800　　(D) 720

16.5　当牛顿环装置中的透镜与玻璃之间充以液体时,则第十个亮环的直径由 1.40 cm 变为 1.27 cm,故这种液体的折射率为(　　).

(A) 1.32　　(B) 1.10　　(C) 1.21　　(D) 1.43

16.6　借助于玻璃表面上所涂的折射率为 $n=1.38$ 的 MgF_2 透明薄膜,可以减少折射率为 $n'=1.60$ 的玻璃表面的反射,若波长为 500 nm 的单色光垂直入射时,为了实现最小的反射,问此透明薄膜的厚度至少为 nm?(　　)

(A) 5　　(B) 30　　(C) 90.6　　(D) 250　　(E) 1 050

二、计算题

16.7　在双缝干涉实验装置中,用一块透明薄膜($n=1.2$)覆盖其中的一条狭缝,这时屏幕上的第四级明条纹移到原来的零级明纹的位置. 如果入射光的波长为 500 nm,试求透明薄膜的厚度.

16.8　在白光的照射下,我们通常可以看到呈彩色花纹的肥皂膜和肥皂泡,并且当发现黑色斑纹出现时,就预示着泡膜即将破裂,试解释这一现象.

16.9　在单色光照射下观测牛顿环的装置中,如果在垂直于平板的方向上移动平凸透镜,那么,当透镜离开或接近平板时,牛顿环将发生什么变化? 为什么?

16.10　白光垂直照射到空气中一厚度为 380 nm 的肥皂膜上. 设肥皂膜水的折射率为 1.33. 试问该膜呈现什么颜色?

16.11　白光垂直照射到空气中一厚度为 500 nm、折射率为 1.50 的油膜上. 试问该油膜呈现什么颜色?

16.12　在折射率为 $n_1=1.52$ 的棱镜表面涂一层折射率为 $n_2=1.30$ 增透膜. 为使此增透膜适用于 550 nm 波长的光,增透膜的厚度应取何值?

16.13　有一空气劈尖,用波长为 589 nm 的钠黄色光垂直照射,可测得相邻明条纹之间的距离为 0.1 cm,试求劈尖的尖角.

16.14　一玻璃劈的末端的厚度为 0.005 cm,折射率为 1.5. 今用波长为 700 nm 的平行单色光,以入射角为 30°角的方向射到劈的上表面. 试求:

(1) 在玻璃劈的上表面所形成的干涉条纹数目;

(2) 若以尺度完全相同的由两玻璃片形成的空气劈代替上述玻璃劈,则所产生的条纹的数目为多少?

16.15　题图 16.1 为一干涉膨胀仪的示意图. AB 与 $A'B'$ 两平面玻璃板之间放一热膨胀系数极小的熔石英环柱 CC',被测样品 W 放置于该环柱内,样品的上表面与 AB 板的下表面形成一空气劈,若以波长为 λ 的单色光垂直入射于此空气劈,就产生等厚干涉条纹. 设在温度为 t_0 ℃时,测得样品的高度为 L_0,温度升高到 t ℃时,测得的样品的高度为 L,并且在此过程中,数得通过视场的某一刻线的干涉条纹数目为 N. 设环柱 CC' 的高度变化可以忽略不计.求证:被测样品材料的热膨胀系数$\beta=\dfrac{N\lambda}{2L_0(t-t_0)}$.

16.16 利用空气劈尖的等厚干涉条纹,可以测量精密加工后工件表面上极小纹路的深度.如题图16.2,在工件表面上放一平板玻璃,使其间形成空气劈尖,以单色光垂直照射玻璃表面,用显微镜观察干涉条纹.由于工件表面不平,观察到的条纹如图所示.试根据条纹弯曲的方向,说明工件表面上的纹路是凹的还是凸的?并证明纹路深度或高度可用下式表示:$H=\dfrac{a}{b}\dfrac{\lambda}{2}$,其中$a$,$b$如题图16.2所示.

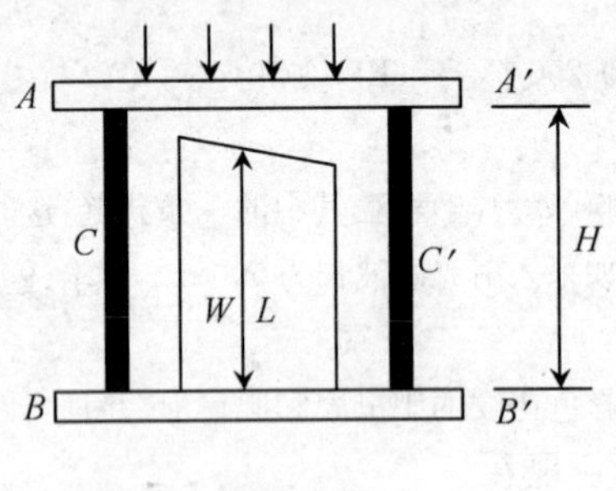

题图16.1

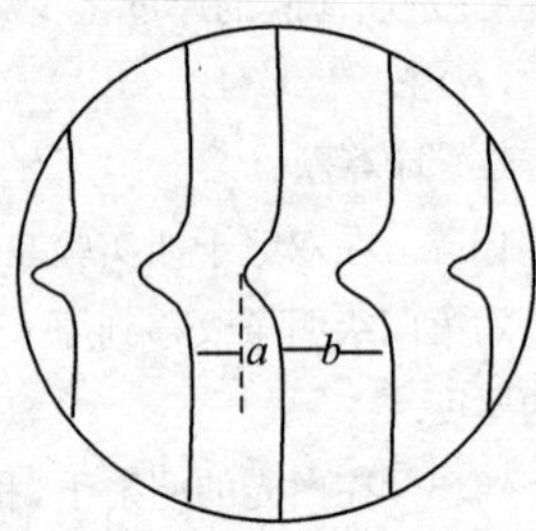

题图16.2

16.17 用波长不同的光$\lambda_1=600$ nm和$\lambda_2=450$ nm观察牛顿环,观察到用λ_1时的第k个暗环与用λ_2时的第$k+1$个暗环重合,已知透镜的曲率半径为190 cm.求λ_1时第k个暗环的半径.

16.18 如在观察牛顿环时发现波长为500 nm的第5个明环与波长为λ_2的第6个明环重合,求波长λ_2.

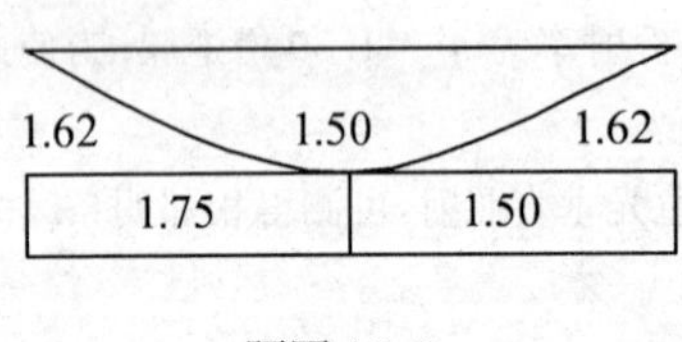

题图16.3

16.19 在题图16.3所示的牛顿环实验装置中,平面玻璃板是由两部分组成的(火石玻璃$n=1.75$和冕牌玻璃$n=1.50$),透镜是用冕牌玻璃制成,而透镜与玻璃板之间的空间充满着二硫化碳($n=1.62$).试问由此而形成的牛顿环花样如何?为什么(提示:考虑半波损失.)?

16.20 在题图16.4中,设平凸透镜的凸面是一标准样板,其曲率半径$R_1=102.3$ cm,而另一个凹面是一凹面镜的待测面,半径为R_2.如在牛顿环实验中,入射的单色光的波长$\lambda=589.3$ nm,测得第四条暗环的半径$r_4=2.25$ cm,试求R_2.

16.21 如题图16.5所示的实验装置中,平面玻璃片MN上放有一油滴,当油滴展开成圆形油膜时,在波长$\lambda=600$ nm的单色光垂直入射下,从反射光中观察油膜所形成的干涉条纹,已知玻璃的折射率$n_1=1.50$,油膜的折射率$n_2=1.20$,问:

(1) 当油膜中心最高点与玻璃片上表面相距$h=1\,200$ nm时,看到的条纹情况如何?可看到几条明条纹?明条纹所在处的油膜厚度为多少?中心点的明暗程度如何?

(2) 当油膜继续摊展时，所看到的条纹情况将如何变化？中心点的情况如何变化？

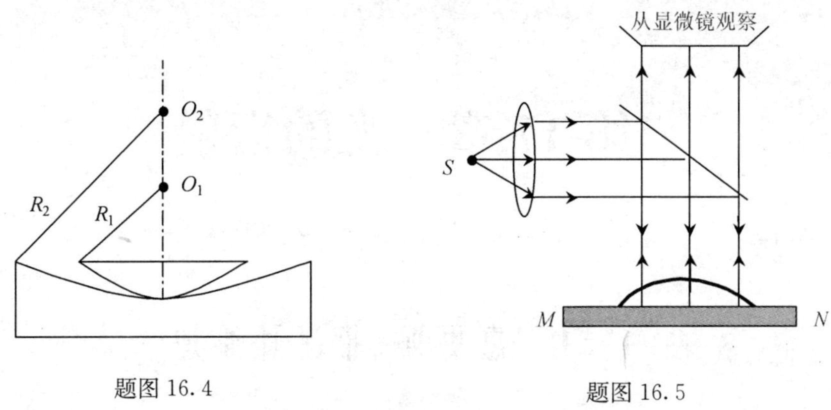

题图 16.4　　题图 16.5

16.22　迈克尔孙干涉仪可用来测量单色光的波长，当 M_2 移动距离 $\Delta d=0.3220$ mm 时，测得某单色光的干涉条纹移过 $\Delta n=1024$ 条，试求该单色光的波长.

三、小论文写作练习

16.23　杨氏双孔干涉与杨氏双缝干涉.

第 17 章　光的衍射

17.1　惠更斯-菲涅耳原理

17.1.1　光的衍射现象

在杨氏双缝干涉实验中，两束光经相干叠加后在屏上出现明暗相间的干涉条纹，且各级明纹的强度近似相等. 实验发现：如果将杨氏双缝装置中的一条缝挡住，只留一个单缝，或把此单缝换成一个小圆孔，则在单缝或小圆孔后的屏上亦可观察到明暗相间的条纹，而且各级明纹的强度不相等. 对于单缝情形，其示意图如图 17.1（入射到单缝上的光可以是平行光，也可以是由点光源发出的光）. 实验还发现：缝宽越窄，实验现象越明显；当把缝宽增大到一定的宽度时，这种实验现象消失，在屏上只能观察到一条明纹，这表明当缝宽较大时，光的传播将遵守几何光学的传播规则.

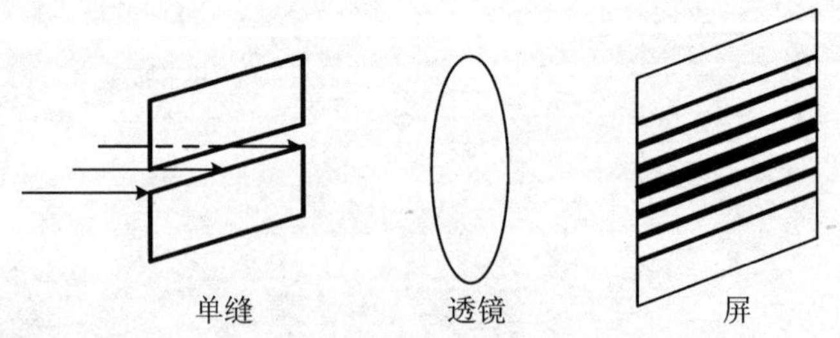

图 17.1　单缝衍射现象

光通过单缝或圆孔等障碍物后所出现的光强非均匀分布的现象，称为光的衍射现象. 这种现象是不能用几何光学（直线传播）原理去解释的，它是光的波动性的一种表现. 为了解释这一现象，我们先介绍惠更斯-菲涅耳原理.

17.1.2 惠更斯-菲涅耳原理

波的衍射现象可以用惠更斯原理作定性说明，但用惠更斯原理不能解释光的衍射图样中光强的分布. 菲涅耳发展了惠更斯原理，建立了惠更斯-菲涅耳原理，从而为光的衍射现象的分析奠定了理论基础. 惠更斯-菲涅耳原理的具体内容是：在光的传播过程中，任一波阵面上的各点都可以看做是发射球面子波的波源，该波阵面前任一点的光振动是各子波在此点引起的分振动的合成. 该原理的数学表示如下：如图 17.2 所示，设光波在某时刻的波阵面为 S，S 上的每一个微小的面积元 $\mathrm{d}S$ 都可看做是发射球面子波的波源，$\mathrm{d}S$ 在波阵面前方任一点 P 处引起的光振动为

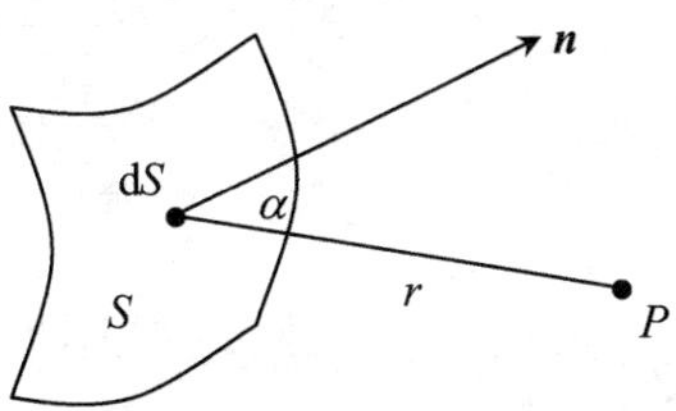

图 17.2 惠更斯-菲涅耳原理

$$\mathrm{d}E=\frac{K\mathrm{d}S}{r}\cos\left[\omega\left(t-\frac{r}{c}\right)\right]=\frac{K\mathrm{d}S}{r}\cos\left(\omega t-\frac{2\pi r}{\lambda}\right) \tag{17.1a}$$

其中$\frac{K\mathrm{d}S}{r}$是 $\mathrm{d}S$ 在 P 点引起的光振动的振幅. K 与 α 角有关，称为倾斜因子，当 $\alpha=0$ 时 K 最大，当 $\alpha\geqslant\frac{\pi}{2}$ 时 $K=0$，即子波不向后传播，r 为 $\mathrm{d}S$ 到 P 点的光程，P 点的合振动为

$$E_P=\int\mathrm{d}E=\int_S\frac{K\mathrm{d}S}{r}\cos\left(\omega t-\frac{2\pi r}{\lambda}\right) \tag{17.1b}$$

17.1.3 菲涅耳衍射和夫琅禾费衍射

观察衍射现象的实验装置一般由光源、衍射屏(单缝或圆孔等)和接收屏三部分组成. 按它们相互间距离的不同，通常将衍射分为两类：一类是衍射屏离光源或接收屏的距离为有限时的衍射，称为菲涅耳衍射；另一类是衍射屏与光源和接收屏的距离都是无穷远的衍射，也就是照射到衍射屏上的入射光和离开衍射屏的衍射光都是平行光的衍射，称为夫琅禾费衍射. 在实验中，夫琅禾费衍射可以利用两个会聚透镜来实现，光路示意图如图 17.3，其中光源位于透镜 1 的焦平面上，接收屏位于透镜 2 的焦平面上. 应当明确，在夫琅禾费衍射中，衍射屏上的波阵面受到单缝或圆孔平面的限制，该波阵面上的各点都是发射球面子波的子波源，所发射的子波经透镜 2 后在接收屏上进行叠加，依据透镜的性质，这种叠加是按一组组平行光线来进行叠加的，每一组平行光线(包含各个子波

波源发射出的光线）在接收屏上汇聚于一点.

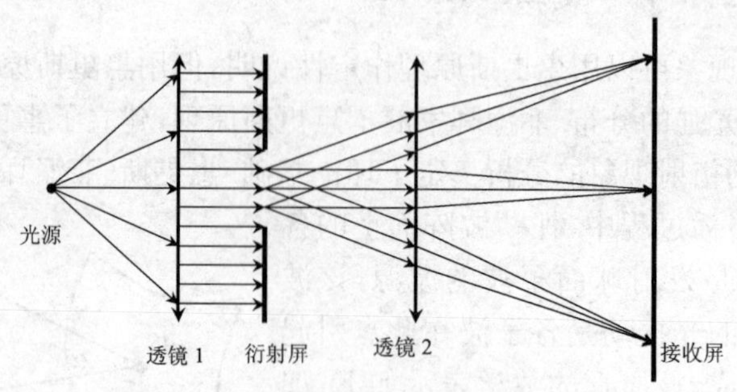

图 17.3　单缝夫琅禾费衍射光路图

17.2　单缝和圆孔的夫琅禾费衍射

上一节简要介绍了衍射现象的基本概念和惠更斯-菲涅耳原理，下面我们将利用惠更斯-菲涅耳原理来具体分析单缝和圆孔的夫琅禾费衍射.

17.2.1　单缝衍射

将单缝夫琅禾费衍射光路图 17.3 中任一组平行光线的叠加示意图放大，给出如图 17.4 所示的光路图. 按照惠更斯-菲涅耳原理，接收屏上任一点 P 处的光振动是从单缝 AB 面上各点（子波源）发射出的一组平行光的光振动在 P 点处的叠加. P 点的位置由坐标 y 或方位角 ϕ（亦称衍射角）确定. 汇聚到 P 点的平行光与透镜的副光轴（即过透镜中心的一条直线，图中用虚线表示）平行.

为了便于利用惠更斯-菲涅耳原理来具体计算 P 点的光振动强度，我们将单缝 AB 之间的波阵面（面积为 al 的长方形平面）分割成一个个与单缝上边平行的横条形面元，其中任一个面元与 A 端的距离为 x，宽度为 $\mathrm{d}x$，面积为 $\mathrm{d}S=l\mathrm{d}x$，该面元到 P 点的光程为

$$r=\Delta+x\sin\phi$$

其中 Δ 表示 A 点到 P 点的光程（A 点到 P 点的光程与波阵面 AGC 上各点到 P 点的光程相等. 这是因为在任一时刻，波阵面 AGC 上各点的振动位相相同，因而 AGC 上各点与 P 点的振动位相差相同，相应地光程差相等）. 从该面元上发

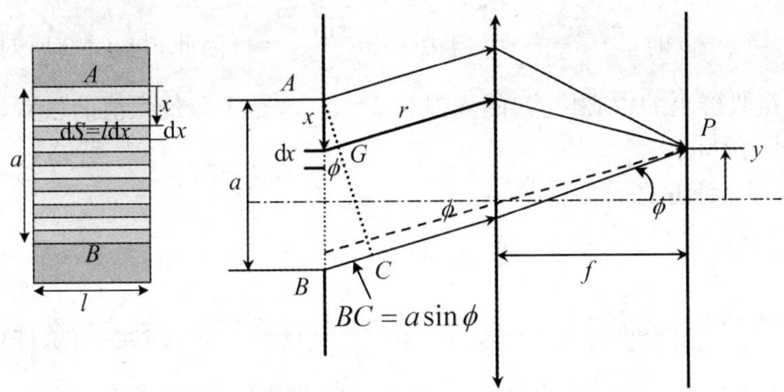

图 17.4　单缝衍射计算

射的子波在 P 点的振幅可以表示为

$$\frac{K\mathrm{d}S}{r}=\frac{Kl\,\mathrm{d}x}{\Delta+x\sin\phi}\approx\frac{Kl\,\mathrm{d}x}{\Delta}=A_0 l\,\mathrm{d}x$$

于是,按照惠更斯-菲涅耳原理的数学表示式(17.1b),P 点的合振动为如下积分

$$E_P=A_0\int_0^a\cos\left[\omega t-\frac{2\pi(\Delta+x\sin\phi)}{\lambda}\right]l\,\mathrm{d}x \tag{17.2}$$

此积分的数学演算过程见本章附录 1,结果如下

$$E_P=E\cos\left[\omega t-\frac{2\pi}{\lambda}\left(\Delta+\frac{1}{2}a\sin\phi\right)\right] \tag{17.3}$$

其中的振幅为

$$E=E_0\left|\frac{\sin\left(\frac{\pi a\sin\phi}{\lambda}\right)}{\frac{\pi a\sin\phi}{\lambda}}\right| \tag{17.4}$$

此处 $E_0=A_0 al=$常数. 注意到,上式中的因子 $a\sin\phi$ 是 A,B 两点到 P 点的光程差. P 点的光强度为

$$I=I_0\frac{\sin^2\left(\frac{\pi a\sin\phi}{\lambda}\right)}{\left(\frac{\pi a\sin\phi}{\lambda}\right)^2} \tag{17.5a}$$

其中 $I_0\propto E_0^2$ 是单缝处的光强. 光强公式也可以表示为

$$I=I_0\frac{\sin^2 u}{u^2},\quad u=\frac{\pi a\sin\phi}{\lambda} \tag{17.5b}$$

利用上述振幅或光强公式,可以分析接收屏上的衍射条纹的分布规律. P 点的位置及 P 点的光强均由衍射角 ϕ 决定,我们来讨论几个重要的情形.

(1) 当 $\phi\to 0$ 时，$\dfrac{\pi a\sin\phi}{\lambda}\to 0$，但由于 $\lim\limits_{x\to 0}\dfrac{\sin x}{x}=1$，因此，与 $\phi=0$ 所对应的 P 点位置(接收屏上的中心位置)的光强为 $I=I_0$，这是 I 取最大值的位置，称为中央明纹区的中心.

(2) 当 ϕ 满足条件

$$\frac{\pi a\sin\phi}{\lambda}=\pm k'\pi \quad 或 \quad a\sin\phi=\pm k'\lambda \quad (k'=1,2,3,\cdots) \tag{17.6a}$$

时，$\sin\left(\dfrac{\pi a\sin\phi}{\lambda}\right)=\sin(\pm k'\pi)=0$，$I=I_0\ \dfrac{\sin^2(\pm k'\pi)}{(\pm k'\pi)^2}=0$，因此，与条件(17.6a)所对应的 P 点位置是暗纹的位置. 一般地，我们将暗纹位置条件写作

$$a\sin\phi'_k=\pm k'\lambda \quad (k'=1,2,3,\cdots) \tag{17.6b}$$

具体地，第一级暗纹的方位是

$$\sin\phi_1=\pm\frac{\lambda}{a}$$

第二级暗纹的方位是

$$\sin\phi_2=\pm\frac{2\lambda}{a}$$

第三级暗纹的方位是

$$\sin\phi_3=\pm\frac{3\lambda}{a}$$

其他类似.

(3) 两相邻的暗纹之间是一明纹，明纹的位置可由 I 取极值的条件

$$\frac{\mathrm{d}I}{\mathrm{d}u}=\frac{\mathrm{d}}{\mathrm{d}u}\left(I_0\ \frac{\sin^2 u}{u^2}\right)=I_0\ \frac{2u^2\sin u\cos u-2u\sin^2 u}{u^4}=0$$

即

$$\tan u=u \tag{17.7}$$

来确定，此方程的近似解为 $u_k\approx\pm(2k+1)\pi/2\,(k=1,2,3,\cdots)$，或者

$$a\sin\phi_k\approx\pm(2k+1)\frac{\lambda}{2} \quad (k=1,2,3,\cdots) \tag{17.8}$$

具体地，第一级明纹的方位是

$$\sin\phi_1\approx\pm\frac{3}{2}\ \frac{\lambda}{a} \quad \left(\sin\phi_1=\pm 1.43\,\frac{\lambda}{a}\right)$$

第二级明纹的方位是

$$\sin\phi_2\approx\pm\frac{5}{2}\ \frac{\lambda}{a} \quad \left(\sin\phi_2=\pm 2.46\,\frac{\lambda}{a}\right)$$

第三级明纹的方位是

$$\sin\phi_3 \approx \pm\frac{7}{2}\frac{\lambda}{a} \quad \left(\sin\phi_3 = \pm 3.47\frac{\lambda}{a}\right)$$

等等.上述各式后括号内的表达式对应于方程(17.7)的精确解.实际上,通过执行 Mathematica 命令 FindRoot[Tan[u]==u,{u,4}],FindRoot[Tan[u]==u,{u,5}]和 FindRoot[Tan[u]==u,{u,6}],可以立即得到方程(17.7)的精确解 u=4.493 41,u=7.730 31 和 u=10.904 1.再利用式(17.5b),就给出上述各式后括号内的表达式.

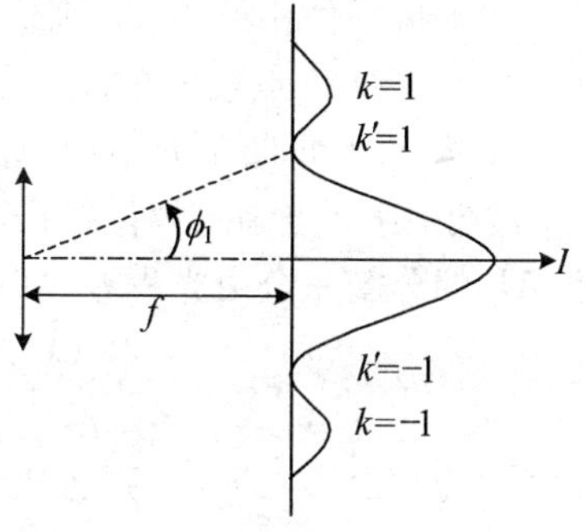

图 17.5　单缝衍射强度分布示意图

根据光强分布公式(17.5),可以计算中央明纹和其他各级明纹的强度.与双缝干涉的强度分布(各级明纹的强度相等)不同,在单缝衍射中,中央明纹的光强最大,其他各级的明纹的强度依次减小,如图 17.5 所示.

具体计算结果表明:中央明纹强度的峰值是 I_0,第一级明纹强度的峰值是 $0.047I_0$,第二级明纹强度的峰值是 $0.017I_0$,等等,其相对光强分布曲线如图 17.6 所示.

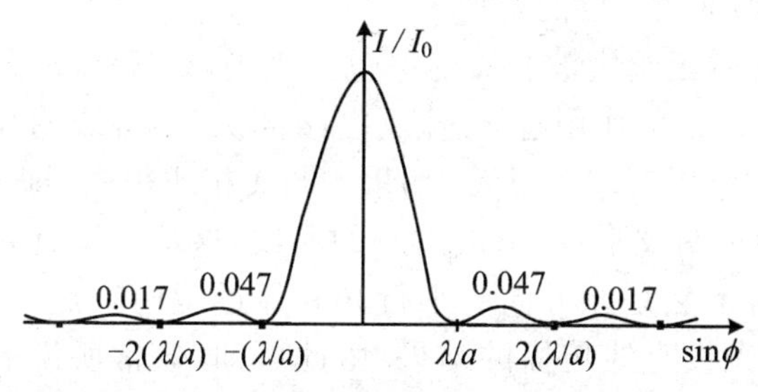

图 17.6　单缝衍射相对光强度分布图

在单缝衍射中,中央明纹不仅强度最大,而且最宽.中央明纹的宽度即正负第一级暗纹之间的宽度,第一级暗纹的方位角 ϕ_1 称为中央明纹的半角宽度,由于 $\sin\phi_1=\frac{\lambda}{a}$,且 ϕ_1 通常很小($\sin\phi_1\approx\phi_1$),因而近似地有 $\phi_1=\frac{\lambda}{a}$.中央明纹的角宽度是半角宽度的两倍,即

$$\Delta\phi = 2\phi_1 = \frac{2\lambda}{a} \tag{17.9a}$$

中央明纹的线宽度是

$$\Delta y = 2f\tan\phi_1 \approx 2f\phi_1 = 2f\frac{\lambda}{a} \tag{17.9b}$$

其中 f 为透镜的焦距,其他各级明纹的角宽度是

$$\Delta\phi \approx (k'+1)\frac{\lambda}{a} - k'\frac{\lambda}{a} = \frac{\lambda}{a} \tag{17.9c}$$

它们是中央明纹角宽度的一半.

对于单缝衍射的明暗条纹分布,也可以用半波带法作半定量的解释.半波带法的要点如下:将波阵面 AB 分割成一个个与单缝上边平行的横条形面元 dS,称为波带,若分割时使得相邻波带发射的子波在接收屏上 P 点的光程差等于 $\lambda/2$(即振动位相差为 π),则这些波带称为半波带. P 点的合振动是各半波带发出的子波在 P 点引起的振动的叠加,由于相邻半波带在 P 点的振动位相相反,所以相邻半波带在 P 点引起的振动之和为零,因此,若 AB 只能分割成偶数个半波带,则 P 点为暗纹位置;若 AB 能分割成奇数个半波带,则 P 点为明纹位置. AB 的分割完全由光程差 $BC=a\sin\phi$ 决定.

$$a\sin\phi=\begin{cases}2k'(\lambda/2)=k'\lambda & (\text{偶数个半波带,暗纹})\\(2k+1)(\lambda/2) & (\text{奇数个半波带,明纹})\end{cases}$$

若 $|a\sin\phi|<2(\lambda/2)=\lambda$,则 AB 不足以分成两个半波带,即 AB 只是一个半波带,因此 P 点为明纹位置,此即中央明区位置,中央明区的范围是

$$-\frac{\lambda}{a}<\sin\phi<\frac{\lambda}{a}$$

应当明确,半波带法不能说明各级明纹强度的差别.

由式(17.8)和(17.9)可知,对于给定波长 λ 的单色光来说, a 越小,与各级明纹相对应的 ϕ 角就越大,亦即衍射作用越显著.反之, a 越大,与各级明纹相对应的 ϕ 角就越小,亦即衍射作用就越不显著.如果 a 与 λ 相比很大(即 $a\gg\lambda$),各级衍射条纹全部并入中央明纹附近,形成单一的明纹,这就是垂直入射于单缝的平行光经过单缝后,依然是原方向的平行光并经透镜而聚焦,这意味着从单缝射出的光是入射光按直线传播的结果.由此可知,通常所说的光的直线传播现象,只是光的波长较障碍物的线度很小,亦即衍射现象不显著时的情况.

例 17.1 在夫琅禾费单缝衍射中,已知 $a=0.1$ mm, $f=50$ cm, $\lambda=546$ nm,求:(1) 中央明纹的宽度;(2) 若将此装置放入水中后,中央明纹的角宽度如何变化?

解 (1) 中央明纹的半角宽度为 $\phi_1=\dfrac{\lambda}{a}$,线宽度为 $\Delta y=2f\phi_1=5.46$ mm.

(2) 未放入水中时

$$\Delta\phi=2\phi_1=\frac{2\lambda}{a}=2\times5.46\times10^{-3}\ \text{rad}$$

放入水中时

$$\Delta\phi'=2\phi_1'=\frac{2\lambda'}{a}=\frac{2\lambda}{an_{\text{水}}}=2\times4.11\times10^{-3}\ \text{rad}$$

因此,若将此装置放入水中,则中央明纹的角宽度减小.

17.2.2　圆孔衍射

圆孔(圆孔半径为 R,直径为 D)夫琅禾费衍射的实验装置如图 17.7 所示.只要将观察夫琅禾费单缝衍射的实验装置中的单缝衍射屏换成开有圆孔的衍射屏,就成了夫琅禾费圆孔衍射的实验装置.

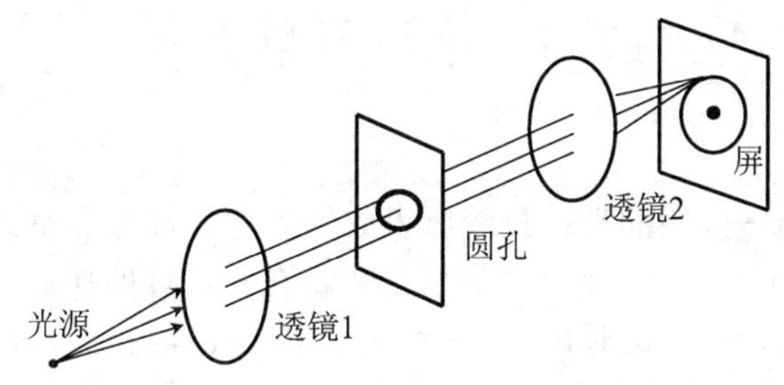

图 17.7　圆孔衍射装置和光路图

与单缝夫琅禾费衍射类似,利用惠更斯-菲涅耳原理进行积分运算,可以求出圆孔夫琅禾费衍射的光强分布及确定各级条纹位置的条件,主要结果如下

第一暗环方位角(衍射角)

$$R\sin\phi_1 = 0.610\lambda$$

第二暗环方位角(衍射角)

$$R\sin\phi_2 = 1.116\lambda$$

相邻暗环之间为明环,中心为一明斑,称为爱里斑,爱里斑的半角宽度为

$$\phi_1 \approx \sin\phi_1 = \frac{0.610\lambda}{R} = \frac{1.22\lambda}{D} \tag{17.10a}$$

爱里斑的半径为

$$r_A = f\tan\phi_1 \approx \frac{1.22\lambda f}{D} \tag{17.10b}$$

圆孔夫琅禾费衍射的光强分布示意图如图 17.8 所示.

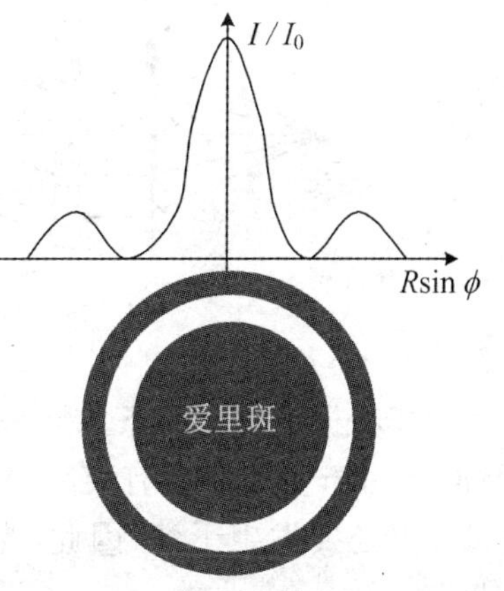

图 17.8　圆孔衍射光强分布图

大多数光学仪器中所用的透镜的边缘

通常是圆形的，所以圆孔夫琅禾费衍射具有重要意义，对于像的质量有直接的影响. 将式(17.10a)与单缝夫琅禾费衍射的半角宽度公式(17.9a)比较，除了一个反映几何形状不同的乘数 1.22 外，在定性方面是一致的，也就是说，当$\frac{\lambda}{D}\ll 1$时，衍射现象可以忽略不计；D越小，衍射现象越明显.

17.3 平面衍射光栅

由大量等宽等间距的平行狭缝所组成的光学元件称为**平面衍射光栅**(the plane diffraction grating)，其制作方法之一是在一块玻璃片上刻上大量等宽等间距的平行刻痕(在 1 cm 长度上，可刻上万条刻痕)，当光入射其上时，在刻痕处，入射光向各个方向散射不容易通过，而两刻痕之间的光滑部分可以透光，与狭缝相当. 若缝的宽度用a表示、刻痕宽度用b表示，则$a+b$称为光栅常数. 光栅的主要作用是利用衍射现象把复色光分开，进行光谱分析.

17.3.1 光栅方程

光栅衍射的实验装置如图 17.9a 所示，实验结果是：在接收屏上出现明暗相间的平行花纹.

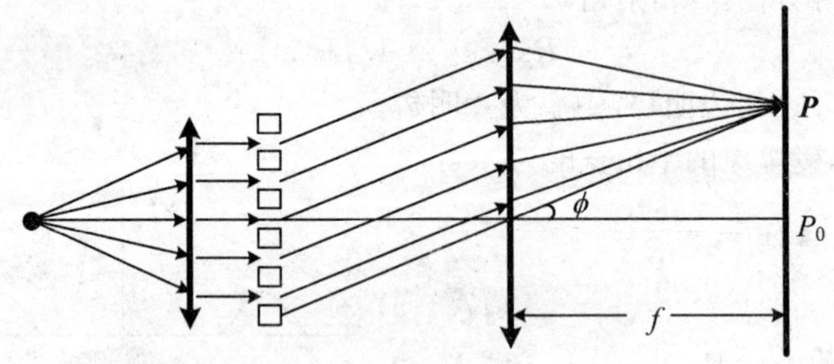

图 17.9a 光栅衍射实验原理图

对于光栅中的每一条狭缝来说，前面讨论的单缝衍射的结果完全可以适用. 但是，由于光栅中含有大量(N个)等宽的平行狭缝，所以各个狭缝所发出的光波之间还要发生干涉. 因此，光栅的衍射条纹是单缝衍射与多缝干涉的总效果.

光栅衍射也可以用惠更斯-菲涅耳原理来进行定量计算(N个与单缝衍射

相似的积分之和).具体计算结果表明,接收屏上 P 点的合振动的振幅为

$$E = E_0 \frac{\sin \dfrac{\pi a \sin \phi}{\lambda}}{\dfrac{\pi a \sin \phi}{\lambda}} \frac{\sin \dfrac{N\pi(a+b)\sin \phi}{\lambda}}{\dfrac{\pi(a+b)\sin \phi}{\lambda}} \tag{17.11}$$

式中,第一个因子是单缝衍射因子,它与单缝衍射合振幅的表达式相同;第二个因子是多缝干涉因子,它与 N 个等位相差的简谐振动的合振幅的表达式(5.26b)(见上册)相同.实际上,从光栅中相邻的两缝所发出的光在 P 点的位相差都是

$$\frac{2\pi(a+b)\sin \phi}{\lambda}$$

光程差是 $(a+b)\sin \phi$.将此式代入式(5.26b)(见上册)就得到式(17.11)中的第二个因子.光栅衍射的光强分布如图 17.9b 所示,此图是以 $N=4$,$a+b=4a$ 为例绘出的.

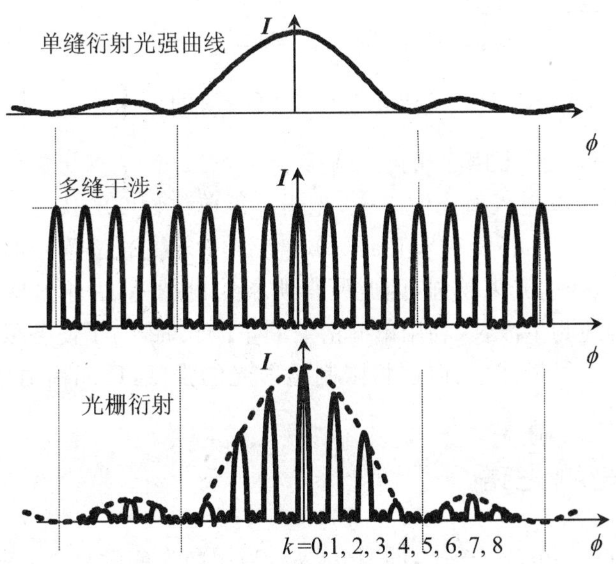

图 17.9b　光栅衍射的光强分布

光栅衍射的光强分布由两个因素决定.

(1) 多缝干涉:决定屏上各级明纹的位置;

(2) 单缝衍射:决定屏上各级明纹的相对强度.

就多缝干涉而言,当衍射角 ϕ 满足下列条件时,屏上 P 点是明纹位置

$$(a+b)\sin \phi = k\lambda \quad (k = 0, \pm 1, \pm 2, \cdots) \tag{17.12a}$$

这是因为$(a+b)\sin\phi$是相邻两缝所发出的光波在P点的光程差，当此光程差是波长的整数倍时，这两束光在P点相互加强. 上式称为光栅方程，其中k表示明纹的级数.

由于受单缝衍射的限制，由上式给出的各级明纹的强度是各不相同的，具体地说，对实验中常用的大多数光栅，强度按零级、一级、二级、三级等的次序渐渐减弱(这些级次假定被限制在单缝衍射的中央明区范围内). 特别地，若屏上P点满足式(17.12a)的ϕ角(对应于第k级明纹)，但同时又满足单缝衍射的暗纹条件，即

$$a\sin\phi = k'\lambda \quad (k' = \pm 1, \pm 2, \cdots) \tag{17.12b}$$

则由于从各单缝射出的光在P点的光强为零，在P点就不出现该级明纹，这种现象称为缺级. 例如：若$a+b=4a$，则式(17.12a)化为

$$a\sin\phi = \frac{k\lambda}{4} \quad (k = 0, \pm 1, \pm 2, \cdots)$$

而按照式(17.12b)，满足

$$a\sin\phi = k'\lambda \quad (k' = \pm 1, \pm 2, \cdots)$$

的ϕ角方向上为暗纹，因而凡满足条件$k'\lambda=\dfrac{k\lambda}{4}$，即$k=4k'$的各级明纹缺级，确切地说，$k=\pm 4, \pm 8, \pm 12, \cdots$的明纹缺级.

对于给定的单色入射光波来说，光栅上每单位长度的狭缝条数越多，亦即光栅常数$a+b$越小，按式(17.12a)可知，各级明条纹的位置分得越开. 光栅上狭缝总数越多，透射光束越强，因此所得明条纹也越亮. 由于这些优点，通常可以用光栅准确地测量波长(利用单缝衍射测量波长时，为了使各级条纹分开，必须将单缝的宽度尽量减小，但这将限制透射光的强度，反而衍射条纹的亮度不够，不易观测).

17.3.2 光栅光谱

按光栅方程，$\sin\phi=\dfrac{k\lambda}{a+b}$，即$\sin\phi\propto\lambda$，当用白光或者复色光照射到光栅上时，除中央明纹($k=0$)外，其他各级条纹($k\neq 0$)是彩色的，因为各种波长的光出现在不同的位置，形成第一级、第二级、第三级等级次的光谱，如图17.10所示. 由于各谱线间的距离随光谱级数的增大而增宽，所以高级数的光谱彼此将有重叠.

例 17.2 波长为$\lambda=600$ nm的单色光垂直入射在一光栅上，已知第二级和第三级明纹分别出现在$\sin\phi_2=0.2$和$\sin\phi_3=0.3$处，第四级缺级. 试问：(1)

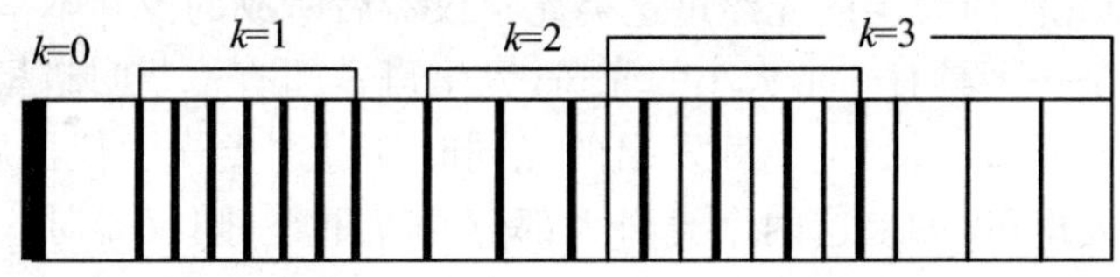

图 17.10　各级衍射光谱示意图

光栅上相邻两缝的间距是多少？(2) 光栅上狭缝的宽度有多大？(3)按照上述得到的 a,b 值,在 $-90°<\phi<90°$ 的范围内,实际呈现哪些级数的光谱？

解　由光栅方程取 $k=2$ 有

$$(a+b)\sin\phi_2=2\lambda$$

因此

$$(a+b)=6\,000\ \text{nm}$$

同理,由光栅方程取 $k=4$ 有

$$(a+b)\sin\phi_4=4\lambda$$

于是

$$\sin\phi_4=0.4$$

由于第二级和第三级明纹存在,而第四级缺级,因而由缺级条件又有(注意:因为第一级不可能缺级,而第二级和第三级明纹均存在,所以本题中的第四级缺级是第一个缺级)

$$a\sin\phi_4=k'\lambda\quad(k'=1)$$

由此得到

$$a=\frac{\lambda}{\sin\phi_4}=1\,500\ \text{nm},\quad b=6\,000\ \text{nm}-a=4\,500\ \text{nm}$$

在本问题中,光谱级数的最大值($\sin\phi=1,\phi=\pi/2$)是

$$k_{\max}=\frac{a+b}{\lambda}=10$$

但由 $a+b=4a$ 可知,$k=4k'(k'=1,2,\cdots)$的明纹缺级,即 $k=\pm4,\pm8$ 的明纹缺级,因此实际可以看到的明纹的级数为:0,±1,±2,±3,±5,±6,±7,±9,±10[在具体的实验中,第 10 级明纹($\phi=\pi/2$)看不见].

17.4　光学仪器的分辨率

透镜(包括人的眼球)、望远镜或显微镜中的物镜等圆形光学仪器都与圆孔

相当，一个点光源所发出的光经过这类光学仪器后所成的像并不是几何光学所说的一点而是一个具有一定大小的光斑(爱里斑)，围有一些明暗相间的圆形衍射条纹. 两个相隔较近的点光源发出的光同时经过这类光学仪器后，所成的像主要是两个爱里斑. 如果这两个光斑大部分相互重叠，则仪器对这两个点光源分辨不清. 如果这两个光斑是分开的，则仪器能分辨出这两个光源.

判断光学仪器能否分辨两个点光源的依据是瑞利(J. W. S. Rayleigh)判据：对于一个光学仪器来说，若一个点光源所形成的中央亮斑的中心与另一个点光源所形成的中央亮斑的边缘重合，则这两个光源恰能被该光学仪器所分辨，如图 17.11 所示.

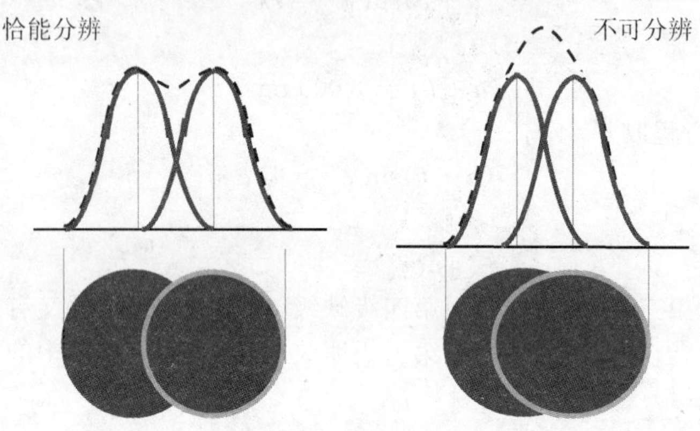

图 17.11　瑞利判据示意图

以透镜为例，恰能分辨的两点光源的两衍射光斑的中心间距，应等于爱里斑的半径. 此时，两点光源在透镜处所张的夹角称为最小分辨角，用 $\Delta\phi$ 表示(见图 17.12).

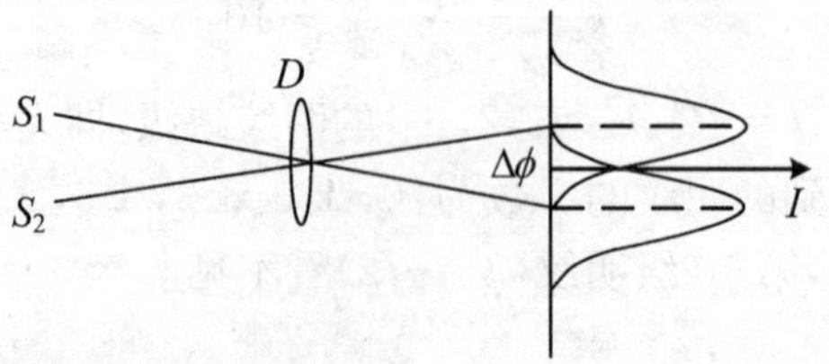

图 17.12　最小分辨角

对于直径为 D 的圆孔衍射图样来说，$\Delta\phi$ 即爱里斑的半角宽度

$$\Delta\phi = \phi_1 = 1.22\,\frac{\lambda}{D}$$

当 S_1,S_2 之间的夹角小于 $\Delta\phi$ 时,两光斑大部分重叠,分辨不清. 因此 $\Delta\phi=1.22\lambda/D$ 称为最小分辨角. 最小分辨角与仪器的孔径 D 和光的波长 λ 有关,对于不同孔径的光学仪器和不同的入射光波长,最小分辨角不同.

通常将光学仪器的最小分辨角的倒数称为仪器的分辨率,用 d 表示,即

$$d=\frac{D}{1.22\lambda}$$

由此可知,光学仪器的分辨率与仪器的孔径成正比,与所用的光的波长成反比.

例 17.3　人眼瞳孔的直径约为 $D=33$ mm,对于 $\lambda=550$ nm 的光,问:人眼的最小分辨角是多大? 如果黑板上面画有两根平行直线,间隔是 $l=1$ cm,那么在离开黑板多远处恰能分辨这两根平行直线?

解　如图 17.13 所示,人眼的最小分辨角是

$$\Delta\phi=1.22\,\frac{\lambda}{D}=2.2\times10^{-4}\ \text{rad}$$

设人眼到黑板的距离为 S,则由

$$\frac{1}{2}\Delta\phi\approx\tan\left(\frac{1}{2}\Delta\phi\right)\approx\frac{l}{2S}$$

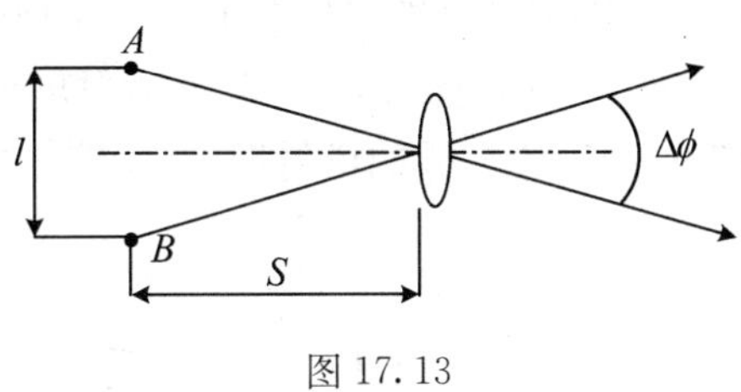

图 17.13

有

$$S=\frac{l}{\Delta\phi}\approx45.5\ \text{m}$$

即在人眼到黑板的距离为 45.5 m 处,恰能分辨这两根平行直线.

17.5　X 射线在晶体上的衍射

X 射线又称伦琴(Röntgen)射线,它是伦琴在 1895 年发现的一种波长很短的电磁波,波长范围是 0.1～1 nm. 由于 X 射线的波长如此之短,以致适用于可见光波段的普通光栅的光栅常数就显得太大了,也就是说对于 X 射线用普通光栅观察不到明显的衍射效应. 为了对 X 射线有明显的衍射作用,就必须使用光栅常数与 X 射线波长量级差不多数的光栅,然而用人工方法制作这样的光栅是很困难的. 1912 年,劳厄(M. von Laue)首先想到可以利用天然晶体来做观察 X 射线衍射的光栅,他进行了实验,圆满地获得了 X 射线的衍射图样,从而首次证明了 X 射线与光一样是一种电磁波.

理想的晶体是由原子或原子团作三维周期性排列而形成的一种结构,图

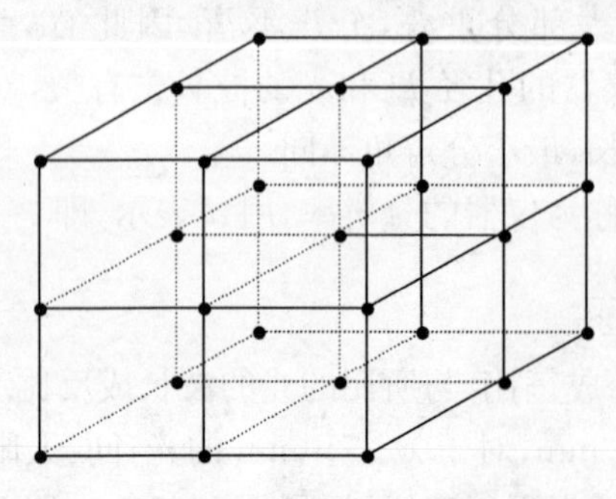

图 17.14 简单的立方点阵

17.14画出了最简单的立方晶体的结构，其中原子排列在立方体的角上，每个立方体构成所谓晶胞，整个晶体就是晶胞在三维空间里重复排列而成的. 这种三维的周期性结构，在晶体学上称为晶格或晶体的空间点阵. 晶体中相邻格点的间隔称为晶格常数，其量级在 0.1 nm. 晶体的这种点阵结构可看做光栅常数很小(数量级约为 0.1 nm)的三维光栅.

劳厄的实验装置示意图如图 17.15 所示. 一束穿过铅板 PP' 上小孔的 X 射线，照射在晶体 C 上，产生衍射，从而在胶片 E 上形成对称分布的若干衍射斑点，称为劳厄斑点. 劳厄斑点分布的定量研究涉及三维光栅的衍射理论，比较复杂，我们不作讨论.

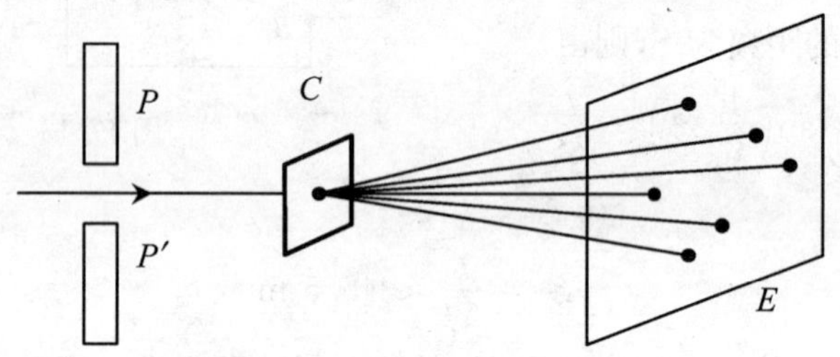

图 17.15 劳厄实验装置示意图

英国布喇格父子(W. H. Bragg 和 W. L. Bragg)对伦琴射线通过晶体产生的衍射现象提出了另一种研究方法. 他们注意到晶体是由一系列平行的原子层(称为晶面)所构成的，如图 17.16 所示. 当 X 射线照射晶体时，晶体中每一个原子是一个子波中心，向各方向发出衍射射线，称为散射. 不仅有表面的散射，而且还有晶体内层的散射. 考虑散射光的叠加效应时，可分为两个步骤来处理，一是同一晶面上各子波源所发子波的叠加，二是各个不同晶面上所发子波的叠加.

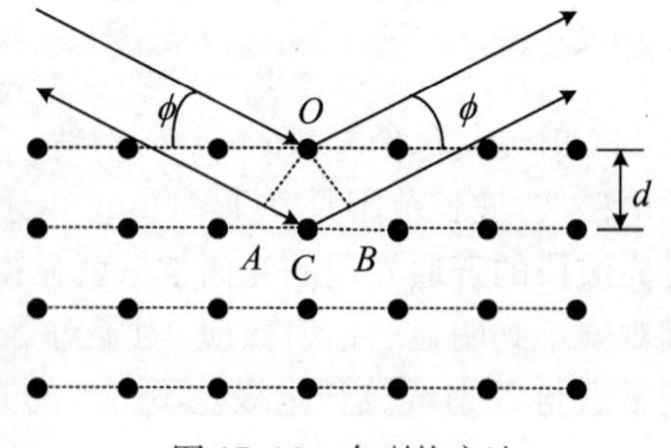

图 17.16 布喇格方法

设各原子层(或晶面)之间的距离为 d，称为晶格常数(或晶面间距). 当一束平行相干的 X 射线以 ϕ 角掠射到晶体表面时，一部分将为表面层原子所散射，其余部分将为内部各晶面所散射. 但是，我们知道在任一原子层所散射的射线中，只有按反射定律反射的射线的强度最大. 而考虑各晶面上的散射所决定的叠加效应时，相邻的上下两晶面所发出的反射线的光程差为(见图 17.16)

$$AC + CB = 2d\sin\phi$$

显然，符合下述条件

$$2d\sin\phi = k\lambda \quad (k = 1, 2, 3, \cdots) \tag{17.13}$$

时，各层晶面的反射线都将相互加强，形成亮点. 上式就是著名的布喇格公式.

与 X 射线的衍射相类似，在显示实物粒子(如电子、中子等)射线束的波动性(见第 6 篇)的实验中，也采用布喇格方法来论证有关的现象.

X 射线的衍射，现已广泛地用来解决下列两个方面的重要问题：① 如果作为衍射光栅的晶体的结构为已知，亦即晶体的晶格常数为已知时，就可用来测定 X 射线的波长. 这一方面的工作，发展了 X 射线的光谱分析，对原子结构等的研究极为重要. ② 用已知波长的 X 射线在晶体上衍射，就可以测定晶体的晶格常数. 这一应用发展为 X 射线的晶体结构分析. 分子物理中很多重要结论都是以此为基础而得到的. X 射线的晶体结构分析，在工程技术上也有很大的应用价值.

17.6　全息照相

全息照相是一种不用透镜的三维照相技术，其原理是由丹尼斯・伽柏(D. Gabor)在 1948 年提出的，但是，直到 1960 年激光问世以后，这种照相技术才具有实际意义.

17.6.1　全息照相

光是电磁波，而决定波动特性的参数是振幅、频率(波长)和位相，因此光的全部信息应由振幅、频率(波长)和位相来表示. 但以往我们在成像问题和照明工程中，除了振幅外，没有用到频率和位相的概念，而只是沿用了光线的概念，并用纯粹的几何学方法来研究成像问题. 这种方便而实用的成像技术，当然仅是一种近似的方法.

照相和摄影技术，从发明到现在已有一百多年. 它们都根据几何光学的原理，利用透镜光学系统，使立体的景物成像于感光材料或屏幕上，然后在照相纸或屏幕上再现出原景物的平面像. 这是因为在普通的照相和摄影中，只记录了光的强度，即仅把人物和景象反射出来的光强（正比于振幅的平方）变化记录下来，而对位相则不能加以分辨. 换句话说，普通照相和摄影只记录了物体光波的强度（振幅）信息，而没有记录来自物体的光波的位相信息. 我们把既能记录光波振幅信息，又能记录光波位相信息的摄影称为全息照相.

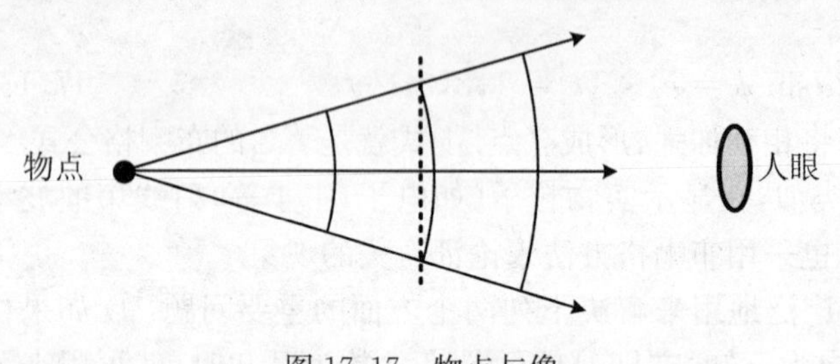

图 17.17 物点与像

在图 17.17 中，人眼看到一个亮点，是因为有一个发光点所发出的球面波的波面为人眼所接收到的缘故，如果上述发光点或物体（物体可看做是由无数发光点所组成的）被障碍物所遮住，但它们所发出的球面波或特定的波面却被记录下来或被人眼看到，我们也应同样感觉到该发光点或物体的存在，这就是全息照相最初的设想. 事实上，这种设想应包括两个部分：其一是要将景物的特定波面（包括振幅和位相）记录下来；其二是在观察时再将原来的特定波面显现出来.

如何记录位相，这就必须应用光的干涉原理. 例如，可以把一束具有确定位相的光束（球面波或平面波）作为参考光束，让它和要求记录的波面发生干涉，然后再把这种相干图像记录下来. 这种全息摄影在原理上虽于 20 世纪 40 年代末已为人们所理解，但由于没有理想的强相干光源，直到 1960 年激光问世以后，才广泛发展起来.

17.6.2 基本原理

在图 17.18a 中，将一束相干光（激光）垂直地照射在两条平行狭缝 S_1 和 S_2 上，S_1 和 S_2 发出的两束光，在屏幕 D 上叠加成干涉条纹. 如果把狭缝 S_2 看做物体，S_1 作为参考光源，则屏幕 D 上的干涉条纹就是物体 S_2 的全息图，用照相底板将它记录下来，就得到一张狭缝 S_2 的全息照片（它是一个明暗条纹的光栅）. 为了得到 S_2 的再现像，只须仍用参考光束 S_1 去照明上述的全息照片 D（即光栅板），由于光栅的衍射，在光栅后面会出现一系列的衍射光波，其中一列衍射波与物体原来位置所发出的光波完全一样. 这列光波就在狭缝 S_2 处形成一个虚像，于是我们可从全息照片的后面看到原物体狭缝 S_2 再现的像（一条明亮的条纹）. 另外在全息照片的后面还有一个和它共轭的实像 S_2'（图 17.18b）. 如果要把这个实像摄录下来，不需要使用任何照相机，只要把感光片放在这个实像位置，就能记录下物体的像.

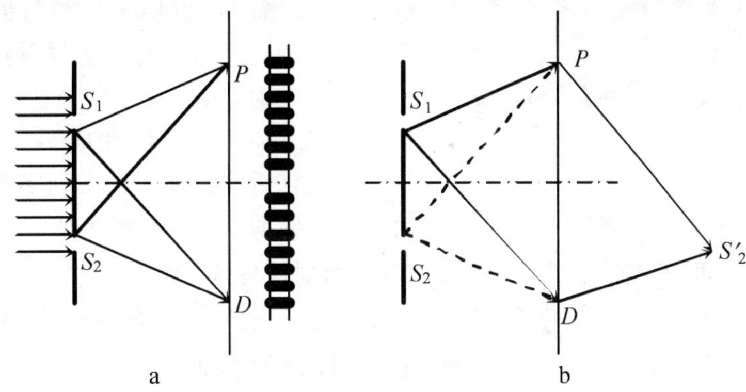

图 17.18　全息摄影的基本原理

如果狭缝 S_2 用其他物体代替，仍用一束相干光（激光）照射，则由物体表面的光波与参考光波 S_1 发出的光波在光波屏幕 D 上发生干涉，形成更复杂的全息图样，采用上述再现方法，同样可以得到物体再现的像，如果原物体是立体的，那么再现的像也是立体的，因为全息底片上既记录了光波的振幅，也记录了光波的位相. 所谓立体，就是物体的质点在三维空间中有不同的位置，当物体表面上不同的点反射出来的光传到底片上，由于光程的不同，位相就有差别. 再现时，就把这些点的位相差别全部重现出来，就能反映空间中物体不同的位置. 这就是全息摄影的基本原理.

17.6.3　全息照片的摄制与再现装置

用一束足够强的相干光照明物体，从物体上反射的光波（即物体光波）射向感光胶片. 同时再使这束相干光的一部分通过反射镜反射到感光胶片上，这部分相干光就是参考光束（图 17.19）. 物体与参考光束在胶片上形成许多明暗不同的花纹、小环和斑点等干涉图样，这样的感光胶片就形成了全息“照片”. 干涉图样的形状记录了物光与参考光间的位相关系，而其明暗对比度（反差）反映了光束的强度（振幅）关系. 这就把物体光波的全部信息记录下来了.

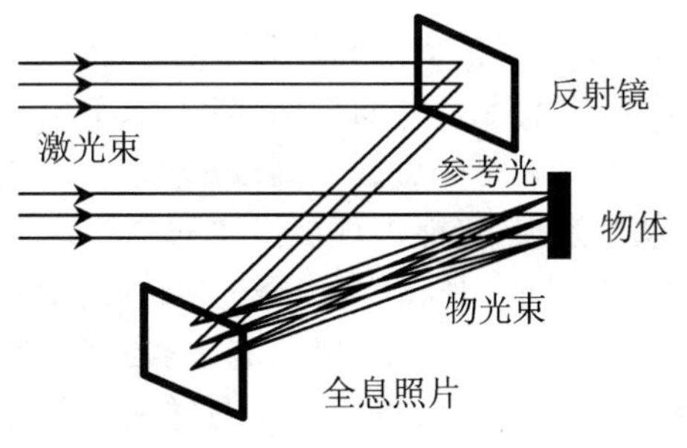

图 17.19　全息照片的摄制

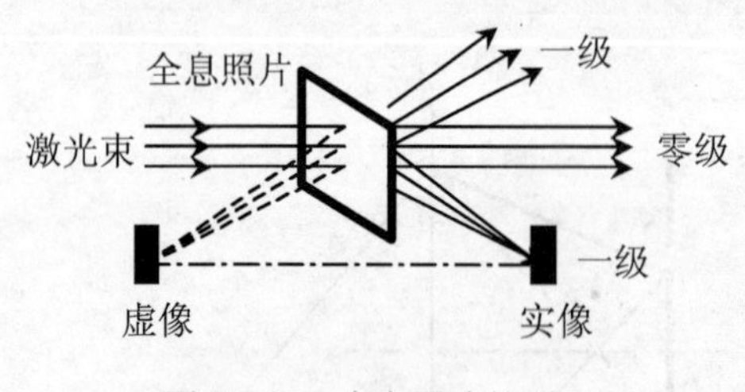

图 17.20　全息照片的再现

再现物像的过程如图 17.20 所示. 当同一束相干光在与拍摄时的参考光束相同的角度照射到全息照片上时,被照片上的干涉图样所衍射. 这时,全息照片成了一个光栅,在它后面出现了一系列零级、一级、二级等衍射波. 零级波可以看成是衰减后的入射光束. 图 17.20 中两个一级衍射波构成了物体两个再现的像. 其中一列一级衍射波和物体在原位置发出的光波完全一样,构成物体的虚像. 另一列一级衍射波虽然也是物体波精确的复制,但它的曲率与原物体波的曲率相反,原来发散光变成了会聚光,这就构成了物体的实像,可用感光胶片拍下来.

17.6.4　全息照相的特点

尽管在目前的技术条件下,制作全息照片比普通照片要复杂和困难得多,但由于全息照相有许多重要的特点,应用潜力很大,因而受到人们的普遍重视. 全息照相的主要特点如下:

(1) 由于全息照相记录了物体光波的全部信息,所以再现出来的物体形象和原来的物体一模一样,它是一个十分逼真的立体像. 而且这种立体像还具有一些普通的立体照片所没有的极为动人的特点:它和观察实物完全一样,具有相同的视觉效应. 例如,从某一个方向观察时,一物被另一物遮住,那只需把头偏移一下,就可以避开原来的障碍物,看到被遮住的物体. 当观察者把视线从景物中的近物移到远物上时,眼睛必须重新调焦,和直接观察景物完全一样.

(2) 全息照片的每一部分,不论有多大,总能再现出原来物体的整个图像. 就是说,可以把全息照片分成若干小块,每一块都可以完整地再现原来的物像. 只是当全息照片的面积缩小后,像单位分辨率减小了. 全息照相的这一特点是由于照片的每一点都受到被摄物体各部分反射光的作用的缘故. 所以全息照片即使有缺损,仍能再现被摄取的全部景象.

(3) 同一张底片上,经过多次曝光后,可以重叠许多像,而且每一个像又能不受其他像的干扰而单独地显示出来. 如果对不同的景物采用不同角度入射的参考光束,由于所得的干涉图样随物光和参考光之间的夹角大小而变化,因此相应的各种景物的再现像出现在不同的衍射方向上,因而在各个不同的地方组成了各个景物的独立的再现像.

(4) 全息照片易于复制. 如用接触法复制新的全息照片,虽然会使原来透明的部分变成不透明,原来不透明部分变成透明,但用这张复制照片再现出来的像仍然和原来全息照片的像完全一样. 近年来全息照相技术有了很大的发展，现在用普通光再现的全息图，已经拍摄出来了，在普通日光或电灯光下就可以看到立体图像，用这种办法制成的彩色立体电视、彩色电影极为美妙.

附录 1　单缝夫琅禾费衍射合振幅的计算

令 $k=\dfrac{2\pi}{\lambda}$，则有

$$E_P=\int_0^a A_0 l\cos\left[\omega t-k\Delta-(k\sin\phi)x\right]\mathrm{d}x\text{（注意积分变量是 }x\text{）}$$

$$=\frac{A_0 l}{k\sin\phi}\int_0^a\cos\left[(\omega t-k\Delta)-(k\sin\phi)x\right]\mathrm{d}(xk\sin\phi)$$

作积分变量变换

$$y=\left[(\omega t-k\Delta)-(k\sin\phi)x\right],\quad \mathrm{d}y=-\mathrm{d}\left[(k\sin\phi)x\right]=-(k\sin\phi)\mathrm{d}x$$

得到

$$E_P=-\frac{A_0 l}{k\sin\phi}\int_{\omega t-k\Delta}^{(\omega t-k\Delta)-(k\sin\phi)a}\cos y\mathrm{d}y$$

$$=-\frac{A_0 l}{k\sin\phi}\left\{\sin\left[(\omega t-k\Delta)-(ka\sin\phi)\right]-\sin(\omega t-k\Delta)\right\}$$

$$=\frac{A_0 l}{k\sin\phi}\left\{\sin\left[(ka\sin\phi)-(\omega t-k\Delta)\right]+\sin(\omega t-k\Delta)\right\}$$

$$=\frac{A_0 la}{ka\sin\phi}2\sin\frac{ka\sin\phi}{2}\left[\cos\frac{ka\sin\phi-2(\omega t-k\Delta)}{2}\right]$$

$$=A_0 la\left(\frac{\sin\dfrac{ka\sin\phi}{2}}{\dfrac{ka\sin\phi}{2}}\right)\cos\left[\omega t-k\left(\Delta+\frac{a\sin\phi}{2}\right)\right]$$

$$=A_0 la\left(\frac{\sin\dfrac{\pi a\sin\phi}{\lambda}}{\dfrac{\pi a\sin\phi}{\lambda}}\right)\cos\left[\omega t-\frac{2\pi}{\lambda}\left(\Delta+\frac{a\sin\phi}{2}\right)\right]=E\cos(\omega t+\phi)$$

其中 $E=E_0\left(\dfrac{\sin\dfrac{\pi a\sin\phi}{\lambda}}{\dfrac{\pi a\sin\phi}{\lambda}}\right)$，　$E_0=A_0 la$，　$\phi=-\dfrac{2\pi}{\lambda}\left[\Delta+\dfrac{a\sin\phi}{2}\right]$.

附录2　圆孔夫琅禾费衍射光强分布的计算

计算圆孔衍射的光强分布是光学中比较复杂的问题，也是学生不易理解的问题. 近几年，多位作者从教学的角度对此问题进行了研究，提出了计算圆孔衍射光强分布的数值计算法、半波带法和 Hankel 变换法等方法，目的是为了简化计算. 在教学实践中，我们发现，如果借助 Mathematica 命令，那么可以使这一问题的处理方法更加简化. 现以夫琅禾费圆孔衍射为例，介绍这一简化方法. 我们将在导出夫琅禾费圆孔衍射光强分布函数表达式的基础上，用几条简单的 Mathematica 命令，绘出光强分布图，确定各级明环和暗环的位置，同时依据计算结果拟合出确定各级明环、暗环位置的简化方程式.

1. 光强分布函数

考虑一束平行光通过半径为 R 的圆孔所发生的夫琅禾费衍射，光路如图 1 所示. 图中 A,C 点分别为圆孔的上、下两个端点.

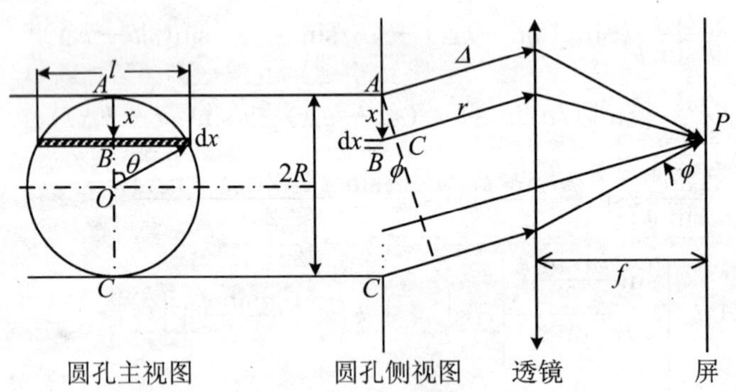

图 1　圆孔衍射的计算

按照惠更斯-菲涅耳原理，接收屏上任一点 P 处的光振动是从圆孔面上各点发射出的一组平行光(与过 P 点的副光轴平行)的振动在 P 点处的叠加. P 点的位置由方位角 ϕ 确定. 为了便于具体计算 P 点的光振动强度，我们将圆孔处的波阵面分割成一个个与 AC 垂直的横条形面元，其中任一个面元与圆孔顶端

A 的距离为 x，宽度为 $\mathrm{d}x$，面积为 $\mathrm{d}S=l\mathrm{d}x$. 利用图中的几何关系，有

$$x = R - R\cos\theta$$

$$\mathrm{d}x = R\sin\theta\mathrm{d}\theta$$

$$\mathrm{d}S = (2R\sin\theta)\mathrm{d}x = 2R^2\sin^2\theta\mathrm{d}\theta$$

该面元到 P 点的光程为

$$r = \Delta + x\sin\phi \tag{1}$$

其中 Δ 表示 A 点到 P 点的光程，该面元上发射的子波在 P 点的振幅可以表示为

$$\frac{K\mathrm{d}S}{r} = \frac{2K}{\Delta + x\sin\phi}R^2\sin^2\theta\mathrm{d}\theta \approx \frac{2K}{\Delta}R^2\sin^2\theta\mathrm{d}\theta = A_0R^2\sin^2\theta\mathrm{d}\theta \tag{2}$$

其中 $A_0=\dfrac{2K}{\Delta}$. 按照惠更斯-菲涅耳原理，该子波在 P 点引起的分振动为

$$\begin{aligned}\mathrm{d}E_P &= \frac{K\mathrm{d}S}{r}\cos\left(\omega t - \frac{2\pi}{\lambda}r\right) = A_0R^2\sin^2\theta\mathrm{d}\theta\cos[\omega t - k(\Delta + x\sin\phi)] \\ &= A_0R^2\sin^2\theta\mathrm{d}\theta\cos[\omega t - k\Delta - k(R - R\cos\theta)\sin\phi] \\ &= A_0R^2\sin^2\theta\mathrm{d}\theta\cos[\omega t - k\Delta - kR\sin\phi + kR\cos\theta\sin\phi]\end{aligned}$$

其中 $k=\dfrac{2\pi}{\lambda}$. 令

$$B = \omega t - \frac{2\pi}{\lambda}\Delta - \frac{2\pi}{\lambda}R\sin\phi,\quad Z = \frac{2\pi}{\lambda}R\sin\phi \tag{3}$$

则

$$\mathrm{d}E_P = A_0R^2\sin^2\theta\mathrm{d}\theta\cos(B + Z\cos\theta) \tag{4a}$$

P 点的合振动为

$$\begin{aligned}E_P &= A_0R^2\int_0^\pi \mathrm{d}\theta\sin^2\theta\cos(B + Z\cos\theta) \\ &= A_0R^2\int_0^\pi \mathrm{d}\theta\sin^2\theta[\cos B\cos(Z\cos\theta) - \sin B\sin(Z\cos\theta)] \\ &= A_0R^2\int_0^\pi \mathrm{d}\theta\sin^2\theta[\cos B\cos(Z\cos\theta)] - A_0R^2\sin B\int_0^\pi \mathrm{d}\theta\sin^2\theta\sin(Z\cos\theta)\end{aligned}$$

上式中的第二项为零，实际上

$$\begin{aligned}\int_0^\pi \mathrm{d}\theta\sin^2\theta\sin(Z\cos\theta) &= -\int_0^\pi \sin\theta\cdot\sin(Z\cos\theta)\mathrm{d}(\cos\theta) \\ &= -\frac{1}{Z^2}\int_0^\pi \sqrt{Z^2 - (Z\cos\theta)^2}\sin(Z\cos\theta)\mathrm{d}(Z\cos\theta)\end{aligned}$$

$$= \frac{1}{Z^2}\int_{-1}^{+}\sin x\sqrt{Z^2-x^2}\,\mathrm{d}x = 0 \quad \text{（被积函数是奇函数）}$$

因而

$$E_P = A_0R^2\int_0^{\pi}\mathrm{d}\theta\sin^2\theta[\cos B\cos(Z\cos\theta)]$$

$$= A_0R^2\cos B\int_0^{\pi}\mathrm{d}\theta\sin^2\theta\cdot\cos(Z\cos\theta) \tag{4b}$$

上式中的积分可以表示为一阶贝塞耳函数.实际上,贝塞耳函数 $J_n(Z)$ 的一种积分表达方式如下(见王竹溪《特殊函数概论》2000 版,P. 354)

$$J_n(Z) = \frac{(Z/2)^n}{\sqrt{\pi}\Gamma(n+1/2)}\int_0^{\pi}\mathrm{d}\theta\sin^{2n}\theta\cos(Z\cos\theta)$$

因此一阶贝塞耳函数为

$$J_1(Z) = \frac{(Z/2)}{\sqrt{\pi}\Gamma(3/2)}\int_0^{\pi}\mathrm{d}\theta\sin^2\theta\cos(Z\cos\theta)$$

由此有

$$\int_0^{\pi}\mathrm{d}\theta\sin^2\theta\cos(Z\cos\theta) = \frac{\sqrt{\pi}\Gamma(3/2)}{Z/2}J_1(Z)$$

代入式(4b)得到

$$E_P = A_0R^2\cos B\left[\frac{\sqrt{\pi}\Gamma(3/2)}{Z/2}\right]J_1(Z) \quad \left(Z = \frac{2\pi}{\lambda}R\sin\phi\right)$$

或者($\Gamma(3/2)=\sqrt{\pi}/2$)

$$E_P = E\cos\left(\omega t - \frac{2\pi}{\lambda}\Delta - \frac{2\pi}{\lambda}R\sin\phi\right) \tag{5}$$

其中振幅为

$$E = E_0\,\frac{J_1(Z)}{Z} \tag{6}$$

此处 $E_0 = A_0\pi R^2$ 是常数. P 的光强度为

$$I = I_0\,\frac{[J_1(Z)]^2}{Z^2} \tag{7}$$

其中 $I_0 = E_0^2$ 是常数.

从式(7)可以看出,圆孔衍射的光强分布函数与单缝衍射光强分布函数非常相似,不同之处在分子上的函数,单缝衍射是正弦函数,而圆孔衍射是一阶贝塞耳函数.

2. 明暗环位置

屏上明、暗环的位置可由光强分布函数 I 取极值的条件 $\frac{\mathrm{d}I}{\mathrm{d}Z}=0$，即

$$\frac{\mathrm{d}}{\mathrm{d}Z}\left\{\left[\frac{J_1(Z)}{Z}\right]^2\right\}=0$$

来确定. 利用简单的 Mathematica 命令，可以方便地、精确地求出此方程的解，从而确定各级明、暗环的位置. 我们使用的 Mathematica 命令为

FindRoot[D[(BesselJ[1,Z]/Z)^2,Z] == 0,{Z,Z 的初值}]　　(8)

由于 Z 的初值的设定很关键，我们先做出函数 $(\mathrm{J}_1(Z)/Z)^2$ 的图像，粗略地找到取极值的位置，作图命令为

Plot[(BesselJ[1,Z]/Z)²,{Z, −20,20}]　　(9)

图像如图 2

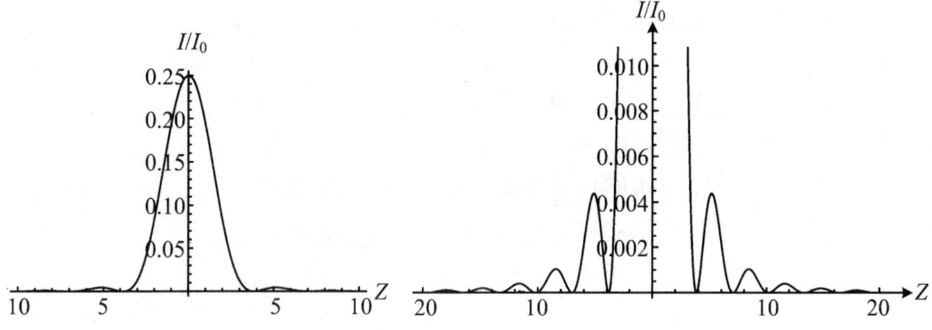

图 2　圆孔衍射相对光强度分布图

图中纵轴代表 $\left(\frac{\mathrm{J}_1(Z)}{Z}\right)^2=I/I_0$，即相对光强度，横轴代表 $Z=\frac{2\pi}{\lambda}R\sin\phi$.

可以看出，中央明环强度和宽度都为最大，而且远远大于第一级明环强度. 从图 2 容易看出各级明和暗环中心位置的近似值为：

第一级暗环位置在 $Z=4$ 附近，第一级明环位置在 $Z=5$ 附近；

第二级暗环位置在 $Z=7$ 附近，第二级明环位置在 $Z=8$ 附近；

第三级暗环位置在 $Z=10$ 附近，第三级明环位置在 $Z=12$ 附近；

第四级暗环位置在 $Z=13$ 附近，第四级明环位置在 $Z=15$ 附近；

第五级暗环位置在 $Z=16$ 附近，第五级明环位置在 $Z=18$ 附近；

等等.

以上述近似值为 Z 的初值，执行 Mathematica 命令(8)，可以精确地得到与各级明和暗环中心位置所对应的 Z 值. 结果如下：

第一级暗环位置在 $Z=3.83171$ 处，第一级明环位置在 $Z=5.13562$ 处；

第二级暗环位置在 $Z=7.01559$ 处，第二级明环位置在 $Z=8.41724$ 处；

第三级暗环位置在 $Z=10.1735$ 处，第三级明环位置在 $Z=11.6198$ 处；

第四级暗环位置在 $Z=13.3237$ 处，第四级明环位置在 $Z=14.7960$ 处；

第五级暗环位置在 $Z=16.4706$ 处，第五级明环位置在 $Z=17.9598$ 处；

等等.

再利用 $Z=(2\pi R\sin\phi)/\lambda$，可以得到与各级明和暗环中心位置所对应的方位角. 结果如下：

第一级暗环方位角：$R\sin\phi_1=0.60984\lambda$；

第二级暗环方位角：$R\sin\phi_2=1.11657\lambda$；

第三级暗环方位角：$R\sin\phi_3=1.61916\lambda$；

第四级暗环方位角：$R\sin\phi_4=2.12053\lambda$；

第五级暗环方位角：$R\sin\phi_5=2.62138\lambda$；

等等.

第一级明环方位角：$R\sin\phi_1=0.81736\lambda$；

第二级明环方位角：$R\sin\phi_2=1.33965\lambda$；

第三级明环方位角：$R\sin\phi_3=1.84936\lambda$；

第四级明环方位角：$R\sin\phi_4=2.35485\lambda$；

第五级明环方位角：$R\sin\phi_5=2.85839\lambda$；

等等.

依据上述计算数值，可以拟合出确定各级明、暗环位置的如下简化方程式

明环方位角：

$$R\sin\phi_k\approx\left(\frac{1}{2}k+\frac{1}{3}\right)\lambda\quad(k=1,2,3,\cdots)\tag{10}$$

暗环方位角：

$$R\sin\phi_k\approx\left(\frac{1}{2}k+\frac{11}{100}\right)\lambda\quad(k=1,2,3,\cdots)\tag{11}$$

依据与各级明环中心所对应的精确 Z 值有关，还可以计算各级明环的相对峰值强度. 注意到

$$\lim_{Z\to0}\left(\frac{\mathrm{J}_1(Z)}{Z}\right)^2=\frac{1}{4}\tag{12}$$

设爱里斑的峰值强度为 I_{A}，则各级明环的峰值强度为

$$I=4I_{\mathrm{A}}\frac{[\mathrm{J}_1(Z)]^2}{Z^2}$$

通过执行 Mathematica 命令

$$4(\mathrm{BesselJ}[1,Z]/Z)^2$$

其中 Z 依次取 5.135 62,8.417 24,11.619 8,14.796 0,17.959 8,得到如下计算结果：

第一级明环的峰值强度为 $0.0175I_A$；
第二级明环的峰值强度为 $0.0042I_A$；
第三级明环的峰值强度为 $0.0016I_A$；
第四级明环的峰值强度为 $0.0008I_A$；
第五级明环的峰值强度为 $0.0004I_A$，

等等.

参考文献

[1] 喻力华,赵维义.圆孔衍射光强分布的数值计算[J].大学物理,2001,20(1):16-19.

[2] 乔生炳.用月牙形波带法求圆孔夫琅禾费一级衍射环的角半径[J].大学物理,2002,21(2):28-29.

[3] 游开明,陈列尊,等.菲涅耳圆孔衍射计算机模拟的实现[J].大学物理,2004,23(5):43-46.

[4] 王竹溪,郭敦仁.特殊函数概论[M].北京大学出版社,2000:354.

[5] 黄时中.大学物理学(下册)[M].中国科学技术大学出版社,2006:198-206.

习　　题

一、问答题

17.1　简要回答下列问题：

(1) 波的衍射现象的本质是什么？在日常经验中为什么声波的衍射比光波的衍射显著？杨氏双缝实验是干涉实验，还是衍射实验？

(2) 一人在他眼睛瞳孔的前方握着一个竖直方向的单狭缝.通过该狭缝注视一遥远的光源,光源的形状是一根很长的竖直热灯丝,这人所看到的衍射图样是菲涅耳衍射还是夫琅禾费衍射？

(3) 在单缝夫琅禾费衍射中,增大波长与增大缝宽对衍射图样分别产生什么影响？

(4) 在题图 17.1 所示的单缝衍射中,缝宽 a 处的波阵面恰好分成四个半波带,光线 1 与 3 是同位相的,光线 2 与 4 也是同位相的,为什么在 P 点的光强不是极大而是极小？

(5) 在单缝衍射中,为什么衍射角 ϕ 愈大(级数愈大)的那些明条纹的亮度愈小？

(6) 当把单缝衍射装置全部放在水中时,单缝衍射的图样将发生怎样的变化？在此情况下,如果利用公式 $a\sin\phi=\pm\frac{1}{2}(2k+1)\lambda(k=1,2,3,\cdots)$ 来测定光的波长,问所测出的波长是光在空气中的波长,还是在水中的波长？

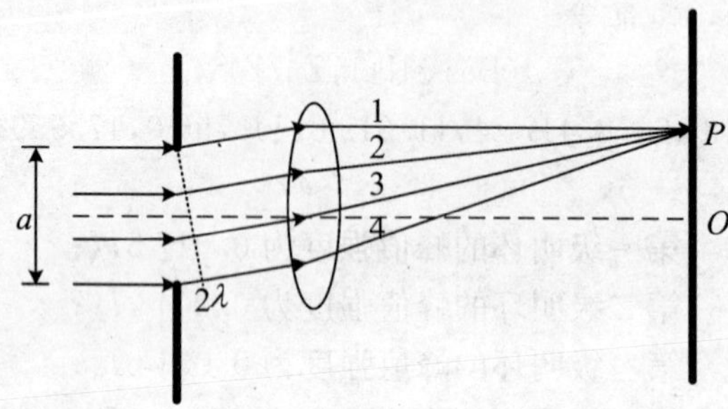

题图 17.1

二、选择题

17.2 波长为589 nm的光垂直照射到1.0 mm宽的缝上,观察屏在离缝3.0 m远处,在中央衍射极大任一侧的头两个衍射极小间的距离,如以mm为单位,则为( ).

(A) 0.9 (B) 1.8 (C) 3.6 (D) 0.45

17.3 一宇航员声称,他恰好能分辨在他下面 R 为160 km地面上两个发射波长 λ 为550 nm的点光源.假定宇航员的瞳孔直径 d 为5.0 mm,如此两点光源的间距以m为单位,则为( ).

(A) 21.5 (B) 10.5 (C) 31.0 (D) 42.0

17.4 一衍射光栅宽3.00 cm,用波长600 nm的光照射,第二级主极大出现在衍射角为30°处,则光栅上总刻线数为( ).

(A) 1.25×10^4 (B) 2.50×10^4 (C) 6.25×10^3 (D) 9.48×10^3

17.5 在光栅的夫琅禾费衍射中,当光栅在光栅所在平面内沿刻线的垂直方向上作微小移动时,则衍射花样( ).

(A) 作与光栅移动方向相同的方向移动

(B) 作与光栅移动方向相反的方向移动

(C) 中心不变,衍射花样变化

(D) 没有变化

(E) 其强度发生变化

17.6 波长为520 nm的单色光垂直投射到2 000 cm^{-1}的平面光栅上,试求第一级衍射最大所对应的衍射角近似为多少度?( )

(A) 3 (B) 6 (C) 9 (D) 12 (E)15

17.7 X射线投射到间距为 d 的平行点阵平面的晶体中,试问发生布喇格晶体衍射的最大波长为多少?( )

(A) $d/4$ (B) $d/2$ (C) d (D) $2d$ (E)$4d$

二、计算题

17.8 波长为500 nm的平行光线垂直地入射于一宽为1 mm的狭缝,若在缝的后面有一焦距为100 cm的薄透镜,使光线聚焦于一屏幕上,试问从衍射图形的中心点到下列点的距离如何？(1) 第一极小；(2) 第一级明条纹的极大处；(3) 第三极小.

17.9　有一单缝，宽 $a=0.1$ mm，在缝后放一焦距为 50 cm 的会聚透镜用平行绿光($\lambda=546$ nm)垂直照射单缝，求位于透镜焦面处的屏幕上的中央明条纹的宽度. 如把装置浸入水中，中央明条纹的半角宽度如何变化？

17.10　在单缝夫琅禾费衍射中，若某一光波的第三级明条纹(极大点)和红光($\lambda=600$ nm)的第二级明条纹相重合，求此光波的波长.

17.11　利用一个每厘米有 4 000 条的光栅，可以产生多少级完整的可见光谱(可见光波长 400～700 nm)？

17.12　一光栅，宽为 2.0 cm，共有 6 000 条缝. 如果用钠光(589.3 nm)垂直入射，在哪些方位角上出现光强极大？

17.13　某单色光垂直入射到每一厘米有 6 000 条刻线的光栅上. 如果第一级谱线的方位角是 20°，试问入射光的波长是多少？它的第二级谱线的方位角是多少？

17.14　试指出当衍射光栅常数为下述三种情况时，那些级数的衍射条纹消失？

(1) 光栅常数为狭缝宽度的两倍，即 $a+b=2a$；

(2) 光栅常数为狭缝宽度的三倍，即 $a+b=3a$；

(3) 光栅常数为狭缝宽度的四倍，即 $a+b=4a$.

17.15　在迎面驶来的汽车上，两盏前灯相距 120 cm，试问汽车离人多远的地方，眼睛恰可分辨这两盏灯？设夜间人眼瞳孔直径为 5.0 mm，入射光波长为 550 nm(这里仅考虑人眼圆形瞳孔的衍射效应).

17.16　已知天空中两颗星相对于一望远镜的角距离为 4.84×10^{-6} rad，它们都发出波长为 $\lambda=5.5\times10^{-5}$ cm 的光. 试问：望远镜的口径至少要多大，才能分辨出这两颗星？

17.17　题图 17.2 中所示的入射 X 射线束不是单色的，而是含有 0.095～0.13 nm 这一范围的各种波长. 设晶体的晶格常数 $a_0=0.275$ nm，试问对图示的晶面能否产生强反射？

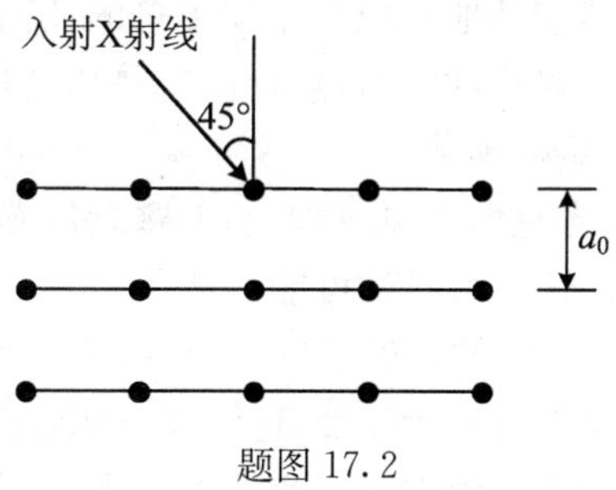

题图 17.2

17.18　用方解石分析 X 射线的谱，已知方解石的晶格常数为 3.029×10^{-10} m，今在 43°20′和 40°42′的掠射方向上观察到两条主最大谱线，试求这两条谱线的波长.

四、小论文写作练习

17.19　圆孔衍射光强分布的近似计算方法.

第 18 章　光的偏振

在本章中，我们将讨论光波的另一种特性，即偏振性. 我们将简要介绍一些典型的偏振现象以及获得和检验光的偏振性的方法. 从理论上说，光的偏振现象证实了光是横波. 从应用上说，很多光学仪器要用偏振光来工作，还有如研究晶体的光学性质等，也需要以偏振光的知识为基础.

18.1　自然光和偏振光

18.1.1　光的偏振性

机械波可以分为横波和纵波. 对于纵波来说，通过波的传播方向所作的所有平面内的运动情况都相同，没有一个平面显示出比其他任何平面特殊，这称为波的振动对传播方向具有对称性. 对于横波来说，通过波的传播方向且包含振动矢量的那个平面显然和其他不包含振动矢量的任何平面有区别. 于是把振动方向对于传播方向的不对称性叫做偏振性，它是横波区别于纵波的一个最明显的标志，只有横波才有偏振现象.

光波是电磁波，而按麦克斯韦电磁理论，电磁波是横波，即光矢量 $\boldsymbol{E}$ 恒与光的传播方向 $\boldsymbol{v}$ 垂直. 然而，这里有两种可能的情况：

(1) 光束中只含同一方向的光矢量（如原子在某一次跃迁中所发出的光）；

(2) 光束中包含不同方向的光矢量，它们都与 $\boldsymbol{v}$ 垂直（如太阳光）.

第一种情况下的光称为**线偏振光或平面偏振光**，并把 $\boldsymbol{E}$ 的振动方向与传播方向 $\boldsymbol{v}$ 所构成的平面称为振动面. 沿 X 轴方向传播、振动面在 XOY 平面内的单色偏振光的光矢量可表示为

$$\boldsymbol{E} = \boldsymbol{E}_0 \cos \omega\left(t - \frac{x}{v}\right)$$

其中 $\boldsymbol{E}_0$ 沿 Y 轴方向，如图 18.1 所示.

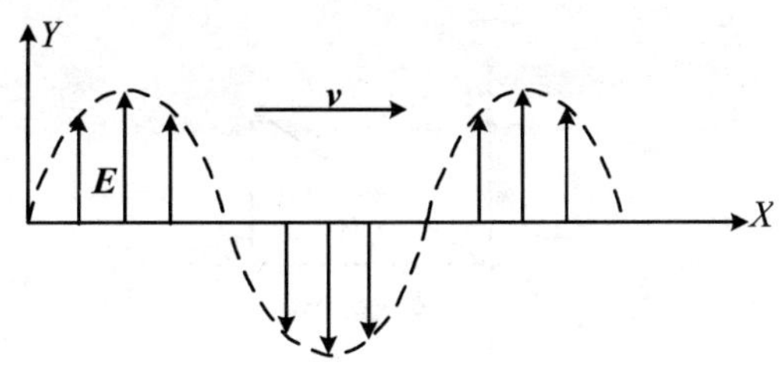

图 18.1　平面偏振光波形示意图

线偏振光常用图 18.2 的简化符号来表示.

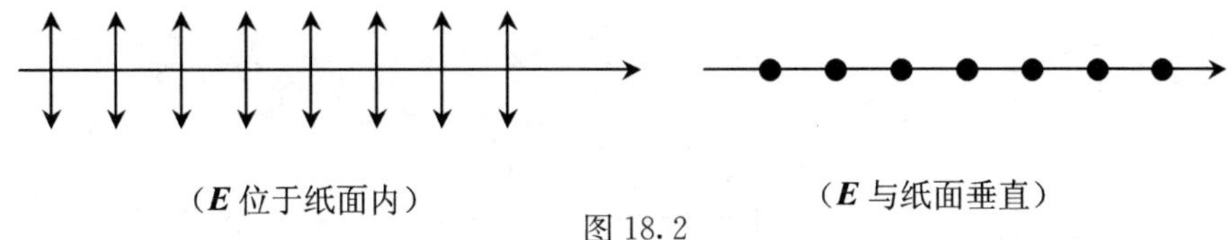

（**E** 位于纸面内）　　（**E** 与纸面垂直）

图 18.2

第二种情况下的光是非线偏振的,我们在下小节进行讨论.

18.1.2　自然光

普通光源发出的光称为自然光,自然光经三棱镜或光栅等光学仪器后可以分成单色光.对于自然光,无论是复色光还是单色光均不是线偏振光.这与普通光源的发光机制有关.尽管光源中的每个原子在某一瞬时所发出的一列光波是线偏振光,但在任一瞬时有大量的原子发光,各个原子发出的光的光矢量具有不同的振动方向及相位,因此在自然光中,光矢量 **E** 分布在与传播方向 **v** 垂直的所有可能的方向上,平均来说,各个方向上的振幅相等,但振动相位不同,如图 18.3 所示(图中的传播方向 **v** 垂直于纸面).

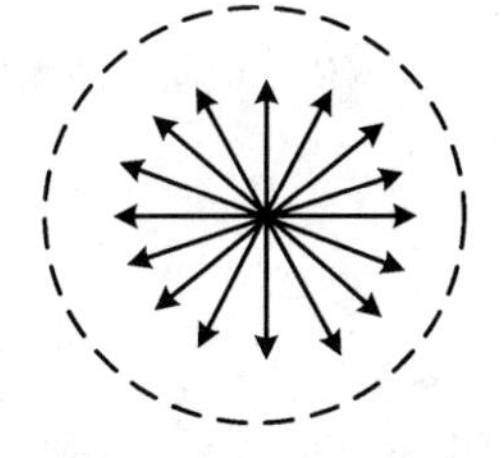

图 18.3　自然光中的光矢量,**E** 没有优势方向

自然光光振动的这种性质可以等价地用另一种方式来描述.由振动学可知,任一方向的振动可以看做两个相互垂直的振动(同频率、同相位)的合成,如图 18.4 所示.

因此,任一方向的光矢量 **E**,都可分解为两个相互垂直的分矢量.将自然光中的每一个光矢量同时沿两个相互垂直的方向(如图 18.5a 中的 Y 方向和 Z 方向)分解后,成为两组独立的光振动(如图 18.5b 所示),图中用黑点表示垂直于纸面的光振动、用短线表示纸面内的光振动,对自然光,黑点和短线画成均等分布,每一组光振动占自然光总能量的一半.

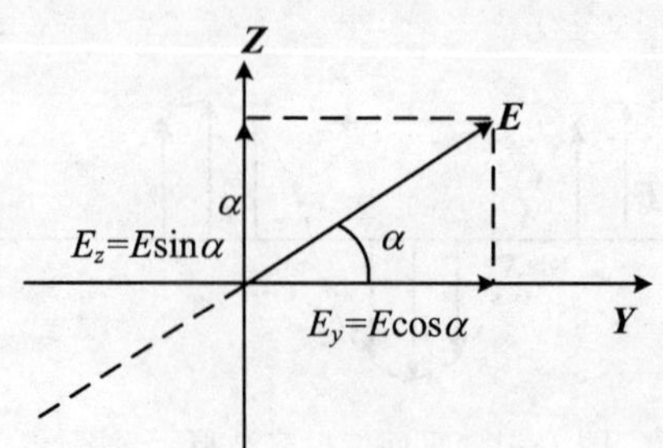

图 18.4　光振动的分解

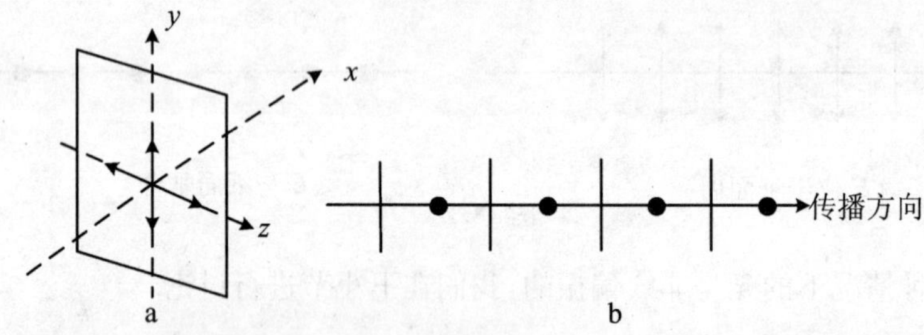

图 18.5　自然光的分解

利用某些方法,可部分地或完全地移去自然光中两个相互垂直的分振动之一,而使自然光成为部分偏振光或线偏振光,部分偏振光的符号如图 18.6 所示.

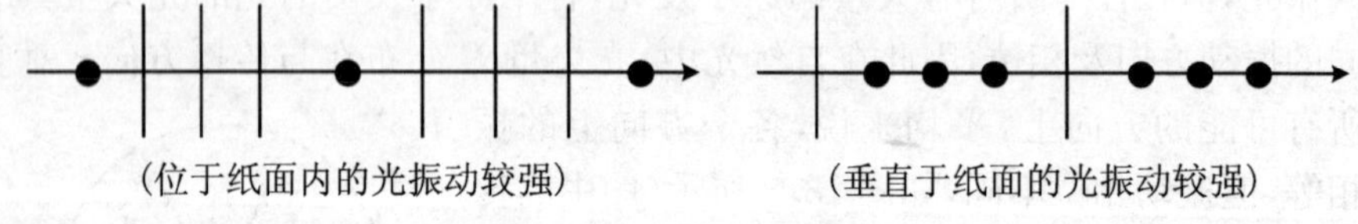

图 18.6

18.2　偏振片,马吕斯定律

18.2.1　偏振片的起偏和检偏

偏振片是一种透明的薄片,它能吸收某一方向的光振动,而只让与这个方向垂直的光振动通过(实际上也有吸收,但吸收不多),如图 18.7 所示. 实用中常将偏振片标以记号"↕",表明该偏振片允许通过的光振动的方向,这个方向称做**偏振化方向**,也叫**透光轴**.

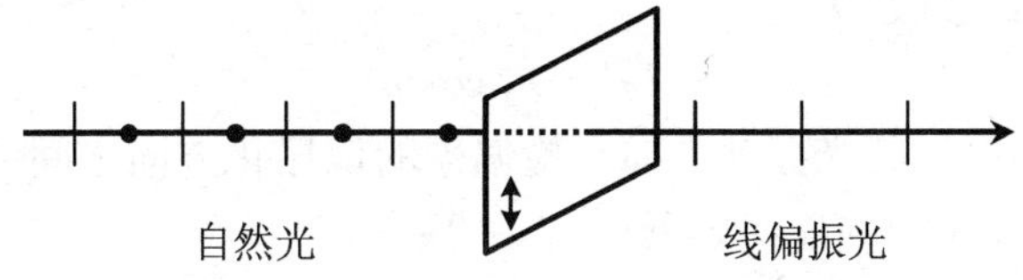

图 18.7　偏振片

自然光经过偏振片后成为线偏振光,这种情况下的偏振片起的是起偏作用,称为起偏器. 偏振片也可用来检验某一光束是否是线偏振光,即偏振片也可以当作检偏器使用. 对于偏振片的起偏和检偏作用,可以用图 18.8 说明.

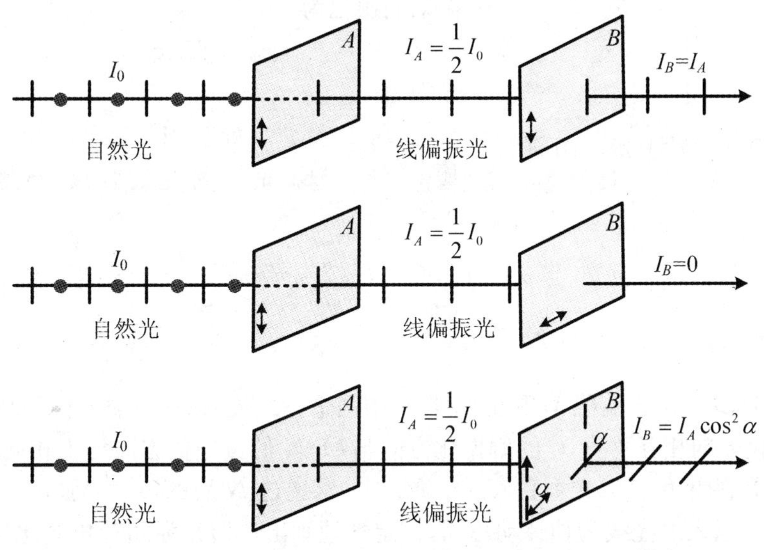

图 18.8　偏振片的起偏和检偏

图 18.8 中给出了由起偏器 A 产生的线偏振光通过偏振片 B 后光的振动方向,同时给出了光的强度,其中 $I_B=I_A\cos^2\alpha$ 将在下小节证明. 由此可知,透射光的强度与两偏振片的偏振化方向之间的夹角 α 有关,如果以入射光线为轴不断旋转偏振片 B,则透射光将经历由明变暗,再由暗变明的过程,但如果直接射向 B 的是自然光,就不会出现此现象,因此 B 可用作检偏器.

18.2.2 马吕斯定律

马吕斯(E. L. Malus)指出,强度为 I_A 的线偏振光,透过检偏器 B 后,透射光的强度(不考虑吸收)为

$$I_B = I_A \cos^2\alpha \tag{18.1}$$

式中的 α 是线偏振光的光振动方向与检偏器的偏振化方向之间的夹角,上式称为**马吕斯定律**. 该定律的证明如下:

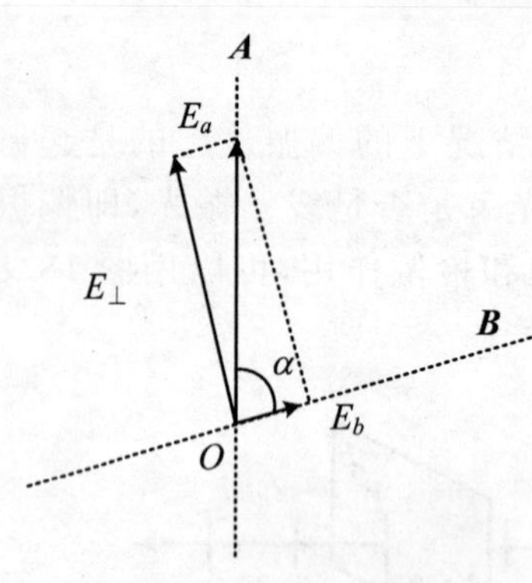

图 18.9 马吕斯定律的证明

如图 18.9 所示,设入射到检偏器 B 表面的光的振幅为 E_a,方向沿起偏器的偏振化方向 OA. 将 E_a 分解为两个相互垂直的分量 E_b 和 $E_\perp$,其中 E_b 沿检偏器偏振化方向 OB,$E_\perp$ 与此方向垂直. 由于 $E_\perp$ 被检偏器 B 吸收,仅 E_b 能通过检偏器 B,因此透过检偏器 B 的光振动的振幅为

$$E_b = E_a \cos\alpha$$

光强为

$$I_B = kE_b^2 = kE_a^2\cos^2\alpha = I_A\cos^2\alpha$$

其中 $I_A = kE_a^2$ 是入射光的强度,k 是比例系数.

由马吕斯定律可知,当 $\alpha=0$ 时,$I_B=I_A$;当 $\alpha=\frac{1}{2}\pi$ 时,$I_B=0$;当 $\alpha=\frac{1}{3}\pi$ 时,$I_B=\frac{1}{4}I_A$.

例 18.1 在起偏器 M 和检偏器 N 中间平行地插入另一偏振片 C,M 和 N 的偏振化方向相互垂直,C 的偏振化方向与 M,N 的偏振化方向均不相同. 今以强度为 I_0 的单色自然光垂直入射于 M. (1) 求透过 N 后的透射光强度;(2) 若偏振片 C 以入射光线为轴转动一周,试定性地画出透射光强随转角变化的关系曲线.

解 由于入射的自然光的强度为 I_0,因此通过起偏器 M 后的光强为 $\frac{1}{2}I_0$,根据马吕斯定律,通过 C 后的光强为 $I_C=\frac{1}{2}I_0\cos^2\alpha$,通过 N 后的光强为

$$I = I_C\cos^2(90°-\alpha) = \frac{1}{2}I_0\cos^2\alpha\cos^2(90°-\alpha) = \frac{1}{8}I_0\sin^2 2\alpha$$

其曲线图如图 18.10 所示.

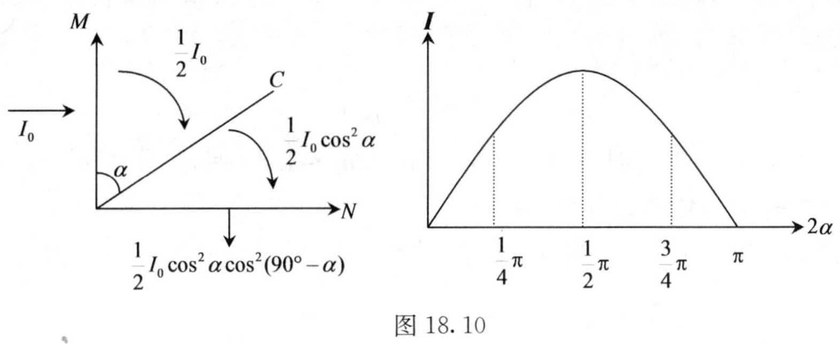

图 18.10

18.3 反射时光的偏振

自然光在两种介质的分界面上进行反射和折射时，反射光和折射光都将成为部分偏振光，在特殊的入射角下，反射光可能成为线偏振光，这些结论均可由电磁波在介质分界面上的反射、折射理论导出. 限于本课程的性质，我们只对有关的概念作一扼要的介绍.

如图 18.11a 所示，自然光（分解为两个相互垂直的振动）从空气中入射到玻璃表面后，发生反射、折射，在反射光中垂直于入射面的振动较强，而在折射光中，平行于入射面的振动较强，即反射光与折射光都是部分偏振光.

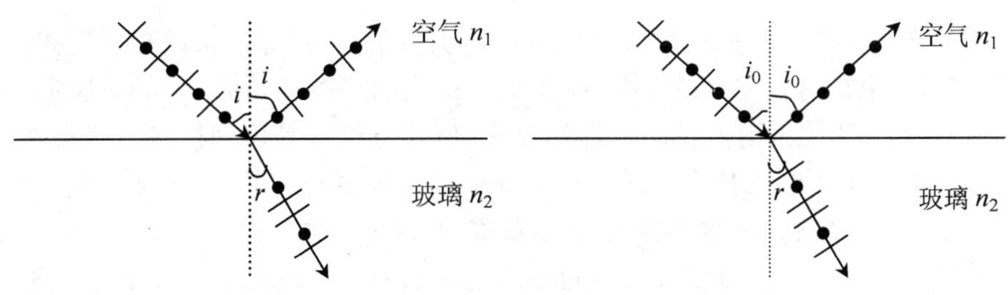

a 反射光是部分偏振光　　b 反射光是线偏振光

图 18.11　反射和折射时光的偏振

早在 1812 年，布儒斯特（Brewster）就从实验中发现，反射光的偏振化程度与入射角 i 有关，当入射角 i 满足条件 $i=i_0$，而 $\tan i_0=\frac{n_2}{n_1}$ 时，反射光成为线偏

振光,且振动面与入射面垂直,如图 18.8b 所示. i_0 称为**布儒斯特角**,其计算式即

$$i_0 = \arctan\left(\frac{n_2}{n_1}\right) \tag{18.2}$$

例如, $n_1=1.0$, $n_2=1.5$ 时, $i_0=56°$; $n_1=1.5$, $n_2=1.46$ 时, $i_0=43°6'$. 注意到,当 $i=i_0$ 时,折射光依然是部分偏振光.

推论 1 当 $i=i_0$ 时,反射光线与折射光线垂直, $i_0+r=90°$.

证明 由折射定律有 $n_1\sin i_0=n_2\sin r$,或者 $\sin i_0=\frac{n_2}{n_1}\sin r$,将 $\tan i_0=\frac{n_2}{n_1}$ 代入上式得 $\sin i_0=\tan i_0\sin r$,即 $\cos i_0=\sin r$. 由此得到 $i_0=90°-r$,或者 $i_0+r=90°$.

推论 2 如果有多块玻璃板叠放构成平行玻璃堆,则当入射光以布儒斯特角 i_0 入射到平行玻璃板堆的第一个表面时,透射光在其他任一块玻璃表面上的入射角都是布儒斯特角(此结论请读者自行证明). 因此,当入射角为 i_0 时,自然光经平行玻璃堆片后,反射光为偏振光且强度远大于单块玻璃时的强度. 所以玻璃堆片也可以作为起偏器.

18.4 光的双折射

18.4.1 光的双折射现象

一束光线在两种各向同性介质的分界面上折射时,遵守通常的折射定律,这时,只有一束折射光在入射面内传播,方向由折射定律 $n_1\sin i=n_2\sin r$ 决定.

但是,当一束光线射入各向异性的介质(例如方解石晶体)时,将产生特殊的折射现象. 1669 年,巴托里奴斯(Bartholinus)发现:通过方解石(或冰洲石,即碳酸钙 $CaCO_3$)观察物体时,物体的像是双重的. 这一现象是由于光线进入方解石晶体后,分裂成为两束光线,沿不同方向折射而引起的. 因此,这样的现象称为**双折射现象**. 除立方系晶体(例如岩盐)外,光线进入晶体时,一般都将产生双折射现象. 图 18.12 表示光线在方解石晶体内的双折射. 如果入射光束足够细,同时晶体足够厚,则透射出来的两束光线可以完全分开.

实验研究结果表明:当改变入射角 i 时,两束光线之一恒遵守通常的折射定律,这束光线称为寻常(ordinary)光线,通常用 o 表示并简称 o 光. 另一束光线

不遵守通常的折射定律，它还不一定在入射面内，而且入射角 i 改变时，$\frac{\sin i}{\sin r}$的量值也不是一个常数，这束光线通常称为非寻常(extraordinary)光线，通常用 e 表示并简称 e 光(图 18.13). 甚至在入射角 $i=0$ 时，寻常光线沿原方向前进，而非寻常光线一般不沿原方向前进，如图 18.13b 所示；这时，如果使方解石晶体以入射光线为轴旋转，将发现 o 光不动，而 e 光却随之绕轴旋转.

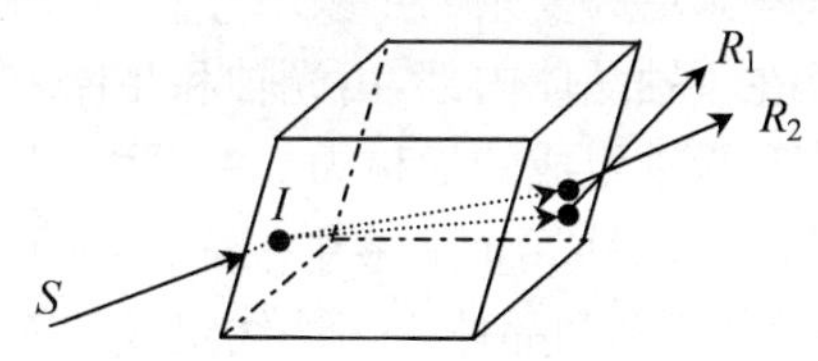

图 18.12　方解石晶体内的双折射

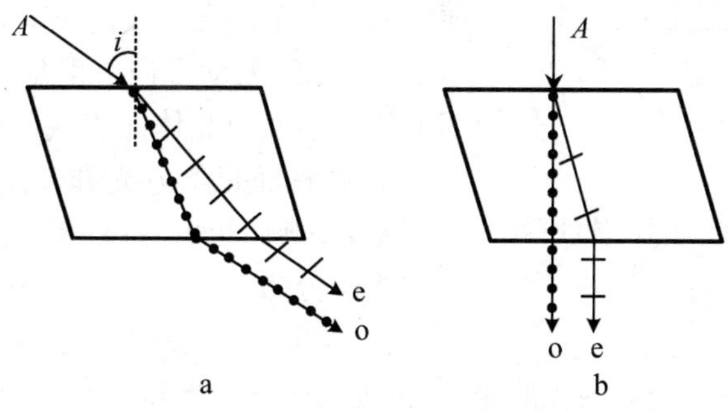

图 18.13　寻常光和非寻常光

从本质上说，双折射现象是光与物质相互作用的结果. 应用光的电磁理论可以对光在晶体中的双折射现象做出严格的理论解释，但理论计算比较复杂，超出了本课程的范围. 应当指出，早在光的电磁理论诞生之前，惠更斯就对晶体的双折射现象做出了一种与电磁理论结果和实验结果相符的唯象理论解释. 本课程也不详细陈述惠更斯的这一理论，只是对其要点和有关实验研究结果作一扼要介绍.

按照惠更斯理论，产生双折射现象的原因是由于寻常光线和非寻常光线在晶体中具有不同的传播速度，寻常光线在晶体中各方向上的传播速度相同，而非寻常光线在晶体中的传播速度却随着方向而改变. 实验上已发现，在晶体内部有一个特殊的方向，沿这一方向，寻常光线和非寻常光线的传播速度相等，这一方向称为晶体的光轴(光轴只是表示晶体内的一个特殊方向，因此在晶体内任何一条与此特殊方向平行的直线都是光轴，如图 18.14).

只有一个光轴方向的晶体，称为单轴晶体(例如方解石、石英等). 有些晶体具有两个光轴方向，称为双轴晶体(例如云母、硫磺等). 光通过双轴晶体时，可以观察到更为复杂的现象.

在单轴晶体内部,由光轴和晶体表面法线组成的面称为晶体的**主截面**.由o光线和光轴组成的面称为o**主平面**;由e光线和光轴组成的面称为e**主平面**.一般情况下,o主平面和e主平面是不重合的.但是,实验和理论都指出,若入射面(入射光线和和晶体表面法线组成的面)与晶体的主截面重合,则o光和e光都在这个平面内,即o主平面、e主平面和主截面三者重合.

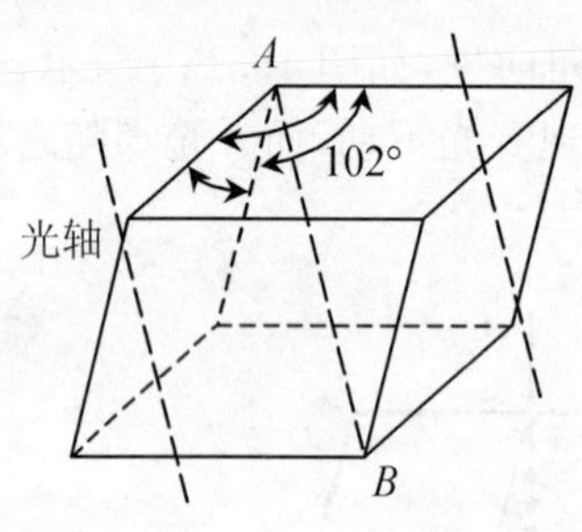

图18.14 方解石晶体(冰洲石)的光轴

如果用检偏器来检验晶体双折射产生的o光和e光的偏振性,就会发现o光和e光都是线偏振光,并且o光的振动方向与o主平面垂直、e光的振动方向在e主平面内.由于o主平面和e主平面在一般情况下并不重合,所以o光和e光的振动方向一般地也不相互垂直,只有当入射面与晶体的主截面重合时,o主平面与e主平面重合,o光和e光的振动方向才相互垂直.顺便指出,只有在晶体内部,才有必要将光线分为o光和e光,它们具有不同的传播特性,o光和e光一旦从晶体透射出进入各向同性介质就成为普通的线偏振光,再也无所谓o光和e光了.

18.4.2 尼科耳棱镜

尼科耳棱镜是利用双折射现象制成的用以获得线偏振光的仪器.利用双折射现象可以将一束自然光分成寻常光和非寻常光,如果再利用全反射原理把寻常光反射到棱镜侧壁上,只让非寻常光通过棱镜,那么就能获得一束振动方向固定的线偏振光.

如图18.15a所示,取适当长度的方解石晶体,将其两端的天然晶面加以适当研磨,然后把晶体沿AN面剖开,成为两块棱镜;再用加拿大树胶将剖面粘合构成一长方柱型棱镜,就成为尼科耳棱镜(简称尼科耳).

如图18.15b,在尼科耳棱镜中,光轴与端面AC(或MN)成48°角.使用时,光线沿棱镜的长度方向由端面AC射入,进入晶体后,在$AMNC$面内传播,因此图中所示的主截面$AMNC$就是寻常光和非寻常光的共同主平面.

自然光射入第一块棱镜的端面后,分成寻常光线o和非寻常光线e.寻常光线o约以76°的入射角射向加拿大树胶层.加拿大树胶的折射率$n_{加}=1.550$,比方解石晶体对寻常光线的折射率$n_o=1.658$小.入射角$i=76°$已超过临界角(约为69°15′),寻常光线将受到全反射而不能穿过树胶层.全反射的光线为棱镜涂

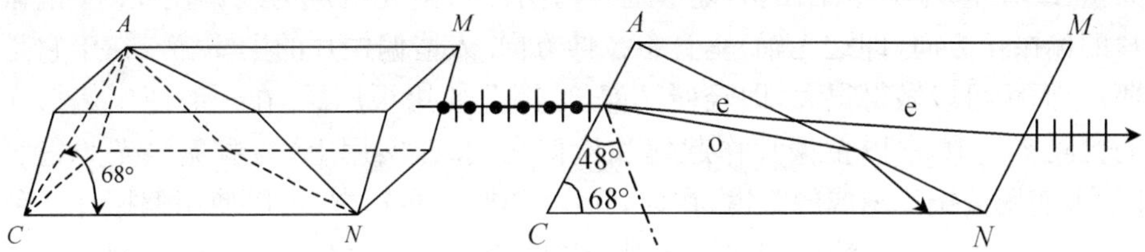

图 18.15a　尼科耳棱镜　　　　图 18.15b　尼科耳棱镜的主截面

黑的侧面所吸收. 至于非寻常光，在这一方向上不发生全反射，能穿过第二块棱镜而射出. 出射的线偏振光的振动方向在尼科耳棱镜的主截面内.

18.4.3　二向色性与偏振片

单轴晶体对寻常光线和非寻常光线的吸收性能一般是相同的. 但是，也有一些晶体，例如电气石晶体，吸收寻常光线的性能显得特别强，在 1 mm 厚的电气石晶体内，寻常光线几乎全部被吸收，如图 18.16 所示.

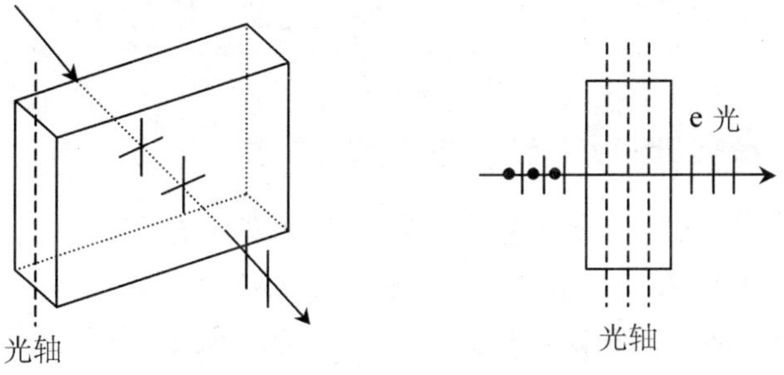

图 18.16　电气石的二向色性

晶体对相互垂直的两个分振动具有选择吸收的这种性质称为二向色性. 电气石的二向色性可以用来产生线偏振光.

除电气石外，有些有机化合物的晶体，如碘化硫酸奎宁也有二向色性.

目前广泛使用的获得偏振光的器件，是人造偏振片，叫做 H 偏振片，它就是利用二向色性来获得偏振光的. 其制作方法是，把聚乙烯醇膜在碘溶液中浸泡后，在较高的温度下拉伸 3～4 倍，再烘干制成. 浸泡过的聚乙烯醇膜经过拉伸后，碘-聚乙烯醇分子沿着拉伸方向规则地排列，形成一条条导电的长链. 碘中具有导电能力的电子沿着长链方向运动，入射光波中沿着长链方向的电场矢量(或电矢量分量)推动电子运动而作功，因而被强烈地吸收；而垂直链方向的电矢量(或分量)不对电子作功,能够通过.这样,透射光就成为线偏振光.H偏振片的偏振化方向(即透光轴)垂直于拉伸方向.人造偏振片的主要优点在于它是薄片,面积可以做得很大,即轻便又廉价,因此使用很广泛.在一般使用偏振光的检测实验中,常以偏振片作起偏和检偏之用.在实用上,为避免强光照耀刺眼,可使用偏振片制成的眼镜.在陈列展品的橱窗布置中,可以使用偏振片避免一些不必要的光线,或使用偏振光观察某些物品以显示在普通光线下观察不到的效果.

18.5 偏振光的干涉

目前在矿物学、冶金学和生物学方面比较广泛使用的偏振光显微镜,其基本原理就是偏振光的干涉.又如光测弹性方法,属于人为双折射现象的应用,也涉及偏振光的干涉.所以本节讨论偏振光的干涉.考虑到在一些实际问题中,除线偏振光外,也需熟悉椭圆偏振光、圆偏振光的性质,我们将顺便给以简单的说明.

18.5.1 偏振光的干涉

我们先用图18.17a所示的装置说明实现偏振光干涉的方法.图中M和N通常是做起偏振器和检偏器的两个偏振片(或两个尼科耳棱镜),当这两个偏振片互相正交时(即它们的偏振化方向相互垂直),就不会有光线透过检偏振器.在M和N两者之间插一块双折射晶片C(光轴与晶片表面平行),这样,由起偏振器M透出的线偏振光1垂直入射于C的表面,由于线偏振光1的振动方向与光轴之间有一定的夹角,在晶片中它将分成振动面互相垂直的寻常光和非常光.注意,这两光束在晶片中虽沿同一方向传播,但具有不同的速度.因此,透过晶片之后,这两光束之间具有一定的位相差.设n_o和n_e为该晶片对这两光束的折射率,并以d表示晶片的厚度、λ表示入射单色光的波长,那么该位相差为

$$\Delta\phi' = \frac{2\pi}{\lambda} d\,(n_o - n_e) \tag{18.3}$$

如上所述,经晶片C后射往检偏器N的入射光2中,包含从同一光束分出来的两束光振动,它们是相互垂直且有恒定位相差$\Delta\phi'$的两束线偏振光.于是,这两束光线再经检偏器N后,将得到振动方向与N的偏振化方向相平行的两束透射光(注意,这两束透射光的光振动方向相反,如图18.17b),它们显然是满

足相干条件的，亦即在屏幕 E 处可看到两者干涉的结果. 由于两束透射光的光振动方向相反，所以除与晶片厚度有关的位相差 $\frac{2\pi d}{\lambda}(n_o-n_e)$ 外，还有一附加的位相差 π. 因此总位相差为

$$\Delta\phi=\frac{2\pi d}{\lambda}(n_o-n_e)+\pi$$

相应地，干涉的明暗条件如下：

当 $\Delta\phi=2k\pi$ 或 $(n_o-n_e)d=(2k-1)\frac{\lambda}{2}$ 时，干涉最强，视场最明亮；

当 $\Delta\phi=(2k+1)\pi$ 或 $(n_o-n_e)d=k\lambda$ 时，干涉最弱，视场最暗

其中 $k=1,2,3,\cdots$.

如果所用的是白光光源，对各种波长的光来讲，干涉最强和干涉最弱的条件也各不相同. 当两正交偏振片之间的晶片厚度为一定时，视场将出现一定的色彩，这种现象称为色偏振.

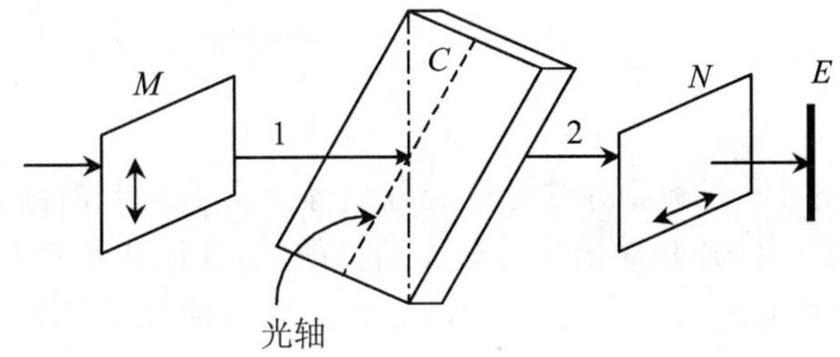

图 18.17a　线偏振光的干涉

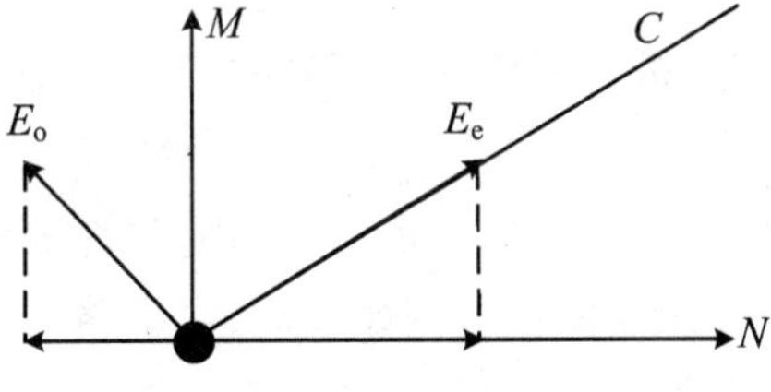

图 18.17b　两束光振动

18.5.2　椭圆偏振光和圆偏振光

参看图 18.17，前面已说明，光线 2 中包含从同一束单色线偏振光 1 分出来的两束线偏振光，这两束光的振动相互垂直而且有恒定位相差 $\Delta\phi'$. 与两个互相垂直的同频率的简谐振动的合成一样（参看本书上册），这合成光束 2 的光矢量

的端点，在与该光束传播方向相垂直的平面上一般将描出椭圆轨迹，因此这合成光束2称为椭圆偏振光.在特殊情况下，还可成为圆偏振光.下面给出得到椭圆偏振光和圆偏振光的条件.

按式(18.3)，如果选择晶片的厚度使 $\Delta\phi'=k\pi$，其中 k 为整数，那么透过晶片后的光束2仍为线偏振光.如果 $\Delta\phi'\neq k\pi$，这两光束透过晶片后互相叠加形成的光束2是椭圆偏振光.如果要形成圆偏振光，那么这两光束的振幅必须相等，位相差 $\Delta\phi'$ 必须为 $\frac{\pi}{2}$.根据式(18.3)，为了使 $\Delta\phi'=\frac{\pi}{2}$，晶片的最小厚度应满足下式

$$\Delta\phi'=\frac{2\pi}{\lambda}d(n_o-n_e)=\frac{\pi}{2}$$

将式中的光程差 $d(n_o-n_e)$ 记作 δ，由此得出

$$\delta=d(n_o-n_e)=\frac{\lambda}{4}$$

或

$$d=\frac{\lambda}{4(n_o-n_e)} \tag{18.4}$$

这样的晶片可使寻常光和非寻常光的光程差等于 $\lambda/4$，因此简称为四分之一波片.注意，四分之一波片是对给定波长 λ 而言的，对其他波长并不合适.除四分之一波片外，有时也用到二分之一波片，这种波片可使寻常光与非常光的光程差为 $\lambda/2$，与之相应的位相差为 π.

18.5.3 人为双折射现象

下面简述两种人为双折射现象中偏振光的干涉及其应用.

1. 光弹性效应

由机械变形而产生的人为双折射现象称为光弹性效应.晶体的双折射与晶体的各向异性密切有关.非晶体物质例如玻璃、赛璐珞等，在机械力的作用下发生变形时，使非晶体失去各向同性的特征而具有各向异性的性质，也能呈现双折射现象，可按图18.18所示的装置来观测.图中 E 是非晶体，放在两正交偏振片之间.当受 E 到沿 OO' 方向的单向机械力的压缩或拉长时，E 的光学性质就和以 OO' 为光轴的单轴晶体相仿.这时，垂直入射的线偏振光在 E 内分解为寻常光线和非常光线.两光线的传播方向一致，但速度不等，即折射率不等.实验证明，n_o 与 n_e 之间的关系为

$$n_o-n_e=kp \tag{18.5}$$

其中 k 是比例系数，取决于非晶体的性质，p 是压强. 不仅如此，这两条光线穿过偏振片 N 之后，将进行干涉，出现干涉的色彩和条纹. 在工业上可以制造各种零件的透明模型，然后在外力作用下观测和分析这些干涉的色彩和条纹的形状，从而判断模型内部受力的情况. 这称为光弹性方法.

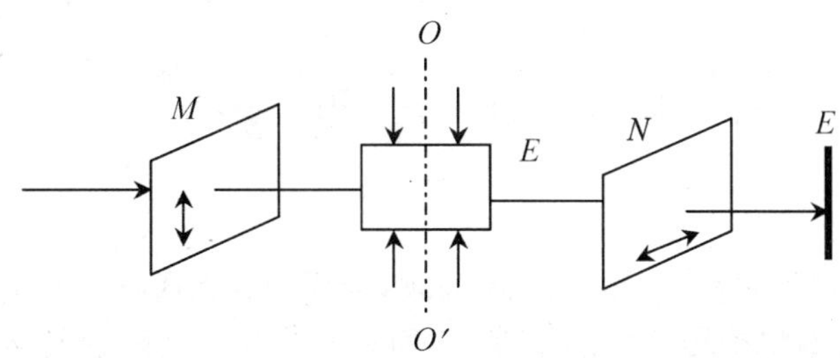

图 18.18　由机械变形而产生的人为双折射现象

2. 克尔效应

这种人为的双折射现象是非晶体或液体在很大电场的作用下产生的. 电场使分子作定向排列，因此获得各向异性的特征. 这一现象是克尔(J. Kerr)发现的，称为克尔现象. 图 18.19 中，B 是贮有非晶体或液体(例如硝基苯)的容器，放在两正交偏振片之间，C 与 C' 是电容器的两极板. 电源未接通时，视场是暗的. 接通电源后，视场由暗转明，这说明在电场作用下，非晶体变成双折射体. 实验证明，电场 E 的方向相当于光轴，单色光(波长 λ)的 n_o 与 n_e 之间的关系是

$$n_o - n_e = kE^2\lambda \tag{18.6}$$

式中的 k 是克尔常数，视液体的种类而定. 利用上述装置可以制成光的断续器. 这种断续器的优点在于几乎没有惯性，即效应的消失与建立需时极短(约 10^{-9} s)，因而可使光强的变化非常迅速. 这种断续器现已广泛用于有声电影、电视等装置中.

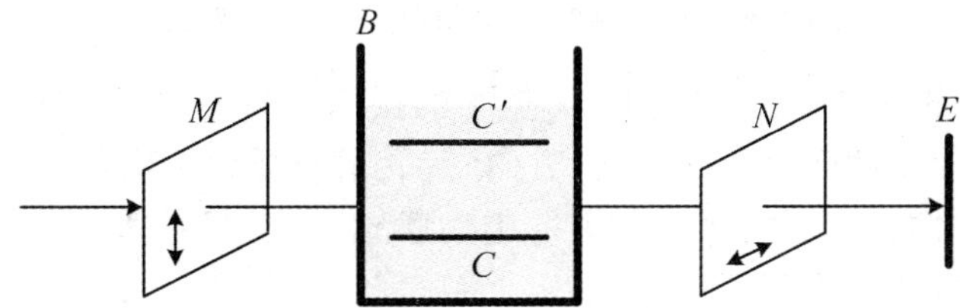

图 18.19　由电场作用而产生的人为双折射现象

除克尔效应外，还发现有些晶体，特别是压电晶体，在加了电场之后也能改

变其各向异性性质. 这种电光效应的主要特点是线性的，即晶体折射率的变化与所加电场的场强成线性关系. 这是普克尔斯(Pockels)首先发现的，称为普克尔斯效应. 如磷酸二氢铵($NH_4H_2PO_4$，简称ADP)、磷酸二氢钾(KH_2PO_4，简称KDP)等都有这类效应.

18.6 旋光现象

1811年，阿喇果(D. F. J. Arago)发现，当线偏振光通过某些透明物体时，线偏振光的振动面将旋转一定的角度. 这种现象称为振动面的旋转，也称旋光现象，能使振动面旋转的物质称为旋光性物质. 石英等晶体以及糖、酒石酸等溶液都是旋光性较强的物质. 实验表明，振动面旋转的角度取决于旋光性物质的性质、厚度或浓度以及入射光的波长等.

物质的旋光性，可用图18.20所示的装置来研究. 图中F是滤光器，可用以获得单色光. C是旋光物体，例如晶面与光轴垂直的石英片，当旋光物体放在两正交偏振片M与N之间时，将会看到视场由原来的黑暗变为明亮. 将偏振片N旋转某一角度后，视场又将由明亮变为黑暗. 这说明线偏振光透过旋光物体后仍然是线偏振光，但是振动面旋转了一个角度，这旋转角度等于偏振片N旋转的角度. 实验结果指出：

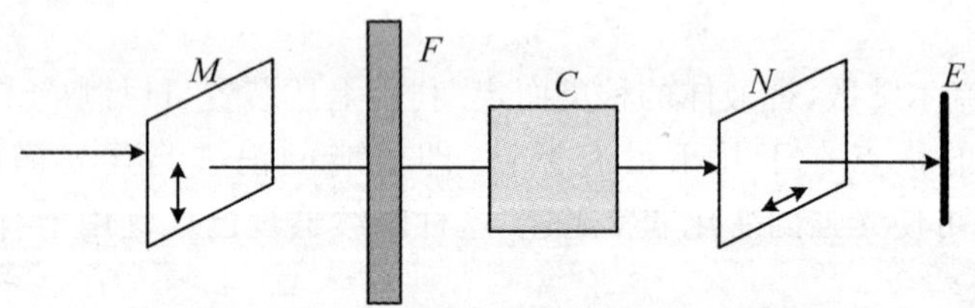

图18.20　观测偏振光振动面的旋转的实验简图

(1) 不同的旋光物质可以使线偏振光的振动面向不同的方向旋转. 如果面对光源观测，使振动面向右(顺时针方向)旋转的物质称为右旋物质；使振动面向左(逆时针方向)旋转的物质称为左旋物质. 对于石英晶体，由于结晶形态的不同，具有右旋和左旋两种类型.

(2) 振动面的旋转角与波长有关，而在给定波长的情况下，与旋光物质的厚度d有关. 旋转角ϕ的大小可用下式表示

$$\phi = ad \tag{18.7}$$

式中 d 用 mm 计，a 称为旋光恒量，与物质的性质、入射光的波长等有关. 例如，1 mm 厚的石英片所能产生的旋转角对红光、黄色钠光、紫光分别为 15°，21.7°，51°.

(3) 偏振光通过糖溶液、松节油时，振动面的旋转角可用下式表示

$$\phi = acd \tag{18.8}$$

式中 a 和 d 的意义同上，c 是旋光物质的浓度. 在制糖工业中，测定糖溶液浓度 c 的糖量计，就是根据糖溶液的旋光性而设计的一种仪器.

习　　题

一、问答题

18.1　简要回答下列问题：

(1) 自然光与线偏振光、部分偏振光有何区别？

(2) 用哪些方法可以获得线偏振光？用哪些方法可以检验线偏振光？

(3) 何为光轴、主截面和主平面？用方解石晶体解释之.

(4) 何为寻常光线和非寻常光线？它们的振动方向与各自的主平面有何关系？以方解石晶体为例，指出在怎样情形下寻常光的主平面和非寻常光的主平面都在主截面内？

(5) 有人认为只有自然光通过双折射晶体，才能获得 o 光和 e 光. 你的看法如何？为什么？

(6) 太阳光射在水面上，如何测定从水面上反射的光线的偏振程度？它的偏振程度与什么有关，在什么情况下偏振程度最大？

(7) 怎样测定不透明媒质的折射率？

二、选择题

18.2　一束非偏振光入射到一个由四个偏振片所构成的偏振片组上，每个偏振片的透射方向相对于前面一个偏振片沿顺时针方向转过了 30°角，则透过这组偏振片的光强与入射光强之比为(　　).

(A) 0.41∶1　　(B) 0.32∶1　　(C) 0.21∶1　　(D) 0.14∶1

18.3　在真空中行进的单色自然光以布儒斯特角 $i_B = 57°$ 入射到平玻璃板上. 下列哪一种叙述是不正确的？(　　)

(A) 入射角的正切等于玻璃的折射率

(B) 反射线和折射线的夹角为 $\pi/2$

(C) 折射光为部分偏振光

(D) 反射光为平面偏振光

(E) 反射光的电矢量的振动面平行于入射面

18.4　设自然光以入射角 57°投射于平板玻璃面后，反射光为平面偏振光，试问该平面偏振光的振动面和平板玻璃面的夹角等于多少度？(　　)

(A) 0°　　(B) 33°　　(C) 57°　　(D) 69°　　(E) 90°

二、计算题

18.5 水的折射率为1.33,玻璃的折射率为1.50.当光由水中射向玻璃而反射时,布儒斯特角是多少?当光由玻璃射向水面而反射时,布儒斯特角又是多少?

18.6 今测得釉质的起偏振角 $i_0=58°$,试求它的折射率为多少?

18.7 平行放置两偏振片,使它们的偏振化方向成60°的夹角.

(1) 如果两偏振片对光振动平行于其偏振化方向的光线均无吸收,则让自然光垂直入射后,其透射光的强度与入射光的强度之比是多少?

(2) 如果两偏振片对光振动平行于其偏振化方向的光线分别吸收了10%的能量,则透射光强与入射光强之比是多少?

(3) 今在这两偏振片再平行的插入另一偏振片,使它的偏振化方向与前两个偏振片均成30°角,则透射光强与入射光强之比又是多少?先按无吸收的情况计算,再按有吸收的情况计算.

18.8 在题图18.1所示的各种情况中,以线偏振光或自然光入射与界面时,问折射光和反射光各属于什么性质的光?并在图中所示的折射光线和反射光线上用点和短线把振动方向表示出来.图中 $i_0=\arctan n, i\neq i_0$.

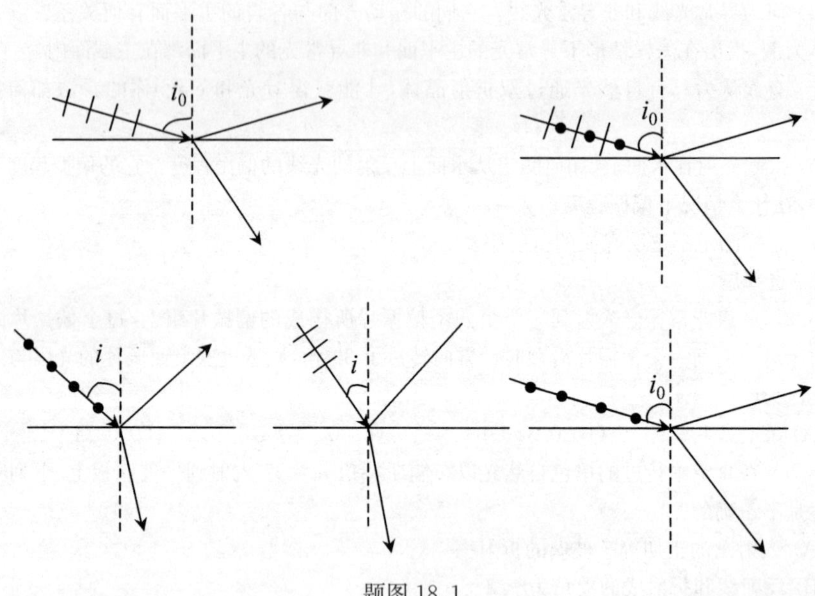

题图18.1

18.9 如题图18.2a所示,一束自然光入射在方解石晶体的表面上,入射光线与光轴成一定角度.问将有几条光线从方解石透射出来?如果把方解石割成等厚的 A, B 两块,并平行地移开很短一段距离,如题图18.2b所示,此时光线通过这两块方解石后有多少条光线射出来?如果把 B 块绕光线转过一个角度,此时将有几条光线从 B 块射出来?为什么?

18.10 两尼科耳棱镜的主截面间的夹角由30°转到45°,

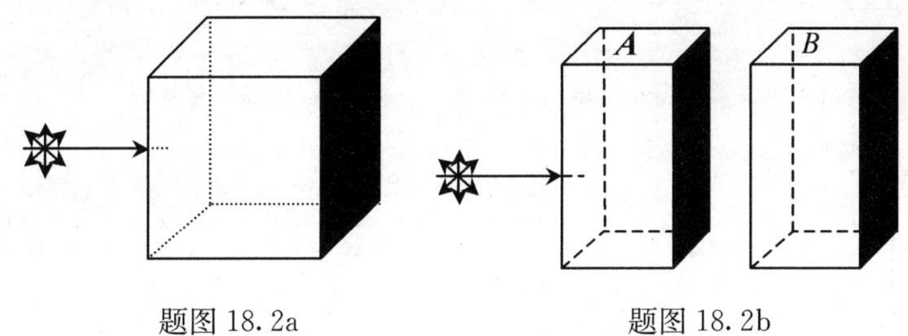

题图 18.2a　　题图 18.2b

(1) 当入射光是自然光时,求转动前后透射光的强度之比;

(2) 当入射光是线偏振光时,求转动前后透射光的强度之比.

18.11　参看偏振光干涉的实验装置图 18.17a,在两正交的偏振片 M,N 之间插入一双折射晶体 C,试问在下述两种情况下,能否观察到干涉图样?

(1) 晶片的光轴方向与第一个偏振片的偏振化方向平行;

(2) 晶片的光轴方向与第一个偏振片的偏振化方向垂直.

四、小论文写作练习

18.12　透过尼科耳棱镜的光强.

6 第6篇 量子物理学

Di liu pian

- 量子理论的实验基础
- 量子力学入门

量子物理学的诞生是20世纪最伟大的科学革命之一，它打开了人类认识微观世界的大门，对人类社会的科学、哲学、技术和经济产生了巨大的影响.没有量子物理学就不可能有量子光学、量子化学和量子生物学，也不可能有今天的材料科学、空间科学和信息科学；没有量子物理学人类就不可能对物质的本质和存在形式有一个正确的认识，也不可能对宏观现象有深刻的理解；没有量子物理学就不可能有半导体、集成电路、激光器等，也不可能有电视机、手机、计算机和互联网；没有量子物理学，人类就不可能进入今天的知识经济时代.本篇主要介绍量子理论的实验基础和非相对论量子力学的入门知识，这些知识对于我们了解微观世界中粒子运动的规律，深入认识客观世界的本质，进一步学习相关的后续课程都是必要的.量子物理学的内容是几代物理学家进行长期创造性研究的成果，几乎处处都闪耀着创新精神的光芒.在本篇的讲述中，我们将尽可能地再现历史上的创造过程，从而培养读者的创造性思维能力.读者在学习量子力学时要注意在概念建立、定理提出的过程中所用的类比、推广、猜想及模型化等创新思维方法.

第 19 章　量子理论的实验基础

19.1　黑体辐射与能量子

19.1.1　热辐射

加热一个铁块时，起初只能感觉到它在发热，当温度上升到 500 ℃以上，它就变成红色，随着温度继续上升，颜色由红变成橙色，再变成白色. 根据波动光学知识，我们可以说所发出电磁波的波长在不断地变短，或者说频率在不断地增高. 其他物体在加热时也会发光，所发出的光的颜色同样随着温度类似地变化. 进一步的实验表明，物体在加热时所发出的并不是单一频率的电磁波，而是包含各种频率的电磁波的一个连续谱. 在温度较低的时候物体也不是不发射电磁波，只不过所发出的电磁波在可见光波段内的强度过低，不足以引起人的视觉.

任何物体在任何温度下都会发射各种频率（或波长）的电磁波，不同温度下所发出的电磁波的强度按频率（或波长）的分布也不同，这种强度分布随温度变化的电磁辐射称为热辐射（thermal radiation）. 热辐射是由于物质中的分子、原子等受到热激发而产生的.

为了定量描述物体热辐射的能力，我们把一定温度 T 下，单位时间内从物体表面单位面积上在所有频率（或波长）范围内所辐射的电磁波能量总和称为辐出度，记为 $M(T)$；还可以进一步把单位时间内从物体表面单位面积上在频率 ν 附近的单位频率范围内所辐射的电磁波能量称为单色辐出度，记为 $M(\nu,T)$，来更细致地描述热辐射现象. 显然，辐出度与单色辐出度之间有如下关系

$$M(T)=\int_0^\infty M(\nu,T)\mathrm{d}\nu \tag{19.1}$$

物体不仅能够发射电磁波，而且也可以吸收和反射电磁波．实验表明，同一温度下，物体吸收电磁波的能力与其发射能力成正比．物体在某个频率范围内发射电磁波的能力越大，则它吸收该频率范围内电磁波的能力也越大．不同物体在同一频率范围内发射或吸收电磁波的能力不同，一般来说深色物体比浅色物体吸收和发射电磁波的能力强，颜色越深，吸收和发射电磁波的能力越强．我们把能够全部吸收外来一切电磁辐射的物体称为绝对黑体，简称黑体(black body)．黑体只是一种理想的模型，炭黑能够很好地吸收外来的电磁波，可以近似地看成黑体．一个开小孔的不透光空腔几乎可以全部吸收外来的电磁波，可作为黑体来进行观测和实验，如图 19.1．黑体发射出来的电磁辐射称为黑体辐射，黑体的辐出度记为 $M_B(T)$，对应的单色辐出度记为 $M_B(\nu,T)$．

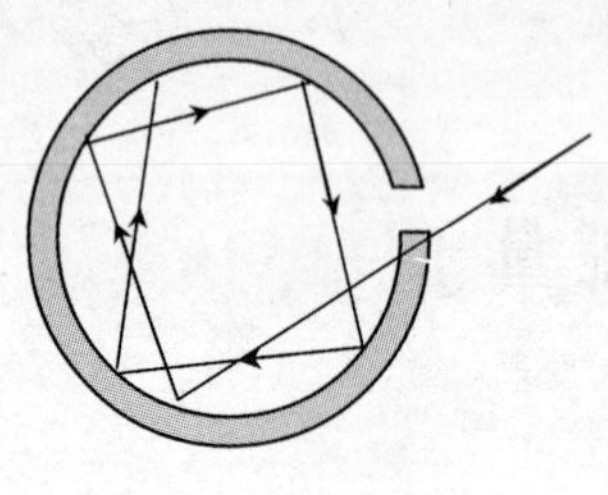

图 19.1 空腔辐射

19.1.2 黑体辐射的实验定律

根据实验，在不同温度下黑体辐射能量按频率的分布曲线如图 19.2 所示．由内到外的 4 条曲线对应的温度分别是 900 K，1 200 K，1 500 K 和 1 800 K．通过对实验数据进行分析，可以得到下面两个经验公式．

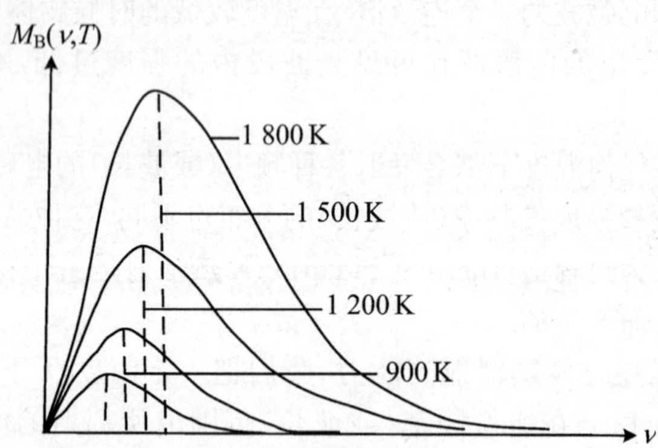

图 19.2 黑体辐射能量按频率的分布

1．斯特藩-玻耳兹曼定律(Stefan-Boltzmann law)

黑体的辐出度 $M_B(T)$(即图 19.2 中曲线与横坐标轴所围的面积)与黑体的热力学温度 T 的四次方成正比，即

$$M_B(T)=\sigma T^4 \tag{19.2}$$

其中比例系数 $\sigma=5.670\times10^{-8}\ \mathrm{W\cdot m^{-2}\cdot K^{-4}}$，称为斯特藩常量(Stefan constant).

2. 维恩位移定律(Wien displacement law)

当黑体的热力学温度 T 升高时，与单色辐出度 $M_{\mathrm{B}}(\nu,T)$ 的最大值相对应的频率 ν_{m} 以同样的比例向高频方向移动，即 $\nu_{\mathrm{m}}\propto T$. 这个规律也可以用波长形式表示为

$$\lambda_{\mathrm{m}}=\frac{b}{T} \tag{19.3}$$

其中 λ_{m} 为辐射最强的波长位置，即在该频率处单位波长范围内所辐射的电磁波能量最大，比例系数 $b=2.898\times10^{-3}\ \mathrm{m^{-1}\cdot K}$，称为维恩常量(Wien constant).

例 19.1　温度为室温(27 ℃)的黑体，其辐出度是多少？

解　由斯特藩-玻耳兹曼定律

$$M_{\mathrm{B}}(T)=\sigma T^4$$

立刻得到辐出度为

$$M_{\mathrm{B}}(T)=\sigma T^4=5.67\times10^{-8}\times300^4\ \mathrm{W\cdot m^{-2}}=4.59\ \mathrm{W\cdot m^{-2}}$$

例 19.2　实验测得太阳辐射最强处的波长为 4.65×10^{-7} m，假定太阳可以近似看成黑体，试估算太阳表面的温度.

解　根据维恩位移定律，$\lambda_{\mathrm{m}}T=b$，由 $\lambda_{\mathrm{m}}=4.65\times10^{-7}$ m，可得太阳表面的温度大约为

$$T=\frac{b}{\lambda_{\mathrm{m}}}=\frac{2.898\times10^{-3}}{4.65\times10^{-7}}\ \mathrm{K}=6.232\times10^{3}\ \mathrm{K}$$

19.1.3　黑体辐射的经典解释及其困难

为了从理论上说明上述实验结果，物理学家们进行了不懈的努力. 按热力学，在热平衡的条件下，小孔的单色辐出度 $M_{\mathrm{B}}(\nu,T)$ 应该与空腔内的能量密度(单位体积内的电磁辐射能) $u(\nu,T)$ 成正比. 基于这一思想，人们通过理论研究，得到了下述黑体辐射理论公式.

1. 黑体辐射的维恩公式

1896 年，德国物理学家维恩(Wien，1864～1928)根据一些特殊的假设提出了一个黑体辐射能量密度按频率分布的半理论半经验公式

$$u(\nu,T)=A\nu^3\mathrm{e}^{-B\nu/T} \tag{19.4}$$

上式称为维恩公式(Wien formula)，式中的常量 A 和 B 由实验确定.

2. 黑体辐射的瑞利-金斯公式

1900 年 6 月，英国物理学家瑞利（Rayleigh，1842～1912）发表论文批评维恩在推导辐射公式时引入的假设不可靠. 他利用电磁波振动模型导出了一个新的辐射公式，后经金斯（Jeans，l877～1946）改进，合称瑞利-金斯公式（Rayleigh-Jeans formula）

$$u(\nu,T)=\frac{8\pi\nu^2}{c^3}kT \tag{19.5}$$

公式中 c 为光速，k 为玻尔兹曼常量，没有需要用实验确定的待定常量.

上述两个理论公式与实验数据的对比图如图 19.3 所示. 由图可知：理论依据不足的维恩公式在高频（短波）部分与实验符合，但在低频（长波）部分与实验有较大的误差；与之相反，依据经典物理理论导出的瑞利-金斯公式在低频（长波）部分与实验符合得较好，但在高频（短波）部分与实验明显不相符，特别是当频率趋于无穷大时，辐出度也趋于无穷大，这在物理上是完全不能接受的.

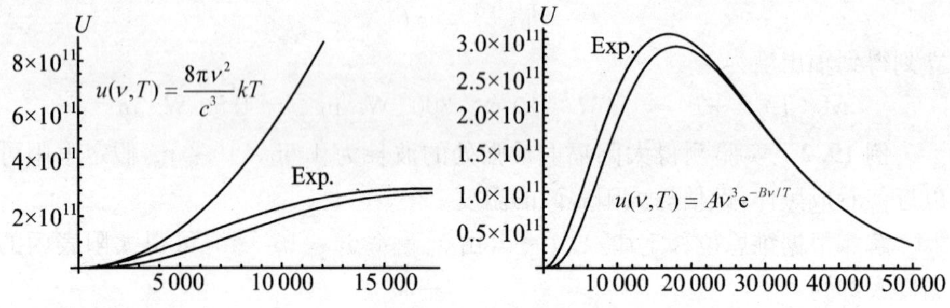

图 19.3 两个理论公式与实验数据的对比

瑞利-金斯公式是严格按照经典电磁场理论和经典统计物理理论导出的，它在高频（短波）部分与实验的矛盾不可调和，给物理学界带来很大困惑，在当时被称为是“紫外灾难”，它动摇了经典物理的基础.

19.1.4 普朗克公式与能量子假设

在得知上述理论与实验的矛盾之后，德国物理学家普朗克（Max Planck，1858～1947）坚信实践第一的观点，认为理论仅仅在符合实际时才是正确的. 维恩公式仅在高频部分是正确的，而瑞利-金斯公式仅在低频部分才正确，一个在全频范围内都正确的公式应该以瑞利-金斯公式为低频极限，而以维恩辐射定律为高频极限，即

$$u(\nu,T)=\begin{cases}\dfrac{8\pi\nu^2}{c^3}kT & (\nu\to 0)\\ A\nu^3\,\mathrm{e}^{-B\nu/T} & (\nu\to\infty)\end{cases}$$

上式可以简化为

$$f=\frac{c^3u(\nu,T)}{8\pi\nu^2kT}=\begin{cases}1 & (\nu\to 0)\\ \dfrac{c^3}{8\pi kT}A\nu\,\mathrm{e}^{-B\nu/T} & (\nu\to\infty)\end{cases}$$

满足此条件的最简单的函数是

$$f=\frac{B\nu/T}{\mathrm{e}^{B\nu/T}-1}$$

这是因为，当 $\nu\to 0$ 时，

$$f=\frac{B\nu/T}{\mathrm{e}^{B\nu/T}-1}\to\frac{0}{0}$$

利用罗比达法则，有

$$\lim_{\nu\to 0}f=\lim_{\nu\to 0}\frac{B\nu/T}{\mathrm{e}^{B\nu/T}-1}=\lim_{\nu\to 0}\frac{\dfrac{B}{T}}{\dfrac{B}{T}\mathrm{e}^{B\nu/T}}=1$$

当 $\nu\to\infty$ 时，

$$f=\frac{B\nu/T}{\mathrm{e}^{B\nu/T}-1}\to\frac{B\nu/T}{\mathrm{e}^{B\nu/T}}=B\,\frac{\nu}{T}\mathrm{e}^{-B\nu/T}$$

只要取

$$B=\frac{c^3A}{8\pi k}$$

就得到

$$f=\frac{B\nu/T}{\mathrm{e}^{B\nu/T}-1}\to\frac{c^3}{8\pi k}A\,\mathrm{e}^{-B\nu/T}$$

利用上面的结果，我们推出

$$u(\nu,T)=\frac{8\pi\nu^2kT}{c^3}f=\frac{8\pi\nu^2kT}{c^3}\,\frac{B\nu/T}{\mathrm{e}^{B\nu/T}-1}=\frac{8\pi\nu^2}{c^3}\,\frac{Bk\nu}{\mathrm{e}^{B\nu/T}-1}$$

$$=\frac{8\pi\nu^2}{c^3}\,\frac{Bk\nu}{\mathrm{e}^{Bk\nu/(kT)}-1}=\frac{8\pi\nu^2}{c^3}\,\frac{h\nu}{\mathrm{e}^{h\nu/(kT)}-1}\tag{19.6}$$

上式称为普朗克公式(Planck formula)，式中 $h=Bk=6.626\times10^{-34}$ J·s 称为普朗克常数(Planck constant).

这样，普朗克就导出了一个新的辐射公式，这个公式虽然没有现成的理论依据，但是在高频时趋近维恩公式，在低频时则趋近瑞利公式，与实验完全一

致,而且在中频部分和实验曲线符合得也非常好.

为了解释上面的公式,普朗克经过了长时间的考虑,提出了与经典物理学概念截然不同的新假设——能量量子化.

把与电磁辐射相平衡的空腔腔壁中的电子看成是带电的简谐振子,它吸收或发射电磁辐射能量时,有一个基本单元.这个能量的基本单元与振子的频率成正比,即 $\Delta\varepsilon = h\nu$,称为能量子(quantum of energy).空腔壁上带电谐振子所吸收或发射的能量必须是能量子 $h\nu$ 的整数倍,即

$$E = n\Delta\varepsilon = nh\nu \quad (n = 1,2,3,\cdots) \tag{19.7}$$

换句话说,空腔腔壁与腔内电磁场交换的能量不是连续的,而是以不连续的量子方式进行的.

在上述假设的基础上,利用统计物理方法可以从理论上推出普朗克公式(19.6).

例 19.3 假设太阳表面可以看成温度大约为 $T=6\,000$ K 的黑体,计算在太阳对地球的辐射中,可见光范围内的能量占总能量的百分比.

解 太阳表面辐射中,可见光的频率范围是$[\nu_1,\nu_2]$,其中 $\nu_1=3.95\times10^{14}$ Hz,$\nu_2=7.50\times10^{14}$ Hz,利用普朗克公式(19.6),在可见光范围内的能量密度为

$$u_{可} = \int_{\nu_1}^{\nu_2} \frac{8\pi\nu^2}{c^3}\,\frac{h\nu}{e^{h\nu/(kT)}-1}\mathrm{d}\nu$$

太阳表面辐射的总能量密度为

$$u_{总} = \int_{0}^{\infty} \frac{8\pi\nu^2}{c^3}\,\frac{h\nu}{e^{h\nu/(kT)}-1}\mathrm{d}\nu$$

利用已知常数的数值和计算软件 Mathematica,不难算出两者之比为

$$\frac{u_{可}}{u_{总}} = \int_{\nu_1}^{\nu_2} \frac{\nu^3\mathrm{d}\nu}{e^{h\nu/(kT)}-1}\Bigg/\int_0^{\infty}\frac{\nu^3\mathrm{d}\nu}{e^{h\nu/(kT)}-1} = 0.431\,3$$

由此可见,太阳的辐射能中有近二分之一集中在可见光频段.

例 19.4 设有一音叉尖端的质量为 0.05 kg,将其频率调到 $\nu=480$ Hz,振幅 $A=1.0\times10^{-3}$ m.求尖端振动的量子数.

解 振动能量为

$$E = \frac{1}{2}m\omega^2A^2 = \frac{1}{2}m\,(2\pi\nu)^2A^2 = 0.227\ \mathrm{J}$$

由能量量子化公式 $E=nh\nu$,得到

$$n = \frac{E}{h\nu} = 7.13\times10^{29}$$

可见,对宏观谐振子,量子数 n 非常大,n 每改变一个单位,能量的相对变化率 $\Delta E/E$ 非常小,实际上无法观察到,所以可认为能量是连续变化的,或者可以把普朗克常数看成零;而对于微观谐振子(分子、原子等),量子数 n 比较小,能量的变化量 ΔE 与其现有能量 E 的数量级相同,普朗克常数 h 不可忽略,能量量子化的特性便突出显现出来了.

19.2 光电效应与光子

19.2.1 光电效应

在紫外光的照射下,电子从金属表面逸出的现象叫做光电效应(photoelectric effect).图 19.4 是光电效应实验的示意图,在阳极 A 与阴极 K 之间加上电压 U,当紫外线照射到金属阴极 K 上时,回路中就会出现电流,称为光电流(photocurrent).

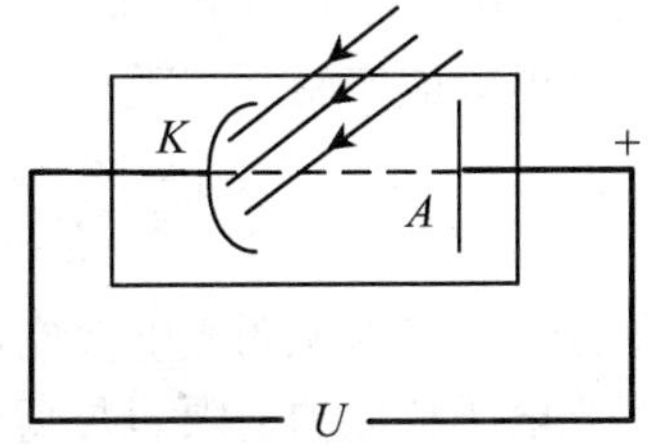

图 19.4 光电效应实验示意图

在正常情况下,金属里的自由电子受到正电荷的束缚,就像井里的皮球,需要一定的能量才能从金属表面逸出,这个过程中电子所作的最小功称为逸出功,记为 W,其大小与金属的性质有关.光具有一定的能量,当它射入金属时,金属里的自由电子就会吸收光从而得到能量 E,当 E 大于逸出功 W 时,就可能摆脱束缚从金属表面逸出,逸出后的最大动能为

$$E_{\mathrm{k}} = E - W \tag{19.8}$$

按经典理论,光是一种电磁波,其强度 S 与光的频率 ν 无关,完全由电磁振动的振幅决定.在光的照射下,t 时间内电子所获得的能量为

$$E = St$$

只要光的振幅足够大,经过一段时间后电子就会吸收很大的能量,从而摆脱金属的束缚,形成光电流.然而,光电效应的实验研究有如下发现:

(1) 存在一个截止频率 ν_0,只有当入射光频率 $\nu > \nu_0$ 时,电子才能逸出金属表面;当入射光频率 $\nu < \nu_0$ 时,无论光强多大、无论光照射时间多长,也无光电流出现.截止频率 ν_0 的大小与金属的性质有关,参见表 19.1.

表 19.1 几种金属的截止频率

金属	钨	铂	钙	钠	钾	铷
ν_0 (10^{14} Hz)	10.95	9.60	7.73	5.53	5.44	5.15

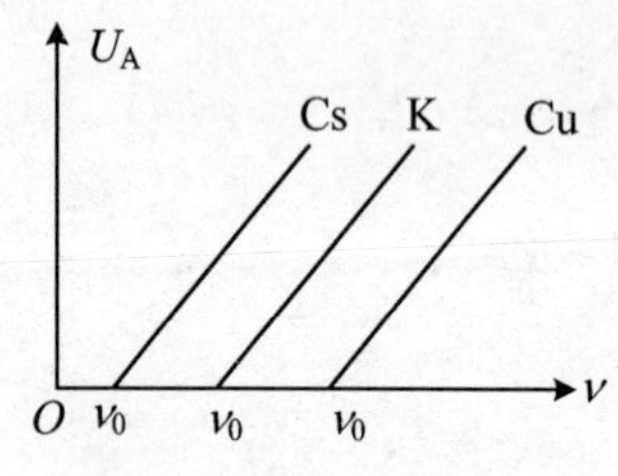

图 19.5 遏止电压与入射光频率

(2) 存在一个反向遏止电压 U_A，当外电路电压 $U \leqslant -U_A$ 时，不存在光电流，这说明逸出的光电子的动能有一个上限 eU_A. 实验表明，遏止电压 U_A 与入射光的频率 ν 之间存在线性关系(如图 19.5)，即

$$U_A = K\nu - K\nu_0 \tag{19.9a}$$

或者

$$eU_A = eK\nu - eK\nu_0 \tag{19.9b}$$

上式中的系数 K 与金属的性质无关.

(3) 在满足上述条件时，只要光一照，立即出现光电流，几乎不需要时间.

光电效应实验所表现出的这些特点，是经典理论所无法解释的.

19.2.2 光量子假设

为了正确地说明光电效应，我们把式(19.8)与实验公式(19.9b)进行对比. 由于光电子动能的上限 eU_A 等于其最大动能 E_k，因此有

$$eK\nu - eK\nu_0 = E - W \tag{19.10}$$

上式中左边的 $eK\nu$ 与右边的 E 都与金属的性质无关，而左边的 $eK\nu_0$ 与右边的 W 都与金属的性质有关，由此可以推测出电子吸收的光能为 $E = eK\nu$，而逸出功为 $W = eK\nu$.

在普朗克能量子假设的启发下，通过对光电效应实验结果的分析，爱因斯坦提出了光量子假设. 他认为电磁场的能量是一份一份的，每一份的能量为 $h\nu$. 在光电效应中，电子要么吸收整个一份能量，要么一点也不吸收，换句话说，在光电效应中光的行为就像一个粒子，后来人们称之为光子.

按爱因斯坦的光量子假设，在光电效应中，金属中的电子吸收了光子的能量，一部分消耗在电子逸出功 W 上，另一部分变为光电子的动能，即有爱因斯坦光电效应公式

$$h\nu = E_k + W \tag{19.11}$$

利用爱因斯坦光量子假设和公式(19.10)，我们还可以看出实验公式(19.9a)中斜率 K 和截止频率 ν_0 的物理意义是

$$K = h/e, \quad \nu_0 = W/h \tag{19.12}$$

当入射光频率 $\nu<\nu_0$ 时，电子吸收的能量小于逸出功，无法逸出金属表面；当入射光频率 $\nu>\nu_0$ 时，电子吸收的能量大于逸出功，可以逸出金属表面，而且电子逸出金属表面时动能的最大值等于反向遏止电压所对应的电势能（绝对值）. 电子吸收光子时间很短，只要光子频率大于截止频率，电子就能立即逸出金属表面，无需积累能量的时间，与光强无关.

美国物理学家密立根花了十年时间做了光电效应实验，在 1915 年证实了爱因斯坦光电效应公式，所得实验值 Ke 与普朗克常数 h 完全一致，又一次证明了量子假设的正确性.

例 19.5　实验测出钾的截止频率 $\nu_0=5.44\times10^{14}$ Hz，求其逸出功 W. 如果以波长 $\lambda=435.8$ nm 的光照射，求反向遏止电压 U_A.

解　由 $\nu_0=W/h$，得到

$$W=h\nu_0=6.63\times10^{-34}\times5.44\times10^{14}\ \text{J}=3.616\times10^{-19}\ \text{J}$$

与波长 $\lambda=435.8$ nm 相应的频率为

$$\nu=\frac{c}{\lambda}=\frac{3\times10^8}{435.8\times10^{-9}}\ \text{Hz}=6.88\times10^{14}\ \text{Hz}$$

由 $U_A=K\nu-K\nu_0=(h\nu-W)/e$，得到

$$U_A=\frac{6.63\times10^{-34}\times6.88\times10^{14}-3.616\times10^{-19}}{1.6\times10^{-19}}\ \text{V}=0.59\ \text{V}$$

19.2.3　光的波粒二象性

在第 5 篇中讲过，干涉和衍射表明光是一种波动——电磁波，现在光电效应又表明光是粒子——光子（photon），综合起来，光既有波动性，又有粒子性，即具有波粒二象性（wave-particle dualism）. 光在传播过程中表现出波动性，如干涉、衍射、偏振等现象；光在与物质发生作用时表现出粒子性，如光电效应以及下面要讲到的康普顿效应. 光的本质在于这两者的对立统一.

波动性用波长 λ 和频率 ν 描述，粒子性用能量 ε 和动量 p 描述，按照量子假设，光子的能量为

$$\varepsilon=h\nu \tag{19.13}$$

根据相对论的质能关系，$\varepsilon=mc^2$，光子的质量为 $m=h\nu/c^2$，由此可得光子的动量为

$$p=mc=\frac{h\nu}{c}=\frac{h}{\lambda} \tag{19.14}$$

式(19.13)和(19.14)是描述光性质的基本关系式，等式左边描述光的粒子性，右边描述光的波动性，普朗克常数 h 将光的粒子性与波动性联系起来.

例 19.6 求波长为 20 nm 紫外线光子的能量和动量.

解 由光性质的基本关系式(19.13)和(19.14),可以得到该光子能量和动量分别为

$$\varepsilon = h\nu = \frac{hc}{\lambda} = \frac{6.63\times10^{-34}\times3\times10^{8}}{20\times10^{-9}}\ \mathrm{J} = 9.95\times10^{-19}\ \mathrm{J}$$

$$p = \frac{h}{\lambda} = \frac{6.63\times10^{-34}}{20\times10^{-9}}\ \mathrm{kg\cdot m\cdot s^{-1}} = 3.3\times10^{-26}\ \mathrm{kg\cdot m\cdot s^{-1}}$$

19.2.4 康普顿效应

1922~1923 年,康普顿研究了 X 射线被轻物质(石墨、石蜡等)散射后光的谱线,发现散射谱线中除了有波长与原波长相同的成分外,还有波长较长(频率较低)的成分,这种散射现象称为康普顿效应(Compton effect).

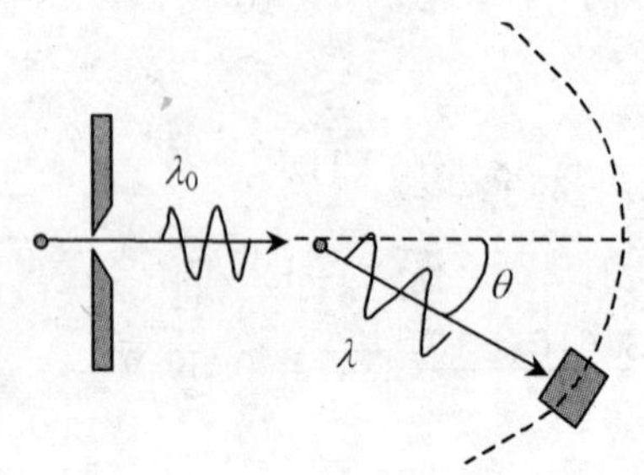

图 19.6 康普顿效应示意图

图 19.6 是康普顿效应的示意图,从 X 射线管发出波长为 λ_0 的 X 射线,被轻物质散射后,散射光的波长为 λ,散射方向和入射方向之间的夹角为 θ,称为散射角,实验结果为:

(1) 散射光中除了和原波长 λ_0 相同的谱线外还有 $\lambda>\lambda_0$ 的谱线;

(2) 波长的改变量 $\Delta\lambda=\lambda-\lambda_0$ 随散射角 θ 的增大而增加,而与散射物质的种类及入射光的波长无关.

按照波动理论,单色电磁波作用于带电粒子上时,会引起受迫振动并向外辐射电磁波,受迫振动的频率等于入射光波的频率.因此,散射光的波长 λ 应与入射光的波长 λ_0 相同,不应出现波长变长的现象.

按照光子理论,X 射线为一些 $\varepsilon=h\nu$ 的光子,散射时与散射物质的粒子发生完全弹性碰撞,粒子获得一部分能量.由于能量守恒,散射的光子能量减小,因而频率减小,波长变长.由于波长的改变量与散射物质的种类无关,因此物质粒子应该是各种原子中相同的成分,即电子.

设电子的静止质量为 m_0,由于电子在碰撞前的平均动能与其静止能量 m_0c^2 或入射的 X 射线光子的能量比起来可以略去不计,因而这些电子在碰撞前可以近似看做是静止的;弹性碰撞后,电子的能量变为 mc^2,动量变为 $m\boldsymbol{v}$.光子在散射前的能量为 hc/λ_0,动量为 $h\boldsymbol{n}_0/\lambda_0$;散射后的能量为 hc/λ,动量为 $h\boldsymbol{n}/\lambda$,这里 $\boldsymbol{n}_0$ 和 $\boldsymbol{n}$ 分别为碰撞前和碰撞后的光子运动方向上的单位矢量,它们与散

射角的关系为 $\cos\theta=\boldsymbol{n}\cdot\boldsymbol{n}_0$. 按照能量和动量守恒定律,有

$$\frac{hc}{\lambda_0}+m_0c^2=\frac{hc}{\lambda}+mc^2,\quad \frac{h}{\lambda_0}\boldsymbol{n}_0=\frac{h}{\lambda}\boldsymbol{n}+m\boldsymbol{v} \tag{19.15}$$

式(19.15)可以简化为

$$\frac{1}{\lambda_0}-\frac{1}{\lambda}+\frac{m_0c}{h}=\frac{mc}{h},\quad \frac{1}{\lambda_0}\boldsymbol{n}_0-\frac{1}{\lambda}\boldsymbol{n}=\frac{m\boldsymbol{v}}{h}$$

将上面两式中第一式的平方减去第二式的平方,得到

$$\left(\frac{1}{\lambda_0}-\frac{1}{\lambda}+\frac{m_0c}{h}\right)\left(\frac{1}{\lambda_0}-\frac{1}{\lambda}+\frac{m_0c}{h}\right)-\left(\frac{1}{\lambda_0}\boldsymbol{n}_0-\frac{1}{\lambda}\boldsymbol{n}\right)\cdot\left(\frac{1}{\lambda_0}\boldsymbol{n}_0-\frac{1}{\lambda}\boldsymbol{n}\right)$$
$$=\left(\frac{mc}{h}\right)^2-\left(\frac{mv}{h}\right)^2$$

即

$$\left[\left(\frac{1}{\lambda_0}-\frac{1}{\lambda}\right)^2+2\left(\frac{m_0c}{h}\right)\left(\frac{1}{\lambda_0}-\frac{1}{\lambda}\right)+\left(\frac{m_0c}{h}\right)^2\right]$$
$$-\left[\left(\frac{1}{\lambda_0}\right)^2-2\frac{1}{\lambda}\frac{1}{\lambda_0}\boldsymbol{n}\cdot\boldsymbol{n}_0+\left(\frac{1}{\lambda}\right)^2\right]=\left(\frac{mc}{h}\right)^2-\left(\frac{mv}{h}\right)^2$$

亦即(注意到 $\cos\theta=\boldsymbol{n}\cdot\boldsymbol{n}_0$)

$$\left[\left(\frac{1}{\lambda_0}\right)^2-2\frac{1}{\lambda}\frac{1}{\lambda_0}+\left(\frac{1}{\lambda}\right)^2+2\left(\frac{m_0c}{h}\right)\left(\frac{1}{\lambda_0}-\frac{1}{\lambda}\right)+\left(\frac{m_0c}{h}\right)^2\right]$$
$$-\left[\left(\frac{1}{\lambda_0}\right)^2-2\frac{1}{\lambda}\frac{1}{\lambda_0}\cos\theta+\left(\frac{1}{\lambda}\right)^2\right]=\left(\frac{mc}{h}\right)^2-\left(\frac{mv}{h}\right)^2$$

化简得

$$\frac{2}{\lambda\lambda_0}(\cos\theta-1)+2\left(\frac{1}{\lambda_0}-\frac{1}{\lambda}\right)\frac{m_0c}{h}+\frac{m_0^2c^2}{h^2}=\frac{m^2(c^2-v^2)}{h^2}$$

考虑到相对论质量与速度的关系,

$$m=\frac{m_0}{\sqrt{1-\frac{v^2}{c^2}}}\quad\Rightarrow\quad m^2\left(1-\frac{v^2}{c^2}\right)=m_0^2\quad\Rightarrow\quad m^2(c^2-v^2)=m_0^2c^2$$

容易得到

$$\frac{2}{\lambda\lambda_0}(\cos\theta-1)+2\left(\frac{1}{\lambda_0}-\frac{1}{\lambda}\right)\frac{m_0c}{h}=0$$

即

$$\frac{2}{\lambda\lambda_0}(\cos\theta-1)+2\left(\frac{\lambda-\lambda_0}{\lambda_0\lambda}\right)\frac{m_0c}{h}=0$$

于是

$$(\cos\theta-1)+(\lambda-\lambda_0)\frac{m_0c}{h}=0$$

化简后可以得到波长的改变量

$$\Delta\lambda = \lambda - \lambda_0 = \lambda_c(1 - \cos\theta)$$

这个结果称为康普顿散射公式，式中 $\lambda_c = h/(m_0c) = 2.426\,3 \times 10^{-12}$ m 称为电子的康普顿波长.

上式表明波长的改变量与散射物质的种类及入射光的波长无关，只与散射角 θ 有关，随 θ 的增大，$\Delta\lambda$ 增大，与实验数据相符.

由于电子的康普顿波长非常小，康普顿散射只有在入射光的波长也很小时，波长的相对改变量 $\Delta\lambda/\lambda_0 = (1-\cos\theta)\lambda_c/\lambda_0$ 才显著，这就是选用X射线观察康普顿效应的原因，如果用可见光或紫外光，则康普顿效应引起的波长相对改变量过小，结果难以观察到.

当电子处于原子的内层时，由于它被原子核紧紧地束缚着，光子与这种电子碰撞，相当于和整个原子相碰，电子的有效质量比原来增加几千倍，按照康普顿散射公式，散射光波长的改变极小，无法与实验误差相区别.

康普顿效应的发现，不仅有力地证明了光子假说的正确性，并且证实了在微观粒子的相互作用过程中，也严格遵守能量守恒和动量守恒定律.

例 19.7 波长 $\lambda_0 = 0.01$ nm 的X射线与静止的自由电子碰撞，在与入射方向成 $90°$ 角的方向上观察时，散射X射线的波长多大？反冲电子的动能和动量各为多少？

解 将散射角 $\theta = 90°$ 代入康普顿散射公式

$$\Delta\lambda = \lambda - \lambda_0 = \frac{h}{m_0c}(1 - \cos 90°) = \frac{h}{m_0c} = \lambda_c$$

得到

$$\lambda = \lambda_0 + \lambda_c = (0.01 + 0.0024)\ \text{nm} = 0.012\,4\ \text{nm}$$

当然，在这一方向还有波长不变的X射线.

根据能量守恒定律，反冲电子所获得的动能 E_k 等于入射光子损失的能量，故有

$$E_k = h\nu_0 - h\nu = hc\left(\frac{1}{\lambda_0} - \frac{1}{\lambda}\right) = \frac{hc\Delta\lambda}{\lambda_0\lambda}$$

$$= \frac{6.63 \times 10^{-34} \times 3 \times 10^8 \times 0.0124 \times 10^{-9}}{0.01 \times 10^{-9} \times 0.0124 \times 10^{-9}}\ \text{J} = 3.85 \times 10^{-15}\ \text{J}$$

设电子动量为 $\boldsymbol{p}_e$，它与 $\boldsymbol{n}_0$ 夹角为 φ，根据动量守恒定律

$$\boldsymbol{p}_e = \frac{h}{\lambda_0}\boldsymbol{n}_0 - \frac{h}{\lambda}\boldsymbol{n}$$

考虑到散射角 $\theta = 90°$，于是有

$$
\begin{aligned}
p_e &= h\sqrt{\frac{1}{\lambda_0^2}+\frac{1}{\lambda^2}} \\
&= 6.63\times 10^{-34}\times\sqrt{\frac{1}{(0.01\times 10^{-9})^2}+\frac{1}{(0.0124\times 10^{-9})^2}}\ \mathrm{kg\cdot m\cdot s^{-1}} \\
&= 8.5\times 10^{-23}\ \mathrm{kg\cdot m\cdot s^{-1}}
\end{aligned}
$$

$$
\cos\varphi=\frac{\boldsymbol{p}_e\cdot\boldsymbol{n}_0}{p_e}=\frac{h}{p_e\lambda_0}=\frac{6.63\times 10^{-34}}{8.5\times 10^{-23}\times 0.01\times 10^{-9}}=0.78
$$

故

$$
\varphi=38°44'
$$

19.3　原　子　结　构

19 世纪末 20 世纪初，电子、X 射线和放射性元素的相继发现，表明了原子是可以分割的，它具有比较复杂的结构. 我们面临的问题是：原子是由什么组成的？怎样组成的？原子内部运动又遵循什么规律？

研究原子内部结构有两条途径：一是通过在外界激发下原子的发射光谱来分析原子的内部结构；二是利用其他粒子与原子碰撞，根据碰撞的结果来研究原子内部的组成和结构.

19.3.1　氢原子光谱的规律性

我们知道，炽热的物体会发光，热辐射中包括各种频率（或波长）的电磁波，形成一个连续的光谱. 然而在气体放电的过程中，原子还会发出某些特定频率（或波长）的电磁波，在底片上形成彼此分立的亮线. 这些光谱线能够反映物质原子的特性及其内部组成结构，称为该物质原子的特征谱线. 由于氢原子是最简单的原子，所以我们首先选择氢原子光谱来研究.

1853 年，瑞典人埃格斯特朗（A. J. Angstrom，1825～1898）测出了氢原子在可见光和近紫外线波段的光谱，根据埃格斯特朗的光谱实验数据，1885 年瑞典一位中学教师巴耳末（J. J. Balmer）推出了一个经验公式，能非常精确地代表可见光和近紫外线波段的部分光谱线，这些光谱线合称巴耳末系（Balmer series），如图 19.7.

巴耳末系中光谱线的波长公式为

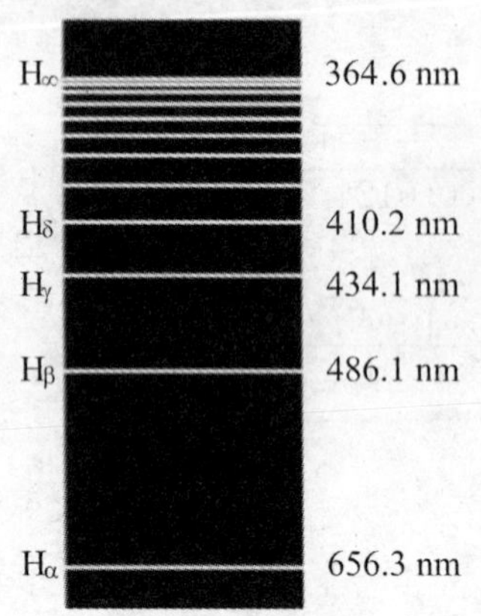

图 19.7 氢原子光谱的巴耳末系

$$\lambda = B\frac{n^2}{n^2-2^2} \quad (n=3,4,5,\cdots) \tag{19.16}$$

式中系数 $B=3.6457\times10^{-7}$ m.

为了便于分析，里德伯（J. R. Rydberg，1854～1919）将上式改用波长的倒数（即波数）来表示

$$\begin{aligned}\frac{1}{\lambda} &= \frac{\nu}{c} = \frac{n^2-2^2}{Bn^2} = \frac{1}{B}\left(1-\frac{2^2}{n^2}\right) \\ &= \frac{4}{B}\left(\frac{1}{2^2}-\frac{1}{n^2}\right) \\ &= R_{\mathrm{H}}\left(\frac{1}{2^2}-\frac{1}{n^2}\right) \quad (n=3,4,5,\cdots)\end{aligned} \tag{19.17}$$

其中 $R_{\mathrm{H}}=4/B=1.097\times10^7\ \mathrm{m}^{-1}$ 称为里德伯常数（Rydberg constant）.

以后又陆续发现了氢原子可见光以外的光谱，并给出了类似的经验公式.

1904 年在紫外线波段发现了莱曼系，光谱线公式为

$$\frac{1}{\lambda} = R_{\mathrm{H}}\left(\frac{1}{1^2}-\frac{1}{n^2}\right) \quad (n=2,3,4,\cdots)$$

1908 年在红外线波段发现了帕邢系，光谱线公式为

$$\frac{1}{\lambda} = R_{\mathrm{H}}\left(\frac{1}{3^2}-\frac{1}{n^2}\right) \quad (n=4,5,6,\cdots)$$

1922 年发现了布拉开系，光谱线公式为

$$\frac{1}{\lambda} = R_{\mathrm{H}}\left(\frac{1}{4^2}-\frac{1}{n^2}\right) \quad (n=5,6,7,\cdots)$$

1924 年发现了普丰德系，光谱线公式为

$$\frac{1}{\lambda} = R_{\mathrm{H}}\left(\frac{1}{5^2}-\frac{1}{n^2}\right) \quad (n=6,7,8\cdots)$$

上面的光谱线公式可以统一地表示为

$$\frac{1}{\lambda} = R_{\mathrm{H}}\left(\frac{1}{m^2}-\frac{1}{n^2}\right) \quad (m=1,2,3,\cdots;n=m+1,m+2,m+3,\cdots) \tag{19.18}$$

称为广义巴耳末公式，它给出了氢原子光谱的一般规律.

19.3.2 卢瑟福的原子有核模型

1896 年，法国物理学家贝克勒尔发现了天然放射性. 不久，J. J. 汤姆孙发

现 β 射线是由带负电荷的粒子——电子所组成的，并测定了电子的电量 e 和质量 m_e. 由于原子是电中性的，里面既然有带负电的电子，必定也有带正电部分，两者电荷量相等. 接下来的问题是在原子中正负电荷如何分布，怎样结合成一个原子？

1903 年 J. J. 汤姆孙提出，原子中的正电荷和原子质量均匀地分布在半径约为 10^{-10} m 的球体内，电子点缀于此球体中，称为"葡萄干蛋糕模型".

1911 年，为了验证汤姆孙提出的原子模型，卢瑟福及其合作者用 α 粒子（氦核）轰击金箔. 他们发现绝大部分 α 粒子经金箔散射后，散射角很小，大约 2°，这与汤姆孙模型的预言一致；但是，还有大约 1/8 000 的粒子的偏转角大于 90°. 由于 α 粒子的质量是电子质量的 7 500 倍，按汤姆孙模型，这个结果"好比你对一张纸发射一枚 15 英寸的炮弹，结果却被顶了回来而打在自己身上"，明显地不合常理.

经过认真思考和仔细计算，卢瑟福发现只有当原子的绝大部分质量集中在一个微小的核内时，才会发生大角度偏转，由此他提出了原子的有核模型：

(1) 原子的中心是原子核，原子核的体积比原子的体积小得多，半径大约为 $10^{-14}\sim10^{-15}$ m. 它几乎占有原子的全部质量，集中了原子中全部的正电荷.

(2) 电子绕原子核不停地旋转.

这个模型被称为卢瑟福模型，它很好地说明了 α 粒子散射实验的结果.

19.3.3　玻尔理论

然而，卢瑟福模型在解释原子的稳定性和光谱的时候却遇到了致命的困难. 按经典理论，电子绕原子核旋转，具有向心加速度，于是电子将不断向四周辐射电磁波，其能量不断减小，从而将沿螺旋形轨道逐渐靠近原子核，最后落入原子核中；在这个过程中，由于电子的轨道及转动频率连续变化，辐射电磁波的频率也是连续的，即原子光谱应是连续的光谱. 而实验表明原子是相当稳定的，电子不会落入原子核中；另一方面，实验测得的原子光谱是不连续的谱线.

为了解决经典理论所遇到的困难，丹麦物理学家玻尔（N. Bohr，1885～1962）于 1913 年在卢瑟福有核模型基础上，把普朗克的能量子概念和爱因斯坦的光子概念运用到原子系统，提出了两条基本假设：

(1) **定态假设**. 原子系统存在一系列不连续的能量状态，处于这些状态的原子中的电子只能在一定的轨道上绕核作圆周运动，但不辐射能量. 这些状态为原子系统的稳定状态，简称定态（stationary state），相应的能量只能是一些不连续的值 $E_1, E_2, E_3, \cdots$，称为能级（energy level）.

(2) **频率假设**. 原子可以从一个具有较高能量 E_n 的定态跳到另一个较低能

量 E_m 的定态，这个过程称为跃迁. 在跃迁过程中，原子辐射出一个光子，其频率由下式决定

$$h\nu = E_n - E_m \tag{19.19}$$

反之，原子如果要由一个较低能量的定态跃迁到另一个较高能量的定态，必须吸收一个频率恰好满足公式(19.19)的光子.

为了具体确定定态能量 E_n 和跃迁时原子所辐射光子的频率 ν，玻尔选择了最简单的氢原子为突破口来进行研究. 氢原子核的电荷为 $+e$，质量为 M，电子电荷为 $-e$，质量为 m_e，由于核质量远远大于电子质量，我们可以把原子核近似看成是静止的；氢原子核与电子之间的电场力为 $\frac{1}{4\pi\varepsilon_0}\cdot\frac{e^2}{r^2}$，它远远大于两者之间的万有引力，因而可以忽略万有引力的作用. 假设在某个定态中，电子在以 r 为半径的圆轨道上绕核运动，由牛顿第二定律有

$$\frac{m_e v^2}{r} = \frac{1}{4\pi\varepsilon_0}\cdot\frac{e^2}{r^2} \tag{19.20}$$

由此可以推出电子的动能为

$$E_k = \frac{1}{2}m_e v^2 = \frac{1}{8\pi\varepsilon_0}\cdot\frac{e^2}{r} \tag{19.21}$$

以无穷远处为势能零点，氢原子系统的势能为

$$E_p = -\frac{1}{4\pi\varepsilon_0}\cdot\frac{e^2}{r} \tag{19.22}$$

因此，系统的总能量为

$$E = E_k + E_p = -\frac{1}{8\pi\varepsilon_0}\cdot\frac{e^2}{r} \tag{19.23}$$

容易看出，半径大的轨道能量较大. 将式(19.23)代入式(19.19)，可以得到

$$h\nu = E_n - E_m = -\frac{1}{8\pi\varepsilon_0}\cdot\frac{e^2}{r_n} + \frac{1}{8\pi\varepsilon_0}\cdot\frac{e^2}{r_m} = \frac{e^2}{8\pi\varepsilon_0}\cdot\left(\frac{1}{r_m} - \frac{1}{r_n}\right)$$

由氢原子光谱的广义巴耳末公式(19.18)，又可以得到

$$h\nu = \frac{hc}{\lambda} = hcR_H\left(\frac{1}{m^2} - \frac{1}{n^2}\right)$$

将两者比较后，可以得到氢原子的能级公式

$$E_n = -\frac{hcR_H}{n^2} \tag{19.24}$$

和确定第 n 个定态轨道半径的条件

$$r_n = \frac{e^2}{8\pi\varepsilon_0}\cdot\frac{n^2}{hcR_H} \tag{19.25}$$

上式中的里德伯常数是实验的结果，而一个完善理论中的常数不应该依赖于实

验测量,为了找出里德伯常数的理论意义,玻尔提出了一个重要的思想——对应原理:就像相对论在低速极限下回到经典理论一样,在那些已经知道经典理论正确的极限内,量子理论必须得出与经典理论相同的结果.在氢原子的情况下,对应原理要求在高能级的极限下,量子假设能够得出与经典计算相同的结果.

设想氢原子从第 n 个能级跃迁到第 $m=n-1$ 个能级,根据氢原子的能级公式(19.24)和频率假设(19.19),所发射电磁波的频率为

$$\nu = cR_{\mathrm{H}}\left[\frac{1}{(n-1)^2}-\frac{1}{n^2}\right]=cR_{\mathrm{H}}\frac{2n-1}{(n-1)^2n^2}$$

当 n 很大时,上式变成

$$\nu = cR_{\mathrm{H}}\frac{2}{n^3}$$

而按照氢原子的经典理论,一个轨道半径为 r 的电子绕原子核旋转的频率为

$$\nu=\frac{v}{2\pi r}=\frac{4\varepsilon_0}{e^2}\sqrt{\frac{2}{m_{\mathrm{e}}}}(-E)^{3/2}=\frac{4\varepsilon_0}{e^2}\sqrt{\frac{2}{m_{\mathrm{e}}}}\frac{(hcR_{\mathrm{H}})^{3/2}}{n^3}$$

在推导中我们利用了公式(19.20)和(19.23).

$$E=-\frac{1}{8\pi\varepsilon_0}\cdot\frac{e^2}{r}=-\frac{1}{2}\left(\frac{1}{4\pi\varepsilon_0}\cdot\frac{e^2}{r}\right)=-\frac{1}{2}m_{\mathrm{e}}v^2$$

$$v=\sqrt{\frac{-2E}{m_{\mathrm{e}}}},\quad \frac{1}{r}=\frac{-8\pi\varepsilon_0E}{e^2},\quad \frac{v}{2\pi r}=\frac{4\varepsilon_0}{e^2}\sqrt{\frac{2}{m_{\mathrm{e}}}}(-E)^{3/2}$$

比较上面两式,立即得到

$$R_{\mathrm{H}}=\frac{m_{\mathrm{e}}e^4}{8\varepsilon_0^2h^3c}=1.097\,373\times10^7\ \mathrm{m}^{-1} \tag{19.26}$$

这样,我们就用基本常数而不是实验数据来表达出里德伯常数了.理论结果与实验数据是高度吻合的,进一步说明了玻尔假设的合理性.

利用上述的结果,我们可以把氢原子定态的能级公式重写为

$$E_n=-\frac{m_{\mathrm{e}}e^4}{8\varepsilon_0h^2}\cdot\frac{1}{n^2}=\frac{E_1}{n^2}\quad(n=1,2,3,\cdots) \tag{19.27}$$

其中 $E_1=-\dfrac{m_{\mathrm{e}}e^4}{8\varepsilon_0h^2}\approx-13.6\ \mathrm{eV}$ 是氢原子最低能量定态的能量,称为氢原子的基态能量.

利用上述能级公式和式(19.19),可以从理论上计算出氢原子光谱的频率或波数,从而对氢原子光谱的实验规律给出解释,见图19.8.与定态能级式(19.27)所对应的电子轨道半径和速率分别为

$$r_n = \frac{\varepsilon_0 h^2}{\pi m e^2} n^2 = a_0 n^2, \quad v_n = \frac{e^2}{2\varepsilon_0 h} \frac{1}{n} \quad (n = 1,2,3,\cdots) \tag{19.28}$$

其中 $a_0 = \varepsilon_0 h^2/(\pi m e^2) = 5.29 \times 10^{-11}$ m 是氢原子中最靠近原子核的电子轨道半径，称为玻尔半径. 由上式不难看出电子的角动量 L 具有极其简单的表达式

$$L_n = m_e r_n v_n = \frac{nh}{2\pi} = n\hbar \quad (n = 1,2,3,\cdots) \tag{19.29}$$

其中$\hbar = h/2\pi$ 称为狄拉克常数. 玻尔认为上面的这个结果不应该是偶然的，很可能反映了微观世界的本质规律，他由此提出了第三个假设——**角动量量子化假设**：电子以速度 v 在半径为 r 的圆周上绕核运动时，只有电子的角动量 L 等于$\hbar$的整数倍的那些轨道才是稳定的. 该假设又称为量子化条件.

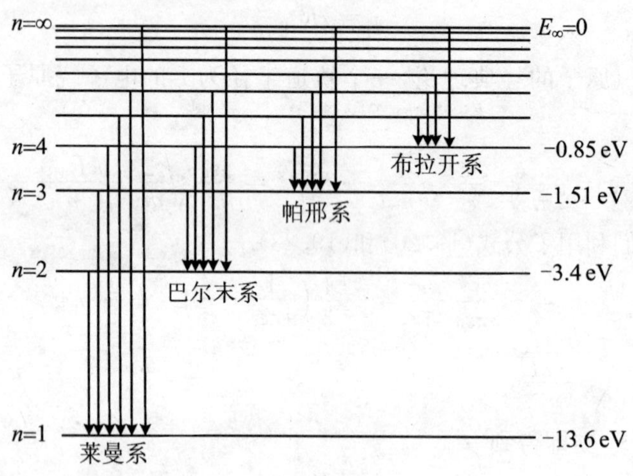

图 19.8　氢原子的能级与光谱

例 19.8　处于基态的氢原子被外来的单色光激发后发出的光仅有三条谱线，问此外来光的频率为多少？

解　由于发出的光仅有三条谱线，由氢原子的能级与光谱图 19.8 中可见氢原子在吸收外来光子后，处于 $n=3$ 的激发态，所发出的 3 条谱线分别是：3→2，2→1，3→1.

氢原子原来处于 $n=1$ 的基态，吸收外来光子后跃迁到 $n=3$ 的激发态，由频率假设(19.19)和能级公式(19.24)可以得到光子频率为

$$\nu = \frac{E_3 - E_1}{h} = cR_{\mathrm{H}}\left(\frac{1}{1^2} - \frac{1}{3^2}\right) = 2.92 \times 10^{15}\ \mathrm{Hz}$$

19.3.4 弗兰克-赫兹实验

1914年，弗兰克和赫兹采用慢电子与稀薄气体原子碰撞的方法来检验原子中是否可能存在着分立的能级，其实验装置如图19.9. 实验中使用了一个充有低压水银蒸气的玻璃管，电子由一个热阴极 K 发射，在阴极与中间的栅极 G 之间加正向电压 U，使电子加速；在栅极 G 与阳极 P 之间加一个较小的反向电压 V_{PG}，形成反向电场. 当电子通过 KG 空间到达栅极 G 时，如果其动能 $E_G > eV_{PG}$，就能够冲过反向电场而到达阳极，形成阳极电流 I_P，动能 E_G 越大，阳极电流也越大.

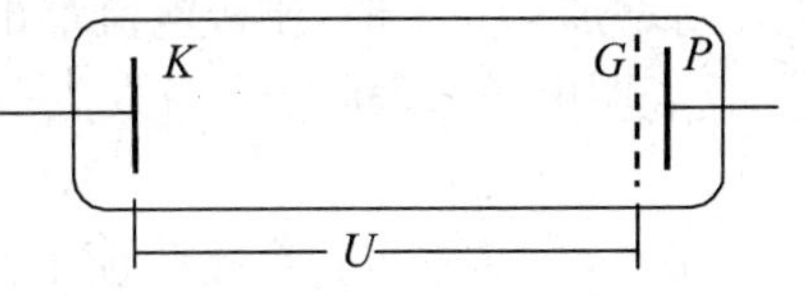

图19.9 弗兰克-赫兹实验

如果玻璃管是真空的，电子在 KG 空间中可以获得能量 eU，设电子的初动能为 E_i，则到达栅极 G 时电子动能为 $E_G = E_i + eU$，因此阳极电流是电压 U 的单调增函数.

当玻璃管内充有水银蒸气后，电子可能与汞原子发生碰撞，从而损失能量. 如果是弹性碰撞，则由于汞原子的质量远远大于电子质量，电子动能的损失很小，可以忽略不计；如果是非弹性碰撞，则电子动能的损失将等于汞原子内部所获得的能量. 假设汞原子的内部能量是不连续的，其激发能(第一激发态与基态的能量差)为 ΔE，则当电子的动能小于 ΔE 时就不能使汞原子吸收能量而激发，从而自己也不会损失能量，这样就与不发生碰撞的情况相同，阳极电流随着电压 U 单调增加；而当电子的动能大于 ΔE 时就可以使汞原子吸收能量而激发，电子一下子损失能量 ΔE，到达栅极 G 时的动能 $E_G = E_i + eU - \Delta E$ 就可能小于 eV_{PG}，从而不能冲过反向电场而到达阳极，致使阳极电流 I_P 减小. 因此在电压 U 的增加过程中，存在不存在电流的下降情况，成为判断汞原子的内部能量是否连续，或者说是否存在分立能级的关键.

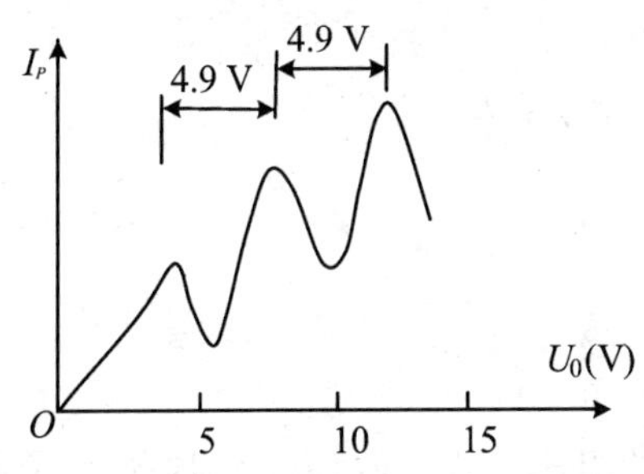

图19.10 阳极电流与正向电压的关系

在实验中，弗兰克和赫兹取反向电压为0.5 V，用来抑制在 $U=0$ 时由电子初动能所产生的电流，结果得到阳极电流 I_P 与正向电压 U 之间的关系如图19.10所示.

实验表明，随着正向电压从 0 开始增加，阳极电流 I_P 也随之增大，但是当正向电压增加到接近 4.9 V 的时候，阳极电流 I_P 反而减小，然后再慢慢增大，这就说明了汞原子中确实存在能级，有力地支持了玻尔的定态假设. 以后正向电压每增加 4.9 V 时，阳极电流都出现下降现象，使电流曲线周期性地出现峰值，这表明电子与汞原子相继发生多次非弹性碰撞，以致动能 E_G 发生周期性地减小.

弗兰克-赫兹实验直接验证了原子能级的存在，还测量出了汞原子第一激发态与基态能量之差为 4.9 eV.

19.3.5 玻尔理论的评论

玻尔提出"定态"、"能级"、"量子跃迁"等概念，揭示了微观体系具有量子化特征，成功地解释了氢原子的光谱，给出了里德伯常量的理论值，能级概念也被弗兰克-赫兹实验证实，取得了巨大的成功. 在此基础上，玻尔把他的理论进一步应用到只有一个核外电子的类氢离子上，得到了类似于广义巴耳末公式的结果，经检验与实验完全符合.

然而，玻尔理论也存在一些不足之处：在理论上，它一方面以经典理论为基础，另一方面又提出了与经典理论不相容的量子化假设，凑合成一个半经典半量子的混合理论，逻辑上有矛盾；在应用上，它不能说明氢原子光谱线的强度、宽度和偏振性等，也不能解释多电子原子的光谱结构，更不能告诉我们原子是如何结合成分子、构成液体或固体的.

为了克服玻尔理论的缺陷，索莫菲把玻尔理论中电子的圆轨道推广为椭圆轨道，并考虑了相对论效应，但是情况并没有明显的改善. 这表明玻尔理论的缺陷具有原则性，我们需要对经典理论来一个彻底的革命.

19.4 波粒二象性

19.4.1 德布罗意假设

20 世纪之前，人们认为自然界中物质的组成形式有两种基本类型：粒子和波. 粒子具有颗粒性和不可入性，其状态用能量 E 和动量 p 描述，如质子和电子等；波具有弥散性和可叠加性，其状态用波长 λ 和频率 ν 描述，如电磁波(光). 进入 20 世纪后，人们开始认识到原来认为是波的光在一定条件下也具有某些粒

子的属性，对应的能量 E 和动量 p 为

$$E = mc^2 = h\nu, \quad p = mv = h/\lambda$$

那么，原来认为是粒子的电子没有波动性呢？在光的波粒二象性的启发下，1923 年，法国青年物理学家德布罗意(L. de. Broglie，1892～1987)在他的博士论文中大胆地提出：实物粒子也同样具有波动性.

德布罗意认为一切微观粒子(包括无静止质量的光子和有静止质量的实物粒子)都同时具有波动性和粒子性，其本质在于两者的统一，即波粒二象性是物质的基本属性. 微观粒子在传播过程中会发生干涉和衍射现象，表现出波动性；在碰撞过程中遵循能量和动量守恒，表现出粒子性. 一个能量为 E，动量大小为 p 的实物粒子对应的波称为物质波，它的频率 ν 和波长 λ 为

$$\nu = E/h, \quad \lambda = \frac{h}{p} \tag{19.30}$$

上式给出了物体波粒二象性的两个不同方面之间的联系，称为德布罗意公式(de. Broglie formula).

应用波粒二象性，可以直接导出玻尔的角动量量子化条件. 由于波存在可叠加性，在叠加中会出现干涉，因此波在一个有限空间中稳定存在的形式必须为驻波. 于是，与氢原子定态电子轨道对应的波应该是驻波，而形成驻波的条件是轨道周长为波长的整数倍，如图 19.11，即

$$2\pi r = n\lambda$$

利用德布罗意公式，立即得到角动量量子化条件

$$L = rp = n\hbar$$

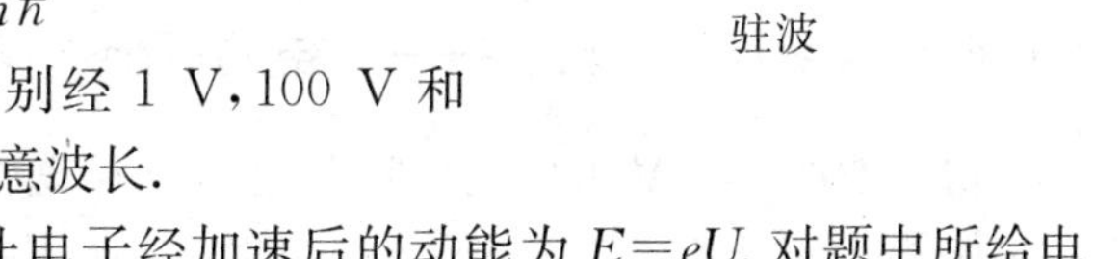

图 19.11　氢原子中的电子驻波

例 19.9　求静止电子分别经 1 V，100 V 和 10 000 V电压加速后的德布罗意波长.

解　设加速电压为 U，静止电子经加速后的动能为 $E=eU$. 对题中所给电压，所得动能远远小于电子的静止质量能 $mc^2=5.11\times10^{-5}$ eV，因而可以使用非相对论公式

$$p = \sqrt{2mE} = \sqrt{2meU}$$

将上式代入德布罗意公式后，得到

$$\lambda = \frac{h}{p} = \frac{h}{\sqrt{2meU}} = \frac{6.63\times10^{-34}}{\sqrt{2\times9.1\times10^{-31}\times1.6\times10^{-19}}\sqrt{U}} = \frac{1.225\times10^{-9}}{\sqrt{U}}$$

将 $U=1$ V，100 V，10 000 V 分别代入上式，得到波长 λ 分别等于 1.225×10^{-9} m，1.225×10^{-10} m，1.225×10^{-11} m，这些数值比可见光的波长都

要小得多. 如果加速的是质子,由于其质量远大于电子质量,因此对应的德布罗意波长将更小.

19.4.2 德布罗意波的实验证明

实践是检验真理的唯一标准,波的主要特征是能够在一定条件下出现干涉或衍射现象,为了证明实物粒子具有波动性这一设想,必须在实验中观测到波动性. 根据波动光学的知识,只有当波长与缝间距离或光栅常数大小相近的时候,才能产生比较明显的干涉或衍射花纹. 例 19.9 表明电子的德布罗意波长非常小,人工无法制造这样尺寸的电子光栅.

为了克服这一困难,德布罗意考虑到 X 射线的波长与电子的波长相近,而 X 射线照在晶体上可以产生衍射花纹,他猜想电子打在晶体上也能观察衍射现象,由此提出用晶格衍射来检验电子是否具有波动性的实验建议. 1927 年,戴维孙和革末通过电子在晶体表面的衍射实验证实了电子具有波动性,不久,G・P・汤姆孙与戴维孙通过电子对晶体薄膜的透射实验同样证实了电子具有波动性. 此后,人们相继证实了原子、分子、中子等都具有波动性. 德布罗意的设想最终得到了完全的证实.

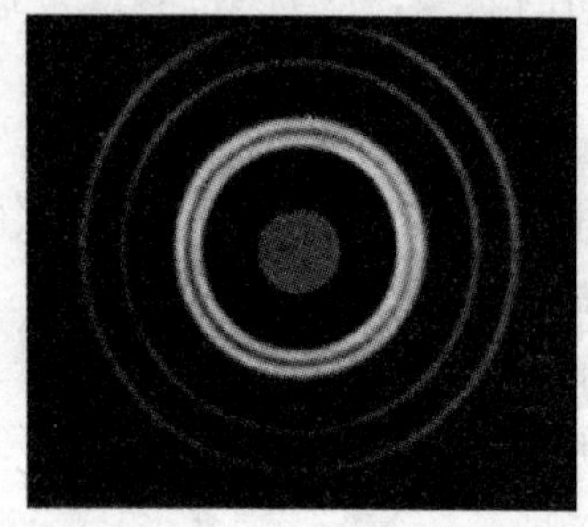

图 19.12 电子衍射图形

图 19.12 是电子束对晶体薄膜透射时产生的衍射图形,它与 X 射线产生的衍射图形非常相似,明条纹的位置与德布罗意公式的理论结果也一致,充分证明了德布罗意设想的正确性.

19.4.3 物质波应用——电子显微镜

物质波的一个最重要的应用就是电子显微镜的发明. 由第 17 章我们知道光学仪器的分辨率与仪器的孔径成正比,与所用的光的波长成反比,即

$$d = \frac{D}{1.22\lambda} \tag{19.31}$$

在仪器的孔径一定时,所用的光的波长越短,分辨率就越高. 而 X 射线的波长是可见光的 1/1 000,如果能用 X 射线作为光源,就能够产生较高的分辨率. 但是实物对 X 射线几乎不发生任何折射,即折射率实际等于 1,因而很难对 X 射线进行聚焦.

根据德布罗意公式,电子束的波长也非常短,而且用加速电场可以很方便地改变电子波的波长. 另一方面它不是电中性的,容易被磁场所偏转,因而可以

设计出电子透镜系统来对电子束进行聚焦，进一步制造出用电子波代替光波的电子显微镜.

通常的电子显微镜用电子源替代光源，用聚焦磁场替代凸透镜，在底片上成像，其分辨率可以比光学显微镜提高 1 000 倍. 第一台电子显微镜是由德国人鲁斯卡(E. Ruska)研制成功，他因此荣获 1986 年诺贝尔物理奖.

19.4.4　波函数及其统计解释

既然是波，物质波就应该有一个波函数，这样才能用数学工具来进行深入的定量研究. 为了得到物质波的波函数，我们先考虑一个最简单的情况——与自由粒子相联系的物质波. 自由粒子的能量与动量都取确定值，按照德布罗意关系，对应的频率 ν 和波长 λ 也完全确定，因此其对应的物质波是单色平面波.

一个沿 x 正向传播的单色平面波的波函数为

$$u = A\cos 2\pi\left(\nu t - \frac{x}{\lambda}\right) \tag{19.32}$$

对应的波强为

$$w \propto A^2$$

为了便于推广，我们把式(19.32)改用复数形式来描述

$$\Psi = A\mathrm{e}^{\mathrm{i}2\pi\left(\nu t - \frac{x}{\lambda}\right)} \tag{19.33}$$

由欧拉公式 $\mathrm{e}^{\mathrm{i}kx} = \cos kx + \mathrm{i}\sin kx$ 可知，上述两种形式之间的关系为

$$u = \mathrm{Re}\ \Psi$$

而与复数形式对应的波强应该改写为

$$w \propto \overline{\Psi}\cdot\Psi = |\Psi|^2 \tag{19.34}$$

其中 $\overline{\Psi}$ 表示 Ψ 的共轭复数. 由德布罗意关系式(19.30)，我们得到

$$v = \frac{E}{h} = \frac{E}{2\pi\hbar},\quad \lambda = \frac{h}{p} = \frac{2\pi\hbar}{p}$$

把上式代入式(19.33)，得到与确定能量 E 和动量 p 对应的自由粒子的物质波的波函数为

$$\Psi(x,t) = A\mathrm{e}^{\mathrm{i}(Et-px)/\hbar} \tag{19.35}$$

将上式推广到三维空间，有

$$\Psi(r,t) = A\mathrm{e}^{\mathrm{i}(Et-\boldsymbol{p}\cdot\boldsymbol{r})/\hbar} \tag{19.36}$$

波函数所描述的物质波意味着什么？这个问题在历史上曾经经历过一场激烈的争论. 受经典概念的影响，德布罗意等人把电子波理解为电子的实际结构，认为电子是在三维空间中连续分布的物质波包，波包的大小就是电子的大小. 然而，这种认识并不正确. 一方面，自由空间中的波包可以分解为单色平面

波的叠加，随着时间的推移，波包会逐渐扩散，电子也将越来越肿大，最终会达到宏观尺度，这是与实验完全矛盾的；另一方面，在电子衍射过程中，电子波打到晶体表面后会沿不同方向衍射，在空间不同方向观测到的将是一个电子的一部分，而实验上测得的总是整个的电子.

与之相反，另一些人认为波动性不是单个电子本身的性质，而是大量电子的集体性质，电子波是由大量电子形成的疏密波，就像空气中因为分子分布的疏密不同而形成的声波. 这种看法同样不正确. 在电子衍射实验中，我们可以使入射电子流极其微弱，让电子一个一个地通过仪器，只要时间足够长，底片上同样会出现干涉花纹，这说明波动性并不是微观粒子的集体行为，单个电子自身就具有波动性.

那么，物质波究竟意味着什么？经过全面、深入的分析，1926 年玻恩提出：物质波是一种概率波，其波强描述了微观粒子出现的概率密度. 具体地说，在给定时刻 t，在空间某点 $\boldsymbol{r}$ 处微观粒子的波函数的模的平方 $|\Psi(\boldsymbol{r},t)|^2$ 正比于该点附近发现该粒子的概率密度 $\rho(\boldsymbol{r},t)$，即单位体积内的概率，而该点邻近体积元 $\mathrm{d}V$ 内发现该粒子的概率 $\mathrm{d}P$ 为

$$\mathrm{d}P=\rho(\boldsymbol{r},t)\mathrm{d}V\propto|\Psi(\boldsymbol{r},t)|^2\mathrm{d}V \tag{19.37}$$

换句话说，物质波强度大的地方，粒子出现的可能性大；强度小的地方，粒子出现的可能性小. 然而只要出现，总是整个的粒子，而不是粒子的一部分.

因为粒子是客观存在的，我们总可以在某个地方发现它，即粒子某时刻在整个空间内出现的概率为 1，这个性质可以用公式来表示为

$$\iiint_V\rho(\boldsymbol{r},t)\mathrm{d}V=1 \tag{19.38}$$

利用这个条件我们容易确定式(19.37)中的比例系数.

在特殊情况下，波函数模的平方恰好等于该点附近发现该粒子的概率密度，这时有

$$\iiint_V|\Psi(\boldsymbol{r},t)|^2\mathrm{d}V=1 \tag{19.39}$$

上式称为波函数的归一化条件，满足这个条件的波函数称为归一化波函数. 一般来说，我们可以调整波函数中的比例系数，使其满足归一化条件，这样的比例系数称为归一化系数.

在一维运动的情况下，波函数的归一化条件可以简化为

$$\int_{-\infty}^{\infty}|\Psi(x,t)|^2\mathrm{d}x=1 \tag{19.40}$$

例 19.10 已知电子某时刻的波函数为 $\Psi(x,t)=A\mathrm{e}^{-\frac{a^2x^2}{2}-\mathrm{i}\omega t}$，求归一化系

数 A 和电子在原点出现的概率密度.

解　将波函数代入归一化条件(19.40),我们得到

$$\int_{-\infty}^{\infty} |\Psi(x,t)|^2 \mathrm{d}x = A^2 \int_{-\infty}^{\infty} \mathrm{e}^{a^2 x^2} \mathrm{d}x = \frac{A^2\sqrt{\pi}}{a} = 1$$

解出归一化系数为

$$A = \sqrt{a/\sqrt{\pi}}$$

电子在原点出现的概率密度为

$$\rho(0,t) = |\Psi(0,t)|^2 = A^2 = a/\sqrt{\pi}$$

它是一个不随时间变化的常数.

19.5　不确定关系及其应用

19.5.1　不确定关系

按经典力学,我们至少在原则上可以同时确定一个物体的位置和动量,由此作为初始条件,还可以进一步推知物体以后的位置和动量. 但对于微观粒子来说,由于具有波动性,情况就发生了变化. 在波粒二象性的基础上,1927 年,德国青年物理学家海森伯(W. Heisenberg,1901～1976)提出:微观粒子不能同时具有确定的位置和确定的动量.

考虑一个动量为 p 的自由电子通过一个垂直于运动方向的狭缝,设狭缝沿 x 轴,缝宽为 a,取缝的中心为原点,电子运动方向为 y 轴,如图 19.13 所示.

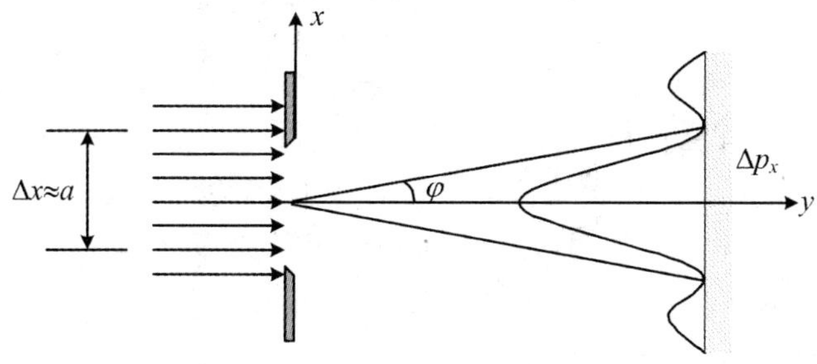

图 19.13　电子波的单缝衍射

由于具有波动性,入射电子在通过狭缝时,其 x 坐标不能完全确定,不确定

范围为 $x\approx a$. 电子波的波长为 $\lambda=h/p$，由单缝衍射公式，电子通过单缝后到达屏上时，大部分落在两个一级暗纹之间，而不是恰好在屏的中央，这表明动量在 x 方向有一个不确定度 $p\approx p\sin\varphi$，其中 φ 为原点到一级暗纹连线的倾斜角. 由单缝衍射知识，倾斜角 φ 满足一级暗纹公式

$$a\sin\varphi=\lambda$$

因此有

$$\Delta p\approx p\sin\varphi=\frac{h}{\lambda}\cdot\frac{\lambda}{a}\approx\frac{h}{\Delta x}$$

即

$$\Delta x\Delta p\approx h \tag{19.41}$$

上式称为海森伯不确定关系，它表明坐标及其对应动量的不确定度不能同时为零，即微观粒子不能同时具有确定的位置和动量.

更严格的计算表明，当粒子的位置和动量的不确定度用方均根偏差值来表示的时候，即

$$\Delta x=\sqrt{\overline{(x-\overline{x})^2}},\quad \Delta p_x=\sqrt{\overline{(p_x-\overline{p}_x)^2}} \tag{19.42}$$

有

$$\Delta x\Delta p_x\geqslant\hbar/2 \tag{19.43}$$

上式从理论上给出了同时测量位置和对应的动量时所能够达到的最大精确度，此结论的英文表述如下：

If a measurement of the position of a particle is made with uncertainty Δx and a simultaneous measurement of its momentum is made with uncertainty Δp_x, the product of the two uncertainties can never be smaller than $\hbar/2$.

类似地，有

$$\Delta y\Delta p_y\geqslant\hbar/2,\quad \Delta z\Delta p_z\geqslant\hbar/2 \tag{19.44}$$

由于位置与动量不能同时确定，经典理论中的轨道概念在微观领域内也就失去了意义，因为轨道存在条件要求轨道上的每一点都有一个明确的切线方向，而切线的方向由该点的速度或动量确定，按不确定关系，这是不可能的.

例 19.11 若电子与质量为 0.01 kg 的子弹，都以 200 $\mathrm{m\cdot s^{-1}}$ 的速度沿 x 方向运动，速率测量的相对误差约为 $d=10^{-4}$. 求在测量二者速率的同时，测量位置所能达到的最小不确定度 Δx.

解 已知动量不确定度为 $\Delta p_x=p\cdot\delta=mv\delta=m\times200\times0.0001=0.02\,m$，由不确定关系，位置的不确定度为

$$\Delta x \geqslant \frac{\hbar}{2\Delta p_x} = \frac{1.05 \times 10^{-34}}{2 \times 0.02m} = \frac{2.64 \times 10^{-33}}{m}$$

将电子与子弹的质量分别代入上式，得到：

电子位置的最小不确定度为 $\Delta x_1 = \dfrac{2.64 \times 10^{-33}}{9.11 \times 10^{-31}}\ \mathrm{m} = 2.90 \times 10^{-3}\ \mathrm{m}$；

子弹位置的最小不确定度为 $\Delta x_2 = \dfrac{2.64 \times 10^{-33}}{0.01}\ \mathrm{m} = 2.64 \times 10^{-31}\ \mathrm{m}$.

由于原子直径的数量级为 10^{-10} m，电子位置的最小不确定度 Δx_1 是原子大小的几千万倍，无法忽略；而子弹大小的数量级为 10^{-2} m，子弹位置的最小不确定度 Δx_2 与其大小相差几十个数量级，没有任何可观测的影响. 因此，在通常情况下，不确定关系对宏观物体没有影响，换句话说，经典物理理论对宏观物体仍然有效.

19.5.2　能量与时间的不确定关系

考虑一个质量为 m 的自由粒子从原点出发沿 x 轴以不变速率 v 运动，其坐标 $x=vt$，动量为 $p=mv$，动能为 $E=p^2/(2m)$. 容易证明

$$\Delta E = \frac{p}{m}\Delta p = v\Delta p, \quad \Delta x = v\Delta t$$

其中 ΔE 是系统的能量不确定度，Δt 是时间不确定度. 因此

$$\Delta E \Delta t = v\Delta p \cdot \Delta x / v = \Delta x \Delta p \geqslant \hbar/2 \tag{19.45}$$

即能量与时间也有类似的不确定关系. 上面的推导虽然是一个特例，但是可以严格地证明式(19.45)是普遍成立的.

利用上述结果，我们还可以得到角动量与对应转角之间的不确定关系. 考虑一个转动惯量为 I 的物体绕 z 轴以不变的角速度 ω 运动，其转角 $\varphi=\omega t$，角动量 $L_z=I\omega$，转动动能为 $E=L_z/(2I)$. 容易证明

$$\Delta E = \frac{L_z}{I}\Delta L_z = \omega \Delta L_z, \quad \Delta\varphi = \omega \Delta t$$

因此

$$\Delta L_z \Delta\varphi = (\Delta E/\omega) \cdot \omega \Delta t = \Delta E \Delta t \geqslant \hbar/2 \tag{19.46}$$

19.5.3　不确定关系的应用

物理学是一门高度定量化的学科，然而一位成熟的物理学家在进行探索性的科学研究时，常常从定性的或半定量的方法入手. 一方面是因为有些问题可以通过定性的或半定量的分析就能够简单地得出结论，更重要的是通过定性的

思考或半定量的试验，可以对问题的性质、解的概貌取得一个总体的估计和理解，不至于陷入细枝末节的探讨，以致一叶障目，只见树木，不识森林①. 不确定关系为我们提供了半定量地认识微观粒子运动规律的一个有力工具.

例 19.12　利用不确定关系估算束缚在一个有限范围内的自由粒子的最小能量.

解　不失一般性，假设这个范围的尺度为 a，以其中心为基点，位置的不确定度 $\Delta x\approx a/2$，由不确定关系式(19.43)，得到

$$\Delta p_x \geqslant \frac{\hbar}{2\Delta x} = \frac{\hbar}{a}$$

而约束在有限区域内的粒子只能来回运动，其平均动量 $\bar{p}_x=0$，因此有 $|p_x| = \Delta p_x$，利用相对论动能公式和不确定关系可以得到

$$\begin{aligned} E_{\mathrm{k}} &= \sqrt{m^2c^4 + p_xc^2} - mc^2 = c\sqrt{m^2c^2 + \Delta p_x} - mc^2 \\ &\geqslant c\sqrt{m^2c^2 + (\hbar/a)^2} - mc^2 \end{aligned}$$

当 $\Delta p_x \ll mc$ 时，为非相对论情况，这时有

$$E_{\mathrm{k}} \approx \frac{1}{2m}(\Delta p_x)^2 \geqslant \frac{\hbar^2}{2ma^2}$$

当 $\Delta p_x \gg mc$ 时，为极端相对论情况，这时有

$$E_k \approx c\Delta p_x \geqslant \frac{c\hbar}{a}$$

上面的结果表明，由于波粒二象性，被约束在有限区域内的自由粒子不可能静止，必定具有一个非零的最小动能，这个能量称为零点能. 区域越小，零点能就越大.

例 19.13　利用不确定关系判断 β 衰变所发射出的电子(实验观测到该电子的动能不超过 1 MeV)是否可能为原子核的一个组成成分.

解　假设 β 衰变所发射出的电子原先就存在于原子核之中，原子核的大小数量级为 10^{-14}，由例 19.12 可知该电子的动量不确定度为

$$\Delta p \geqslant \hbar/a = 1.05\times 10^{-20}\ \mathrm{kg\cdot m\cdot s^{-1}}$$

而

$$mc = 9.11\times 10^{-31}\times 3\times 10^{8}\ \mathrm{kg\cdot m\cdot s^{-1}} = 2.73\times 10^{-22}\,\mathrm{kg\cdot m\cdot s^{-1}}$$

可以看成极端相对论情况. 于是电子具有动能

$$E_{\mathrm{k}} \gg c\hbar/a = 3.15\times 10^{-12}\ \mathrm{J} \approx 20\ \mathrm{MeV}$$

---

① 参见：赵凯华. 定性与半定量物理学[M]. 北京：高等教育出版社，1991.

而实验观测到原子核 β 衰变所发射出电子的动能不超过 1 MeV,因此它不可能原先就存在于原子核之中,即为原子核的一个组成成分.

例 19.14 钠原子处于某激发能级的平均时间为 $\Delta t=10^{-8}$ s,在此期间内它发射一个波长为 $\lambda=589$ nm 的光子并跃迁回基态. 利用能量与时间的不确定关系,计算该激发能级的最小宽度 ΔE 和所发射谱线的相对线宽 $\Delta\nu/\nu$.

解 原子的激发能级是不稳定的,平均时间 Δt 等价于其寿命的不确定度,而激发能级的能量也不可能精确地测量,有一个不确定度 ΔE,称为能级宽度. 利用能量和时间的不确定关系(19.45),容易得到激发能级的最小宽度为

$$\Delta E \geqslant \frac{\hbar}{2\Delta t} = \frac{1.05 \times 10^{-34}}{2 \times 10^{-8}}\ \text{J} = 5.25 \times 10^{-27}\ \text{J}$$

由玻尔的频率假设(19.19),在跃迁过程中辐射光子的频率为

$$\nu = (E_{激发态} - E_{基态})/h$$

由于基态是稳定的,其能量可以确定,于是谱线频率的不确定度为

$$\Delta\nu = \Delta E_{激发态}/h \geqslant 8 \times 10^{6}\ \text{Hz}$$

谱线的相对线宽为

$$\frac{\Delta\nu}{\nu} = \frac{\lambda\Delta\nu}{c} = \frac{589 \times 10^{-9} \times 8 \times 10^{6}}{3 \times 10^{8}} = 1.57 \times 10^{-8}$$

例 19.15 用不确定关系估算简谐振子的最小能量.

解 质量为 m 的简谐振子的势能函数为

$$V = \frac{1}{2}kx^2 = \frac{1}{2}m\omega^2 x^2$$

式中 $\omega=\sqrt{k/m}$是振子的圆频率,x 是谐振子离开平衡位置的位移,其能量为

$$E = \frac{\overline{p^2}}{2m} + \frac{1}{2}m\omega^2\,\overline{x^2}$$

考虑到势能 $V(x)$ 关于坐标原点对称,因此有 $\bar{x}=0$;而谐振子运动在有限范围内,有 $\bar{p}=0$,于是

$$(\Delta x)^2 = \overline{(x-\bar{x})^2} = \overline{x^2}, \quad (\Delta p)^2 = \overline{(p-\bar{p})^2} = \overline{p^2}$$

利用上式和测不准关系(19.43),谐振子能量可化为

$$\begin{aligned} E &= \frac{(\Delta p)^2}{2m} + \frac{1}{2}m\omega^2\,(\Delta x)^2 \\ &= \left(\frac{\Delta p}{\sqrt{2m}} - \sqrt{\frac{m}{2}}\omega\Delta x\right)^2 + \omega\Delta x\Delta p \geqslant \frac{1}{2}\hbar\omega = \frac{1}{2}h\nu \end{aligned}$$

因此谐振子的能量决不会小于这个极小值 $h\nu/2$. 不存在静止的谐振子,这是微观粒子波动性的表现.

习 题

一、问答题

19.1 简要回答下列问题：

(1) 光电效应和康普顿效应都包含有电子与光子的相互作用过程，它们有何区别？

(2) 微观粒子与经典粒子有什么不同？

(3) 物质波与经典波有什么不同？

(4) 按不确定关系，微观粒子的位置或对应的动量能不能确定？

二、选择题

19.2 用频率为 ν 的单色光照射某种金属时，逸出光电子的最大动能为 E_k；若改用频率为 2ν 的单色光照射此种金属时，则逸出光电子的最大动能为(　　).

(A) $2E_k$　(B) $2h\nu-E_k$　(C) $h\nu-E_k$　(D) $h\nu+E_k$

19.3 在康普顿效应实验中，若散射光的波长是入射光的波长的 1.2 倍，则散射光光子的能量 ε 与反冲电子的动能 E_k 之比 $\varepsilon : E_k$ 为(　　).

(A) 2　(B) 3　(C) 4　(D) 5

19.4 要使处于基态的氢原子受激发射后能发射莱曼系(由激发态跃迁到基态发射的各谱线组成的谱线系)的最长波长的谱线，至少应该向基态氢原子提供的能量是(　　).

(A) 1.5 eV　(B) 3.4 eV　(C) 10.2 eV　(D) 13.6 eV

19.5 假定氢原子原是静止的，则氢原子从 $n=3$ 的激发态直接通过辐射跃迁到基态的反冲速度大约是(　　).

(A) $4\ \mathrm{m\cdot s^{-1}}$　(B) $10\ \mathrm{m\cdot s^{-1}}$　(C) $100\ \mathrm{m\cdot s^{-1}}$　(D) $400\ \mathrm{m\cdot s^{-1}}$

19.6 电子显微镜中的电子从静止开始通过电势差 U 的静电场加速后，其德布罗意波长是 0.04 nm，则 U 约为(　　).

(A) 150 V　(B) 330 V　(C) 630 V　(D) 940 V

19.7 如果两个质量不同的粒子，其德布罗意波长相同，则这两种粒子的(　　).

(A) 动量相同　(B) 能量相同　(C) 速度相同　(D) 动能相同

19.8 已知粒子归一化的波函数为

$$\Psi(x)=\frac{1}{\sqrt{a}}\cos\frac{3\pi x}{2a}\quad(-a\geqslant x\geqslant a)$$

那么粒子处于 $x=5a/6$ 处的概率密度为(　　).

(A) $1/(2a)$　(B) $1/a$　(C) $1/\sqrt{2a}$　(D) $1/\sqrt{a}$

三、计算题

19.9 以波长 $\lambda=410$ nm 的单色光照射到某一金属，产生的光电子的最大动能为 $E_k=1.4$ eV，求能使该金属产生光电效应的单色光的最大波长是多少？

19.10 功率为 P 的点光源，发出波长为 λ 的单色光，在距光源为 d 处，每秒钟落在垂直于光线的单位面积上的光子数为多少？若 $\lambda=663$ nm，则光子的质量为多少？

19.11 假定在康普顿散射实验中，入射光的波长 $\lambda_0=0.003$ nm，反冲电子的速度 $v=$

0.6 c，求散射光的波长 λ.

19.12　实验发现基态氢原子可吸收能量为 12.75 eV 的光子.

（1）试问氢原子吸收该光子后将被激发到哪个能级？

（2）受激发的氢原子向低能级跃迁时，可能发出哪几条光谱线？请画出能级图，并将这些跃迁画在能级图上.

19.13　氢原子光谱的巴耳末线系中，有一光谱线的波长为 434 nm，求：

（1）与这一条谱线相对应的光子的能量为多少电子伏特？

（2）该谱线是氢原子由能级 E_n 跃迁到 E_k 产生的，则 n 和 k 各为多少？

（3）最高能级为 E_5 的大量氢原子，最多可以发射几个线系，共几条谱线？

请在氢原子的能级图中表示出来，说明波长最短的是哪一条谱线.

19.14　当电子的德布罗意波长与可见光波长（$\lambda=550$ nm）相同时，求它的动能是多少电子伏特？若不考虑相对论效应，则电子的动能是多少电子伏特？

19.15　同时测量能量为 1 keV 的电子的位置与动量，若位置的不确定值不超过 0.1 nm，则动量的相对不确定值至少为多少？

19.16　一维运动的粒子，设其动量的不确定量等于它的动量，试求此粒子位置的不确定量与它的德布罗意波长的关系.

19.17　利用玻尔假设推导类氢离子的能级和光谱结构.

19.18　用 Mathematica 计算温度为 3 000 K 的灯丝所发出的辐射中，可见光的能量占辐射总能量的百分比.

19.19　The cosmic background radiation is black body radiation at a temperature of 2.73 K. Determine the wavelength at which this radiation has its maximum intensity.

19.20　A particle has a wave function

$$\varphi(x)=\begin{cases}\sqrt{\dfrac{2}{a}}\,\mathrm{e}^{-x/a} & \text{for } x>0\\ 0 & \text{for } x<0\end{cases}$$

(a) Find and sketch the probability density.

(b) Find the probability that the particle will be found at any point where $x<0$.

(c) Show that $\varphi(x)$ is normalized, and then find the probability that the particle will be found between $x=0$ and $x=$a.

四、小论文写作练习

19.21　如果考虑相对论效应后，玻尔理论应该如何修正，将你的研究结果写成小论文.

19.22　如何把玻尔理论推广到椭圆轨道的情况.

第 20 章 量子力学入门

20.1 薛定谔方程

德布罗意提出的物质波和波粒二象性,得到了实验的支持,从理论上说明了玻尔角动量量子化条件的实质是驻波条件,取得了重要的突破.然而,德布罗意所提出的只是几个概念,而不是系统的理论.1925 年,奥地利物理学家薛定谔(E. Schrödinger,1887～1961)在德拜主持的物理讨论会上做了一场介绍德布罗意物质波的报告,刚听完报告,德拜就尖锐地指出:"讨论波动而没有一个波动方程,未免太幼稚了."这个评论激发了薛定谔建立一个物质波理论的想法.

我们已经知道,氢原子的玻尔理论把量子观念与经典描述凑合在一起,因此不是一个完善、彻底的量子理论,无法取得更大的成功.那么,一个彻底的新量子理论应当是什么样的呢?它与在宏观范围内得到实验验证的经典理论之间有什么联系?经过深入思考,薛定谔把光学与力学进行了对比:几何光学中处理的是光线,而光在本质上具有波动性,有一个处理光波的波动光学,几何光学只是波动光学的极限;类似地,牛顿力学中处理的是粒子,而粒子在本质上也有波动性,有没有一个处理粒子波的波动力学,使牛顿力学成为波动力学的某种极限呢?

按照这个思路,薛定谔提出了物质波运动的基本规律——薛定谔方程,建立了称为波动力学的新量子理论.薛定谔建立的波动力学是量子力学的主要表现形式.

20.1.1 薛定谔方程的建立

自由运动是粒子最简单的运动,因此我们选择与自由粒子对应的平面波作为建立波动方程的突破口.按照式(19.36),在三维空间,一个具有确定能量 E 和动量 $\boldsymbol{p}$ 的自由粒子的波函数为

$$\Psi(\boldsymbol{r},t) = A\mathrm{e}^{\mathrm{i}(Et-\boldsymbol{p}\cdot\boldsymbol{r})/\hbar} \tag{20.1}$$

粒子的能量或动量变化时，其波函数也相应地变化. 为了找出自由粒子波函数所满足的一般规律，我们注意到

$$-\mathrm{i}\hbar\frac{\partial}{\partial t}\Psi(\boldsymbol{r},t) = E\Psi(\boldsymbol{r},t),\quad \mathrm{i}\hbar\nabla\Psi(\boldsymbol{r},t) = p\Psi(\boldsymbol{r},t) \tag{20.2}$$

其中$\nabla=\boldsymbol{i}\frac{\partial}{\partial x}+\boldsymbol{j}\frac{\partial}{\partial y}+\boldsymbol{k}\frac{\partial}{\partial z}$为梯度算符. 由于新的理论要以牛顿力学为某种极限，两者之间必然有密切的对应关系，而对于非相对论性自由粒子，其能量 E 与动量 $\boldsymbol{p}$ 满足关系

$$E = \frac{\boldsymbol{p}^2}{2m} \tag{20.3}$$

其中 m 为粒子的质量. 由此得到

$$-\mathrm{i}\hbar\frac{\partial}{\partial t}\Psi(\boldsymbol{r},t) = \frac{(\mathrm{i}\hbar\nabla)^2}{2m}\Psi(\boldsymbol{r},t) = -\frac{\hbar^2}{2m}\nabla^2\Psi(\boldsymbol{r},t) \tag{20.4}$$

其中$\nabla^2=\frac{\partial^2}{\partial x^2}+\frac{\partial^2}{\partial y^2}+\frac{\partial^2}{\partial z^2}$. 上式对任何非相对论自由粒子的物质波都正确，称为自由粒子的薛定谔方程.

在非自由粒子的情况下，牛顿力学给出

$$E = \frac{\boldsymbol{p}^2}{2m} + V \tag{20.5}$$

其中 V 为粒子的势能，自由粒子是上式在 $V=0$ 时的特例. 按照对应关系，一般情况下式(20.4)的推广形式应该为

$$-\mathrm{i}\hbar\frac{\partial}{\partial t}\Psi(\boldsymbol{r},t) = -\frac{\hbar^2}{2m}\nabla^2\Psi(\boldsymbol{r},t) + V\Psi(\boldsymbol{r},t) \tag{20.6}$$

这就是非相对论粒子的物质波所遵循的一般规律，称为薛定谔方程. 薛定谔方程是探索和猜测的结果，它的正确性应该由实验来检验. 大量的实验已经表明，对于非相对论粒子，薛定谔方程是正确的.

在一维情况下，薛定谔方程简化为

$$-\mathrm{i}\hbar\frac{\partial}{\partial t}\Psi(x,t) = -\frac{\hbar^2}{2m}\frac{\partial^2}{\partial x^2}\Psi(x,t) + V\Psi(x,t) \tag{20.7}$$

在量子力学中，薛定谔方程占有极其重要的地位，它是描述微观粒子运动状态的基本定律，与经典力学中的牛顿运动定律相似. 已知起始状态，由薛定谔方程就可以求出粒子波函数，得到粒子的概率密度以及相关的物理量. 由于在推求的过程中利用了非相对论的能量公式，因此薛定谔方程仅在粒子运动速率远小于光速的条件下适用.

20.1.2 定态薛定谔方程

常见的势场大多数是稳定的，即势能函数 V 只是空间坐标的函数，与时间 t 无关，可以表示为 $V=V(\boldsymbol{r})$. 在这种情况下，我们可以用分离变量法把波函数 $\Psi(\boldsymbol{r},t)$ 分离为一个空间坐标的函数 $\varphi(\boldsymbol{r})$ 和一个时间函数 $f(t)$ 的乘积，即

$$\Psi(\boldsymbol{r},t)=\varphi(\boldsymbol{r})f(t) \tag{20.8}$$

在一维情况下，上式化为

$$\Psi(x,t)=\varphi(x)f(t) \tag{20.9}$$

将上式代入式(20.7)，得到

$$-\mathrm{i}\hbar\varphi(x)\frac{\mathrm{d}f(t)}{\mathrm{d}t}=\left[-\frac{\hbar^2}{2m}\frac{\mathrm{d}^2\varphi(x)}{\mathrm{d}x^2}+V\varphi(x)\right]f(t)$$

等式两边同时除以 $\varphi(x)f(t)$，则有

$$-\frac{\mathrm{i}\hbar}{f}\frac{\mathrm{d}f}{\mathrm{d}t}=\frac{1}{\varphi}\left(-\frac{\hbar^2}{2m}\frac{\mathrm{d}^2\varphi}{\mathrm{d}x^2}+V\varphi\right) \tag{20.10}$$

上式等号左边只是时间 t 的函数，等号右边只是空间坐标 x 的函数，要使等式成立，两边必须同时等于一个与坐标和时间都无关的常数，令这个常数为 E，则有

$$-\frac{\mathrm{i}\hbar}{f}\frac{\mathrm{d}f}{\mathrm{d}t}=E$$

这个方程的解是

$$f(t)=\mathrm{e}^{\frac{\mathrm{i}}{\hbar}Et}$$

由于它的模 $|f(t)|=1$，仅仅影响波函数的幅角(位相)而不影响波函数的模，习惯上被称为相因子. 将上式代回式(20.9)，得

$$\Psi(x,t)=\varphi(x)\mathrm{e}^{\frac{\mathrm{i}}{\hbar}Et} \tag{20.11}$$

将式(20.11)与自由粒子波函数(20.1)比较，可知分离常数 E 就是粒子的能量. 与分离变量解(20.11)对应的概率密度

$$\rho=|\Psi(x,t)|^2=|\varphi(x)|^2$$

说明在该状态下测到粒子的概率密度不随时间变化，这样的状态叫做定态，对应的波函数(20.11)称为定态波函数(time-independent wave function).

同样，式(20.10)的等号右边也等于同一常数 E，于是就有

$$-\frac{\hbar^2}{2m}\frac{\mathrm{d}^2}{\mathrm{d}x^2}\varphi+V\varphi=E\varphi \tag{20.12}$$

方程(20.12)中不含时间 t，称为**定态薛定谔方程**(time-independent Schrödinger equation)，它的解 $\varphi(x)$ 给出了定态波函数的空间部分，将这个空间部分添上一

个相因子就得到了定态波函数. 由此可见，求解薛定谔方程的关键是求解对应的定态薛定谔方程.

波函数的物理解释要求它应当是满足有限、单值和连续三个基本条件的非零函数，这些条件又被称为是波函数的标准条件. 由式(20.11)可知，波函数满足标准条件等价于它的空间部分，即定态薛定谔方程的解 $\varphi(x)$满足这些条件. 由于解要满足波函数的标准条件，定态薛定谔方程(20.12)中的能量 E 就不能任意取值，而只能取一些特殊值 E_n，这些特殊值称为能量本征值(eigen value)，对应的解 $\varphi_n(x)$称为能量本征函数(eigen function)，这就从理论上很好地解释了能量量子化的原因. 能量本征函数是定态波函数的主要部分，在不引起混乱的情况下，也常常被称为定态波函数或波函数.

为了便于应用，在可能的情况下，我们还要求能量本征函数 $\varphi(x)$归一化，即满足归一化条件

$$\int_{-\infty}^{\infty} |\varphi(x)|^2 \mathrm{d}x = 1 \tag{20.13}$$

这时，它的模方$|\varphi(x)|^2$ 恰好等于概率密度.

20.1.3　波函数的叠加原理

定态波函数由能量本征函数和相因子组成，当粒子处于某个定态时，测量能量的结果是一个唯一的确定值——对应于能量本征值. 然而，薛定谔方程是一个线性方程，它的解满足叠加原理：若波函数 $\Psi_1(x,t)$和 $\Psi_2(x,t)$是薛定谔方程的两个解，则它们的线性组合 $C_1\Psi_1(x,t)+C_2\Psi_2(x,t)$也是同一个方程的解，称为 $\Psi_1(x,t)$和 $\Psi_2(x,t)$的叠加态.

关于叠加态，有如下叠加原理：如果 $\Psi_1(x,t)$和 $\Psi_2(x,t)$是粒子的两个定态波函数，对应的能量本征值分别为 E_1 和 E_2，当粒子处于叠加态 $\Psi(x,t)=C_1\Psi_1(x,t)+C_2\Psi_2(x,t)$时，测量能量的结果并不确定，既可能是 E_1，也可能是 E_2，但不会是另外的值. 如果 $\Psi_1(x,t)$，$\Psi_2(x,t)$和 $\Psi(x,t)$都已经归一化，那么在叠加态 $\Psi(x,t)$下测量能量的结果是 E_1 的概率为$|C_1|^2$，是 E_2 的概率为$|C_2|^2$，是其他值的概率为零. 于是，测量能量的统计平均值为

$$\overline{E} = |C_1|^2 E_1 + |C_2|^2 E_2$$

上述结论可以推广到一般情况，如果 $\Psi_k(x,t)(k=1,2,\cdots,n)$是粒子的 n 个归一化定态波函数，对应的能量本征值分别为 $E_k(k=1,2,\cdots,n)$，则当粒子处于已经归一化的叠加态下，

$$\Psi(x,t) = \sum_{k=1}^{n} C_k \Psi_k(x,t) \tag{20.14}$$

测量能量的结果是 E_k 的概率为 $|C_k|^2(k=1,2,\cdots,n)$，测量能量的统计平均值为

$$\overline{E}=\sum_{k=1}^{n}|C_k|^2E_k \tag{20.15}$$

20.1.4 力学量的算符表示

在三维情况下，定态薛定谔方程的形式为

$$\left[\frac{(\mathrm{i}\hbar\nabla)^2}{2m}+V(\boldsymbol{r})\right]\varphi(\boldsymbol{r})=E\varphi(\boldsymbol{r}) \tag{20.16}$$

习惯上把上式中与能量 E 对应的算符 $\frac{(\mathrm{i}\hbar\nabla)^2}{2m}+V(\boldsymbol{r})$ 称为哈密顿算符，记为 $\hat{H}$. 这样，定态薛定谔方程又可以表示为 $\hat{H}\varphi(\boldsymbol{r})=E\varphi(\boldsymbol{r})$，称为能量(算符)的本征方程.

与此类似，在量子力学中，其他力学量也需要用算符来表示，力学量所能取的值是其相应算符的本征值，它们可以通过求解该力学量算符的本征方程得到. 例如，与某个力学量 F 对应的量子力学算符为 $\hat{F}$，解该算符的本征方程 $\hat{F}\varphi=f\varphi$，得到的所有本征值 f，即为该力学量所能取的值.

根据式(20.2)，容易得出动量算符为 $\hat{\boldsymbol{p}}=-\mathrm{i}\hbar\nabla$，而坐标算符就是它自己，即 $\hat{\boldsymbol{r}}=\boldsymbol{r}$. 牛顿力学中的其他力学量都可以由坐标和动量组成，与力学量 $F(\boldsymbol{r},\boldsymbol{p})$ 对应的算符为 $F(\boldsymbol{r},-\mathrm{i}\hbar\nabla)$.

例如，角动量为 $\boldsymbol{L}=\boldsymbol{r}\times\boldsymbol{p}$，对应的角动量算符为 $\hat{\boldsymbol{L}}=\boldsymbol{r}\times\boldsymbol{p}=\boldsymbol{r}\times(-\mathrm{i}\hbar\nabla)$. 与角动量的分量对应，角动量算符的分量为 $\hat{L}_x=y\hat{p}_z-z\hat{p}_y$，$\hat{L}_y=z\hat{p}_x-x\hat{p}_z$，$\hat{L}_z=x\hat{p}_y-y\hat{p}_x$，而角动量平方对应的算符为 $\hat{L}^2=x^2+y^2+z^2$.

力学量算符不仅可以用直角坐标来表示，还可以用其他坐标表示. 例如，在球坐标下，角动量算符可以简洁地表示为

$$\hat{L}_z=-\mathrm{i}\hbar\frac{\partial}{\partial\varphi},\quad \hat{L}^2=-\hbar^2\left[\frac{1}{\sin\theta}\frac{\partial}{\partial\theta}\left(\sin\theta\frac{\partial}{\partial\theta}\right)+\frac{1}{r^2\sin^2\theta}\frac{\partial^2}{\partial\varphi^2}\right] \tag{20.17}$$

20.2 一维量子问题

为了简单和具体起见，下面我们用定态薛定谔方程来研究几个一维量子运

动问题.

20.2.1　一维无限深方势阱

金属中的自由电子被限制在金属内部的有限范围内运动，作为粗略的近似，可以认为它在金属内部不受力，势能为零；但电子要逸出金属表面，必须克服正电荷的引力作功 W，就相当于在金属表面处势能突然增大的 $V_0=W$. 上述势能的表达式为

$$V(x)=\begin{cases}0 & (0<x<a)\\ V_0 & (x\leqslant 0 \text{ 或 } x\geqslant a)\end{cases} \tag{20.18}$$

称为一维方势阱(one-dimensional square well). 上式在 $V_0\to\infty$ 的极限称为一维无限深方势阱(如图 20.1)，这是一个理想化模型.

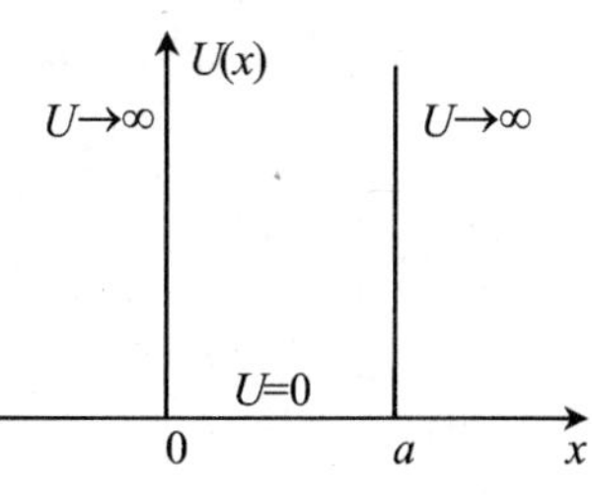

图 20.1　一维无限深方势阱

考虑一个在宽度为 a 的一维无限深方势阱中运动的粒子，由于粒子的能量总是有限的，因此它只能在宽为 a 的两个无限高势壁之间运动，在此区域之外的概率密度为零，即定态波函数满足条件

$$\varphi(x)=0\quad (x\leqslant 0 \text{ 或 } x\geqslant a) \tag{20.19}$$

将势阱内的势能 $V=0$，代入定态薛定谔方程(20.12)，得到

$$-\frac{\hbar^2}{2m}\frac{\mathrm{d}^2\varphi(x)}{\mathrm{d}x^2}=E\varphi(x)$$

上式可以化简为

$$\frac{\mathrm{d}^2\varphi(x)}{\mathrm{d}x^2}+k^2\varphi(x)=0 \tag{20.20}$$

其中参数

$$k^2=\frac{2mE}{\hbar^2} \tag{20.21}$$

微分方程(20.20)的通解是

$$\varphi(x)=C\cos kx+D\sin kx \tag{20.22}$$

其中 C,D 是待定常数，它们的取值以及参数 k 的取值要由标准条件和归一化条件来确定.

由于在势阱外的波函数为零，由标准条件可知，在势阱内的解(20.22)必须满足边界条件

$$\varphi(0)=\varphi(a)=0$$

将通解(20.22)代入上面的边界条件,得到

$$\begin{cases} C\cos 0 + D\sin 0 = 0 \\ C\cos ka + D\sin ka = 0 \end{cases}$$

由此容易解出 $C=0$ 和 $D\sin ka=0$. 如果 $D=0$,得到的波函数恒等于零,不满足标准条件;若要 $D\neq0$,必须有

$$\sin ka = 0$$

这个条件限制了参数 k,使它只能取一些不连续的数值 $ka=n\pi$,故

$$k = \frac{n\pi}{a} \quad (n = 1,2,3,\cdots) \tag{20.23}$$

将上式代入到式(20.21),可得能量本征值

$$E_n = \frac{\hbar^2 k^2}{2m} = \frac{\pi^2 \hbar^2}{2ma^2} n^2 \quad (n = 1,2,3,\cdots) \tag{20.24}$$

其中整数 n 称为粒子能量的量子数,必须注意在这里 n 不能为零,否则整个波函数将恒等于零.

上面的推导过程说明,由于波函数的标准条件,一维无限深方势阱中粒子能量只能取某些特定值,即是量子化的. 可见在量子力学中,能量量子化是自然得到的结果,不像在玻尔理论中需要另外假设.

由式(20.24)我们还可以求出相邻能级的间距为

$$\Delta E_n = E_{n+1} - E_n = \frac{\pi^2 \hbar^2}{2ma^2}(2n+1) \quad (n = 1,2,3,\cdots)$$

由此可见,只有当 a 和 m 都非常小时,能量的量子化效应才明显. 如果 m 是宏观物体的质量,a 是宏观距离,则能级间隔将非常小,能量实际上可以看成是连续的.

另一方面,我们还可以求出相邻能级的相对间隔为

$$\frac{\Delta E_n}{E_n} = \frac{2n+1}{n^2} \quad (n = 1,2,3,\cdots)$$

它随量子数 n 的增大而减小,在量子数 n 趋于无穷大的极限条件下,能级的相对间隔为0,可以认为能量从离散变成连续,量子理论转化为经典物理规律,这正是建立波动力学时我们所设想的.

把式(20.23)代回式(20.22),得到

$$\varphi(x) = D\sin\frac{n\pi}{a}x \quad (0 \leqslant x \leqslant a)$$

其中常数 D 可由归一化条件

$$\int_0^a D^2 \sin^2\frac{n\pi}{a}x\,\mathrm{d}x = 1$$

确定.由此容易算出 $D=\sqrt{2/a}$,于是得到归一化的定态波函数为

$$\varphi_n(x)=\begin{cases}\sqrt{\dfrac{2}{a}}\sin\dfrac{n\pi}{a}x & (0\leqslant x\leqslant a)\\ 0 & (x\leqslant 0 \text{ 或 } x\geqslant a)\end{cases}\quad (n=1,2,3,\cdots)\tag{20.25}$$

按照经典力学,粒子在势阱内是以不变的速率 $v=\sqrt{2E/m}$来回运动的,各点出现的概率密度应该相等,为 $\rho(x)=1/a$,不随位置或能量而变化.而由式(20.25),粒子在势阱中的概率密度为

$$\rho_n(x)=|\varphi_n(x)|^2=\frac{2}{a}\sin^2\frac{n\pi}{a}x\quad(0\leqslant x\leqslant a)\tag{20.26}$$

上式表明,与经典力学不同,粒子在势阱内的概率密度随位置或能量而改变,不再是常数.图20.2给出了 $n=1,3$ 的定态的波函数 $\varphi_n(x)$(实线)和概率密度 $|\varphi_n(x)|^2$(虚线)的函数曲线.

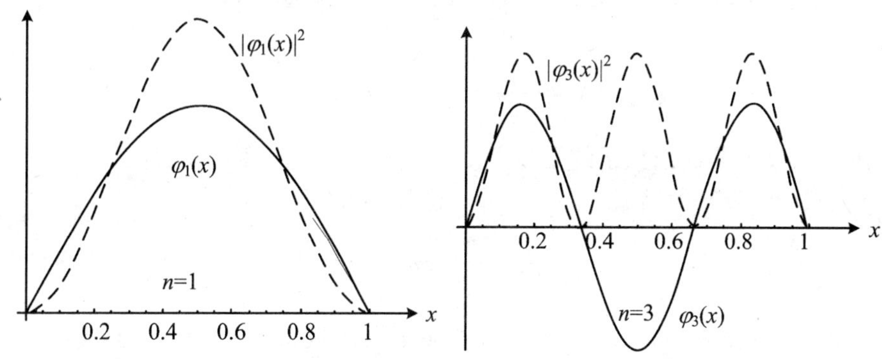

图20.2　一维无限深方势阱中粒子的本征函数概率密度

例20.1　一维无限深方势阱宽度分别为原子尺度 $a=10^{-10}$ m 和宏观尺度 $a=10^{-2}$ m 时,求电子能级和相邻能级间距.

解　由式(20.24),电子能量为

$$E_n=\frac{\pi^2\hbar^2}{2ma^2}n^2=\frac{(3.14\times1.05\times10^{-34})^2}{2\times9.11\times10^{-31}}\frac{n^2}{a^2}$$

$$=5.97\times10^{-38}\frac{n^2}{a^2}\quad(n=1,2,3,\cdots)$$

当 $a=10^{-10}$ m 时,有

$$E_n=5.97\times10^{-18}n^2\ \text{J}=37n^2\ \text{eV},\quad \Delta E_n=37(2n+1)\ \text{eV}$$

当 $a=10^{-2}$ m 时,有

$$E_n=5.97\times10^{-34}n^2\ \text{J}=3.7\times10^{-15}n^2\ \text{eV},\quad \Delta E_n=3.7\times10^{-15}(2n+1)\ \text{eV}$$

由此可见,在宏观尺度下,只要量子数 n 不是特别大(实际上不可能),电子能量在物理上是连续的.

例 20.2 计算一维无限深方势阱中粒子处于左侧四分之一范围内的概率.

解 由式(20.26),所求概率为

$$P=\int_0^{a/4}\rho_n(x)\mathrm{d}x=\int_0^{a/4}\frac{2}{a}\sin^2\frac{n\pi}{a}x\,\mathrm{d}x=\frac{1}{4}-\frac{\sin\frac{1}{2}n\pi}{2n\pi}$$

当量子数 n 很大时,这个概率趋向于 1/4,实际上回到了经典结果.

20.2.2 一维简谐振子

对于一个具有极小值的一维势阱,粒子在极小值(稳定平衡位置)附近的微振动可以用简谐振子模型来近似. 研究固体中原子在平衡位置附近振动、分子中的原子振动等问题时,都要使用简谐振子模型. 质量为 m 的简谐振子的势能函数为

$$V=\frac{1}{2}kx^2=\frac{1}{2}m\omega^2x^2 \tag{20.27}$$

式中 $\omega=\sqrt{k/m}$ 是简谐振子的圆频率,x 是简谐振子离开平衡位置的位移.

由式(20.12),简谐振子的定态薛定谔方程为

$$-\frac{\hbar^2}{2m}\frac{\mathrm{d}^2\varphi}{\mathrm{d}x^2}+\frac{1}{2}m\omega^2x^2\varphi=E\varphi \tag{20.28}$$

引入无量纲变量 $\xi=\alpha x(\alpha=\sqrt{m\omega/\hbar})$ 和无量纲能量 $\lambda=2E/(\hbar\omega)$,上式可以简化为

$$\frac{\mathrm{d}^2\varphi}{\mathrm{d}x^2}+(\lambda-\xi^2)\varphi=0 \tag{20.29}$$

当无量纲能量 $\lambda\neq 2n+1$(n 为自然数)时,上面的方程不存在满足标准条件的解. 这说明无量纲能量本征值为 $\lambda_n=2n+1$,容易验证对应的能量本征函数为

$$\varphi_n(\xi)=N_n\mathrm{e}^{-\xi^2/2}\mathrm{H}_n(\xi)\quad(n=0,1,2,\cdots) \tag{20.30}$$

其中 $\mathrm{H}_n(x)=(-1)^n\mathrm{e}^{x^2}\frac{\mathrm{d}^n}{\mathrm{d}x^n}\mathrm{e}^{-x^2}$ 为厄密多项式,具有性质 $\mathrm{H}_n(-x)=(-1)^n\cdot\mathrm{H}_n(x)$,而系数 N_n 可以由归一化条件确定,采用上述的无量纲变量时有 $N_n=(\sqrt{\pi}2^nn!)^{-1/2}$.

Mathematica 中已经对厄密多项式 $\mathrm{H}_n(x)$ 做了定义,形式为 HermiteH[n, ξ]. 由此我们可以把简谐振子的能量本征函数(20.30)用 Mathematica 语句定义出来:

φ[n_,ξ_]：=(√x2^n n!)^-1/2 e^-ξ^2/2 HermiteH[n,ξ]

利用作图命令 Plot[{φ[n,ξ],φ[n,ξ]^2},{ξ,-5,5}],容易得到简谐振子前 4 个能量本征函数及其对应的概率密度的图像,如图 20.3.

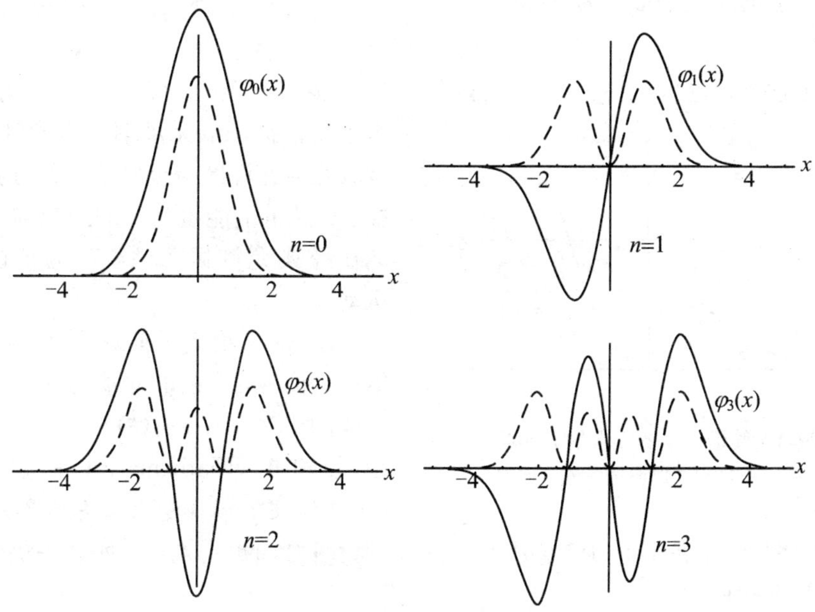

图 20.3　简谐振子的本征函数及概率密度

利用厄密多项式的性质容易证明,$\varphi_n(-x)=(-1)^n\varphi_n(x)$. 当 n 为偶数时,波函数为偶函数,坐标变号时波函数保持不变,我们把状态的这种空间对称性称为偶宇称;当 n 为奇数时,波函数为奇函数,坐标变号时波函数也改变符号,我们把状态的这种空间对称性称为奇宇称. 宇称是微观粒子的重要性质之一,简谐振子的定态具有确定的宇称,这与势能具有空间反射对称性有关.

带量纲形式的能量本征值为

$$E_n=\frac{1}{2}\hbar\omega\lambda_n=\left(n+\frac{1}{2}\right)\hbar\omega=\left(n+\frac{1}{2}\right)h\nu\quad(n=0,1,2,3,\cdots)\tag{20.31}$$

其中基态能量(最低能级的能量)为 $h\nu/2$,与第 19 章中利用不确定关系所得到的结果一致.

由经典力学,简谐振子的能量为

$$E=\frac{1}{2m}p^2+\frac{1}{2}m\omega^2x^2$$

由于动能总是非负的，因此有

$$|x| \leqslant \sqrt{\frac{2E}{m\omega^2}}$$

上式对应的无量纲形式为

$$|\xi| \leqslant \sqrt{\lambda} = \xi_0$$

满足上述条件的区域称为经典允许区，反之称为经典禁区，两者的分界点为 ξ_0.

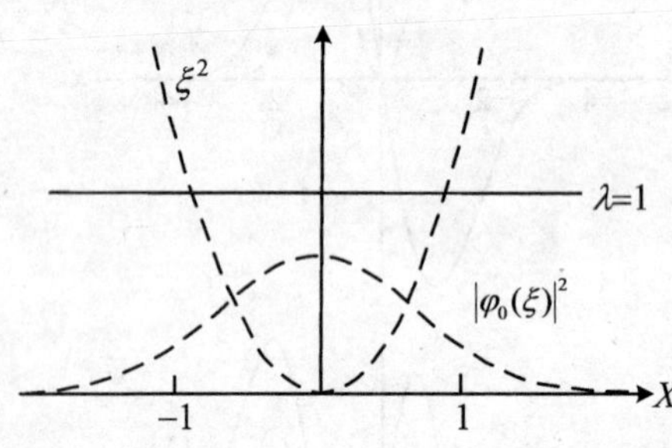

图 20.4　简谐振子的无量纲势能曲线、基态能量及其对应的概率密度

由于简谐振子的无量纲基态能量 $\lambda=1$，故经典允许区与经典禁区的分界点 $\xi_0=1$，无量纲能量为 1 的经典粒子只能在经典允许区 $|x|\leqslant 1$ 的范围内运动.

图 20.4 给出了简谐振子的无量纲势能曲线 ξ^2、无量纲基态能量及其对应的概率密度 $|\varphi_0(\xi)|^2$ 的图像. 描绘此图的 Mathematica 命令为：P lot[{1,ξ^2,φ[0,ξ]^2},{ξ,−2,2}].

由图 20.4 我们可以清楚地看到，在经典允许区 $|\xi|\leqslant\xi_0=1$ 外粒子仍然有一定的存在概率.

例 20.3　计算基态简谐振子在经典允许区和经典禁区内的概率.

解　基态简谐振子在经典允许区内的概率为

$$P = \int_{-1}^{1} |\varphi_0(\xi)|^2 \mathrm{d}\xi$$

这个概率可以用 Mathematica 命令 NIntegrate[φ[0,ξ]^2,{ξ,−1,1}]来进行计算，结果是 $P=0.842\,701$；而在经典禁区内的概率为 $1-P=0.157\,299$. 微观粒子会以一定的概率进入经典禁区，这是微观粒子波动性的又一重要表现.

20.2.3　势垒和隧穿效应

如图 20.5 所示，方形势垒也是一种常用的物理模型，其势能为

$$V(x) = \begin{cases} V_0 & (0 \leqslant x \leqslant a) \\ 0 & (x < 0 \text{ 或 } x > a) \end{cases} \tag{20.32}$$

其中 V_0 称为势垒的高度，a 称为势垒的宽度.

在经典物理中，一个能量 E 小于势垒高度 V_0 的粒子是不可能越过势垒而从一侧到达另一侧的，因为该势垒是粒子的一个禁区. 但在例 20.3 中我们所看

到的，按量子力学理论，粒子能够以一定的概率进入到经典禁区中，因此也同样能够以一定的概率越过势垒而从一侧到达另一侧. 就好像在势垒中有一个隧道能使粒子以一定的概率穿过，这种现象称为隧穿效应(tunneling effect，图20.6).

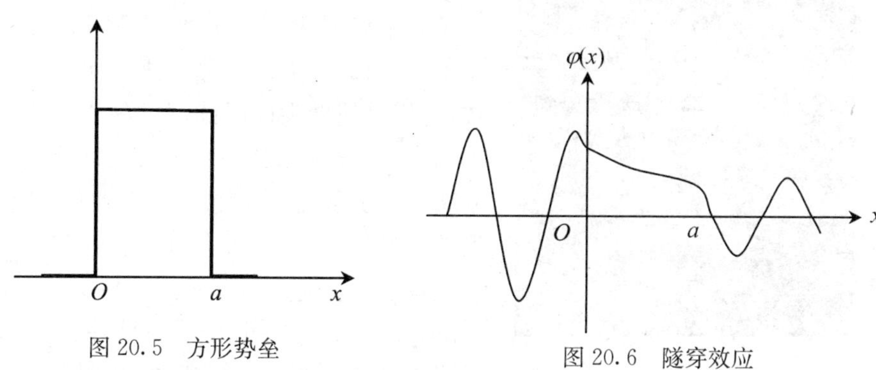

图 20.5　方形势垒

图 20.6　隧穿效应

隧穿效应根源于粒子具有波粒二象性，当一个概率波从左边射向势垒时，就像一束光从光疏介质射向光密介质，在分界面上，一部分光波被反射，还有一部分光波被透射. 透射的概率波从势垒的右边射出，它与入射波的强度比称为透射系数，用符号 D 表示.

可以想象，透射系数将随着势垒的高度或宽度的增加而减小，量子力学的计算指出

$$D = D_0 e^{-2ka} \quad \left(k = \sqrt{2m(V_0 - E)/\hbar^2}\right) \tag{20.33}$$

其中 m 为粒子的质量，D_0 是一个接近 1 的常数. 表 20.1 给出了当势垒的高度 V_0 比能量 E 大 5 eV 时，电子越过不同宽度 a 的势垒时的透射系数.

表 20.1　电子越过不同宽度势垒时的透射系数

$a(10^{-10}$ m)	1.0	2.0	5.0	10.0
D	1.0×10^{-1}	1.2×10^{-2}	1.7×10^{-5}	3.0×10^{-10}

由此可见，透射系数对势垒的宽度极为敏感，扫描隧穿电子显微镜就是根据这一性质制成的.

隧穿效应是微观粒子波动性的重要表现，在原子核的 α 衰变、轻原子核的聚变等过程中，都存在着隧穿效应.

20.2.4　扫描隧穿显微镜

扫描隧穿显微镜的工作原理是将极细小的针尖(针尖上只有单个原子)和

被研究的材料表面作为两个电极，当样品表面与针尖接近到约 1 nm 左右时，在所加电压电场作用下，由于隧穿效应，电子会穿越势垒（即两电极间的空气或液体间隙）产生隧穿电流. 实验表明，此隧穿电流的大小对势垒宽度的变化十分敏感，隧穿电流恒定就意味着针尖与样品表面原子间距离不变. 实验时保持隧穿电流的大小不变，而让针尖在样品上进行水平横向扫描，这样就使针尖同时随着样品表面原子排列的高低起伏作上下移动. 通过计算机处理和图像显示系统，我们便可以得到 0.1 nm 量级的超高分辨率的表面原子图像，如图 20.7.

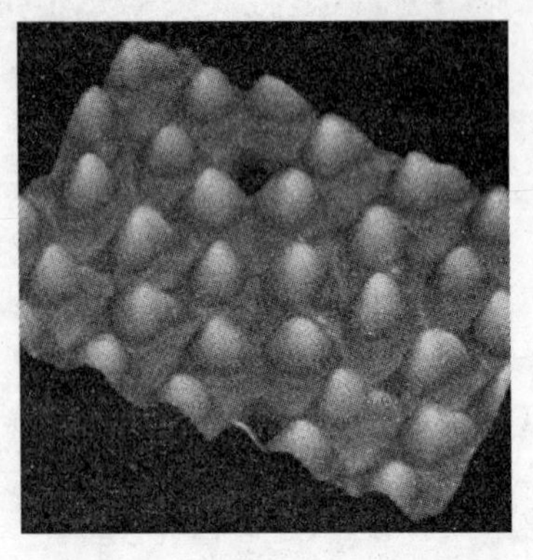

图 20.7　石墨表面的原子图像

1981 年，宾尼（G. Binnig）和罗雷尔（H. Rohrer）首先发明了扫描隧穿显微镜，并用它给出了晶体表面的三维图像. 利用扫描隧穿显微镜不仅能直接观察到单个原子，还可以按需要搬动单个原子. 它的发明对表面科学、材料科学乃至生命科学等领域都具有重大的意义，宾尼和罗雷尔因此获得了 1986 年的诺贝尔物理奖.

20.3　氢原子的薛定谔方程

氢原子的玻尔理论有很大的局限性，所得结果不能令人满意. 下面我们用量子力学的理论和方法，通过求解氢原子的薛定谔方程，来研究氢原子中电子运动的规律.

20.3.1　氢原子的定态薛定谔方程

氢原子原子核的质量比电子的质量大得多，因此可以近似认为原子核不动，电子在核的库仑电场中运动，电子的势能函数为

$$V(r) = -\frac{e^2}{4\pi\varepsilon_0 r} \tag{20.34}$$

这里 r 是电子离核的距离. 因为势能仅为径向坐标 r 的函数，具有球对称性，故采用球坐标系(r,θ,φ)计算较方便（图 20.8）.

在球坐标下，粒子动量 $\boldsymbol{p}$ 可以分解为径向分量 p_r 和垂直分量 $p_\perp$，而角动

量 $L=rp_\perp$，因此动量平方可以相应地分解为径向和横向两个部分

$$p^2=p_r^2+p_\perp^2=p_r^2+\frac{L^2}{r^2}$$

与经典情况类似，量子力学中的动量平方算符在球坐标下也可以分解为径向部分和横向部分

$$\hat{\boldsymbol{p}}^2=\hat{p}_r^2+\frac{\hat{L}^2}{r^2} \qquad (20.35)$$

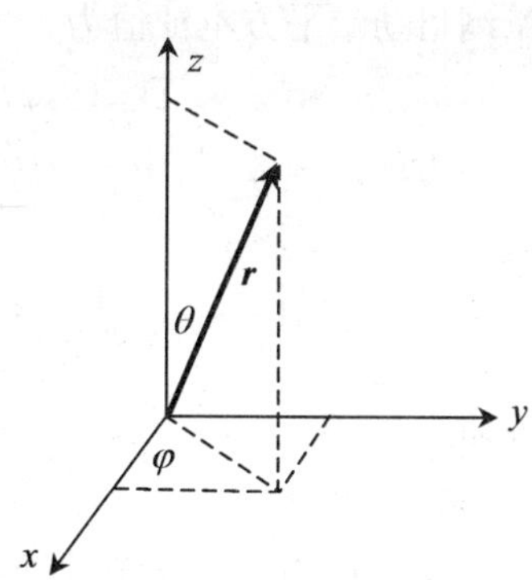

图 20.8　球坐标系

其中 $\hat{p}_r=\mathrm{i}\hbar\frac{1}{r}\frac{\partial}{\partial r}r$，称为径向动量算符，它仅与径向坐标 r 有关；而 $\hat{L}^2$ 为角动量平方算符，由式(20.17)可知它仅与横向坐标 θ 和 φ 有关. 于是，氢原子的哈密顿算符可以分解为

$$\hat{H}=\frac{1}{2m}\boldsymbol{p}^2+V(r)=\frac{1}{2m}\hat{p}_r+\frac{1}{2mr^2}\hat{L}^2+V(r) \qquad (20.36)$$

右边第一项是径向动能项，第二项是转动动能项. 氢原子中电子的定态薛定谔方程为

$$\left(\frac{1}{2m_e}\hat{p}_r+\frac{\hat{L}^2}{2m_e r^2}-\frac{e^2}{4\pi\varepsilon_0 r}\right)u(r,\theta,\varphi)=Eu(r,\theta,\varphi) \qquad (20.37)$$

其中 m_e 是电子的质量，$u(r,\theta,\varphi)$ 为波函数，它也可以分解为径向部分 $R(r)$ 和横向部分 $Y(\theta,\varphi)$ 的乘积.

20.3.2　氢原子的角动量

氢原子中电子波函数的横向部分 $Y(\theta,\varphi)$ 与径向坐标 r 无关，因此它应该由角动量平方算符确定. 按照量子力学的假设，角动量平方的取值由对应的本征方程

$$\hat{L}^2Y(\theta,\varphi)=-\hbar^2\left[\frac{1}{\sin\theta}\frac{\partial}{\partial\theta}\left(\sin\theta\frac{\partial}{\partial\theta}\right)+\frac{1}{\sin^2\theta}\frac{\partial^2}{\partial\varphi^2}\right]Y(\theta,\varphi)=L^2Y(\theta,\varphi)$$

(20.38)

确定. 定义无量纲角动量平方 $\lambda=L^2/\hbar^2$，上式可以简化为

$$\left[\frac{1}{\sin\theta}\frac{\partial}{\partial\theta}\left(\sin\theta\frac{\partial}{\partial\theta}\right)+\frac{1}{\sin^2\theta}\frac{\partial^2}{\partial\varphi^2}+\lambda\right]Y(\theta,\varphi)=0 \qquad (20.39)$$

当 $\lambda\neq l(l+1)(l=0,1,2,\cdots)$ 时，式(20.39)不存在满足标准条件的解，这说

明无量纲角动量平方本征值为$\lambda_l = l(l+1)$，可以验证对应的本征函数为

$$\mathrm{Y}_{l,m}(\theta,\varphi) = N_{l,m}\mathrm{e}^{\mathrm{i}m\varphi}\mathrm{P}_l^m(\cos\theta)$$

此函数称为球谐函数，其中m为满足条件$|m|\leqslant l$的整数，$\mathrm{P}_l^m(x)$为连带勒让德多项式

$$\mathrm{P}_l^m(x) = \frac{1}{2^l l!}(1-x^2)^{|m|/2}\frac{\mathrm{d}^{l+|m|}}{\mathrm{d}x^{l+|m|}}(x^2-1)$$

具有性质

$$\mathrm{P}_l^m(-x) = (-1)^{l+m}\mathrm{P}_l^m(x)$$

而系数$N_{l,m}$可以由归一化条件确定为

$$N_{l,m} = \sqrt{\frac{(2l+1)(l-|m|)!}{4\pi(l+|m|)!}}$$

由上面的结果可知，轨道角动量大小的取值

$$L = \sqrt{\lambda\hbar^2} = \sqrt{l(l+1)}\,\hbar \quad (l = 0,1,2,\cdots) \tag{20.40}$$

是量子化的，自然数l称为角量子数(azimuthal quantum number).

容易看出角动量平方的本征函数同时还满足本征值方程

$$\hat{L}_z\mathrm{Y}_{l,m}(\theta,\varphi) = -\mathrm{i}\hbar\frac{\partial}{\partial\varphi}\mathrm{Y}_{l,m}(\theta,\varphi) = m\hbar\mathrm{Y}_{l,m}(\theta,\varphi) \tag{20.41}$$

这说明$\mathrm{Y}_{l,m}(\theta,\varphi)$同时还是角动量$z$轴分量的本征函数，对应的本征值为

$$L_z = m\hbar \tag{20.42}$$

这表明角动量的分量也是量子化的，整数m称为磁量子数(magnetic quantum number). 这个结果与玻尔理论中的角动量量子化条件相似，但在玻尔理论中它只是一个假设，而这里却是解方程自然得出的结果.

由于m必须满足条件$|m|\leqslant l$，即在l一定时，m只能取从$-l$到l共$2l+1$个不同值. 例如当$l=2$时，m只能取$-2,-1,0,1,2$共5个值.

下面我们给出一个具体的例子，以便能够对量子力学中的角动量有直观的认识.

例 20.4 作图说明在量子力学中，不仅角动量的大小是量子化的，而且其方向也是量子化的.

解 考虑角量子数$l=1$的情况，其角动量的大小为

$$L = \sqrt{l(l+1)}\,\hbar = \sqrt{2}\,\hbar$$

而角动量在某一特定方向(设为z轴)的分量有$2l+1=3$种可能的取值，分别是$L_z=-\hbar,0,\hbar$.

因此，角动量与 z 轴的夹角只能为 $\pm 45°$ 或 $90°$，而不能取其他值，即角动量的方向也是量子化的. 我们可以用图 20.9 来形象地表示角动量的这种空间量子化现象，这种情况是玻尔理论所没有考虑到的.

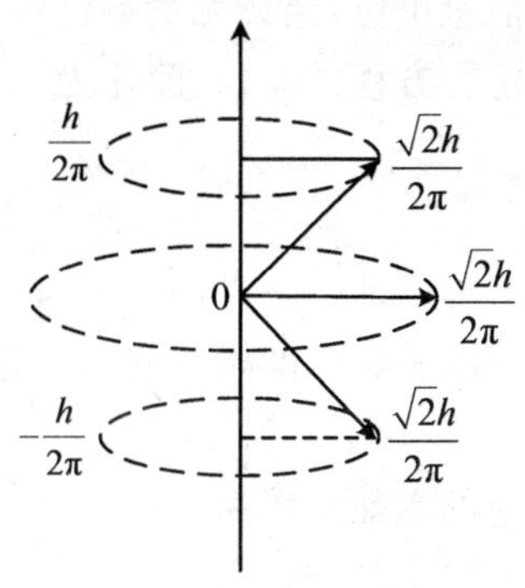

图 20.9　角动量的空间量子化

Mathematica 中已经预先对连带勒让德多项式 $P_l^m(x)$ 做了定义，具体形式为

LegendreP[l, m, x]，

由此我们容易画出角动量本征函数及对应的概率密度的空间图像.

20.3.3　氢原子的能量

将波函数 $u(r,\theta,\varphi)$ 的分解式 $u(r,\theta,\varphi)=R(r)Y_{l,m}(\theta,\varphi)$ 代入定态薛定谔方程(20.37)，并利用角动量平方的本征方程，可以得到一个关于径向部分 $R(r)$ 的方程

$$-\frac{\hbar^2}{2m_e}\frac{1}{r}\frac{d^2}{dr^2}(rR)+\left[\frac{l(l+1)\hbar^2}{2m_e r^2}-\frac{e^2}{4\pi\varepsilon_0 r}\right]R=ER \tag{20.43}$$

上式称为径向薛定谔方程. 令 $\chi(r)=rR(r)$，上式简化为

$$-\frac{\hbar^2}{2m_e}\frac{d^2\chi(r)}{dr^2}+\left[\frac{l(l+1)\hbar^2}{2m_e r^2}-\frac{e^2}{4\pi\varepsilon_0 r}\right]\chi(r)=E\chi(r) \tag{20.44}$$

式(20.44)与一维定态薛定谔方程类似，可称为约化的径向薛定谔方程，对应的 $\chi(r)$ 称为约化的径向波函数.

显然，在体积元 $dV=r^2\sin\theta drd\theta d\varphi$ 内电子出现的概率为

$$|u(r,\theta,\varphi)|^2 dV=|R(r)|^2|Y_{l,m}(\theta,\varphi)|^2 r^2\sin\theta drd\theta d\varphi$$

对角度变化的全部区域积分，并注意 $Y_{l,m}(\theta,\varphi)$ 是归一化了的函数，我们就得到电子在距离核 $r\sim r+dr$ 的球壳内出现的概率为

$$\begin{aligned}P(r)dr&=|R(r)|^2 r^2 dr\iint_{\Omega}|Y_{l,m}(\theta,\varphi)|^2\sin\theta d\theta d\varphi\\&=|R(r)|^2 r^2 dr=|\chi(r)|^2 dr\end{aligned} \tag{20.45}$$

概率密度 $P(r)$ 称为电子的径向分布，它恰好对应于约化的径向波函数的模方.

为了进一步简化问题，取玻尔半径 $a_0=\frac{4\pi\varepsilon_0\hbar^2}{m_e e^2}$ 为长度单位，$E_1=-\frac{\hbar^2}{2m_e a_0^2}$

为能量单位，定义无量纲化坐标 $x=r/a_0$，无量纲化能量 $\lambda=E/E_1$，约化的径向薛定谔方程(20.44)简化为

$$\frac{\mathrm{d}^2\chi}{\mathrm{d}x^2}+\left[-\lambda+\frac{2}{x}-\frac{l(l+1)}{x^2}\right]\chi=0 \tag{20.46}$$

可以证明只有当 $\lambda=1/n^2$，n 为正整数并且大于角量子数 l 时，方程(20.46)才存在满足标准条件和归一化条件的解，这说明无量纲化的能量本征值为

$$\lambda_n=1/n^2 \tag{20.47}$$

对应的本征函数为

$$\chi_{n,l}(x)=N_{n,l}x^{l+1}\mathrm{e}^{-x/n}\mathrm{F}_1(l+1-n,2l+2,2x/n) \tag{20.48}$$

其中 $\mathrm{F}_1(\alpha,\beta,x)$ 为合流超几何函数，而 $N_{n,l}$ 为归一化系数.

由式(20.47)，立即得到能量本征值为

$$E_n=\frac{E_1}{n^2}=-\frac{e^2}{8\pi\varepsilon_0 a_0 n^2}\quad(n=1,2,3,\cdots) \tag{20.49}$$

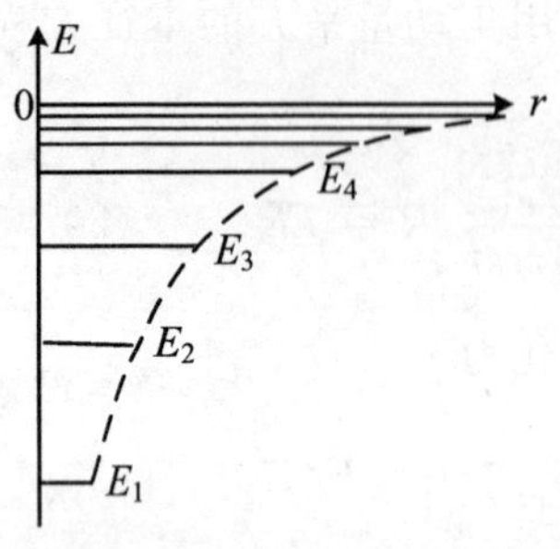

图 20.10 氢原子的能级

这表明氢原子的能量是量子化的，正整数 n 称为主量子数(principal quantum number). 这里我们又一次看到，量子力学中通过解方程自然得出了玻尔理论的能级公式(图 20.10).

氢原子的能量由主量子数 n 确定，但是波函数并没有完全确定，因为给定一个主量子数 n 的值，角量子数 l 可以取 $0,1,\cdots,n-1$ 共 n 个不同的值；而对于每一个 l 的值，磁量子数 m 又可以有 $2l+1$ 个不同的值. 完全确定一个电子的状态，需要有 3 个量子数：主量子数 n，角量子数 l 和磁量子数 m，通常把由这 3 个量子数确定的电子态标记为 (n,l,m). 只要 l 或 m 不同，波函数就不同，电子的运动状态也不相同，或者说量子态不同，所以对应一个能级 E_n，有

$$f=\sum_{l=0}^{n-1}(2l+1)=n^2 \tag{20.50}$$

个量子态. 不同的量子态有相同的能级，则称该能级是简并的，所包含的量子态数目 f 称为该能级的简并度. 氢原子能级的简并度为 n^2，例如当 $n=1$ 时，简并度为 1；$n=2$ 时，简并度为 4……

例 20.5 写出氢原子第 3 能级所包含的所有电子状态.

解 为了清楚起见，我们列表说明如下：

主量子数	角量子数	磁量子数	电子状态
$n=3$	$l=0$	$m=0$	(3,0,0)
	$l=1$	$m=-1$	(3,1,−1)
		$m=0$	(3,1,0)
		$m=1$	(3,1,1)
	$l=2$	$m=-2$	(3,2,−2)
		$m=-1$	(3,2,−1)
		$m=0$	(3,2,0)
		$m=1$	(3,2,1)
		$m=2$	(3,2,2)

20.3.4　氢原子的径向概率密度

在 Mathematica 中已经对合流超几何函数${}_1F_1(\alpha,\beta,x)$预先做了定义，其具体形式为 Hypergeometric1F1[α,β,x]，于是，约化的径向波函数(20.48)可表示为

```
χ[n_,l_,x_] =NX^(l + 1)Exp[-x/n]Hypergeometric1F1
              [l+1 -n,2(l+1),2x/n]
```

在 Mathematica 中输入语句 χ[1,0,0]，立即得到约化的基态径向波函数的具体形式

$$\chi_{1,0}(x) = Nxe^{-x} \tag{20.51}$$

根据归一化条件

$$\int_0^\infty |\chi_{1,0}(x)|^2 dr = \int_0^\infty N^2x^2e^{-2x}dr = N^2a_0\int_0^\infty x^2e^{-2x}dx = \frac{1}{4}N^2a_0 = 1$$

得 $N=2/\sqrt{a_0}$. 于是基态径向概率密度为

$$P(r) = |\chi_{10}|^2 = \frac{2}{\sqrt{a_0^3}}re^{-r/a_0} \tag{20.52}$$

由

$$\frac{dP(r)}{dr} = \frac{4}{a_0^3}e^{-2r/a_0}\left(2r-\frac{2r^2}{a_0}\right)=0 \tag{20.53}$$

可以求出电子径向概率密度最大处位置为 $r_{max}=a_0$，其数值恰好等于玻尔半径. 由于不确定关系，量子力学中并不存在轨道的概念，玻尔理论中的电子轨道只

不过是电子径向概率密度最大的那一圈.

对于激发态径向概率密度,可以同样处理.下面我们给出用 Mathematica 绘制的氢原子前3个能级的径向概率密度曲线图形(以玻尔半径 a_0 为长度单位)

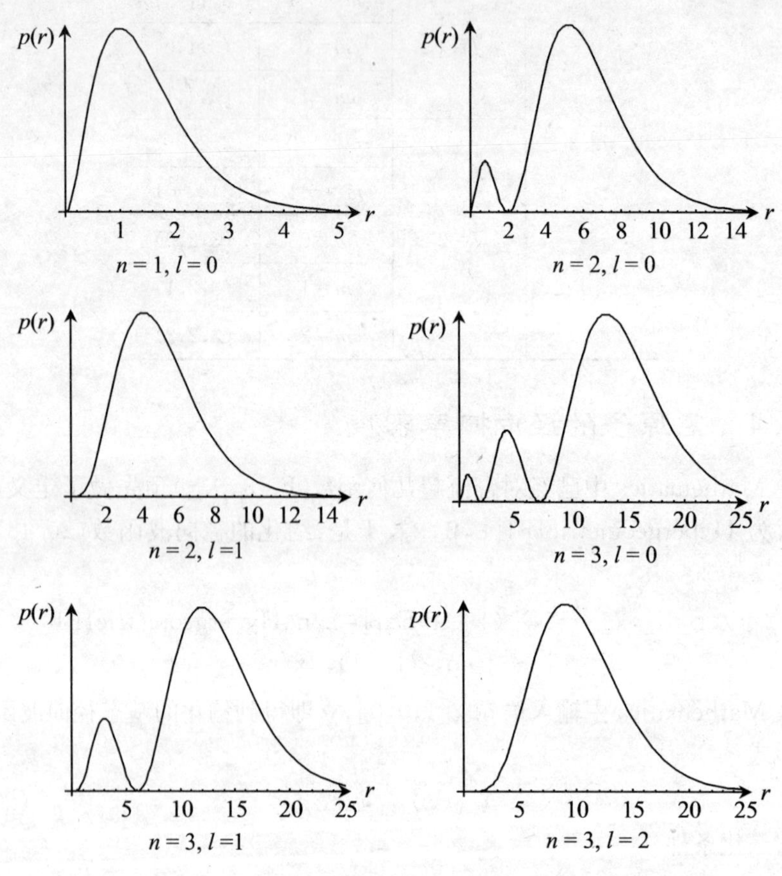

图 20.11 氢原子前3个能级的径向概率密度曲线

20.4 电子自旋

20.4.1 碱金属原子

我们知道,锂、钠、钾、铷、铯等碱金属元素的原子有多个核外电子,其中最外层的一个电子称为价电子，其余电子与原子核一起形成原子实，可以把碱金属原子的价电子看成在原子实的电场中运动. 设原子核的核电荷为 $+Ze$，原子实中电子的电荷总量为 $-(Z-1)e$，原子实对价电子的作用将被这些电子所减弱. 如果价电子完全在原子实之外运动，则原子实相当于一个带电量为 $+e$ 的点电荷，价电子的能级将与氢原子相同，只是基态离原子核远一些，处于主量子数 $n>1$ 的较高能级. 但实际上，价电子的运动可以深入到原子实之内，从而受到较大的库仑引力作用，使状态的能量降低. 价电子的角动量越小，运动中对原子实的深入程度越大，其能量就越低. 因此，碱金属原子中价电子的能量不仅与主量子数 n 有关，而且与角量子数 l 也有关，其能级不再具有像氢原子那么高的简并度.

在这种情况下，原来同属于一个由主量子数 n 确定的能级将会因为角量子数 l 的不同而分裂成 n 个子能级的集合. 例如，原来包含有角量子数 l 分别等于 0，1，2，3 的量子态的 $n=4$ 能级，将分裂成 4 个子能级，子能级的能量按角量子数的大小从低到高排列.

由于这种能级的分裂，当原子的状态由高能级跃迁到低能级的时候，所发出的光谱线就比氢原子复杂得多. 不仅不同主能级的子能级之间可以跃迁，而且同一主能级的子能级之间的也可以跃迁. 当然，这种跃迁不是完全任意的，也要遵守一定的规则，如 $\Delta l=\pm 1$，这种规则称为选择定则.

然而，当人们用分辨本领较高的光谱仪观察碱金属原子光谱的谱线时，发现这些谱线实际上是由两条很接近的谱线组成的，例如钠原子光谱中的一条很亮的黄线（$\lambda\approx 589.3$ nm）是由 $\lambda\approx 589.0$ nm 和 $\lambda\approx 589.6$ nm 两条谱线组成的，这称为该光谱线的精细结构（fine structure）. 进一步的实验发现其他原子光谱线也有精细结构，只是碱金属原子谱线的精细结构较为明显. 出现这种现象的原因无法用电子绕核的运动来说明，使许多人感到困惑.

20.4.2　原子磁矩

在第 12 章中我们了解到一个通电流的闭合线圈具有磁矩 $\boldsymbol{\mu}$，磁矩（magnetic moment）的大小为电流强度 I 与回路所包围面积的乘积，即 $\mu=IA$，它的方向垂直于线圈平面，与电流方向满足右手螺旋法则.

与闭合线圈中的电流相似，原子中电子带有电荷，它在绕核运动时也会产生电流，形成磁矩. 考虑一个绕核作封闭轨道运动的电子，假设其运动周期为 T，则电流的大小为 $I=e/T$. 在绕行一周内其轨道所包围的面积为

$$A=\int_0^{2\pi}\frac{1}{2}r^2\mathrm{d}\varphi=\int_0^{T}\frac{1}{2}r^2\frac{\mathrm{d}\varphi}{\mathrm{d}t}\mathrm{d}t \tag{20.54}$$

另一方面,电子的角动量为$L=m_e r^2\dfrac{d\varphi}{dt}$. 由于在有心力场中角动量守恒,$L$为常量,式(20.54)化为

$$A=\int_0^T\frac{L}{2m_e}dt=\frac{L}{2m_e}T \tag{20.55}$$

因此可以得出电子轨道运动磁矩的大小为

$$\mu=IA=\frac{e}{2m_e}L \tag{20.56}$$

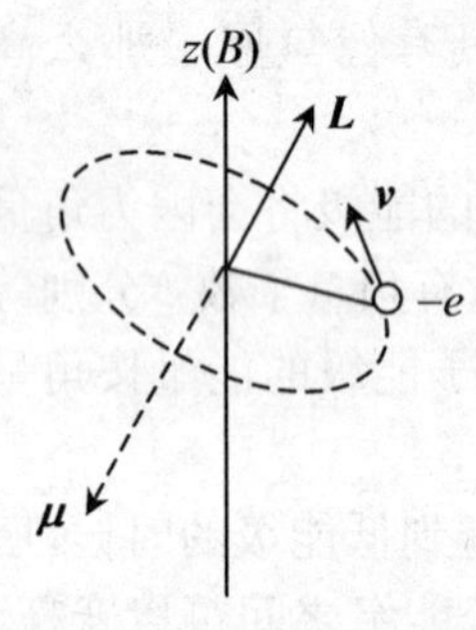

图20.12　磁矩与角动量

由于电子所带的电量为$-e$,电流的方向与运动的方向相反,因此电子轨道运动磁矩与其角动量方向正好相反(图20.12),即

$$\boldsymbol{\mu}=-\frac{e}{2m_e}\boldsymbol{L} \tag{20.57}$$

一个磁矩为$\boldsymbol{\mu}$的载流线圈,放在磁感强度为$\boldsymbol{B}$的磁场中,所受力矩为$\boldsymbol{M}=\boldsymbol{\mu}\times\boldsymbol{B}$,将磁矩由垂直于磁场方向转到与磁场成$\theta$角的方向,磁力矩所作的功为

$$W=-\int_{\pi/2}^{\theta}Md\theta=-\int_{\pi/2}^{\theta}\mu B\sin\theta d\theta=\mu B\cos\theta=\boldsymbol{\mu}\cdot\boldsymbol{B}$$

我们取磁场方向为z轴,磁矩垂直于磁场方向的位置为线圈与磁场相互作用势能的零点,则磁矩与磁场成θ角时的势能为

$$U=-\mu B\cos\theta=-\mu_z B \tag{20.58}$$

在均匀磁场中,载流线圈所受力矩不为零,但合力为零,线圈只转动而不平动. 然而,在非均匀磁场中,载流线圈不但受到一个磁力矩,而且受到一个不为零的磁力. 具体地说,如果磁场在z方向不均匀,则载流线圈在z方向将受到一个大小如下的磁力

$$F_z=-\frac{\partial U}{\partial z}=\mu_z\frac{\partial B}{\partial z} \tag{20.59}$$

在这个力的作用下,载流线圈将在转动的同时向磁感应强度较大的方向平动.

在量子力学中,电子运动没有明确的轨道,但是有确定的角动量. 考虑一个在外磁场$\boldsymbol{B}$中的氢原子(或碱金属原子),设氢原子处于角量子数为l的定态,取外磁场的方向为z轴正向,则角动量在磁场方向的投影为$L_z=m_l\hbar$,其中$m_l=0,\pm1,\pm2,\cdots,\pm l$为磁量子数,共有$2l+1$个可能的取值. 由式(20.57),原子磁矩在$z$轴上的投影为

$$\mu_z = -\frac{e}{2m_e} m_l \hbar = -m_l \mu_B \tag{20.60}$$

其中 $\mu_B = e\hbar/(2m_e) = 9.27 \times 10^{-24}\ \mathrm{J \cdot T^{-1}} = 5.79 \times 10^{-5}\ \mathrm{eV \cdot T^{-1}}$ 称为玻尔磁子(Bohr magneton).

由公式(20.58),磁场中的氢原子将出现一个附加的势能

$$\Delta E = -\mu_z B = -m_l \mu_B B \tag{20.61}$$

这个附加能量的大小随着磁量子数的不同而不同,将会引起原子能级的分裂(进一步分裂).

如果磁场在 z 方向不均匀,则氢原子将在 z 方向将受到一个大小如下的磁力

$$F_z = \mu_z \frac{\partial B}{\partial z} = m_l \mu_B \frac{\partial B}{\partial z} \tag{20.62}$$

这个磁力的大小也随着磁量子数的不同而不同,将会引起同一原子束中具有不同磁量子数的原子相互分离.

20.4.3　斯特恩-盖拉赫实验

为了检验上面的理论,1921 年斯特恩和盖拉赫设计了一个实验:让原子射线束通过一个不均匀磁场区域,观察原子束在磁力作用下的偏转现象.

实验装置如图 20.13 所示,从加热炉中引出原子射线束,经狭缝 S_1 和 S_2 准直后射入在 z 方向不均匀的磁场区域,射线束被磁力偏转后,落在屏上.

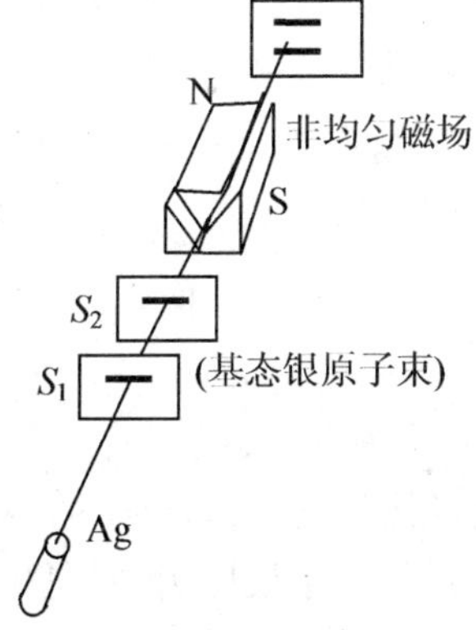

图 20.13　斯特恩-盖拉赫实验装置

实验表明,当原子磁矩 $\mu_z > 0$ 时,原子束向上偏转;$\mu_z < 0$ 时向下偏转. 如果磁矩可以从正到负连续变化,那么原子束偏转后将在屏上射成一片. 实验发现在屏上出现的是几条清晰可辨的黑斑,这说明原子磁矩只取几个特定的方向,由于原子磁矩和角动量的联系,也就证明了角动量只能取几个特定的方向,即角动量在空间的取向是量子化的.

按公式(20.62),斯特恩-盖拉赫实验中在屏上出现的斑纹条数 N 应该等于磁量子数 m_l 取值的个数,即 $N = 2l + 1$. 我们也可以反过来由实验得到的斑纹

条数 N 求出角量子数 $l=(N-1)/2$. 由于角量子数 l 只能为自然数，因而斑纹条数必定为奇数.

实验发现，对 Zn，Cd，Hg，Sn 等基态原子，射线没有偏转，说明这些原子的基态角动量为零；对基态的氧原子 O，测到 5 条斑纹，说明它的角动量投影有 5 个不同取值，因此角量子数 $l=2$. 这些实验的结果与理论推算完全一致. 然而对 Li，Na，K，Cu，Ag，Au 等基态原子，测得的斑纹条数却是 2. 如果按照上面的公式计算，这时角量子数 l 应为 1/2，显然与前面的理论不符.

20.4.4　电子自旋

碱金属原子是结构比较简单的原子，然而它们的光谱线出现了双线结构，在斯特恩-盖拉赫实验中又出现了 2 条斑纹，这些都是无法用电子绕核运动来解释的反常现象. 那么，两者之间有没有联系？会不会存在一个人们尚未知晓的共同原因？1925 年乌伦贝克（G. E. Uhlenbeck）和高德斯密特（S. Goudsmit）认真考虑了这个问题，他们认为斯特恩-盖拉赫实验中的 Li，Na，K 等原子都处于基态，电子轨道运动（形象的说法）的角动量为零，相应的轨道磁矩也等于零；而实验结果表明这些原子存在磁矩，原子的这种磁矩应该有电子轨道运动之外的其他来源.

在行星绕日运动的启发下，他们大胆地提出：除轨道运动外，电子还存在一种自旋运动，就好像地球在绕太阳公转的同时本身也在自转，电子本身具有自旋角动量 S. 与轨道角动量一样，自旋角动量大小可以由自旋量子数 s 确定

$$S=\sqrt{s(s+1)}\,\hbar \tag{20.63}$$

自旋角动量的空间取向也是量子化的，即它在外磁场方向的分量 S_z 的取值为

$$S_z=m_s\hbar \tag{20.64}$$

其中 m_s 称为自旋磁量子数，它可以取 $-s,-s+1,\cdots,s-1,s$ 共 $2s+1$ 个值.

与轨道运动相似，电子的自旋运动也产生磁矩，所产生的自旋磁矩 μ_s 与自旋角动量的大小成比例，方向相反. 按照斯特恩-盖拉赫的实验结果，电子自旋磁矩在磁场方向的分量 μ_{sz} 有两种数值，故自旋磁量子数 m_s 只能取两个值，即 $2s+1=2$，于是得到自旋量子数 $s=1/2$，自旋磁量子数为 $m_s=-1/2,1/2$，自旋角动量的大小为 $S=\sqrt{3}\hbar/2$.

由于无法确定电子的大小和形状，电子自旋磁矩只能通过实验来测量. 由斯特恩-盖拉赫实验可以测得 Li，Na，K 等原子打在屏幕上的 2 条斑纹之间的距离 d，即原子束的裂距，由此知道过程中原子束发生了大小为 $d/2$ 的偏离. 由于这些碱金属原子处于基态，电子轨道磁矩为零，这个偏离完全是由原子中的电

子自旋磁矩受不均匀磁场的作用而产生的，作用力的大小由(20.62)式确定. 因此，我们可以根据偏离的大小和磁场的梯度来计算出电子自旋磁矩的分量 μ_{sz}，结果恰好为一个玻尔磁子，即

$$\mu_{sz} = \pm \mu_B = \pm \frac{e\hbar}{2m} \tag{20.65}$$

由上式可以算出自旋磁矩 μ_s 与自旋角动量 S 的比值，即自旋磁旋比为

$$\frac{|\mu_s|}{|S|} = \frac{|\mu_{sz}|}{|S_z|} = \frac{e}{m} \tag{20.66}$$

作为对比，电子的轨道磁旋比是 $|\mu_l|/|L| = e/(2m)$，两个磁旋比的大小相差一倍，表明电子自旋运动的性质与轨道运动相比有重要差别.

除了电子之外，人们还发现质子、中子和光子等基本粒子也具有自旋. 我们至今还不清楚这种自旋运动的具体方式是什么，只知道它是电子等基本粒子的固有性质，符合相对论性量子力学理论的要求. 乌伦贝克和高德斯密特曾经想用均匀带电旋转小球模型来说明电子的自旋，结果得出电子表面运动速度竟然远远超过真空光速，与爱因斯坦的狭义相对论冲突.

利用电子自旋，我们就不难解释碱金属光谱的精细结构. 碱金属原子的激发态中，既有电子轨道磁矩，又有电子自旋磁矩，两者发生相互作用，产生自旋-轨道相互作用能，使原子的能级发生改变. 自旋磁矩与轨道磁矩之间产生的是磁相互作用能，比电子与原子核之间的电相互作用能小得多，只能使原子的能级发生微小的分裂，而不会产生结构性的变化，因此光谱线只是出现精细结构而不是出现结构混乱；而电子自旋磁矩在空间只有两种取向，对应的自旋-轨道相互作用能有两个值，使能级分裂为两个子能级，对应的光谱线出现双线结构. 利用量子力学可以定量地计算出子能级的能量和对应的光谱线结构，结果与实验值相符.

20.5　元素周期律

20.5.1　多电子原子的状态和能量

由于自旋的发现，氢原子中的电子运动状态需要用 4 个量子数来确定，它们分别是：主量子数 n，角量子数 l，轨道磁量子数 m_l 和自旋磁量子数 m_s，由这 4 个量子数确定的电子态标记为 (n, l, m_l, m_s). 主量子数 n 的取值为正整数；给定

n 的值，角量子数 l 可以取 0 到 $n-1$ 共 n 个不同的值；给定 l 的值，轨道磁量子数 m_l 又可以有 $2l+1$ 个不同的值；在任何情况下，自旋磁量子数 m_s 都可以取 $\pm 1/2$ 两个值（也常用“↑”与“↓”来形象地标记）. 这种方法对于只有一个核外电子的类氢离子来说，也是正确的. 表 20.2 给出了 $n \leqslant 3$ 时所有电子态的量子数.

表 20.2 $n \leqslant 3$ 时不同电子态的量子数

n	1	2				3								
l	0	0	1			0	1			2				
m_l	0	0	1	0	−1	0	1	0	−1	2	1	0	−1	−2
m_s	↑↓	↑↓	↑↓	↑↓	↑↓	↑↓	↑↓	↑↓	↑↓	↑↓	↑↓	↑↓	↑↓	↑↓

由上面的分析，电子态(2,1,1,↑)是存在的，而电子态(2,2,1,↑)不存在.

对多电子原子中的电子来说，每个电子除受到原子核的作用外，电子之间也有电相互作用，还有各电子轨道运动与轨道运动、自旋与轨道运动、自旋与自旋之间的磁相互作用，这些相互作用把各个电子的运动耦合在一起，问题极其复杂，很难把各个电子的状态和能量区分开来. 对此，需要采用适当的近似处理方法.

首先考虑到原子中电子的运动是非相对论性的，电子之间的电相互作用远远大于磁相互作用，因此，原子能量的主要部分和光谱线的基本结构由电相互作用决定，能量的修正部分和光谱线的精细结构由磁相互作用决定. 作为第一步近似，我们可以忽略磁相互作用这个次要矛盾.

其次，在考虑某一个电子的运动时，我们可以把原子中所有其他电子对它的作用加以平均，用一个具有球对称性的平均电场来近似处理. 这样，原子中的各个电子都可以看成在一个由核电场与平均电子电场合成的等效中心力场中近似独立的运动，各电子的运动状态仍然可以用 n,l,m_l,m_s 这四个量子数来描述.

在中心力场中，由于所有方向都是等价的，因此电子的能量与 z 轴的选择无关，即其能级与轨道磁量子数 m_l 和自旋磁量子数 m_s 无关. 然而，平均电子电场的出现，使电子的能量不再像氢原子中那样完全由主量子数确定，而是由主量子数 n 和角量子数 l 共同决定，其能量用 E_{nl} 表示，简并度成为 $2(2l+1)$. 为了便于描述电子状态与能量的这种对应关系，通常把角量子数用光谱学方法来标记，如表 20.3 所示.

表 20.3 角量子数的光谱学记号

角量子数	0	1	2	3	4	5	6	7	8
记号	s	p	d	f	g	h	i	j	k

例如，与 $n=1,l=0$ 对应的电子能态表示为 1 s，简并度为 2，包含(1,0,0,↑)和(1,0,0,↓)2 个电子态；与 $n=2,l=1$ 对应的电子能态表示为 2 p，简并度为 6，包含(2,1,−1,↑)，(2,1,−1,↓)，(2,1,0,↑)，(2,1,0,↓)，(2,1,1,↑)和(2,1,1,↓)6 个电子态.

量子力学的计算表明，在主量子数 n 一定时，电子能量随着角量子数 l 的增大而增大；在角量子数 l 一定时，电子能量随着主量子数 n 的增大而增大，即电子能量是这两个量子数的单调增加函数. 由此可知，电子的最低能量状态为 1s，以下依次为 2s 和 2p.

多电子原子的状态用各电子状态的集合来描述，在不考虑外场时可以略去两个磁量子数，称为电子组态，原子能量的主要部分为各电子能量之和. 例如，通常情况下氮原子的状态由 2 个 1s 态的电子，2 个 2s 态的电子和 3 个 2p 态的电子组成，为了方便，我们把该电子组态简记为 $1s^2 2s^2 2p^3$；其能量的主要部分为

$$E = 2E_{1,0} + 2E_{2,0} + 3E_{2,1}$$

20.5.2　泡利不相容原理

在可能存在的各种电子组态中，只有能量最低的电子组态(即原子的基态)才是稳定的，它决定了原子的物理性质和化学性质. 那么，我们如何来确定一个电子数为 N 的原子基态的电子组态呢？

由于单个电子的最低能量状态为 1s，一个最简单的设想是原子的基态全都由 1s 的电子组成，即基态的电子组态为 $1s^N$，基态能量为 $NE_{1,0}$. 如果是这样，所有原子的光谱结构和化学性质都将类似，与我们观察到的实验结果完全不相符.

为了解释上述问题，1925 年，泡利(Wolfgang Pauli，1900～1958)通过对多电子原子光谱的大量数据进行深入分析，概括出一条经验法则：**在同一个原子中，不可能有两个或两个以上的电子具有完全相同的 4 个量子数**，这个法则被称为泡利不相容原理.

Pauli exclusion principle: No two electrons in an atom can ever be in the same quantum state; that is, no two electrons in the same atom can have the same set of quantum numbers.

进一步的研究表明，泡利原理并非仅局限于原子体系，也不是仅仅适用于电子，而是具有一定的普遍性. 为什么两个或两个以上的电子不能处于同一个状态？其背后的原因是什么？为了从理论上说明这个经验法则，人们开始了更深入的探索.

实验表明，所有电子的质量、电荷与自旋等物理量都精确地相同，没有任何区别. 按经典理论，电子运动沿确定的轨道，我们可以根据轨道的不同来识别电子；而按量子理论，电子运动具有波动性，电子波可以相互叠加，因此无法识别不同的电子. 即在量子理论中，全同粒子是不可区分的，这是量子力学的一条基本原理，称为全同性原理.

如果一个系统由两个全同粒子组成，其波函数为 $\Psi(\boldsymbol{r}_1, m_{s1}; \boldsymbol{r}_2, m_{s2})$，按全同性原理，这两个粒子是不可区分的，交换一下波函数中的坐标不应该改变系统的状态，其波函数最多只相差一个作为比例因子的常数 A，即

$$\Psi(\boldsymbol{r}_2, m_{s2}; \boldsymbol{r}_1, m_{s1}) = A\Psi(\boldsymbol{r}_1, m_{s1}; \boldsymbol{r}_2, m_{s2})$$

再交换一次有

$$\Psi(\boldsymbol{r}_1, m_{s1}; \boldsymbol{r}_2, m_{s2}) = A\Psi(\boldsymbol{r}_2, m_{s2}; \boldsymbol{r}_1, m_{s1}) = A^2\Psi(\boldsymbol{r}_1, m_{s1}; \boldsymbol{r}_2, m_{s2})$$

因此得到 $A^2=1$，即 $A=\pm 1$. 于是得到

$$\Psi(\boldsymbol{r}_2, m_{s2}; \boldsymbol{r}_1, m_{s1}) = \pm\Psi(\boldsymbol{r}_1, m_{s1}; \boldsymbol{r}_2, m_{s2}) \tag{20.67}$$

实验表明，对于自旋为整数的微观粒子（称玻色子），如光子、π 介子和 α 粒子等，对应的常数 $A=1$；而对于自旋为半整数的微观粒子（称费米子），如电子、质子和中子等，对应的常数 $A=-1$.

如果两个电子同时处于同一个单电子状态 $\varphi(\boldsymbol{r}, m_s)$，则此二电子系统的波函数为 $\Psi(\boldsymbol{r}_1, m_{s1}; \boldsymbol{r}_2, m_{s2}) = \varphi(\boldsymbol{r}_1, m_{s1})\varphi(\boldsymbol{r}_2, m_{s2})$，由式(20.66)得

$$\varphi(\boldsymbol{r}_2, m_{s2})\varphi(\boldsymbol{r}_1, m_{s1}) = -\varphi(\boldsymbol{r}_1, m_{s1})\varphi(\boldsymbol{r}_2, m_{s2})$$

上式仅当单电子状态 $\varphi(\boldsymbol{r}, m_s)=0$ 时才能成立，这与波函数的标准条件矛盾，因此两个电子不可能同时处于同一个单电子状态.

20.5.3 原子的壳层结构与元素周期律

为了形象地描述多电子原子中电子的分布情况，我们把具有相同主量子数 n 的电子称为属于同一主壳层，用符号 K，L，M，N，O，P，…分别表示 $n=1,2,3,4,5,6,\cdots$ 的主壳层；而把同一主壳层中具有相同角量子数 l 的电子称为属于同一子壳层，子壳层用光谱学记号表示. 例如：主壳层 K 中只有 1 个子壳层 1s，主壳层 L 中有 2 个子壳层 2s 和 2p……

同一子壳层中各电子的能量相同，不同子壳层中电子的能量不同. 可以按照量子数组合 $n+0.7l$ 的大小来判断不同子壳层中电子能级的高低，这是我国科学工作者根据大量实验事实总结出的经验法则.

不同子壳层中的电子状态数目不同，对给定的子壳层（n 和 l 一定），轨道磁量子数 m_l 可以有 $2l+1$ 个不同的值，而自旋磁量子数 m_s 可以取 2 个值，因而含有 $2(2l+1)$ 个电子态. 由泡利不相容原理可知，一个电子态最多只能容纳一个

电子，所以该子壳层中最多可以容纳 $2(2l+1)$ 个电子. 当子壳层中电子数达到最大值时，称为满子壳层或闭合子壳层.

表 20.4 给出了各个子壳层的能量排序（从低到高）和最多能容纳的电子数.

表 20.4　原子中各子壳层的能量排序和最多能容纳的电子数

主壳层	子壳层	n+0.7l	能量排序	容纳电子数
K	1s	1.0	1	2
L	2s	2.0	2	2
	2p	2.7	3	6
M	3s	3.0	4	2
	3p	3.7	5	6
	3d	4.4	7	10
N	4s	4.0	6	2
	4p	4.7	8	6
	4d	5.4	10	10
	4f	6.1	13	14
O	5s	5.0	9	2
	5p	5.7	11	6
	5d	6.4	14	10
	5f	7.1	17	14
	5g	7.8	20	18
P	6s	6.0	12	2
	6p	6.7	15	6
	6d	7.4	18	10
	6f	8.1		14
	6g	8.8		18
	6h	9.5		22
Q	7s	7.0	16	2
	7p	7.7	19	6

在正常情况下，原子系统中的各个电子总是尽可能先占据能量最低的子壳

层,使得整个原子的能量最低(处于基态),系统最稳定.由表20.4可知,填充次序应该是

1s,2s,2p,3s,3p,4s,3d,4p,5s,4d,5p,6s,4f,5d,6p,7s,5f,6d,…

表20.5给出了各种原子基态的电子组态,由此可以看出元素的周期性是电子组态周期性的反映,每个周期的第一个元素,都对应着开始填充的一个新壳层;每个周期的最后一个元素,都对应着一个子壳层被填满.利用原子的壳层结构可以很好地解释元素的周期性质,这进一步证明了量子力学理论的正确性.

表20.5 原子基态的电子组态和元素周期性

Z	符号	名称	电子组态(近似)	电子组态(精确)	周期	族
1	H	氢	$1s^1$	$1s^1$	1	ⅠA
2	He	氦	$1s^2$	$1s^2$		0
3	Li	锂	$(He)2s^1$	$(He)2s^1$	2	ⅠA
4	Be	铍	$(He)2s^2$	$(He)2s^2$		ⅡA
5	B	硼	$(He)2s^2 2p^1$	$(He)2s^2 2p^1$		ⅢA
6	C	碳	$(He)2s^2 2p^2$	$(He)2s^2 2p^2$		ⅣA
7	N	氮	$(He)2s^2 2p^3$	$(He)2s^2 2p^3$		ⅤA
8	O	氧	$(He)2s^2 2p^4$	$(He)2s^2 2p^4$		ⅥA
9	F	氟	$(He)2s^2 2p^5$	$(He)2s^2 2p^5$		ⅦA
10	Ne	氖	$(He)2s^2 2p^6$	$(He)2s^2 2p^6$		0
11	Na	钠	$(Ne)3s^1$	$(Ne)3s^1$	3	ⅠA
12	Mg	镁	$(Ne)3s^2$	$(Ne)3s^2$		ⅡA
13	Al	铝	$(Ne)3s^2 3p^1$	$(Ne)3s^2 3p^1$		ⅢA
14	Si	硅	$(Ne)3s^2 3p^2$	$(Ne)3s^2 3p^2$		ⅣA
15	P	磷	$(Ne)3s^2 3p^3$	$(Ne)3s^2 3p^3$		ⅤA
16	S	硫	$(Ne)3s^2 3p^4$	$(Ne)3s^2 3p^4$		ⅥA
17	Cl	氯	$(Ne)3s^2 3p^5$	$(Ne)3s^2 3p^5$		ⅦA
18	Ar	氩	$(Ne)3s^2 3p^6$	$(Ne)3s^2 3p^6$		0
19	K	钾	$(Ar)4s^1$	$(Ar)4s^1$	4	ⅠA
20	Ca	钙	$(Ar)4s^2$	$(Ar)4s^2$		ⅡA
21	Sc	钪	$(Ar)3d^1 4s^2$	$(Ar)3d^1 4s^2$		ⅢB
22	Ti	钛	$(Ar)3d^2 4s^2$	$(Ar)3d^2 4s^2$		ⅣB

续表 20.5

Z	符号	名称	电子组态(近似)	电子组态(精确)	周期	族
23	V	钒	$(Ar)3d^3 4s^2$	$(Ar)3d^3 4s^2$		ⅣB
24	Cr	铬	$(Ar)3d^4 4s^2$	$(Ar)3d^5 4s^1$		ⅤB
25	Mn	锰	$(Ar)3d^5 4s^2$	$(Ar)3d^5 4s^2$		ⅥB
26	Fe	铁	$(Ar)3d^6 4s^2$	$(Ar)3d^6 4s^2$		ⅦB
27	Co	钴	$(Ar)3d^7 4s^2$	$(Ar)3d^7 4s^2$		
28	Ni	镍	$(Ar)3d^8 4s^2$	$(Ar)3d^8 4s^2$		Ⅷ
29	Cu	铜	$(Ar)3d^9 4s^2$	$(Ar)3d^{10} 4s^1$		
30	Zu	锌	$(Ar)3d^{10} 4s^2$	$(Ar)3d^{10} 4s^2$	4	ⅠB
31	Ga	镓	$(Ar)3d^{10} 4s^2 4p^1$	$(Ar)3d^{10} 4s^2 4p^1$		ⅡB
32	Ge	锗	$(Ar)3d^{10} 4s^2 4p^2$	$(Ar)3d^{10} 4s^2 4p^2$		ⅢA
33	As	砷	$(Ar)3d^{10} 4s^2 4p^3$	$(Ar)3d^{10} 4s^2 4p^3$		ⅣA
34	Se	硒	$(Ar)3d^{10} 4s^2 4p^4$	$(Ar)3d^{10} 4s^2 4p^4$		ⅤA
35	Br	溴	$(Ar)3d^{10} 4s^2 4p^5$	$(Ar)3d^{10} 4s^2 4p^5$		ⅥA
36	Kr	氪	$(Ar)3d^{10} 4s^2 4p^6$	$(Ar)3d^{10} 4s^2 4p^6$		ⅦA
37	Rb	铷	$(Kr)5s^1$	$(Kr)5s^1$		ⅠA
38	Sr	锶	$(Kr)5s^2$	$(Kr)5s^2$		ⅡA
39	Y	钇	$(Kr)4d^1 5s^2$	$(Kr)4d^1 5s^2$		ⅢB
40	Zr	锆	$(Kr)4d^2 5s^2$	$(Kr)4d^2 5s^2$		ⅣB
41	Nb	铌	$(Kr)4d^3 5s^2$	$(Kr)4d^4 5s^1$		ⅤB
42	Mo	钼	$(Kr)4d^4 5s^2$	$(Kr)4d^5 5s^1$		ⅥB
43	Tc	锝	$(Kr)4d^5 5s^2$	$(Kr)4d^5 5s^2$		ⅦB
44	Ru	钌	$(Kr)4d^6 5s^2$	$(Kr)4d^7 5s^1$	5	
45	Rh	铑	$(Kr)4d^7 5s^2$	$(Kr)4d^8 5s^1$		Ⅷ
46	Pd	钯	$(Kr)4d^8 5s^2$	$(Kr)4d^{10}$		
47	Ag	银	$(Kr)4d^9 5s^2$	$(Kr)4d^{10} 5s^1$		ⅠB
48	Cd	镉	$(Kr)4d^{10} 5s^2$	$(Kr)4d^{10} 5s^2$		ⅡB
49	In	铟	$(Kr)4d^{10} 5s^2 5p^1$	$(Kr)4d^{10} 5s^2 5p^1$		ⅢA
50	Sn	锡	$(Kr)4d^{10} 5s^2 5p^2$	$(Kr)4d^{10} 5s^2 5p^2$		ⅣA

续表 20.5

Z	符号	名称	电子组态(近似)	电子组态(精确)	周期	族
51	Sb	锑	$(Kr)4d^{10}5s^25p^3$	$(Kr)4d^{10}5s^25p^3$		ⅤA
52	Te	碲	$(Kr)4d^{10}5s^25p^4$	$(Kr)4d^{10}5s^25p^4$		ⅥA
53	I	碘	$(Kr)4d^{10}5s^25p^5$	$(Kr)4d^{10}5s^25p^5$	5	ⅦA
54	Xe	氙	$(Kr)4d^{10}5s^25p^6$	$(Kr)4d^{10}5s^25p^6$		0
55	Cs	铯	$(Xe)6s^1$	$(Xe)6s^1$		ⅠA
56	Ba	钡	$(Xe)6s^2$	$(Xe)6s^2$		ⅡA
57	La	镧	$(Xe)4f^16s^2$	$(Xe)5d^16s^2$		
58	Ce	铈	$(Xe)4f^26s^2$	$(Xe)4f^15d^16s^2$		
59	Pr	镨	$(Xe)4f^36s^2$	$(Xe)4f^36s^2$		
60	Nd	钕	$(Xe)4f^46s^2$	$(Xe)4f^46s^2$		
61	Pm	钷	$(Xe)4f^56s^2$	$(Xe)4f^56s^2$		
62	Sm	钐	$(Xe)4f^66s^2$	$(Xe)4f^66s^2$		
63	Eu	铕	$(Xe)4f^76s^2$	$(Xe)4f^76s^2$		
64	Gd	钆	$(Xe)4f^86s^2$	$(Xe)4f^75d^16s^2$		ⅢB
65	Tb	铽	$(Xe)4f^96s^2$	$(Xe)4f^96s^2$		
66	Dy	镝	$(Xe)4f^{10}6s^2$	$(Xe)4f^{10}6s^2$	6	
67	Ho	钬	$(Xe)4f^{11}6s^2$	$(Xe)4f^{11}6s^2$		
68	Er	铒	$(Xe)4f^{12}6s^2$	$(Xe)4f^{12}6s^2$		
69	Tm	铥	$(Xe)4f^{13}6s^2$	$(Xe)4f^{13}6s^2$		
70	Yb	镱	$(Xe)4f^{14}6s^2$	$(Xe)4f^{14}6s^2$		
71	Lu	镥	$(Xe)4f^{14}5d^16s^2$	$(Xe)4f^{14}5d^16s^2$		
72	Hf	铪	$(Xe)4f^{14}5d^26s^2$	$(Xe)4f^{14}5d^26s^2$		ⅣB
73	Ta	钽	$(Xe)4f^{14}5d^36s^2$	$(Xe)4f^{14}5d^36s^2$		ⅤB
74	W	钨	$(Xe)4f^{14}5d^46s^2$	$(Xe)4f^{14}5d^46s^2$		ⅥB
75	Re	铼	$(Xe)4f^{14}5d^56s^2$	$(Xe)4f^{14}5d^56s^2$		ⅦB
76	Os	锇	$(Xe)4f^{14}5d^66s^2$	$(Xe)4f^{14}5d^66s^2$		Ⅷ
77	Ir	铱	$(Xe)4f^{14}5d^76s^2$	$(Xe)4f^{14}5d^76s^2$		

续表 20.5

Z	符号	名称	电子组态(近似)	电子组态(精确)	周期	族
78	Pt	铂	(Xe)$4f^{14}5d^{8}6s^{2}$	(Xe)$4f^{14}5d^{8}6s^{2}$	6	Ⅷ
79	Au	金	(Xe)$4f^{14}5d^{9}6s^{2}$	(Xe)$4f^{14}5d^{10}6s^{1}$		ⅠB
80	Hg	汞	(Xe)$4f^{14}5d^{10}6s^{2}$	(Xe)$4f^{14}5d^{10}6s^{2}$		ⅡB
81	Tl	铊	(Xe)$4f^{14}5d^{10}6s^{2}6p^{1}$	(Xe)$4f^{14}5d^{10}6s^{2}6p^{1}$		ⅢA
82	Pb	铅	(Xe)$4f^{14}5d^{10}6s^{2}6p^{2}$	(Xe)$4f^{14}5d^{10}6s^{2}6p^{2}$		ⅣA
83	Bi	铋	(Xe)$4f^{14}5d^{10}6s^{2}6p^{3}$	(Xe)$4f^{14}5d^{10}6s^{2}6p^{3}$		ⅤA
84	Po	钋	(Xe)$4f^{14}5d^{10}6s^{2}6p^{4}$	(Xe)$4f^{14}5d^{10}6s^{2}6p^{4}$		ⅥA
85	At	砹	(Xe)$4f^{14}5d^{10}6s^{2}6p^{5}$	(Xe)$4f^{14}5d^{10}6s^{2}6p^{5}$		ⅦA
86	Rn	氡	(Xe)$4f^{14}5d^{10}6s^{2}6p^{6}$	(Xe)$4f^{14}5d^{10}6s^{2}6p^{6}$		0
87	Fr	钫	(Rn)$7s^{1}$	(Rn)$7s^{1}$	7	ⅠA
88	Ra	镭	(Rn)$7s^{2}$	(Rn)$7s^{2}$		ⅡA
89	Ac	锕	(Rn)$5f^{1}7s^{2}$	(Rn)$6d^{1}7s^{2}$		ⅢB
90	Th	钍	(Rn)$5f^{2}7s^{2}$	(Rn)$6d^{2}7s^{2}$		
91	Pa	镤	(Rn)$5f^{3}7s^{2}$	(Rn)$5f^{2}6d^{1}7s^{2}$		
92	U	铀	(Rn)$5f^{4}7s^{2}$	(Rn)$5f^{3}6d^{1}7s^{2}$		

表中电子组态栏里的括号表示对应原子基态电子组态,例如:(He)是 He 原子基态电子组态 $1s^2$ 简写,因此 Ne 原子的电子组态(He)$2s^2 2p^6$ 实际上是 $1s^2 2s^2 2p^6$;族这一栏里 A 表示主族,B 表示副族.

必须指出,虽然上表中大部分元素基态电子组态的近似结果与精确结果完全一致,但是第 24,29,41,42,44,45,46,47,57,58,64,79,89,90,91,92 号元素的近似结果与精确结果相比,有个别电子的能态不同,这是因为在近似处理过程中我们未考虑电相互作用中的非球对称因素,且略去了磁相互作用.

习　　题

一、选择题

20.1　宽度为 π 的一维无限深势阱中运动的粒子,处于叠加态 $\sin 2x\cos x$ 中,其能量的可能值为(　　).

(A) $\hbar^2/m$　　(B) $1.5\hbar^2/m$　　(C) $2\hbar^2/m$　　(D) $2.5\hbar^2/m$

20.2　频率为 2 MHz 的一维简谐振子从第二激发态跃迁到基态,所发出的光子频率为(　　).

(A) 1MHz (B) 2MHz (C) 3MHz (D) 4MHz

20.3 下面各电子态中角动量最大的是(   ).

(A) 6s (B) 5p (C) 4f (D) 3d

20.4 直接证实电子自旋存在的最早的实验之一是(   ).

(A) 康普顿实验 (B) 卢瑟福实验

(C) 戴维孙-革末实验 (D) 斯特恩-盖拉赫实验

20.5 氢原子中处于 2p 状态的电子，描述其量子态的四个量子数为(n,l,m_l,m_s)是(   ).

(A) (2,2,1,−1/2) (B) (2,0,0,1/2)

(C) (2,1,−1,-1/2) (D) (2,0,1,1/2)

二、计算题

20.6 一维的无限深势阱中处于第 2 激发态的粒子，在区间$[a/4,-a/4]$内的概率为多少?

20.7 一维简谐振子处于叠加态 $3\varphi_1(x)-4\varphi_3(x)$，求测量其能量的可能值和平均值.

20.8 用 Mathematica 命令绘制第 4 激发态简谐振子能量本征函数及其对应的概率密度的图像.

20.9 用 Mathematica 命令计算第一激发态简谐振子在经典允许区和经典禁区内的概率.

20.10 If an electron has orbital angular momentum equal to 4.714×10^{-34} J·s, what is the orbital quantum number for the state of the electron?

20.11 List the possible sets of quantum numbers for electrons in 4d subshell

20.12 Consider an atom in its ground state, with its outer electrons completely filling the M shell. (a) Identify the atom. (b) List the number of electrons in each subshell.

三、小论文写作练习

20.13 用 Mathematica 研究简谐振子在经典禁区内的概率随量子数 n 变化的规律，并将所得结果写成论文.

参考书目

[1] 程守洙，江之永. 普通物理学[M]. 朱泳春，王志符，等，修订. 北京：高等教育出版社，1982.

[2] 程守洙，江之永. 普通物理学[M]. 胡盘新，汤毓骏，宋开欣，修订. 5 版. 北京：高等教育出版社，1998.

[3] 梁灿彬，秦光戎，梁竹键. 普通物理学教程[M]. 梁灿彬，修订. 2 版. 北京：高等教育出版社，2004.

[4] 张三慧. 大学物理学[M]. 北京：清华大学出版社，1999.

[5] Francis W S, Mark W Z, Hugh D Y. University Physics[M]. 5th ed. Addison-Wesley publishing company，1999.

[6] 教育部高教司组. 工科大学物理课程试题库[M]. 3 版. 北京：清华大学出版社，2003.

附录 A　中英文对照目录

第 4 篇　电磁学

第 5 篇 波动光学

第6篇 量子物理学

附录B　物理文献及其查阅方法

一、查阅物理文献的意义

科学的发展是连续的，有一个积累的过程. 我们学习的所有知识都是前人的成果，任何一项创造发明都是在前人基础上取得的，牛顿曾经说过："如果我比笛卡儿看得远些，那是因为我站在巨人们的肩上的缘故." 因此，查阅文献对于正在学习物理课程的大学生来说是一种必不可少的基本能力.

一般来说，学会查阅物理文献具有下列重要意义：

(1) 帮助学习. 我们所学习的课本内容是前人科学研究的成果，也是后人教学研究的对象. 文献中有许多关于课本知识的背景内容和专题研讨的资料，通过对资料的检索和学习，可以帮助我们更好地掌握书本内容.

(2) 拓宽知识. 课本的容量是非常有限的，狭窄的专业化教育已经不能适应这个知识爆炸的时代. 主动提高自己的学习能力，树立终身学习的观念，是新时代对现代人的要求. 利用图书馆和计算机网络来进行信息检索，是我们及时更新知识、拓宽知识面的有效手段.

(3) 促进创新. 任何人从事某一特定领域的学术活动，或开始做一项新的科研工作，往往先要花费大量的时间对有关文献进行全面的调查研究，摸清是否已经有人在做同样的工作，取得一些什么成果，存在什么问题，以避免重复劳动. 只有知新，才能够创新. 另一方面，许多文献中的内容都是前人的创造性成果，通过对文献的查阅，可以学习和了解创新的思想和方法，活跃自己的思维，激发灵感.

二、物理文献的分类

1. 按性质分类

物理文献按性质可分为一次文献、二次文献和三次文献.

一次文献指原始文献. 期刊论文多数是未经重新组织的原始文献，即一次文献. 特别是专业期刊的出版周期短、刊载速度快，能够及时地反映科学技术的新成果和新进展，是一次文献的主要来源. 科技报告、学位论文、会议资料及专利说明书等，也是一次文献的重要来源.

二次文献指书目、索引、文摘等检索工具. 是将分散的无组织的原始资料经过加工整理、简化、组织等工作(如著录文献特征、摘录内容要点，使之系统化)而形成文献以便查找与利用. 二次文献的重要性在于它可以作为查找一次文献的线索.

三次文献是指通过二次文献，选用一次文献内容而编写出来的成果，如专题述评、学科年度总结、动态综述、进展报告、数据手册、百科全书、专业辞典等.

从文献检索的角度来说，一次文献是检索的主要对象，而二次文献是检索的手段与工具，三次文献两者兼备.

2. 按内容分类

我国普遍采用《中国图书馆分类法》，简称《中图法》来对物理文献的内容进行分类. 国内图书馆按《中图法》分类、排架，主要大型书目、检索刊物、机读数据库等都著录《中图法》分类号. 下面列出物理文献按《中图法》的主要类别简表.

O4 物理学	
O41 理论物理学	O48 固体物理学
O42 声学	O51 低温物理学
O43 光学	O52 高压与高温物理学
O44 电磁学、电动力学	O53 等离子体物理学
O45 无线电物理学	O55 热学与物质分子运动论
O46 真空电子学(电子物理学)	O56 分子物理学、原子物理学
O469 凝聚态物理学	O57 原子核物理学、高能物理学
O47 半导体物理学	O59 应用物理学

在国际上，物理文献常用的分类号有 PACS 分类号和 PACC 分类号，两者基本一致. PACS 是 Physics and Astronomy Classification Scheme 的缩写，它是由美国物理学会和国际科技信息理事会制定的物理和天文学分类号；PACC 是 Physics Abstracts Classification and Contents 的缩写，是英国《科学文摘》分辑 A(*Science Abstracts Series* A)和《物理文摘》(*Physical Abstracts*)的分类方法，PACC 按学科分为十个大类，分别是：

A00 GENERAL

A10 THE PHYSICS OF ELEMENTARY PARTICLES AND FIELDS

A20 NUCLEAR PHYSICS

A30 ATOMIC AND MOLECULAR PHYSICS

A40 FUNDAMENTAL AREAS OF PHENOMENOLOGY

A50 FLUIDS, PLASMAS AND ELECTRIC DISCHARGES

A60 CONDENSED MATTER: STRUCTURE, THERMAL AND MECHANICAL PROPERTIES

A70 CONDENSED MATTER: ELECTRONIC STRUCTURE, ELECTRICAL, MAGNETIC, AND OPTICAL PROPERTIES

A80 CROSS-DISCIPLINARY PHYSICS AND RELATED AREAS OF SCIENCE AND TECHNOLOGY

A90 GEOPHYSICS, ASTRONOMY AND ASTROPHYSICS

三、主要物理文献介绍

1. 期刊

期刊论文多数是未经重新组织的，即原始的一次文献. 其特点是出版周期短，刊载论文速度快，内容新颖深入，发行与影响面广，能及时反映各国的科学技术水平，参考价值较大. 许多新的成果，包括研究方法、仪器装置以及结果讨论等，都首先在期刊上发表.

国内重要物理学期刊有：中国物理学会主办的《物理学报》、《物理》、《物理学进展》和《大学物理》；中国科学院高能物理研究所主办的《高能物理与核物理》；中国物理学会原子与分子物理专业委员会主办的《原子与分子物理学报》；中国光学会基础光学专业委员会主办的《量子电子学》；中国核学会计算物理学会、北京应用物理与计算数学研究所主办的《计算物理》；中国科学院武汉物理与数学研究所主办的《数学物理学报》等.

《物理学报》为月刊，是高级物理类综合性学术期刊，刊登物理各领域中最新成果的研究论文和研究快讯，是目前在国内外发行量最大、影响面最广的中国物理学刊物. 该刊始终坚持国际一流期刊的选稿原则和编辑规范，以论文水平高、创新性强、发表速度快的特点赢得声誉，现已被SCI、EI等多种国内外著名的检索系统收录.

《物理学进展》为季刊，是物理学评述性论文的刊物，介绍物理学各分支学科的进展和成就，包括对某一专题全面的总结评论，对新概念、新理论仔细讲解和系统论述，对某一研究领域的学术见解和展望，对国内外较为出色的工作成果的总结汇报；对最新的重要发现进行及时的系统报导并给予可能的评价.

《大学物理》为月刊，是物理学教学研究性刊物，设有教学研究、教学讨论、教学改革、实验教学和大学生园地等栏目，主要刊登大学物理学教学方面的研究论文和相关资料，是理科大学生学习物理的好帮手.

国外著名的物理学期刊有：美国物理学会(American Physical Society，简称APS)出版 *Physical Review* A,B,C,D,E《物理学评论 A,B,C,D,E 辑》、*Physical Review Letters*《物理学评论快报》和 *Reviews of Modern Physics*《当代物理学评论》；(国际)物理学会(The Institute of Physics，简称IOP)出版的 *Journal of Physics* A,B,D,G《物理学杂志 A,B,D,G 辑》；荷兰 Elsevier Science 公司出版的 *Physics Letter* A，B《物理学快报 A，B 辑》、*Nuclear Physics* A，B《原子核物理 A，B 辑》和 *Physics Reports*《物理学报道》等.

2. 图书

图书的包含范围较广，主要包括：专著、系列丛书、字典、词典、百科全书、手册、教材以及大型参考书籍等. 图书的主要内容，一般是总结性的、经过重新组织的二次或三次文献. 从出版时间上看，它所报道的知识比期刊论文及科技报告文献要迟，但其提供的资料比较系统和全面. 应该注意图书并不完全是二次、三次文献，有的图书包含著作者本人的新材料、新观点和新方法，也具有一次文献的意义. 由于图书的数量太多，这里就不再列举.

3. 二次文献

科技工作者在进行文献检索时，要从大量而无序的文献中获取自己所需的信息往往非常困难，即使是同一种杂志，由于多年的积累，从中查找所需的论文也很费功夫. 所以必须借助检索工具，即文摘、索引、手册等二次和三次文献.

国际著名的二次文献有英国电气工程师学会主编的 *Physics Abstracts*（*Science Abstracts*：*Series* A）《物理文摘（科学文摘 A 辑）》；美国科学情报研究所（ISI）编辑出版的科学引文索引（SCI）、工程索引（EI）和科学技术会议录索引（ISTP）等，其中以 SCI 最具代表性. 国内较重要的物理二次文献有中国科学院文献情报中心和中国科学院物理情报网联办的《中国物理文摘》等.

《中国物理文摘》是双月刊，主要报导我国物理学最新研究成果与进展，收入国内（包括港、台地区）正式出版物中的科研论文，也收我国科研人员在国外发表的论文.

Physics Abstracts（*Science Abstracts*：*Series* A）为半月刊，报导世界五十多个国家的期刊、科技图书和报告、会议论文和学位论文等，涉及物理学各个方面，也包括与物理学有关的交叉学科及科学技术领域.

《科学引文索引》（*Science Citation Index*，简称 SCI），是一种综合性科技引文检索刊物. SCI 以收录基础学科的论文为主，以期刊的编辑质量、影响因子和专家评审为选刊依据，入选期刊的学术价值较高，最能反映基础学科研究水平.

4. 学位论文

学位论文是高等学校和研究生院的学生在结束学业时，为取得学位资格向校方提交的学术性研究论文. 从内容来看，学位论文大体可分为两种类型：一种是作者参考了大量的资料，经过系统的分析和综合，得出的总结性见解；另一种是作者在前人的基础上，经过进一步实验和研究，提出的新论点. 从学位名称角度划分，有博士论文、硕士论文和学士论文.

5. 会议文献

学术会议及其文献是科技情报的一个重要来源，它传递新产生的但尚未成熟的科研信息，比科技期刊迅速和直接. 典型国际会议文献的报导有：

《世界会议》（*World Meetings*，简称 WM）是由美国 World Meetings Information Center Inc. 编辑，MacMilan Publishing Company 出版，专门报导未来两年内将要召开的国际学术会议信息.

《科技会议录索引》（*Index to Scientific & Technical Proceedings*，简称 ISTP）是一种综合性的科技会议文献检索刊物，由美国费城科技情报所（ISI）编辑出版. 该检索工具覆盖的学科范围广，收录会议文献齐全，而且检索途径多，出版速度快，已成为检索正式出版的会议文献的主要的和权威的工具.

四、物理文献的网上查询

互联网为我们提供了极其丰富的电子资源和快捷、高效地查询物理文献的途径，应该学会并充分利用这个工具来进行信息查询. 查询的主要方法有：

(1) 利用搜索引擎（如百度 http://www.baidu.com/、搜狐 http://search.sohu.com/、雅虎中国 http://cn.yahoo.com/和雅虎英文 http://yahoo.com/等）来进行一般搜索；

(2) 利用物理门户网站(如中国物理教育网 http://www.cpenet.org.cn/、物理资源网 http://physweb.51.net/ 或雅虎物理网 http://dir.yahoo.com/Science/physics/)来查找有关的物理网站;

(3) 利用物理网站或网上数据库来进行专门检索.其中利用数据库来进行检索的效率最高,下面介绍一些重要的物理网站和数据库.

1. 网上中文数据库

《中国期刊全文数据库》:目前世界上最大的连续动态更新的中国期刊全文数据库,覆盖自然科学和社会科学几乎所有门类,参照国内外通行的知识分类体系组织知识内容,集题录、文摘、全文文献信息于一体.用户可以直接进行初级检索,也可以运用布尔算符等灵活组织检索提问式进行高级检索.它和《中国优秀博硕士论文数据库》都属于中国知网(CNKI),网址为 http://www.cnki.net/NewWeb/.

进入中国知网后,先要选择数据库,如点击《中国期刊全文数据库》,即可进入检索界面.系统默认进入初级检索界面,用户可在此输入检索项(主题、篇名、关键词、摘要、作者等),检索词(表示检索项内容的词汇),词频,论文发表的时间段,期刊范围(全部期刊、EI 来源期刊、SCI 来源期刊、核心期刊),匹配方式(模糊、精确),检索结果输出方式(时间、相关度,默认无排序输出)等内容.然后点击检索图标,系统即开始检索,并把检索结果按指定的方式输出.如果要进一步提高检索技能,可以观看中国知网提供的操作指南.其他数据库的检索方式与此基本相同.

万方数据资源系统包括《万方优秀博硕士论文全文数据库》和《万方数字化期刊数据库》,前者收录了中国科技信息研究所提供的自 1980 年以来我国自然科学领域各高等院校、研究生院及研究所的硕士研究生、博士及博士后论文,后者包括了我国自然科学类统计源刊和社会科学类核心源期刊的全文资源,为各高等院校和科研机构提供权威、专业、便捷和全面的信息服务,网址为 http://wanfang.calis.edu.cn/.

《超星数字图书网》:目前世界最大的中文在线数字图书网,提供文理各类电子图书数十万册,300 万篇论文,并且每天仍在不断地增加与更新.图书不仅可以直接在线阅读,还提供下载和打印.还有新书试读服务和专门对非会员开放的免费图书馆.其网址为 http://www.ssreader.com/.

2. 主要物理网站

美国物理学会(APS)网站主要包含:① 由美国物理协会主办的各种物理期刊;② 美国及欧洲的一些主要的物理资源;③ 近一年至两年的物理会议或物理活动的主题、承办单位和具体情况;④ 物理教育.其网址为 http://www.aps.org/.

美国物理研究所(The American Institute of Physics)网站:主要任务是物理知识和应用的推广普及,主要的研究方向为物理学和天体物理学.该研究所每年都有在线的年度报告,详细地介绍一年的主要工作,是了解其性质及研究方向的最简洁的途径.其网址为 http://www.aip.org/.

欧洲物理协会(European Physical Society)网站:全面介绍欧洲的物理信息,可以查询每年欧洲的物理会议,查找欧洲物理协会的物理文献以及对整个欧洲物理学的发展和研究工作进行跟踪研究. 其网址为 http://www. eps. org/.

3. 免费的物理资源

奇迹文库:是由一群中国年轻的科学、教育与技术工作者创办,非盈利性质的网络服务项目,其目的是为中国研究者提供免费、方便、稳定的 eprint 平台,并宣传提倡开放获取的理念. 奇迹文库内资料为学术性资源,以学术交流为目的,仅供相关领域学生、教师及研究人员参考. 其网址为 http://www. qiji. cn/.

美国在线文档网站:是由美国国家科学基金委员会等资助的一个完全自动化的电子文档网站,资源为全世界的作者在此提交的电子稿件,其文献资料的学科范围为物理学、数学、非线性和计算机科学,主要功能是提供文献查询,所有资料均可以免费全文浏览和下载. 其网址为 http://arxiv. org/.

物理学会(IOP)网站:是由国际性的物理学会(设在英国)所建立的网站,它提供了丰富的物理资源和一系列的免费服务. 允许使用各种不同浏览器的人访问,确保能以最快的速度下载复杂资料. 其网址为 http://www. iop. org/.

附录C　参考答案

第9章

9.1　D　　9.2　D　　9.3　B　　9.4　D　　9.5　C　　9.6　C

9.7　$x=(3+2\sqrt{2})$ m

9.8　$\boldsymbol{E}=E_x\boldsymbol{i}+E_y\boldsymbol{j}=\dfrac{-Q}{\pi^2\varepsilon_0R^2}\boldsymbol{j}$

9.9　$Q=-\lambda a$

9.10　$\sqrt{3}a$

9.11　(1) $\dfrac{\lambda d}{\varepsilon_0}$；(2) $\dfrac{\lambda d}{\pi\varepsilon_0(4R^2-d^2)}$，沿矢径 OP

9.12　8.85×10^{-12} C

9.14　(1) $kb^2/(4\varepsilon_0)$；(2) $\dfrac{k}{2\varepsilon_0}\left(x^2-\dfrac{b^2}{2}\right)(0\leqslant x\leqslant b)$；(3) $x=b/\sqrt{2}$

9.15　(1) $\dfrac{\rho d}{3\varepsilon_0}$，方向沿与 OO' 平行

(2) $\dfrac{\rho}{3\varepsilon_0}\left(d-\dfrac{r^3}{4d^2}\right)$，方向与 OP 平行

9.16　(1) $x'=-\dfrac{1}{2}(1+\sqrt{3})d$；(2) $x=\dfrac{d}{4}$

9.17　-2×10^3 V

9.18　$\dfrac{\lambda_0}{4\pi\varepsilon_0}\left(l-a\ln\dfrac{a+l}{a}\right)$

9.19　(1) $\dfrac{q}{8\pi\varepsilon_0 l}\ln\left(1+\dfrac{2l}{a}\right)$；(2) $\dfrac{q}{4\pi\varepsilon_0 l}\ln\left(\dfrac{l+\sqrt{a^2+l^2}}{a}\right)$

9.20　2.14×10^{-9} C

9.21　(1) $8.85\times10^{-9}\ \text{C}\cdot\text{m}^{-2}$；(2) 6.67×10^{-9} C

9.22　$F=\dfrac{q\lambda l}{4\pi\varepsilon_0 r_0(r_0+l)}$，方向平行于细线；$W=\dfrac{q\lambda}{4\pi\varepsilon_0}\ln\left(\dfrac{r_0+l}{r_0}\right)$

9.23　4.37×10^{-14} N，方向沿半径指向阳极

9.24 $a=\frac{b}{2},\frac{4U}{b}$

9.25 (1) $r\leqslant R$ 时,$E=Ar^2/(3\varepsilon_0)$. $r\geqslant R$ 时,$E=AR^3/(3\varepsilon_0 r)$;

(2) $r\leqslant R$ 时,$V=\frac{A}{9\varepsilon_0}(R^3-r^3)+\frac{AR^3}{3\varepsilon_0}\ln\frac{l}{R}$. $r>R$ 时,$V=\frac{AR^3}{3\varepsilon_0}\ln\frac{l}{r}$

9.26 $E_x=-1\,000\ \text{V}\cdot\text{m}^{-1}, E_y=0, E_z=0$

9.27 $-qp_e/(2\pi\varepsilon_0 R^2)$

第 10 章

10.1 D　10.2 B　10.3 B　10.4 C　10.5 A　10.6 D　10.7 C

10.8 D　10.9 B　10.10 A　10.11 B　10.12 B

10.13 (1) $-q, q+Q$;(2) $\frac{-q}{4\pi\varepsilon_0 a}$;(3) $\frac{q}{4\pi\varepsilon_0}\left(\frac{1}{r}-\frac{1}{a}+\frac{1}{b}\right)+\frac{Q}{4\pi\varepsilon_0 b}$

10.14 (1) $\sigma=-qb/[2\pi(r^2+b^2)^{3/2}]$;(2) $-q$

10.15 (1) A 内无电荷,其表面有正、负电荷分布,净带电荷为零;

(2) $(q_A/a+q_B/a)/(4\pi\varepsilon_0)$

10.16 (1) 3.16×10^{-6} F;(2) 1×10^{-3} C,100 V

10.17 $\frac{1}{4}(n-1)\varepsilon_0\frac{S}{d}$,其中 n 为静片的个数,d 为两静片间的距离

10.18 $1.77\times10^{-6}\ \text{C}\cdot\text{m}^{-2}, 2.5\times10^4\ \text{V}\cdot\text{m}^{-1}, 1.55\times10^{-6}\ \text{C}\cdot\text{m}^{-2}$

10.19 $\frac{\varepsilon_0\varepsilon_r S}{\varepsilon_r d+(1-\varepsilon_r)t}$

10.20 电场均为 $1\,000\ \text{V}\cdot\text{m}^{-1}$. 电位移:真空部分 $8.85\times10^{-9}\ \text{C}\cdot\text{m}^{-2}$,介质中 8.85×10^{-8} $\text{C}\cdot\text{m}^{-2}$ 方向均相同,由正极板垂直指向负极板.

10.21 -0.8 C

10.22 (1) $\boldsymbol{D}=\rho_0\left(\frac{r}{3}-\frac{r^2}{4R}\right)\hat{r}, \boldsymbol{E}=\frac{\rho_0}{\varepsilon_0\varepsilon_r}\left(\frac{r}{3}-\frac{r^2}{4R}\right)\hat{r}$;(2) $r=\frac{2R}{3}$

10.23 $\rho'=-\frac{(\varepsilon_r-1)}{\varepsilon_r}\rho_0$;$\sigma'=\frac{(\varepsilon_r-1)\rho_0}{3\varepsilon_r}R$

10.24 $\varepsilon_0 S/(d\ln 2)$

10.25 (1) $(2\pi\varepsilon_0\varepsilon_r L)/[\ln(b/a)]$;(2) $[Q^2/(4\pi\varepsilon_0\varepsilon_r L)]\ln(b/a)$

10.26 (1) 1.83×10^{-4} J;(2) 0.61×10^{-4} J

10.27 (1) $q_1=1.28\times10^{-3}$ C, $q_2=1.92\times10^{-3}$ C;

(2) 1.28 J(前),0.512 J(后)

10.28 2.55×10^{-6} J

10.29　$\frac{1}{2}(\varepsilon_r-1)\varepsilon_0\frac{S}{d}U^2$

第 11 章

11.1　A　　11.2　B　　11.3　C　　11.4　C　　11.5　A　　11.6　C

11.7　$\frac{\rho(r_2-r_1)}{4\pi r_1 r_2}$

11.8　(1) 2 W,2 J;(2) 2 W,0.7 J;(3) 2 W,0.6 J

11.9　$\sqrt{\frac{\sigma_0^2}{\varepsilon_0^2}+\frac{J^2}{\gamma^2}}$,$\theta=\arctan\frac{\sigma_0\gamma}{\varepsilon_0 J}$

11.10　2.74 V

11.11　(1) $\frac{2}{9}$ V;(2) $\frac{1}{28}$ A,从左流向右

11.12　(1) −8 V;(2) −2 V

11.13　(1) $\frac{23}{3}$ V;(2) 1 Ω

第 12 章

12.1　B　　12.2　D　　12.3　D　　12.4　B　　12.5　C　　12.6　D　　12.7　C

12.8　3.73×10^{-3} T,方向垂直纸面向上

12.9　$\frac{\mu_0 R^3\lambda\omega}{2(R^2+y^2)^{3/2}}\boldsymbol{j}$

12.10　10^{-6} Wb

12.11　$\mu_0 R\sigma\omega$,($\sigma>0$时)方向平行于轴线朝右

12.12　$R=2r$

12.13　$\frac{\mu_0\lambda\omega}{2\pi}\left(\pi+\ln\frac{b}{a}\right)$

12.14　$\frac{\mu_0 bI}{2\pi(R^2-a^2)}$,即圆柱孔内为匀强场,磁场方向与两轴组成的平面垂直

12.15　$x=\left(\frac{2I_3}{I_1}+1\right)a$,当$I_3$与$I_1$同方向时,第三根导线在$B=0$处的右侧,当$I_2$与$I_1$反方向时,第三根导线在$B=0$处的左侧

12.16 IBR

12.17 $\frac{\mu_0 I_1 I_2}{2}$,垂直 I_1 向右

12.18 8

12.19 (1) $F_{ad}=F_{bc}=0, F_{ab}=\frac{\mu_0 I_0 I}{2\pi}\ln\frac{R_2}{R_1}$(垂直纸面向外),$F_{dc}=\frac{\mu_0 I_0 I}{2\pi}\ln\frac{R_2}{R_1}$(垂直纸面向里);(2) $\frac{\mu_0 I_0 I}{\pi}(R_2-R_1)\sin\frac{\theta}{2}$

12.19 (1) $\frac{\lambda\omega\mu_0}{4\pi}\ln\frac{a+b}{a}$,方向垂直纸面向内;(2) $\lambda\omega[(a+b)^3-a^3]/6$,方向垂直纸面向内;(3) $\frac{\omega\mu_0 q}{4\pi a}\left(\text{提示:若 } a\gg b, \text{则 } \ln\frac{a+b}{a}\approx\frac{b}{a}\right)$;$\frac{1}{2}q\omega a^2$[提示:在 $a\gg b$ 时,$(a+b)^3\approx a^3(1+3b/a)$]

12.20 (1) $\frac{\varepsilon B}{2kR}(1-\mathrm{e}^{-\frac{3Rt}{m}})$;(2) $\frac{\varepsilon Ba}{2R}$

12.21 (1) $\frac{\mu_0\omega q}{8\pi a}$,方向向上;(2) $\omega qa^2/4$,方向向上

12.22 (1) $\frac{1}{2}\mu_0 i$,在板右侧垂直纸面向里;

(2) (a)mv/qB,(b)$4\pi m/(q\mu_0 i)$

12.24 $(\sqrt{2}+1)\frac{leB}{m}$

第 13 章

13.1 C　13.2 C　13.3 B

13.4 $3.26\times10^8\ \mathrm{A\cdot m^{-1}}$

13.5 $200\ \mathrm{A\cdot m^{-1}}$,1.06 T

13.6 $\boldsymbol{B}_1=\mu_0\boldsymbol{M}, \boldsymbol{B}_2=\boldsymbol{B}_3=0, \boldsymbol{B}_4=\boldsymbol{B}_5=\boldsymbol{B}_6=\boldsymbol{B}_7=\frac{1}{2}\mu_0\boldsymbol{M}; \boldsymbol{H}_1=0, \boldsymbol{H}_2=\boldsymbol{H}_3=0,$

$\boldsymbol{H}_4=\boldsymbol{H}_7=\frac{1}{2}\boldsymbol{M}, \boldsymbol{H}_5=\boldsymbol{H}_6=-\frac{1}{2}\boldsymbol{M}$

13.7 496

13.8 $j=M\sin\varphi; \boldsymbol{p}_m=-(4/3)\pi R^3\boldsymbol{M}$

13.9 $0<r<R_1: H=\frac{Ir}{2\pi R_1^2}, B=\frac{\mu_0 Ir}{2\pi R_1^2}$;$R_1<r<R_2: H=\frac{I}{2\pi r}, B=\frac{\mu I}{2\pi r}$;$R_2<r<R_3: H=\frac{I}{2\pi r}\left(1-\frac{r^2-R_2^2}{R_3^2-R_2^2}\right), B=\frac{\mu_0 I}{2\pi r}\left(1-\frac{r^2-R_2^2}{R_3^2-R_2^2}\right)$;$r>R_3: H=0, B=0$

第 14 章

14.1 A　14.2 D　14.3 B　14.4 D　14.5 D　14.6 B　14.7 C
14.8 C　14.9 C　14.10 D　14.11 C　14.12 B　14.13 C

14.14 (1) $\frac{\mu_0 I l}{2\pi}\ln\frac{b+vt}{a+vt}$；(2) $\frac{\mu_0 lIv(b-a)}{2\pi ab}$

14.15 5.18×10^{-8} V，逆时针

14.16 $\frac{\mu_0 Iv}{2\pi}\ln\frac{a+b}{a-b}$

14.17 $\frac{1}{2}\omega BL^2\sin^2\theta$，方向沿着杆指向上端

14.18 $\frac{\mu_0 I}{2\pi}v\sin\theta\ln\frac{a+l+vt\cos\theta}{a+vt\cos\theta}$，$A$ 端的电势高

14.19 (1) $\frac{\mu_0 vI_0}{2\pi}\ln\frac{l_0+l_1}{l_0}$，$V_a>V_b$；

(2) $\frac{\mu_0 I_0}{2\pi}v\left(\ln\frac{l_0+l_1}{l_0}\right)(\omega t\sin\omega t-\cos\omega t)$

14.20 $-\frac{3}{10}\omega BL^2$

14.21 (1) $\frac{B\omega L^2}{2}$；(2) $\omega=\omega_0\exp\left(-\frac{3B^2L^2}{4Rm}t\right)$

14.22 $-B_0S\omega\cos(2\omega t)$

14.23 $-\frac{\pi\mu_0\lambda r_1^2}{2R}\cdot\frac{\mathrm{d}\omega(t)}{\mathrm{d}t}$，当 $\mathrm{d}\omega(t)/\mathrm{d}t>0$ 时，i 为负值，即 i 为顺时针方向. 当 $\mathrm{d}\omega(t)/\mathrm{d}t<0$ 时，i 为正值，即 i 为逆时针方向

14.24 $\frac{\mu_0 Qa^2\omega_0}{2RLt_0}$，$i$ 的流向与圆筒转向一致

14.25 (1) $\frac{3\mu_0\pi r^2R^2I}{2x^4}V$；(2) $3\mu_0\pi r^2Iv/(2N^4R^2)$

14.26 (1) $B\tan\theta\, v^2t$，ε_i 在在导体 MN 内，方向由 M 向 N；

(2) 取回路绕行的正向为 $O\to N\to M\to O$，电动势为 $Kv^3\tan\theta\cdot\left(\frac{1}{3}\omega t^3\sin\omega t-t^2\cos\omega t\right)$. 当 $\varepsilon_i>0$ 时 ε_i 方向与所设绕行正向一致. 当 $\varepsilon_i<0$，ε_i 方向与所设绕行正向相反

14.27 $\frac{\mu_0}{2\pi}vI_0\mathrm{e}^{-\lambda t}(\lambda t-1)\ln\frac{a+b}{a}$. $t<1$ 时，逆时针；$t>1$ 时，顺时针

14.28 $-\frac{\pi R^2}{2}\cdot\frac{\mathrm{d}B}{\mathrm{d}t}$. 当 $\mathrm{d}B/\mathrm{d}t$ 时，ε_i 的方向从左到右；$\mathrm{d}B/\mathrm{d}t<0$ 时，ε_i 的正方向从右到左

14.29 (1)$\varepsilon_0/(Bl)$;(2) 0

14.30 $-\dfrac{a^2 b\sigma k}{4}$,当 $k>0$ 时,涡电流反时针流动;当 $k<0$ 时,涡电流顺时针流动

14.31 $\mu_0 N_1 N_2 \pi b^2/L$

14.32 9.87×10^{-7} H

14.33 $\dfrac{\mu_0 N^2 h}{2\pi}\ln\dfrac{R_1}{R_2}$

14.34 (1) $\dfrac{3\mu_0 lI_0}{2\pi}\ln\dfrac{b}{a}\mathrm{e}^{-3t}$,感应电流方向为顺时针方向;(2) $\dfrac{\mu_0 l}{2\pi}\ln\dfrac{b}{a}$

14.35 $v=\dfrac{g}{Ba}\sqrt{mL}\sin\omega t$

14.36 1.26 A

14.37 (1) 0.45 A;(2) 0.74 $\mathrm{W\cdot s^{-1}}$

14.38 (1) $I=\dfrac{\varepsilon}{R}(1-\mathrm{e}^{-Rt/L})$;(2) $\dfrac{\sqrt{2}a^2}{2Nb^2 r}\mathrm{e}^{-Rt/L}$;(3) 提示:圆环受的力矩的大小为 $T=p_m B\sin 45^\circ=\dfrac{\pi a^4\mu_0}{2rb^2 lR}(\mathrm{e}^{-Rt/L}-\mathrm{e}^{-2Rt/L})$,对该式求极值,令 $\mathrm{d}T/\mathrm{d}t=0$ 得 $t=\dfrac{L}{R}\ln 2$,且 $\dfrac{\mathrm{d}^2 T}{\mathrm{d}t^2}<0$

第 15 章

15.1 C 15.2 C 15.3 B 15.4 A 15.5 A

15.6 (1) $\dfrac{0.2}{C}(1-\mathrm{e}^{-t})$;(2) $0.2\mathrm{e}^{-t}$.

15.7 $\dfrac{q\omega}{4\pi R^2}(\sin\omega t\boldsymbol{i}-\cos\omega t\boldsymbol{j})$

15.8 (1) $\dfrac{U_0}{d}\sin\omega t$,$\dfrac{\gamma U_0}{d}\sin\omega t$,$\dfrac{\varepsilon\omega U_0}{d}\cos\omega t$;(2) $\dfrac{\mu r U_0}{2d}(\gamma\sin\omega t+\varepsilon\omega\cos\omega t)$

15.9 $\dfrac{4\pi\varepsilon_0\varepsilon_r R_1 R_2}{R_2-R_1}U_0\omega\cos\omega t$

15.10 (1) $\lambda=3\mathrm{m}$, $v=10^8\,\mathrm{Hz}$;(2) 沿 x 轴正方向传播;(3) $B_z=2\times10^{-9}\times\cos\left[2\pi\times10^8\left(t-\dfrac{x}{c}\right)\right]$(提示:根据公式$\sqrt{\mu}H=\sqrt{\varepsilon}E$ 由 E 求 B)

第 16 章

16.1　B　16.2　B　16.3　D　16.4　A　16.5　C　16.6　C

16.7　1×10^{-5} m

16.10　反射光干涉加强的波长有 $\lambda_1=674$ nm(红色)和 $\lambda_2=404$ nm(紫色),膜呈紫红色

16.11　反射光干涉加强的波长有 $\lambda_1=600$ nm(橙色)和 $\lambda_2=429$ nm(紫色),膜呈紫橙色

16.12　105.8 nm

16.13　0.295×10^{-3} rad

16.14　(1) 202 条;(2) 94 条

16.17　0.18 cm

16.18　409 nm

16.19　左、右两半牛顿环明暗花纹相反

16.20　$R_2=102.8$ cm

16.21　(1) 膜的边缘处($e=0$)出现第 0 级明条纹,由外向内在油膜厚度 $e=250,500,750,1\,000$ nm处也出现明条纹,共可看到 5 条明条纹,中心点($e=1\,200$ nm)并非暗点,而是一“半明”的点;

(2) 油膜摊展时,中心处 e 随之减小,从 $e=1\,200$ nm(半明)→1 125 nm(暗),又由暗转明到最明($e=1\,000$ nm),又由最明转半明到暗($e=875$ nm),余依此类推. 油膜摊展,最外明纹扩大;自外向内计数,明条纹数目减少,明条纹间距加宽. 例如,中心处 $e=1\,000$ nm 时,明条纹为 4 条,$e=750$ nm 时,减为 3 条

16.22　628.9 mm

16.23

[1] 喻力华,赵维义. 杨氏双孔干涉的光强分布计算[J]. 大学物理,2001,20(4):22.

[2] 赵凯华,钟锡华. 光学[M]. 上册. 北京:北京大学出版社. 1984,169－176.

第 17 章

17.2　B　17.3　A　17.4　A　17.5　D　17.6　B　17.7　D

17.8　(1) 0.5 mm;(2) 0.75 mm;(3) 1.5 mm.

17.9　5.46 mm;中央明条纹的半角宽度从 5.46×10^{-3} rad 减小为 4.11×10^{-3} rad

17.10　428.6 nm

17.11 3级

17.12 0°,±10°11′,±20°42′,±32°2′,±45°,±62°82′.

17.13 570 nm;43°9′.

17.14 (1) $k=\pm2,\pm4,\pm6,\cdots$;(2) $k=\pm3,\pm6,\pm9,\cdots$;
(3) $k=\pm4,\pm8,\pm12,\cdots$

17.15 8.94 km

17.16 13.9 cm

17.17 对波长为0.097 nm和0.13 nm的X射线能产生强反射

17.18 0.415 nm,0.395 nm.

17.19

[1] 喻力华,赵维义.圆孔衍射光强分布的数值计算[J].大学物理,2001,20(1):16.

[2] 乔生炳.用月牙形波带求圆孔夫琅禾费一级衍射的角半径[J].大学物理,2002,21(2):28.

[3] 赵凯华,钟锡华.光学[M].上册.北京:北京大学出版社.1984,186-206,225-227.

第18章

18.2 C 18.3 E 18.4 B

18.5 48°26′,41°34′

18.6 1.60

18.7 (1) 0.125;(2) 0.101;(3) 0.281,0.205

18.10 (1) 1.5,(2) 1.5

18.11 (1) 否,(2) 否

18.12

[1] 胡树基.论尼科耳棱镜的光强透射率、反射率:兼评《Malus定律表述的研究》一文的不足[J].大学物理,2004,23(10):36.

[2] 周国香,王爱坤,王莉,等.Malus定律表述的研究[J].大学物理,1999,18(10):45.

[3] 朱伯荣.再谈尼科耳棱镜中e光的传播[J].大学物理,1996,15(5):18.

第19章

19.2 D 19.3 D 19.4 C 19.5 A 19.6 D 19.7 A 19.8 A

19.9　612 nm

19.10　$m=3.33\times10^{-36}$ kg

19.11　0.004 34 nm

19.12　(1) $n=4$

19.13　(1) 2.86 eV;(2) $k=2$, $n=5$

19.14　5×10^{-6} eV, 4.98×10^{-6} eV

19.15　3.1%

19.16　$\Delta x\geqslant\lambda/(4\pi)$

19.18　11.07%

19.19　1.06 mm

19.20　(a) 1.06 mm $|\varphi(x)|^2=(2/a)e^{-2x/a}$, for $x>0$;(b) 0;(c) 0.865

第 20 章

20.1　B　　20.2　D　　20.3　C　　20.4D　　20.5　C

20.6　$1/2-1/(3\pi)$

20.7　可能值为 $1.5\hbar\omega$, $3.5\hbar\omega$,平均值为 $2.78\hbar\omega$

20.9　4

20.10　(4,2,±2,↑↓),(4,2,±1,↑↓),(4,2,0,↑↓)

20.11　(a) Zn 或 Cu;(b)$1s^2 2s^2 2p^6 3s^2 3p^6 4s^2 3d^{10}$ 或 $1s^2 2s^2 2p^6 3s^2 3p^6 4s^1 3d^{10}$